Zahlentheorie

Der Mathematiker **Kurt Hensel** führte das Konzept der p-adischen Zahlen in die Zahlentheorie ein. Nach ihm sind das Henselsche Lemma sowie Henselsche Ringe benannt. Hensel wurde zum Mitglied der Leopoldina gewählt und wurde Ehrendoktor der Universität Oslo. Darüber hinaus war er Präsident der Deutschen Mathematiker-Vereinigung.

Über das Buch:

Als die Aufgabe der elementaren Zahlentheorie kann die Aufsuchung der Beziehungen bezeichnet werden, welche zwischen allen rationalen ganzen oder gebrochenen Zahlen m einerseits und einer beliebig angenommenen festen Grundzahl g andererseits bestehen. Man kann dieser Aufgabe in ihrem weitesten Umfange dadurch genügen, dass man alle diese Zahlen m in unendliche Reihen entwickelt. Nur durch die Betrachtung dieser vollständigen Reihen erhält man eine vollkommene Lösung unserer Aufgabe; beschränkt man sich dagegen auf gewisse Anfangsglieder derselben, wie dies gewöhnlich in der Zahlentheorie geschieht, so erhält man angenäherte Resultate, welche für bestimmte Zwecke natürlich von großem Werte sein werden. Niemals aber können durch solche Annäherungen die Beziehungen der zu untersuchenden Zahlen m zu der Grundzahl g vollständig und genau ergründet werden. Aus diesem Grund hat der Autor in dem vorliegenden Werk die Untersuchung g-adischer Zahlen mit Vorbedacht in den Vordergrund der Betrachtung gestellt.

Zahlentheorie

Von

Dr. Kurt Hensel

o. ö. Professor der Mathematik an
der Universität Marburg

WISSENSCHAFTLICHE BIBLIOTHEK BD. 23

Bibliografische Information der Deutschen Nationalbibliothek:
Die Deutsche Nationalbibliothek verzeichnet diese Publikation in der
Deutschen Nationalbibliografie; detaillierte bibliografische Daten
sind im Internet über dnb.dnb.de abrufbar

Herstellung und Verlag: BoD – Books on Demand, Norderstedt

ISBN: 978-3-7543-4062-2

Vorrede.

Als die Aufgabe der elementaren Zahlentheorie kann die Aufsuchung der Beziehungen bezeichnet werden, welche zwischen allen rationalen ganzen oder gebrochenen Zahlen m einerseits und einer beliebig angenommenen festen Grundzahl g andererseits bestehen. Man kann dieser Aufgabe in ihrem weitesten Umfange dadurch genügen, daß man alle diese Zahlen m in unendliche Reihen

$$m = a_0 + a_1 g + a_2 g^2 + \ldots$$

entwickelt, welche nach ganzen Potenzen dieser Grundzahl fortschreiten. Nur durch die Betrachtung dieser vollständigen Reihen erhält man eine vollkommene Lösung unserer Aufgabe; beschränkt man sich dagegen auf gewisse Anfangsglieder derselben, wie dies gewöhnlich in der Zahlentheorie geschieht, so erhält man angenäherte Resultate, welche für bestimmte Zwecke natürlich von großem Werte sein werden. Niemals aber können durch solche Annäherungen die Beziehungen der zu untersuchenden Zahlen m zu der Grundzahl g vollständig und genau ergründet werden.

Aus diesem Grunde habe ich in dem vorliegenden Werke die Untersuchung der Zahlgrößen

$$A = a_0 + a_1 g + a_2 g^2 + \ldots,$$

welche ich g - a d i s c h e Z a h l e n nenne, mit Vorbedacht in den Vordergrund der Betrachtung gestellt. Für sie kann der Begriff der Gleichheit so definiert werden, daß jede rationale Zahl m einer einzigen g-adischen Zahl gleich ist, welche stets beliebig genau berechnet werden kann, d. h. so weit, als es der Zweck der betreffenden Untersuchung erfordert. Ebenso läßt sich die Addition und die Multiplikation der g-adischen Zahlen so definieren, daß die Summe oder das Produkt beliebiger rationaler Zahlen der Summe oder dem Produkte der ihnen gleichen g-adischen Zahlen gleich wird.

Man erkennt dann leicht, daß diejenigen unter diesen g-adischen Zahlen, welche rationalen Zahlen gleich sind, nur einen Teilbereich von allen g-adischen Zahlen bilden. Und zwar steht das größere Reich aller g-adischen Zahlen zu demjenigen aller rationalen Zahlen in genau derselben Beziehung, wie bei der Untersuchung der reellen Zahlen nach ihrer Größe der Bereich aller rationalen und irrationalen Zahlen zu demjenigen der rationalen Zahlen. Auch hier können nämlich die allgemeinen g-adischen Zahlen als Größen definiert werden, welche zwar nicht selbst rationalen Zahlen gleich zu sein brauchen, welche aber mit jeder vorgegebenen Genauigkeit durch rationale Zahlen approximiert werden können. Und ebenso, wie die eingehende Untersuchung aller rationalen Zahlen nach ihrer Größe erst bei Hinzunahme der irrationalen Zahlen begrifflich und tatsächlich einfach wird, so ergibt die Betrachtung aller rationalen Zahlen in bezug auf eine Grundzahl g erst bei der Adjunktion aller g-adischen Zahlen einheitliche und allgemeine Resultate.

Die Durchführung dieser Untersuchung ergibt nun höchst einfach das interessante Resultat, daß alle g-adischen Zahlen einen sog. Z a h - l e n r i n g bilden, daß ihr Bereich nämlich so ausgedehnt und dabei so in sich abgeschlossen ist, daß in ihm die Operationen der Addition, Subtraktion und Multiplikation unbeschränkt und eindeutig in der Weise ausführbar sind, daß sie immer wieder zu g-adischen Zahlen führen. Dagegen ist die vierte elementare Rechenoperation, die Division, nur in dem einfachsten Falle ebenfalls immer eindeutig ausführbar, wenn die Grundzahl g eine Primzahl p ist; nur dann bilden also alle p-adischen Zahlen

$$a_0 + a_1 p + a_2 p^2 + \ldots$$

zusammengenommen einen sog. Z a h l k ö r p e r, in welchem alle vier elementaren Rechenoperationen stets ausgeführt werden können.

In jedem Körper sind nun die elementaren Rechengesetze genau ebenso anwendbar und richtig wie z. B. in dem speziellen Körper aller rationalen Brüche oder in demjenigen aller reellen rationalen und irrationalen Zahlen. In einem Ringe dagegen gelten wichtige Sätze nicht, besonders der Satz, daß ein Produkt nur dann Null sein kann, wenn einer seiner Faktoren gleich Null ist. Es ist deshalb ein Resultat von fundamentaler Bedeutung für die hier auseinandergesetzte Zahlentheorie, daß sich jeder Ring von g-adischen Zahlen auf die einfachste Weise aus denjenigen Körpern der p-adischen, q-adischen, ... r-adischen Zahlen zusammensetzen läßt, deren Grundzahlen p, q, ... r die sämtlichen Primteiler von g sind. Damit sind alle Fragen der Zahlenlehre, welche sich auf zusammengesetzte Grundzahlen beziehen, vollständig und wunderbar einfach auf dieselben Fragen für Primzahlen zurückgeführt, und die ganze Zahlentheorie reduziert sich jetzt auf die Untersuchung eines beliebigen Körpers von p-adischen Zahlen.

Es verdient hervorgehoben zu werden, daß die Untersuchung dieser Zahlringe und ihre Reduktion auf die zugehörigen Zahlkörper die einzige Aufgabe ist, welche die gesamte Zahlentheorie, sowohl die hier behandelte elementare, als auch die höhere Theorie der algebraischen Zahlen darbietet. In der Tat sind auch in dieser letzten Theorie nur genau so wie hier gebildete Ringe g-adischer Zahlen zu untersuchen, und die sonst einzuführende Theorie der idealen Primfaktoren wird hier ersetzt durch die Zerlegung eines solchen Ringes in die ihn zusammensetzenden Körper, eine Aufgabe, welche schon in diesem Buche vollständig gelöst wird. Bei dieser Auffassung treten also in der höheren Theorie der algebraischen Zahlen absolut keine neuen prinzipiellen Schwierigkeiten auf.

Die Untersuchung der Körper p-adischer Zahlen, auf die sich alles

reduziert, wird nun dadurch prinzipiell besonders einfach, daß man alle
p-adischen Zahlen genau ebenso wie die ihrer Größe nach untersuchten reellen Zahlen als Exponenten einer und derselben Basis darstellen
kann. Hierdurch reduzieren sich alle Fragen der Multiplikation und Division, welche ja in der Zahlentheorie fast allein behandelt werden und
behandelt werden können, auf Fragen der Addition und Subtraktion
der zugehörigen Logarithmen, deren Lösung dann völlig selbstverständlich ist. Diese wesentliche Vereinfachung der Arithmetik beruht auf der
Möglichkeit, die p-adischen Zahlen in bestimmter Weise ihrer „Größe"
nach so anzuordnen, daß für sie die wesentlichsten Grundgesetze der
Analysis in Geltung bleiben, und daß so die Exponentialfunktion und
ihre Umkehrung, der Logarithmus, auch in die Arithmetik eingeführt
werden können.

Von den Fragen, welche nach der vollständigen Theorie der linearen
Gleichungen und Kongruenzen mit diesen neuen Methoden behandelt
werden, bezieht sich die erste auf die Auflösung der reinen Gleichungen und der reinen Kongruenzen im Ringe der g-adischen Zahlen; diese
findet bei der speziellen Behandlung der quadratischen Gleichungen im
Reziprozitätsgesetze ihren natürlichen Abschluß. Mit den hier gewonnenen Hilfsmitteln kann dann zweitens in kurzen Zügen eine Darstellung
der wichtigsten in diesen Rahmen gehörigen Ergebnisse der Theorie der
binären und ternären quadratischen Formen gegeben werden; hier ergeben sich zuletzt die Sätze über die Darstellung der rationalen Zahlen
durch binäre Formen für den Bereich einer jeden Primzahl und die auf
dieser Grundlage beruhende Einteilung dieser Formen in Geschlechter.

Die in diesem Buche gegebene Darstellung setzt keine Vorkenntnisse voraus und ist so ausführlich gehalten, daß Studierende der Mathematik dasselbe mit vollem Verständnis lesen können. Möchte es mir
darüber hinaus gelungen sein, dem Leser auch etwas von der großen
Freude an diesem reinsten und, ich möchte sagen, mathematischsten

Gebiete der Mathematik zu geben, welche ich selbst bei der mehrjährigen Beschäftigung mit diesen Fragen empfunden habe.

Bei der Redaktion dieses Werkes hat mir Herr stud. phil. *A. Fraenkel* in unermüdlicher Arbeit sehr dankenswerte und wertvolle Unterstützung gegeben; bei der Herstellung des Sachregisters hat mir Herr stud. phil. *Ostrowski* geholfen. Endlich gilt mein Dank den Leitern des G. J. Göschen'schen Verlages, die mir meine Aufgabe durch verständnisvolles Eingehen auf meine Wünsche und durch ihre bekannte Sorgfalt im Druck und in der Ausstattung wesentlich erleichtert und verschönt haben.

M a r b u r g, den 7. Juni 1913.

K. Hensel.

Inhaltsverzeichnis.

Drittes Kapitel.

Viertes Kapitel.

Fünftes Kapitel.

Zehntes Kapitel.

Die Auflösung der reinen Gleichungen und der reinen Kongruenzen. Die quadratischen Gleichungen und Kongruenzen.

Elftes Kapitel.

Das Reziprozitätsgesetz für die quadratischen Reste.

Zwölftes Kapitel.

Erstes Kapitel.

Die elementaren Rechenoperationen und die Zahlbereiche.

§ 1.   Gegenstand der Arithmetik. Der Bereich der rationalen Zahlen. Die sieben Grundgesetze des Rechnens.

Die Arithmetik stellt sich die Aufgabe, die Eigenschaften der rationalen ganzen und gebrochenen Zahlen zu ergründen. Ich will diese Zahlen selbst sowie auch die vier elementaren Rechenoperationen der A d d i t i o n, S u b t r a k t i o n, M u l t i p l i k a t i o n und D i - v i s i o n, durch die sie miteinander verknüpft werden, als bekannt voraussetzen.

Ich muß aber gleich hier die s i e b e n G r u n d g e s e t z e hervorheben, welche für die Addition und die Multiplikation und damit von selbst für die beiden inversen Operationen, die Subtraktion und die Division, gelten und aus denen alle übrigen die Addition und Multiplikation betreffenden Rechengesetze für die rationalen Zahlen als rein *logische* Folgerungen hergeleitet werden können.

I) *Das assoziative Gesetz der Addition:* Es gilt für jede Summe von beliebig vielen, z. B. drei Summanden a, b, c:

$$(a + b) + c = a + (b + c).$$

Die Klammern können daher bei der Addition als bedeutungslos für das Ergebnis weggelassen werden; es ist $(a+b)+c = a+(b+c) = a+b+c$. Z. B. ist

$$(3 + 4) + 5 = 3 + (4 + 5) = 3 + 4 + 5,$$

d. h.

$$7 + 5 = 3 + 9.$$

II) *Das assoziative Gesetz der Multiplikation:* Es gilt für jedes Produkt von beliebig vielen, z. B. drei Faktoren a, b, c:

$$(ab)c = a(bc).$$

Auch hier sind daher Klammern überflüssig; es ist $(ab)c = a(bc) = abc$. Z. B. ist

$$(3 \cdot 4) \cdot 5 = 3 \cdot (4 \cdot 5) = 3 \cdot 4 \cdot 5,$$

d. h.

$$12 \cdot 5 = 3 \cdot 20.$$

III) *Das kommutative Gesetz der Addition:* Es gilt für beliebig viele Summanden:

$$a + b = b + a,$$
$$a + b + c = c + b + a = \ldots.$$

IV) *Das kommutative Gesetz der Multiplikation:* Es gilt für beliebig viele Faktoren:

$$ab = ba,$$
$$abc = cba = \ldots.$$

Nach dem dritten und dem vierten Gesetz kann also in jeder Summe bzw. in jedem Produkt die Reihenfolge der Summanden bzw. Faktoren beliebig vertauscht werden. So ist z. B.

$$3 + 4 + 5 = 5 + 4 + 3 = 3 + 5 + 4 = \cdots = 12,$$
$$3 \cdot 4 \cdot 5 = 5 \cdot 4 \cdot 3 = 3 \cdot 5 \cdot 4 = \cdots = 60.$$

V) *Das distributive Gesetz der Addition und Multiplikation:*

$$a(b + c) = ab + ac.$$

Z. B. ist

$$4(3 + 5) = 4 \cdot 3 + 4 \cdot 5, \quad \text{d. h.} \quad 4 \cdot 8 = 12 + 20.$$

VI) *Das Gesetz der unbeschränkten und eindeutigen Subtraktion:*
Sind a und b beliebige rationale Zahlen, so gibt es stets eine einzige
rationale Zahl x, für die

$$a + x = b$$

ist. Diese Zahl x wird mit $b - a$ bezeichnet und die D i f f e r e n z von
b und a genannt; b heißt der M i n u e n d u s, a der S u b t r a h e n d u s.
Nach dieser Definition ist also allgemein:

$$a + (b - a) = b.$$

Z. B. folgt aus

$$5 + x = 8, \quad \text{bzw.} \quad 8 + y = 5$$
$$x = 8 - 5 = 3, \quad \text{bzw.} \quad y = 5 - 8 = -3;$$

ebenso folgt aus

$$\frac{3}{4} + z = \frac{1}{3}, \quad z = \frac{1}{3} - \frac{3}{4} = -\frac{5}{12}.$$

VII) *Das Gesetz der unbeschränkten und eindeutigen Division:* Ist
a irgendeine von Null verschiedene, b eine ganz beliebige rationale
Zahl, so gibt es stets eine einzige rationale Zahl x, für die

$$ax = b$$

wird. Diese Zahl x wird mit $\dfrac{b}{a}$ oder $b : a$ bezeichnet und der Q u o t i e n t von b und a genannt; b heißt der Z ä h l e r oder D i v i d e n d u s, a der N e n n e r oder D i v i s o r. Nach dieser Definition ist also allgemein, sobald a von Null verschieden ist:

$$a \cdot \frac{b}{a} = b.$$

Z. B. folgt aus

$$2x = 6, \quad \text{bzw.} \quad \frac{2}{3}y = \frac{7}{12}$$
$$x = \frac{6}{2} = 3, \quad \text{bzw.} \quad y = \frac{7}{12} : \frac{2}{3} = \frac{7}{8}.$$

Die Zahl Null, welche in dem siebenten Gesetz vorkommt, kann in eindeutiger Weise als diejenige rationale Zahl charakterisiert werden, für die bei *jeder* rationalen Zahl a

$$(1) \qquad\qquad a + 0 = a$$

gilt, deren Addition zu einer beliebigen rationalen Zahl also diese ungeändert läßt. Man kann daher die Zahl Null als das E i n h e i t s - e l e m e n t f ü r d i e A d d i t i o n bezeichnen, wenn man allgemein für eine beliebige Verknüpfungsoperation eine Zahl des Bereichs, deren Verknüpfung mit jeder beliebigen Zahl desselben diese ungeändert läßt, ein E i n h e i t s e l e m e n t für die betreffende Operation nennt. Bei dieser Definition *ergibt sich die Existenz der rationalen Zahl* 0 *folgendermaßen allein aus den Grundgesetzen* und zwar *ohne Benutzung des siebenten*:

Zunächst gibt es wegen VI) eine einzige rationale Zahl 0_a, welche zu einer beliebigen, aber fest gegebenen rationalen Zahl a hinzugefügt diese ungeändert läßt, für welche also die Gleichung:

$$(1^{a}) \qquad a + 0_a = a$$

gilt, sodaß $0_a = a - a$ ist. Für eine andere rationale Zahl b folgt ebenso die Existenz einer einzigen rationalen Zahl 0_b, für welche

$$(2) \qquad b = 0_b = b,$$

also $0_b = b - b$ ist. Nun muß stets $0_a = 0_b$ sein. Wird nämlich eine dritte Zahl c so gewählt, daß

$$(3) \qquad a + c = b$$

ist, was wiederum wegen VI) stets und auf eine einzige Weise möglich ist, so folgt aus (1^{a}) durch Addition von c auf beiden Seiten und unter Verwendung von I) und III):

$$(a + c) + 0_a = a + c, \quad \text{d. h. nach (3):} \quad b + 0_a = b,$$

also wegen (2) und VI):

$$0_a = 0_b,$$

womit die Behauptung bewiesen ist. Man kann daher den gemeinsamen Wert $a - a = b - b = \cdots = 0$ setzen.

Ersetzt man ferner in der unter dem fünften Grundgesetz stehenden Gleichung c durch 0, so folgt nach der Definition von 0:

$$a(b + 0) = ab = a \cdot b + a \cdot 0,$$

d. h. *es muß für jede rationale Zahl a stets $a \cdot 0 = 0$ sein.* Aus diesem Grunde muß im siebenten Grundgesetz a als von Null verschieden vorausgesetzt werden, da für $a = 0$, wie auch x gewählt werde, stets

$0 \cdot x = x \cdot 0 = 0$ ist, also der in VII) vorkommende Wert b dann nicht beliebig angenommen werden darf.

Ähnlich wie vorher die Null kann jetzt die Zahl 1 als diejenige eindeutig bestimmte rationale Zahl definiert werden, deren Multiplikation *jede* rationale Zahl a ungeändert läßt, für die also stets

$$a \cdot 1 = a$$

ist. Hiernach kann 1 in dem oben angegebenen Sinn als d a s E i n h e i t s e l e m e n t   f ü r   d i e   M u l t i p l i k a t i o n bezeichnet werden. Nach dieser Definition *ergibt sich die Existenz von 1 direkt aus den Grundgesetzen (hier unter Benutzung des siebenten)* ganz entsprechend dem vorhin für die Existenz der Null geführten Beweise folgendermaßen: Sind a und b beide von 0 verschieden, so folgt aus VII) die Existenz je einer eindeutig bestimmten rationalen Zahl 1_a und 1_b, für welche

$$(4) \qquad a \cdot 1_a = a, \quad b \cdot 1_b = b$$

wird. Ist wieder c so gewählt, daß $ac = b$ ist, so folgt aus der ersten Gleichung (4) nach Multiplikation beider Seiten mit c wegen II) und IV):

$$(ac) \cdot 1_a = ac \quad \text{oder} \quad b \cdot 1_a = b;$$

es muß also notwendig für beliebige von 0 verschiedene rationale Zahlen a, b, ... stets $1_a = 1_b = \cdots = 1$ sein. Aber auch für $a = 0$ ist $0 \cdot 1 = 0$ nach dem Ergebnis des letzten Absatzes; also ist in der Tat für jedes a $a \cdot 1 = a$, w. z. b. w.

Es ist eine sehr reizvolle Aufgabe, die elementaren Rechengesetze direkt als Folgerungen aus den soeben aufgestellten sieben Grundgesetzen herzuleiten. Diese Aufgabe mag dem Leser überlassen bleiben. Es werde hier nur auf den folgenden Satz aufmerksam gemacht, welcher eine unmittelbare Folge jener Gesetze, insbesondere des siebenten, ist.

Ein Produkt ist dann und nur dann Null, wenn mindestens einer seiner Faktoren Null ist.

Sind nämlich a und b zwei von Null verschiedene rationale Zahlen, so ist ab von $a \cdot 0 = 0$ verschieden, weil nach VII) nur eine einzige Zahl x existiert, für welche $ax = 0$ ist. Daß für jedes rationale a stets $a \cdot 0 = 0 \cdot a = 0$ ist, wurde bereits bewiesen.

Endlich soll hier noch die folgende wichtige Bemerkung angeschlossen werden: Für den Bereich der rationalen Zahlen sind die Addition und die Multiplikation die gewöhnlich so bezeichneten bekannten Operationen, und das Gleiche gilt von den inversen Operationen, der Subtraktion und der Division. Da sich aber alle Gesetze des elementaren Rechnens allein aus den sieben oben angegebenen Grundgesetzen als rein logische Folgerungen ergeben, so bleiben diese Rechengesetze unverändert bestehen, wenn man statt des Bereiches der rationalen Zahlen irgendeinen anderen Bereich betrachtet und Addition und Multiplikation irgendwie anders definiert, vorausgesetzt nur, daß auch für diese anders definierten Operationen jene sieben Grundgesetze gültig bleiben. Von dieser Tatsache wird im folgenden sehr häufig Gebrauch gemacht werden.

§ 2.   Die Körper.

Der soeben betrachtete Bereich der rationalen Zahlen bietet das erste Beispiel für einen sog. K ö r p e r. Wir werden diesem Begriff in der Folge so häufig begegnen, daß es sich empfiehlt, gleich hier eine ganz allgemeine Definition desselben zu geben. Es sei uns ein Bereich

$$K(a, b, c, \dots)$$

von irgendwelchen Elementen gegeben (z. B. der vorher betrachtete Bereich aller rationalen Zahlen oder der Bereich aller reellen Zahlen);

ferner seien für diese Elemente zwei Verknüpfungsoperationen definiert, die wie vorher Addition und Multiplikation genannt werden sollen und mittels derer aus je zwei beliebigen Elementen des Bereichs K stets eindeutig abermals ein Element *desselben Bereiches* K gewonnen wird. Gelten dann für diese beiden Operationen die sieben vorher angegebenen Grundgesetze, so soll der Bereich K ein Körper genannt werden. So bilden die rationalen Zahlen, wenn sie durch die gewöhnlichen elementaren Rechenoperationen, die vier Spezies, miteinander verknüpft werden, den sog. K ö r p e r d e r r a t i o n a l e n Z a h l e n, dessen Elemente sämtlich offenbar aus dem Einheitselement 1 durch sukzessive Anwendung dieser Rechenoperationen erhalten werden können. Aus diesem Grunde soll der Körper der rationalen Zahlen auch kurz durch $K(1)$ bezeichnet werden; die am Anfang angegebene Aufgabe der elementaren Arithmetik kann daher als die Untersuchung der Eigenschaften der Elemente von $K(1)$ definiert werden. Es gibt aber außer $K(1)$ noch unendlich viele andere Körper, und gerade die Erforschung der Eigenschaften verschiedener solcher Zahlkörper wird später eine unserer Hauptaufgaben bilden.

Der einfachste Körper ist derjenige, welcher aus dem einzigen Elemente Null bei Verwendung der gewöhnlichen Addition und Multiplikation besteht; denn man erkennt leicht, daß für diesen Bereich alle sieben Grundgesetze erfüllt sind, da $0 + 0 = 0$ und $0 \cdot 0 = 0$ ist. Dieser Körper werde N u l l k ö r p e r genannt und durch $K(0)$ bezeichnet. Andere bekannte Körper sind z. B. der Körper aller reellen Zahlen oder der Körper aller reellen und komplexen Zahlen, beidemal bei Erklärung der Addition und der Multiplikation im gewöhnlichen Sinn. Es ist nicht nötig, daß ein Körper immer aus einer unendlichen Anzahl von Elementen besteht; später werden wir vielmehr auch Körper kennen lernen, welche nur eine endliche Anzahl von Elementen besitzen.

Jeder Körper enthält, wie im § 1 allgemein bewiesen wurde, ein Element Null und, falls er nicht der Nullkörper ist, auch ein von Null verschiedenes Element Eins, also je ein Einheitselement für die Addition und die Multiplikation; ferner gilt nach dem Beweise a. S. 6 für jeden Körper der Satz, daß ein Produkt ab stets und nur dann Null ist, wenn mindestens einer der Faktoren Null ist. Beim Beweis dieses letzten Satzes wurde insbesondere von der Gültigkeit des siebenten Grundgesetzes Gebrauch gemacht.

Der hier definierte und an die Spitze der ganzen Betrachtung gestellte Begriff des Körpers ist nur einer von denjenigen allgemeinen Begriffen, deren Einführung in die Arithmetik so fruchtbar geworden ist; allerdings ist er für die Arithmetik wohl auch der wichtigste unter ihnen. Man kann als eine Eigentümlichkeit der Zahlenlehre das Bestreben bezeichnen, die einzelnen Zahlen als Elemente größerer Zahlbereiche zu betrachten, welche, wie die Körper, durch bestimmte Eigenschaften charakterisiert sind, und die Betrachtung der einzelnen Zahlen durch die genaue Ergründung der Eigenschaften jener Bereiche zu ersetzen.

Bei dieser Auffassung kann jeder Zahlkörper als ein Bereich charakterisiert werden, in welchem alle vier elementaren Rechenoperationen, d. h. die Addition, Subtraktion, Multiplikation und die Division, unbeschränkt und eindeutig ausführbar sind. Ihnen nahe stehen nun solche Bereiche, innerhalb deren nur gewisse von diesen vier Grundoperationen immer ausführbar sind, andere aber nicht. Ich will gleich hier diejenigen unter diesen Bereichen hervorheben, welche für die Arithmetik besonders wichtig geworden sind.

§ 3.   Die Moduln.

Es sei $M(a, b, c, \ldots)$ wieder ein Bereich von Elementen, und es sei für sie nur eine einzige Verknüpfungsoperation definiert, welche A d d i t i o n genannt werde und mittels derer aus je zwei Elementen a und b von M wieder ein Element $c = a + b$ *desselben Bereiches M* hervorgeht. Für diese Addition mögen wieder die drei Grundgesetze gelten, welche für sie unter I), III) und VI) im § 1 aufgestellt waren, nämlich:

I′) *Das assoziative Gesetz der Addition:*

$$(a + b) + c = a + (b + c).$$

II′) *Das kommutative Gesetz der Addition:* $a + b = b + a$.

III′) *Das Gesetz der unbeschränkten und eindeutigen Subtraktion:* Sind a und b beliebige Elemente aus M, so gibt es stets in M ein einziges Element $x = b - a$, für das $a + x = b$ wird.

Jeder solche Zahlbereich M wird nach *Dedekind* ein M o d u l genannt. Aus III′) folgt, daß jeder Modul notwendig das Element $a - a = b - b = \cdots = 0$ enthält. Jeder Körper ist natürlich ein Modul, aber nicht umgekehrt jeder Modul ein Körper.

Sind z. B. a und b zwei beliebige ganze Zahlen, so bilden alle diejenigen ganzen Zahlen einen Modul, welche aus a und b durch beliebig oft angewandte Addition und Subtraktion entstehen, also die Zahlen $(0, \pm a, \pm 2a, \ldots, \pm b, \pm 2b, \ldots, \pm a \pm b, \pm a \pm 2b, \ldots)$, allgemein also alle Zahlen

$$(ma + nb),$$

wo m und n unabhängig voneinander alle positiven und negativen ganzzahligen Werte durchlaufen. Ist z. B. $a = 6$, $b = 10$, so erkennt man leicht, daß in dem Modul $M = (6, 10) = (6m + 10n)$ alle und nur die durch 2 teilbaren ganzen Zahlen, also alle geraden Zahlen enthalten sind. Ebenso enthält der Modul $(6l + 9m + 15n)$ alle und nur die durch 3 teilbaren Zahlen, wie man sich leicht überzeugt.

Der einfachste Modul ist auch hier der sog. Nullmodul $M(0)$, welcher aus dem einzigen Elemente 0 besteht, denn für ihn sind ja offenbar die Gesetze I'), II'), III') gültig. Jeder andere Modul $M(a, b, \ldots)$ muß das Element 0 enthalten, da in ihm sicher die Größe $a - a = b - b = \cdots = 0$ vorkommt.

Andere spezielle Moduln sind z. B. der Bereich aller ganzen Zahlen $(0, \pm 1, \pm 2, \ldots)$, der Bereich aller reellen sowie derjenige aller reellen und komplexen Zahlen, wobei jedesmal die Addition im gewöhnlichen Sinn verstanden wird.

Ist allgemein M ein beliebiger Modul, welcher von dem nur das einzige Element Null enthaltenden N u l l m o d u l verschieden ist, also außer 0 noch ein anderes Element a enthält, so enthält er außer a nach seiner Definition auch alle Elemente

$$a + a, \quad a + a + a, \quad \ldots, \quad a + a + \cdots + a, \quad \ldots$$

welche abgekürzt durch die Symbole $2a$, $3a$, $\ldots$, ma, $\ldots$ bezeichnet werden mögen. Enthält M auch die gewöhnlichen positiven Zahlen 1, 2, 3, $\ldots$, und darf man die Elemente von M speziell mit ihnen multiplizieren, so sind jene Summen direkt gleich den Produkten $m \cdot a$; anderenfalls sind die Symbole ma nur abgekürzte Bezeichnungen für die in M vorhandenen Summen $a + a$, $a + a + a$, $\ldots$ mit zwei, drei, $\ldots$ gleichen Summanden a. Ferner werde das Nullelement, welches nach der soeben gemachten Bemerkung ebenfalls in M vorkommt, durch $0 \cdot a$ bezeichnet. Ebenso enthält M nach III') auch das zu a komplementäre Element $\bar{a}$, für das $a + \bar{a} = 0$ ist und welches wieder durch $-a$

bezeichnet werden möge. Endlich kommen in M auch die aus $-a$ durch wiederholte Addition zu sich selbst erzeugten Elemente

$$(-a) + (-a), \quad (-a) + (-a) + (-a), \quad \ldots$$

vor, die kurz durch $-2a$, $-3a$, ... bezeichnet werden sollen. Alle diese Elemente ma, wo m eine positive oder negative ganze Zahl oder 0 bedeutet, heißen die g a n z z a h l i g e n   V i e l f a c h e n   v o n a. Da ferner nach den soeben gegebenen Definitionen offenbar stets $ma + na = (m + n)a$ ist, so erkennt man auf diese Weise, daß nächst dem Nullmodul die einfachsten Moduln diejenigen $M(a)$ sind, welche aus allen und nur den ganzzahligen Vielfachen eines einzigen Elementes bestehen, und daß ein Modul, der ein von Null verschiedenes Element a enthält, notwendig alle ganzzahligen Vielfachen desselben, d. h. den ganzen Modul $M(a)$ enthalten muß.

Kommt in M außer allen Elementen ma noch ein anderes Element b vor, so enthält M auch alle ganzzahligen Vielfachen nb von b und also auch alle Elemente $ma + nb$, welche aus jenen additiv zusammengesetzt werden können; alle diese Elemente $ma + nb$ bilden für sich einen Modul, welcher durch $M(a, b)$ bezeichnet werde. Die Elemente a und b sollen eine B a s i s für diesen Modul $M(a,b)$ genannt werden. Ist c ein weiteres, nicht unter den Elementen $ma + nb$ vorkommendes Element aus M, so enthält M auch alle Elemente $ma + nb + rc$, wo m, n, r unabhängig voneinander alle ganzen Zahlen durchlaufen, d. h. M enthält den ganzen Modul $M(a, b, c)$, dessen Basis die drei Elemente a, b, c sind. Allgemein bilden alle Elemente von M

$$e = ma + nb + rc + \cdots + sd,$$

in denen m, n, r, ... s alle möglichen positiven oder negativen ganzen Zahlen bedeuten und für welche die Produkte ma, ... wie oben definiert sind, einen Modul $M(a, b, c, \ldots d)$, und die Elemente $(a, b, \ldots d)$ heißen eine Basis für denselben. Jedes Element e dieses Moduls wird eine h o m o g e n e l i n e a r e F u n k t i o n d e r E l e m e n t e a, b, c, $\ldots$ m i t g a n z z a h l i g e n K o e f f i z i e n t e n genannt; also ist z. B. $4a - 3b - c + 9d$ eine homogene lineare Funktion der Elemente a, b, c, d mit ganzzahligen Koeffizienten.

§ 4. Die Gruppen oder Strahlen.

Es sei $G(a, b, c, \ldots)$ ein System von Elementen, für die wiederum nur eine einzige Verknüpfunsgoperation definiert ist, welche aber diesmal M u l t i p l i k a t i o n genannt werden soll, und vermittelst derer aus je zwei Elementen a und b von G stets wieder ein eindeutig bestimmtes Element $c = ab$ *desselben Bereiches* G hervorgehen möge. Für diese Multiplikation sollen wieder die drei Grundgesetze gelten, welche für sie unter II), IV) und VII) im § 1 aufgestellt waren (doch soll letzteres Gesetz hier *ausnahmslos* d. h. für jeden Divisor gelten), nämlich:

I'') *Das assoziative Gesetz der Multiplikation:* $(ab)c = a(bc)$.

II'') *Das kommutative Gesetz der Multiplikation:* $ab = ba$.

III'') *Das Gesetz der unbeschränkten und eindeutigen Division:* Sind a und b beliebige Elemente aus G, so gibt es in G stets ein einziges Element $x = \dfrac{b}{a}$, für das $ax = b$ ist.

Jedes solche System G wird nach *Weber* eine G r u p p e , nach *Fueter* ein S t r a h l genannt. Da die hier gemachten Voraussetzungen, abgesehen von der Bezeichnung der Operation (Multiplikation statt Addition), Wort für Wort mit den für den Modul gemachten übereinstimmen, so folgt sofort, daß für die Gruppen genau die nämlichen Sätze gelten müssen wie für die Moduln. Wir würden daher keine Veranlassung haben, jene Sätze getrennt aufzuführen, wenn wir sie nicht auch auf die Untersuchung der rationalen Zahlen anwenden und hierbei von diesen beiden Operationen die eine mit der gewöhnlichen Addition, die andere mit der gewöhnlichen Multiplikation identifizieren wollten. Zunächst sollen daher die für die Moduln schon gefundenen Sätze jetzt für die Gruppen oder Strahlen noch einmal ausgesprochen werden. Bemerkt sei vorher noch, daß jeder Körper bei Ausscheidung seines Nullelements eine Gruppe darstellt, daß aber keineswegs die Umkehrung gilt.

Auch hier würde das einzige Element 0 für sich eine Gruppe bilden, da für dieses offenbar die drei Gesetze I'), II''), III'') erfüllt sind. Enthält aber eine Gruppe G auch nur ein von Null verschiedenes Element a, so kann sie niemals die Null enthalten, da ja anderenfalls keine Größe x in G vorkommen kann, für welche $0 \cdot x = a$ ist; das Grundgesetz III'') wäre somit nicht ausnahmslos erfüllt. Aus diesem Grunde wollen wir im folgenden die uneigentliche „Nullgruppe" von der Betrachtung ausschließen. Dann enthält also jede eigentliche Gruppe nur von Null verschiedene Elemente.

Jede Gruppe G enthält notwendig das Element 1, da die Gleichung $ax = a$ eine Lösung $x = \dfrac{a}{a}$ in G besitzen muß. Das Element 1 bildet für sich eine und zwar die einfachste Gruppe. Enthält G außer 1 noch wenigstens ein anderes Element a, so enthält G auch alle Elemente aa, aaa, $\ldots$, welche hier kürzer durch die Symbole a^2, a^3, $\ldots$ bezeichnet werden mögen; ebenso enthält G auch das zu a komplementäre Element $\bar{a}$, welches durch die Gleichung $a\bar{a} = 1$ eindeutig bestimmt ist und welches einfacher durch a^{-1} oder $\dfrac{1}{a}$ bezeichnet werde. Außerdem kommen in G die Produkte $(a^{-1})(a^{-1})$, $(a^{-1})(a^{-1})(a^{-1})$, $\ldots$ vor, welche durch a^{-2}, a^{-3}, $\ldots$ bezeichnet werden sollen. Enthält also G ein von 1 verschiedenes Element a, so enthält G alle in der Reihe (a^m) vorkommenden Elemente, wobei m alle positiven und negativen ganzzahligen Werte einschließlich 0 durchläuft und speziell $a^0 = 1$ angenommen wird. Da bei dieser Definition wiederum offenbar $a^m \cdot a^n = a^{m+n}$ ist, so bilden diese Elemente auch schon für sich eine Gruppe, welche die z u a g e h ö r i g e U n t e r g r u p p e $G(a) = (\ldots a^m \ldots)$ heißen soll.

Kommt in G außer den Elementen der Untergruppe $G(a)$ noch ein anderes Element b vor, so enthält G auch sämtliche Elemente der ganzen Untergruppe $G(b) = (\ldots b^m \ldots)$ und auch das aus $G(a)$ und $G(b)$ zusammengesetzte System

$$G(a, b) = (\ldots a^m b^n \ldots),$$

welches ebenfalls eine Gruppe bildet, da $(a^m b^n)(a^{m'} b^{n'}) = a^{m+m'} b^{n+n'}$ ist. Hat G allgemeiner die Elemente a, b, $\ldots$ c, so enthält G auch die zu diesen Elementen gehörige Untergruppe

$$G(a, b, \ldots c) = (\ldots, a^m b^n \ldots c^r, \ldots),$$

welche aus allen Potenzprodukten $a^m b^n \ldots c^r$ mit positiven oder negativen ganzzahligen oder auch verschwindenden Exponenten besteht.

Beispiele spezieller Gruppen sind das System $(1, -1)$, ferner das System aller positiven rationalen Zahlen, endlich das System aller positiven reellen Zahlen, wenn jedesmal die Multiplikation im gewöhnlichen Sinn verstanden wird.

§ 5. Die Ringe.

Es sei $R(a, b, c, \ldots)$ ein Bereich von Elementen, für die zwei Verknüpfungsoperationen definiert sind, welche Addition und

Multiplikation heißen mögen und vermittelst derer wieder aus irgendwelchen zwei Elementen von R je ein eindeutig bestimmtes Element *desselben Bereiches* R hervorgeht. Für diese Operationen sollen *alle im § 1 angegebenen Grundgesetze mit Ausnahme des siebenten* gelten, d. h. die Elemente mögen sich durch die Operationen der Addition, der Subtraktion und der Multiplikation, nicht aber notwendig durch die Division reproduzieren. Jedes solche System wird nach *Hilbert* ein R i n g genannt. Ein Ring enthält notwendig das Element Null, braucht aber nicht das Element Eins zu enthalten, da das siebente Grundgesetz nicht gelten muß. Jeder Körper ist zugleich ein Ring, jeder Ring auch ein Modul, da in ihm ja die Addition und Subtraktion unbeschränkt und eindeutig ausführbar sind; die Umkehrungen gelten aber natürlich nicht.

Z. B. bildet das System aller ganzen Zahlen offenbar einen Ring, weil die Summe, die Differenz und das Produkt von ganzen Zahlen wieder eine ganze Zahl ist. Aber auch das System aller geraden Zahlen oder überhaupt jedes System $(\dots ma \dots)$ aller ganzzahligen Vielfachen einer *ganzen* Zahl a bildet einen Zahlring; dies ist aber nicht mehr der Fall, wenn a eine gebrochene Zahl darstellt. Z. B. kommt das Element $\frac{1}{3} \cdot \frac{1}{3} = \frac{1}{9}$ nicht in dem Bereich $(\dots m\frac{1}{3} \dots)$ vor, der daher nur einen Modul bildet.

Auf die folgende Art kann man aus zwei beliebig gegebenen Körpern einen Ring bilden: Es seien

$$K(a, b, c, \dots) \quad \text{und} \quad K'(a', b', c', \dots)$$

zwei beliebige Körper; 0 und 1 bzw. 0' und 1' mögen für sie das Null- und das Einselement bezeichnen. Sind dann a, b bzw. a', b' je zwei beliebige Elemente von K und K', so sind

$$a + b, \quad a - b, \quad ab, \quad \frac{a}{b} \quad \text{bzw.} \quad a' + b', \quad a' - b', \quad a'b', \quad \frac{a'}{b'},$$

eindeutig bestimmte Elemente innerhalb K bzw. K', mit der Maßgabe, daß bei der Division der Nenner b bzw. b' nicht Null sein darf.

Ich bilde nun einen neuen Bereich:

$$R(A, B, C, \dots) = R(K, K'),$$

dessen Elemente

$$A = (a, a'), \quad B = (b, b'), \ \dots \quad D = (d, d')$$

aus allen und nur den Systemen (d, d') bestehen sollen, deren erster und zweiter Bestandteil d, d' je ein beliebiges Element von K bzw. K' ist. Zwei Elemente $A = (a, a')$ und $B = (b, b')$ sollen dann und nur dann gleich heißen, wenn sie identisch sind, wenn also

$$a = b, \quad a' = b'$$

ist.

Für diesen Bereich definiere ich nun zwei Verknüpfungsoperationen, die Addition und die Multiplikation, durch die beiden folgenden Gleichungen:

$$A + B = (a + b, a' + b'),$$
$$AB = (ab, a'b').$$

Dann erkennt man ohne weiteres, daß für diesen Bereich und die so definierten Verknüpfungsoperationen die fünf ersten im § 1 aufgestellten Grundgesetze bestehen, weil sie n. d. V. für die Körper K und K' erfüllt sind. So ist z. B.

$$A + B = (a + b, a' + b') = (b + a, b' + a') = B + A,$$
$$(AB)C = ((ab)c, (a'b')c') = (a(bc), a'(b'c')) = A(BC),$$
$$A(B + C) = (a(b + c), a'(b' + c')) = (ab + ac, a'b' + a'c') = AB + AC$$

usw. Aber auch das sechste Gesetz ist für R erfüllt. Sind nämlich A und B beliebige Elemente von R, so gibt es ein einziges Element $X = (x, x')$, für welches:

$$A + X = B$$

ist, welches also mit $B - A$ bezeichnet werden kann, nämlich das Element

$$X = (b - a, b' - a').$$

Endlich besitzt R je ein Element Null und Eins, nämlich die Systeme

$$O = (0, 0') \quad \text{und} \quad I = (1, 1'),$$

denn allein für sie ist ja bzw.:

$$A + O = A \quad \text{und} \quad AI = A.$$

Hieraus folgt also, daß der Bereich $R(K, K')$ wirklich ein Ring ist, da für ihn die sechs ersten Grundgesetze bestehen. Wir wollen ihn d e n a u s d e n K ö r p e r n K u n d K' k o m p o n i e r t e n R i n g nennen.

Man erkennt aber sofort, daß R sicher kein Körper ist, daß also für seine Elemente nicht auch das siebente Grundgesetz, das der unbeschränkten und eindeutigen Division, besteht. Sind nämlich

$$A = (a, a'), \quad B = (b, b')$$

zwei beliebige Elemente von R, so besitzt die Gleichung

$$(1) \qquad\qquad AX = B$$

dann und nur dann eine Lösung $X = (x, x')$, wenn man zwei Elemente x und x' von K und K' so bestimmen kann, daß:

$$(2) \qquad\qquad (ax, a'x') = (b, b')$$

ist, daß also die beiden Gleichungen:

$$(2^{\mathrm{a}}) \qquad\qquad ax = b, \quad a'x' = b'$$

in K und K' eine Lösung besitzen. Dies ist stets und zwar nur auf eine Weise möglich, wenn weder $a = 0$, noch auch $a' = 0'$ ist; denn dann sind, wie auch b und b' gewählt seien, $x = \dfrac{b}{a}$, $x' = \dfrac{b'}{a'}$ die eindeutig bestimmten Lösungen der beiden Gleichungen (2^{a}). Die Gleichung (2) besitzt dann also stets die eindeutig bestimmte Lösung:

$$(2^{\mathrm{b}}) \qquad\qquad X = \left(\frac{b}{a}, \frac{b'}{a'} \right),$$

welche wir durch $\dfrac{B}{A}$ bezeichnen, und den Q u o t i e n t e n v o n B u n d A nennen können.

Ist dagegen nur einer der Bestandteile von A, etwa der erste, gleich Null, der andere a' aber von Null verschieden, so ist $A = (0, a')$ nicht gleich Null, aber trotzdem hat die Gleichung:

$$AX = B, \quad \text{d. h.} \quad (0 \cdot x, a'x') = (0, a'x') = (b, b')$$

nur dann eine Lösung, wenn auch in $B = (0, b')$ der erste Bestandteil gleich Null ist, und in diesem Falle hat jene Gleichung nicht eine, sondern unendlich viele Lösungen, da die beiden Gleichungen:

$$0 \cdot x = 0, \quad a'x' = b'$$

offenbar durch jedes Wertsystem $X = \left(x, \dfrac{b'}{a'} \right)$ befriedigt wird, dessen erster Bestandteil x innerhalb K ganz beliebig angenommen werden kann.

Der Bereich $R(K, K')$ stellt also in der Tat stets einen Ring dar, da in ihm dann und nur dann die Division einer Zahl B durch eine andere A unbeschränkt und eindeutig ausführbar ist, wenn in dem Divisor $A = (a, a')$ keiner der beiden Bestandteile a und a' gleich Null ist.

Ich bin absichtlich schon an dieser Stelle etwas ausführlicher auf diese Art der Ringbildung aus zwei beliebigen Zahlkörpern K und K' eingegangen, weil sich zeigen wird, daß alle in der Zahlentheorie zu betrachtenden Zahlenringe sich im wesentlichen in dieser Weise aus zwei oder mehr Zahlkörpern zusammensetzen lassen, so daß sich die kompliziertere Untersuchung dieser Ringe vollständig und höchst einfach auf die Betrachtung der sie zusammensetzenden Zahlkörper zurückführen lassen wird.

Zweites Kapitel.

Der Körper der rationalen Zahlen. Die Primzahlen.

§ 1. Die Teilbarkeit der Zahlen. Der größte gemeinsame Teiler.

Ich wende mich nun zuerst der Untersuchung der rationalen Zahlen oder der Zahlen des Körpers $K(1)$ zu und betrachte hier besonders ihre Eigenschaften in bezug auf ihre *multiplikative* Zusammensetzung aus einfachen Elementen. Eigentlich sollte man diese Untersuchung für jede der beiden elementaren Rechenoperationen, also sowohl für die additive wie auch für die multiplikative Komposition und Dekomposition führen. Aber die bei der additiven Zerlegung auftretenden Fragen sind entweder zu trivial oder zu schwierig; wir besitzen noch keine eigentlich wissenschaftliche und systematisch aufgebaute additive Zahlentheorie. Dagegen ist die multiplikative Arithmetik von *Gauß* in seinen *Disquisitiones arithmeticae*, die er bereits als 19jähriger Jüngling im wesentlichen vollendet hatte, wundervoll einfach und systematisch entwickelt worden. Mit dieser multiplikativen Zahlentheorie werden wir uns in der Folge beschäftigen. Dabei wollen wir uns vorläufig auf den Bereich $(0, \pm 1, \pm 2, \ldots)$ der ganzen positiven und negativen Zahlen einschließlich Null beschränken, da ja jede gegebene rationale Zahl als Quotient von zwei ganzen Zahlen auf multiplikativem Wege dargestellt werden kann.

Wie schon oben erwähnt wurde, bilden die ganzen rationalen Zahlen einen Zahlring $R(1)$, da in ihrem Bereiche die Addition, die Subtraktion und die Multiplikation unbeschränkt und eindeutig ausführbar ist.

Wir wollen uns die ganzen Zahlen in der üblichen Weise *ihrer Größe nach geordnet* denken und für ihre Vergleichung nach der Größe die Bezeichnungen $a > b$ und $b < a$ im gewöhnlichen Sinn verwenden. Unter dem a b s o l u t e n W e r t einer Zahl a verstehen wir die Zahl a selbst oder die Zahl $-a$, je nachdem a positiv oder negativ ist; der absolute Wert einer beliebigen positiven oder negativen Zahl ist also stets positiv. Der absolute Wert von a soll durch $|a|$ bezeichnet werden. So ist z. B. $|-6| = 6$, $|7| = 7$. Ferner sei $|0| = 0$.

Sind a und b zwei beliebige ganze Zahlen, von denen nur b von Null verschieden sein muß, so kann man a durch b dividieren und erhält dabei neben einem ganzzahligen Quotienten m einen Divisionsrest c; man kann diesem Rest die Bedingung auferlegen, entweder daß er positiv oder negativ, aber seinem absoluten Werte nach möglichst klein sein, oder daß er einen möglichst kleinen nicht negativen Wert haben soll; doch mag zunächst von einer solchen speziellen Vorschrift abgesehen und nur verlangt werden, daß der Rest c seinem absoluten Wert nach kleiner als der absolute Wert des Divisors b sei, wodurch c im allgemeinen zweideutig bestimmt ist. Es besteht also stets eine Gleichung

$$a = mb + c, \quad \text{wo } |c| < |b|$$

ist. So ist z. B.: für $a = 212$, $b = 13$

$$212 = 16 \cdot 13 + 4 = 17 \cdot 13 - 9,$$

und beide Male sind die Divisionsreste $c = 4$, $c' = -9$ absolut genommen kleiner als 13.

Ist der Divisionsrest $c = 0$, also $a = mb$, so heißt a ein V i e l f a c h e s oder M u l t i p l u m von b, b ein T e i l e r von a. Nur dann ist $\frac{a}{b} = m$ eine ganze Zahl. Allein in diesem Falle ist die Division im Ringe $R(1)$ der ganzen Zahlen ausführbar. Es gilt der Satz:

Ist a teilbar durch b, b teilbar durch c, so ist a teilbar durch c. Denn aus den beiden Beziehungen $a = mb$, $b = nc$ folgt ja $a = (mn)c$.

Ist eine Zahl δ in mehreren Zahlen a, b, ... c enthalten, so heißt δ ein g e m e i n s a m e r   T e i l e r von a, b, ... c. Da zugleich mit δ auch $-\delta$ gemeinsamer Teiler von a und b ist, so wollen und können wir uns im folgenden immer auf die Betrachtung der positiven Teiler beschränken.

Beispiele: 1) 24 und 36 haben die gemeinsamen Teiler $\delta = 1, 2, 3,$ 4, 6, 12 und keine anderen.

2) 30, 45 und 75 haben die gemeinsamen Teiler $\delta = 1, 3, 5, 15$.

3) 120, 180 und 300 haben die gemeinsamen Teiler $\delta = 1, 2, 3, 4,$ 5, 6, 10, 12, 15, 20, 30, 60.

Die wichtigste Aufgabe dieses Kapitels ist nun folgende:

Es sollen alle gemeinsamen Teiler δ von beliebig vielen gegebenen ganzen Zahlen a, b, ... c gefunden werden.

Ist δ irgend ein gemeinsamer Teiler von a, b, ... c, ist also $a = a_0\delta$, $b = b_0\delta$, ... $c = c_0\delta$, so ist auch jede Zahl, welche aus a, b, ... c durch Addition oder Subtraktion hervorgeht, also jede Zahl

$$ra + sb + \cdots + tc = (ra_0 + sb_0 + \cdots + tc_0)\delta$$

des durch die Basis a, b, ... c bestimmten Moduls $M(a, b, \ldots c)$ durch δ teilbar. Wir können also die obige Aufgabe auch so aussprechen:

Es sollen alle gemeinsamen Teiler δ sämtlicher Elemente eines durch die ganzen Zahlen a, b, ... c bestimmten Moduls $M(a, b, \ldots c)$ gefunden werden.

Jeder solche durch eine beliebige Basis bestimmte ganzzahlige Modul $M(a, b, \ldots c)$ ist nun gleich einem eingliedrigen Modul $M(d)$. Ist nämlich d die kleinste positive Zahl, welche in $M(a, b, \ldots c)$ vorkommt, so beweise ich, daß dieser Modul gleich dem eingliedrigen Modul $M(d)$ ist, welcher aus allen und nur den Vielfachen von d besteht. Einmal nämlich enthält ja $M(a, b, \ldots c)$ nach der Definition des Moduls sicher alle Vielfachen von d, da er dieses Element selbst enthält. Zweitens aber kann dieser Modul auch nicht ein einziges Element enthalten, das kein Vielfaches von d ist; denn ist z. B. a nicht durch d teilbar, also $a = md + d_0$, wo d_0 positiv und kleiner als d angenommen werden darf, so kann a nicht dem Modul $M(a, b, \ldots c, d)$ angehören, weil sonst auch $d_0 = a - md < d$ ihm angehören müßte, während doch nach Voraussetzung d die kleinste positive Zahl des Moduls ist. Es besteht also der Satz:

> Jeder ganzzahlige Modul $M(a, b, \ldots c)$ ist gleich einem eingliedrigen Modul $M(d)$, dessen Grundelement die kleinste positive Zahl ist, welche in $M(a, b, \ldots c)$ vorkommt.

Hiernach sind alle gemeinsamen Teiler δ der Zahlen a, b, $\ldots c$ identisch mit den gemeinsamen Teilern aller Zahlen $(0, \pm d, \pm 2d, \ldots)$ des eingliedrigen Moduls $M(d)$, diese aber sind offenbar einfach die sämtlichen Divisoren der einen Zahl d, diese selbst eingeschlossen. d ist demnach der g r ö ß t e g e m e i n s a m e T e i l e r jener Zahlen. Wir können somit den folgenden Fundamentalsatz aussprechen, der die vollständige Lösung des oben gestellten Problemes ergibt:

> Alle gemeinsamen Teiler von beliebig vielen ganzen Zahlen a, b, $\ldots c$ sind die sämtlichen Divisoren des größten unter ihnen; dieser größte gemeinsame Teiler ist die kleinste positive Zahl, die in dem Modul $M(a, b, \ldots c)$ vorkommt. Der größte gemeinsame

Teiler d der Zahlen a, b, ... c soll kurz mit $d = (a, b, \ldots c)$ bezeichnet werden.

So ist z. B.

$$12 = (24, 36); \quad 15 = (30, 45, 75); \quad 60 = (120, 180, 300);$$

man sieht aus den a. S. 23 gegebenen Beispielen, daß wirklich alle gemeinsamen Teiler z. B. von 120, 180 und 300 in der Zahl 60, ihrem größten gemeinsamen Teiler, enthalten sind und zwar sämtliche Teiler dieses größten gemeinsamen Divisors darstellen.

§ 2. Bestimmung des größten gemeinsamen Teilers. Das kleinste gemeinsame Vielfache mehrerer Zahlen.

Es gibt ein einfaches Verfahren, um die kleinste in einem Modul $M(a, b, \ldots c)$ vorkommende positive Zahl d, also den größten gemeinsamen Teiler von a, b, ... c zu bestimmen. Hierzu sei nur noch der folgende, auch sonst in diesem Paragraphen öfters benutzte Satz vorausgeschickt:

Ein Modul $M(a, b, \ldots c)$ bleibt ungeändert, wenn von einem Elemente seiner Basis ein ganzzahliges Vielfaches eines anderen abgezogen oder zu ihm hinzugefügt wird. Es ist also:

$$M(a, b, \ldots c) = M(a', b, \ldots c), \quad \text{wenn } a' = a - tb$$

ist.

Da nämlich $a' = a - tb$ dem Modul $M(a, b, \ldots c)$ und $a = a' + tb$ dem Modul $M(a', b, \ldots c)$ angehört, so stimmt offenbar die Gesamtheit aller durch die Basis $(a, b, \ldots c)$ und der durch die Basis $(a', b, \ldots c)$ homogen und linear darstellbaren Zahlen überein.

Ist speziell $a = tb$ ein Vielfaches von b, so ist $M(a, b, \ldots c) = M(a - tb, b, \ldots c) = M(0, b, \ldots c)$, und da in jeder Basis das Element 0 offenbar fortgelassen werden kann, so ist in diesem Falle:

$$M(a, b, \ldots c) = M(b, \ldots c).$$

In einem Modul kann also jedes Element seiner Basis einfach fortgelassen werden, welches ein Multiplum eines anderen Basiselementes ist.

Wir denken uns nun die Basiselemente a, b, c, $\ldots e$ des Moduls M, die alle positiv angenommen werden können, ihrer Größe nach geordnet, so daß $a < b < c < \cdots < e$ ist. Dann kann man zunächst ein geeignetes Vielfaches ta von a derart finden, daß die Differenz $b' = b - ta$ nicht negativ und kleiner als a wird; in dem nach dem letzten Satz mit dem ursprünglichen übereinstimmenden Modul $M(a, b', c, \ldots e)$ ordne man die Elemente a, b', $\ldots$ wieder ihrer Größe nach an, wozu nur b' mit a zu vertauschen ist. In dieser Weise fahre man sukzessive fort; ergibt sich einmal die Differenz Null, so kann man diese einfach fortlassen. Da das jeweils kleinste der betrachteten Elemente bei jedem Schritt verkleinert wird, so kann dieses Verfahren nicht ins Unendliche fortgesetzt werden; man muß also nach einer endlichen Zahl von Schritten zu einem dem ursprünglichen Modul äquivalenten System mit nur einem einzigen Element d gelangen. Dieses Element ist daher der größte gemeinsame Teiler der Zahlen a, b, c, $\ldots e$.

Die Anwendung dieser Methode auf die Bestimmung des größten gemeinsamen Teilers $d = (a, b)$ von nur *zwei* positiven ganzen Zahlen führt auf das altberühmte E u k l i d i s c h e V e r f a h r e n (*Euklid's* Elemente Buch VII Satz 2). Ist etwa $a > b$, so bilden wir durch sukzessive Division die folgenden Gleichungen:

$$a = mb + c$$
$$b = nc + d$$
$$c = pd + e$$

(1)

$$\vdots$$

$$f = sg + h$$
$$g = th;$$

dann bilden die Zahlen a, b zusammen mit den ganzen positiven Divisionsresten c, d, ... h eine abnehmende Reihe positiver Zahlen, welche notwendig abbricht, so daß sich zuletzt der Divisionsrest Null ergibt. Der letzte *positive* Divisionsrest h ist dann die gesuchte kleinste Zahl des Moduls (a, b). In der Tat ist, da $c = a - mb$, $d = b - nc$, ... $h = f - sg$ alle dem Modul (a, b) angehören,

$$M(a, b) = M(a, b, c) = \cdots = M(a, b, c, \ldots g, h) = M(h);$$

die letzte Beziehung folgt daraus, daß man aus dem Gleichungssystem (1) von der letzten Gleichung ausgehend sukzessive erschließen kann, daß g, f, ... c, b, a Multipla von h sind.

Ist d der größte gemeinsame Teiler von a, b, ... c, so läßt sich diese Zahl, da sie dem Modul $M(a, b, \ldots c)$ angehört, als homogene lineare Funktion von a, b, ... c mit ganzzahligen Koeffizienten darstellen, wobei sich diese Koeffizienten für den besonderen Fall des größten gemeinsamen Teilers von nur zwei Zahlen leicht aus den Gleichungen (1) des Euklidischen Verfahrens ergeben. Es gilt also der Satz:

Ist d der größte gemeinsame Teiler von a, b, ... c, so kann man stets ganze Zahlen m, n, ... r so bestimmen, daß die

Beziehung

$$ma + nb + \cdots + rc = d$$

besteht. Offenbar können diese Multiplikatoren auf unendlich viele verschiedene Arten bestimmt werden.

Da auch jedes Multiplum von d dem Modul $M(d)$ angehört, so kann *jede* durch d teilbare Zahl in dieser Form dargestellt werden. Aber auch *nur* die Multipla von d lassen eine solche Darstellung zu, da ja eine Gleichung von der Form

$$Ma + Nb + \cdots + Rc = D$$

dann und nur dann besteht, wenn D dem Modul $M(a, b, \ldots c)$ angehört; und da dieser Modul gleich dem Modul $M(d)$ ist, so muß D ein Multiplum von d sein.

Beispiel: Es sei der größte gemeinsame Teiler der Zahlen 1551 und 984 gesucht. Das Euklidische Verfahren gestaltet sich folgendermaßen:

$$1551 = 1 \cdot 984 + 567$$
$$984 = 1 \cdot 567 + 417$$
$$567 = 1 \cdot 417 + 150$$
$$417 = 2 \cdot 150 + 117$$
$$150 = 1 \cdot 117 + 33$$
$$117 = 3 \cdot 33 + 18$$
$$33 = 1 \cdot 18 + 15$$
$$18 = 1 \cdot 15 + 3$$
$$15 = 5 \cdot 3.$$

Daher ist $(1551, 984) = 3$. Kürzer ergibt sich übrigens dieses Resultat, wenn man stets die ihrem absoluten Wert nach kleinsten positiven oder negativen Reste aufsucht. Man erhält dann:

$$1551 = 2 \cdot 984 - 417$$
$$984 = 2 \cdot 417 + 150$$
$$417 = 3 \cdot 150 - 33$$
$$150 = 5 \cdot 33 - 15$$
$$33 = 2 \cdot 15 + 3$$
$$15 = 5 \cdot 3.$$

Der erhaltene größte gemeinsame Teiler 3 läßt sich z. B. der letzten Gleichungsreihe gemäß in der Form $3 = 93 \cdot 984 - 59 \cdot 1551 = 91512 - 91509$ durch 984 und 1551 homogen und linear mit den Koeffizienten 93 und -59 darstellen.

Besonders wichtig ist der Fall, daß der größte gemeinsame Teiler der Zahlen a, b, ... c den kleinsten möglichen Wert 1 hat, daß also der zugehörige Modul $M(a, b, \ldots c)$ aus *allen* ganzen Zahlen besteht. Alsdann nennt man jene Zahlen t e i l e r f r e m d oder r e l a t i v   p r i m. In diesem Fall allein kann man demnach ganzzahlige Multiplikatoren m, n, ... r so bestimmen, daß

(2) $$ma + nb + \cdots + rc = 1$$

wird. Z. B. ist $(12, 15, 10) = 1$, und es besteht die Gleichung $-12 \cdot 12 + 9 \cdot 15 + 1 \cdot 10 = 1$. Da jede ganze Zahl ein Vielfaches von 1 ist, so kann man überhaupt jede ganze Zahl als homogene lineare Funktion teilerfremder Zahlen a, b, ... c mit ganzzahligen Koeffizienten darstellen.

Ist $(a, b, \ldots c) = d$, so daß die Elemente

$$a = da_0, \quad b = db_0, \ldots \quad c = dc_0$$

sämtlich Multipla von d sind, so sind die komplementären Zahlen a_0, b_0 ... c_0 zueinander teilerfremd; denn hätten diese Zahlen noch einen gemeinsamen Teiler d', so wäre ja dd' gemeinsamer Teiler von a, b, ... c gegen die Voraussetzung, daß d der größte gemeinsame Teiler dieser Zahlen ist.

Wir beweisen nun leicht einige wichtige Folgerungen der gefundenen Sätze über den größten gemeinsamen Teiler.

Ist $(a, b, \ldots c) = d$ und r eine zu b, ... c teilerfremde, sonst völlig beliebige ganze Zahl, so ist auch $(ra, b, \ldots c) = d$.

Sicher ist zunächst $\bar{d} = (ra, b, \ldots c)$ ein Vielfaches von d, da ja wegen der Voraussetzung die Zahlen ra, b, ... c sämtlich d enthalten. Da aber $(r, b, \ldots c) = 1$ ist, so kann man wie in (2) eine Reihe ganzer Zahlen ϱ, β, ... γ so bestimmen, daß

$$\varrho r + \beta b + \cdots + \gamma c = 1$$

wird, woraus durch Multiplikation mit a folgt:

$$\varrho(ra) + (\beta a)b + \cdots + (\gamma a)c = a.$$

Substituiert man diesen Wert in $d = (a, b, \ldots c)$, so ergibt sich:

$$d = (\varrho ra + (\beta a)b + \cdots + (\gamma a)c, b, \ldots c) = (\varrho ra, b, \ldots c),$$

weil nach dem auf S. 25 oben bewiesenen Satz aus dem ersten Glied die Vielfachen von b, ... c fortgelassen werden dürfen. Da schließlich $\bar{d} = (ra, b, \ldots c)$ ein Teiler von $(\varrho ra, b, \ldots c) = d$ sein muß, während dieselbe Zahl sich vorher als Vielfaches von d erwies, so ist notwendig wirklich $d = \bar{d}$, w. z. b. w.

Speziell *ist stets* $(ra, b) = (a, b)$, *sobald* $(r, b) = 1$ *ist*. Man kann daher bei der Bestimmung des größten gemeinsamen Teilers von zwei ganzen Zahlen aus der einen jeden Faktor fortlassen, der zur andern teilerfremd ist. So ist z. B. $(840, 256) = (3 \cdot 5 \cdot 7 \cdot 8, 256) = (8, 256) = 8$, weil die Zahlen 3, 5, 7 sämtlich zu 256 relativ prim sind.

Aus diesem Hauptsatz ergeben sich sofort drei wichtige Folgerungen:

I) Das Produkt von zwei zu c teilerfremden Zahlen a und b ist selbst zu c teilerfremd.

Denn nach dem letzten Satz folgt ja aus $(b, c) = (a, c) = 1$ stets $(ab, c) = (a, c) = 1$. Z. B. ergibt sich aus $(5, 6) = 1$, $(7, 6) = 1$: $(35, 6) = 1$.

II) Ist r teilerfremd zu b, aber ar durch b teilbar, so ist notwendig a durch b teilbar.

Denn nach der Voraussetzung $(ar, b) = b$ folgt aus dem obigen Satze: $b = (ar, b) = (a, b)$. Z. B. ergibt sich aus der Voraussetzung, daß $48 = 3 \cdot 16$ durch 8 teilbar ist, daß 8 in 16 enthalten sein muß, weil $(3, 8) = 1$ ist.

Durch wiederholte Anwendung des Satzes I) folgt:

III) Ist von den Zahlen

$$a, b, c, d, \ldots \quad \text{und} \quad a', b', c', d', \ldots$$

jede ungestrichene zu jeder gestrichenen teilerfremd, so sind auch die Produkte

$$abcd \ldots \quad \text{und} \quad a'b'c'd' \ldots$$

zueinander teilerfremd.

Nimmt man in diesem Satz sämtliche Elemente jeder Zahlenreihe als gleich an, so ergibt sich:

IV) Sind a und a' relativ prim, m und m' beliebige ganze positive Zahlen, so sind auch stets die Potenzen a^m und $a'^{m'}$ relativ prim.

Z. B. folgt aus $(3,5) = 1$: $(3^6, 5^4) = 1$ oder $(729, 625) = 1$.

Aus dem letzten Satz läßt sich noch eine interessante Folgerung ziehen:

V) Die $m^{\text{-te}}$ Wurzel aus einer ganzen Zahl A kann niemals eine gebrochene Zahl sein; diese ist also entweder ebenfalls ganz oder irrational.

Wäre nämlich $\sqrt[m]{A} = \dfrac{a}{b}$ eine gebrochene Zahl, so könnten wir Zähler und Nenner als teilerfremd voraussetzen, da anderenfalls $d = (a, b)$ durch das Euklidische Verfahren bestimmt und aus Zähler und Nenner weggehoben werden könnte. Aus der Voraussetzung $\sqrt[m]{A} = \dfrac{a}{b}$ würde sich aber $A = \dfrac{a^m}{b^m}$ ergeben, so daß a^m durch b^m teilbar wäre, während doch nach (IV) a^m zu b^m teilerfremd sein muß.

In engem Anschluß an die soeben behandelte Frage nach den gemeinsamen Teilern mehrerer Zahlen betrachten wir nun diejenige nach ihren gemeinsamen Vielfachen. Eine Zahl μ heißt ein g e m e i n s a m e s V i e l f a c h e s mehrerer Zahlen a, b, ... c, wenn sie durch jede von ihnen teilbar, wenn also

$$\mu = \alpha a = \beta b = \cdots = \gamma c$$

ist. Der Bereich aller gemeinsamen Vielfachen von a, b, ... c bildet offenbar einen Modul $M(\mu, \mu', \ldots)$; denn sind μ und μ' beide durch jede der Zahlen a, b, ... c teilbar, so gilt ja dasselbe von ihrer

Summe und ihrer Differenz. Ist aber m die kleinste positive Zahl dieses Moduls, d. h. das k l e i n s t e   g e m e i n s a m e   V i e l f a c h e von a, b, ... c, so folgt aus dem auf S. 24 oben bewiesenen Satze, daß jedes andere gemeinsame Vielfache ein Multiplum von m ist. Es besteht also der Satz:

Alle gemeinsamen Vielfachen beliebig vieler Zahlen a, b, ... c sind die sämtlichen Multipla des kleinsten unter ihnen. Dieses kleinste gemeinsame Vielfache soll durch

$$m = [a, b, \ldots c]$$

bezeichnet werden.

Nur dieses kleinste gemeinsame Multiplum braucht man also zu bestimmen, und zwar genügt es ersichtlich, dies für den Fall von nur zwei Zahlen a, b zu tun. Diese Frage wird durch den folgenden Satz völlig gelöst:

Ist $d = (a, b)$ der größte gemeinsame Teiler der Zahlen a, b, so gilt für ihr kleinstes gemeinsames Vielfaches m die Gleichung:

$$m = \frac{ab}{(a, b)} \quad \text{oder} \quad md = ab.$$

Ist nämlich $a = a_0 d$, $b = b_0 d$, wo $(a_0, b_0) = 1$ ist, so ist eine Zahl μ dann und nur dann gemeinsames Multiplum von a und b, wenn $\dfrac{\mu}{a_0 d}$ und $\dfrac{\mu}{b_0 d}$ ganze Zahlen sind. Zunächst muß also μ ein Vielfaches von d sein: $\mu = \mu_0 d$, und auch die beiden Quotienten $\dfrac{\mu_0}{a_0}$ und $\dfrac{\mu_0}{b_0}$ müssen ganz sein. Da aber a_0 und b_0 teilerfremd sind, so folgt aus $\mu_0 = k a_0$ nach

Satz II) auf S. 30: $k = lb_0$, also $\mu_0 = l(a_0 b_0)$ d. h. $\mu = l(a_0 b_0 d) = l\dfrac{ab}{d}$.

Das *kleinste* gemeinsame Vielfache folgt hieraus für $l = 1$: $m = \dfrac{ab}{d}$.

Z. B. ist $(12, 15) = 3$, $[12, 15] = 60$, und es ist wirklich $60 \cdot 3 = 12 \cdot 15$.

Sind speziell a und b teilerfremd, also $d = 1$, so ist das kleinste gemeinsame Vielfache gleich ab. Allgemein sieht man leicht die Richtigkeit des folgenden Satzes ein, dessen einfacher Beweis dem Leser überlassen bleibe:

Sind a, b, c, ... d beliebig viele Zahlen, von denen je zwei stets zueinander teilerfremd sind, so ist ihr kleinstes gemeinsames Vielfaches gleich ihrem Produkt.

§ 3.   Die Primzahlen. Die eindeutige Zerlegung der rationalen Zahlen in Primzahlen.

Der Begriff der Teilbarkeit ermöglicht uns die wichtigsten Zahlen der Zahlentheorie, die sog. P r i m z a h l e n, zu definieren:

Eine ganze Zahl p, welche außer den selbstverständlichen (uneigentlichen) Teilern p und 1 keinen Divisor besitzt, heißt eine Primzahl. Jede andere ganze Zahl, die also mindestens einen *eigentlichen* Teiler hat, wird eine z u s a m m e n g e s e t z t e Z a h l genannt.

Man kann offenbar stets durch eine endliche Zahl von Versuchen feststellen, ob eine vorgelegte Zahl a eine Primzahl ist oder nicht. Da nämlich ein eigentlicher Teiler von a kleiner als a sein muß, so braucht man höchstens zu probieren, ob a durch eine der Zahlen $2, 3, \ldots a - 1$ teilbar ist. Man braucht mit diesen Versuchen sogar nur bis $\sqrt{a}$ bzw. bis zur nächst kleineren ganzen Zahl zu gehen; ist nämlich d ein eigentlicher Teiler von a, also $a = dd'$, so kann hier ohne Beschränkung der Allgemeinheit $d \leq d'$ angenommen werden, da man andernfalls d mit d' vertauschen könnte; aus $d \leq d'$ folgt aber $a = dd' \geq d^2$, also wirklich $d \leq \sqrt{a}$. Hat also a keinen zwischen 1 und $\sqrt{a}$ (dieses ev. eingeschlossen) liegenden Teiler, so ist a eine Primzahl. Um z. B. zu entscheiden, ob 131 eine Primzahl ist, hat man nur die Teilbarkeit von 131 durch 2, 3, ... 11 zu prüfen.

Auf dieser Tatsache kann man ein einfaches Verfahren begründen, um aus der Reihe aller ungeraden Zahlen (die geraden Zahlen sind ja mit Ausnahme der Primzahl 2 alle zusammengesetzt) alle Primzahlen auszusondern. Es ist dies das sog. *Sieb des Eratosthenes* (276–194 v. Chr.). Um nämlich zu entscheiden, welche positiven ungeraden Zahlen Primzahlen sind, schreibe man alle ungeraden Zahlen der Reihe nach hin und durchstreiche zunächst, von $3^2 = 9$ ausgehend, jede dritte Zahl, dann von $5^2 = 25$ ausgehend jede fünfte Zahl usw., allgemein vom Quadrat der nächsten noch nicht durchstrichenen Zahl p ausgehend jede p^{te} Zahl, wobei allemal die bereits durchstrichenen Zahlen beim Weiterzählen mitzurechnen sind. Hat man dieses Verfahren bis zu einer Zahl b durchgeführt, so stellen die undurchstrichen gebliebenen Zahlen alle Primzahlen unter b^2 dar, wenn man noch die einzige gerade Primzahl 2 ihnen hinzufügt. Die Begründung dieses Verfahrens ist so einfach, daß es hierüber keiner Ausführung mehr bedarf.

Im ersten Hundert ergeben sich so die 25 Primzahlen:

2, 3, 5, 7, 11, 13, 17, 19, 23, 29, 31, 37, 41, 43, 47, 53, 59, 61, 67, 71, 73, 79, 83, 89, 97;

im zweiten Hundert findet man 21 Primzahlen:

101, 103, 107, 109, 113, 127, 131, 137, 139, 149, 151, 157, 163, 167, 173, 179, 181, 191, 193, 197, 199.

Außer den Zahlen 3, 5, 7 existieren offenbar keine *drei* benachbarten Primzahlen, da ja von drei aufeinander folgenden ungeraden Zahlen stets eine durch drei teilbar sein muß.

Das Gesetz, nach welchem die so einfach bestimmbaren Primzahlen aufeinander folgen, kennen wir nicht. Sicherlich weist die Reihe aller Primzahlen beliebig große Lücken auf, sobald man sie nur genügend weit verfolgt; denn ist n eine noch so große gegebene Zahl, so ist von den $n - 1$ aufeinander folgenden Zahlen

$$n! + 2, \quad n! + 3, \quad n! + 4, \; \ldots \quad n! + n,$$

wo $n! = 1 \cdot 2 \cdot 3 \ldots n$ ist, keine einzige eine Primzahl, da für jedes $i = 2$, $3, \ldots n$ offenbar z. B. $n! + i$ durch i teilbar ist.

Man hat bei den Primzahlen gewisse merkwürdige Tatsachen beobachtet, deren Beweis mit den heutigen Mitteln unserer Wissenschaft noch nicht gelungen ist, obgleich sie wohl sicher richtig sind. Hier seien nur zwei derartige Sätze erwähnt:

Jede gerade Zahl kann als Summe zweier Primzahlen dargestellt werden.

Dieses Theorem wurde zuerst von *Goldbach,* dann von *Waring* aufgestellt, aber nicht bewiesen. Die Prüfung der ersten geraden Zahlen, etwa bis 1000, lehrt sogar, daß die Anzahl der Darstellungen von $2n$ in dieser Form, abgesehen von kleineren Schwankungen, mit wachsendem n beständig zunimmt, wodurch die Wahrscheinlichkeit, daß dieser Satz zutrifft, erhöht wird.

Jede gerade Zahl kann auf unendlich viele verschiedene Arten als Differenz zweier Primzahlen dargestellt werden. Insbesondere müssen sich daher in der Reihe aller Primzahlen, wie weit man auch in ihr fortschreiten mag, stets noch Paare von Primzahlen finden, wie z. B. die Paare $(3,5)$, $(11,13)$, $(29,31)$, $(71,73)$, $(137,139)$, ..., deren Differenz gleich zwei ist, die sich also nur um zwei Einheiten unterscheiden.

Natürlich nimmt aber die Häufigkeit solcher Paare benachbarter Primzahlen um so mehr ab, je weiter man in der Reihe aller Primzahlen fortgeht. So finden sich z. B. im ersten Hundert neun, im zweiten nur sieben solche Paare, wie sich aus der Tabelle auf S. 35 ergibt.

Besonders merkwürdig ist auch, daß bei mehreren Sätzen über die Primzahlen und ihre Verteilung, deren allgemeiner Nachweis schließlich gelungen ist, doch ein höchst auffallendes Mißverhältnis zwischen der Einfachheit und Verständlichkeit der Theoreme und dem mühsamen Wege und den schwierigen Hilfsmitteln besteht, deren man zu ihrer Herleitung bedurfte.

Daß *die Anzahl aller Primzahlen nicht endlich sein kann*, hat bereits *Euklid* auf die folgende wunderbar einfache und scharfsinnige Art bewiesen: Angenommen, es gäbe nur eine endliche Anzahl von Primzahlen, 2, 3, 5, ... p, so daß p die größte existierende Primzahl wäre, so gibt die Zahl

$$m = 2 \cdot 3 \cdot 5 \ldots p + 1$$

bei der Division durch jede einzelne Primzahl 2, 3, ... p den Rest 1; da m demnach durch keine dieser Primzahlen teilbar ist, so muß m entweder selbst eine neue Primzahl sein oder lauter neue Primzahlen enthalten. Dieser Euklidische Beweis ist auch deshalb besonders schön und wertvoll, weil er gleich ein endliches Intervall ergibt, in welchem eine neue Primzahl liegen muß; in der Tat folgt ja unmittelbar aus dem Euklidischen Beweise:

Ist p eine beliebig gegebene Primzahl, so muß in dem Intervall von $p+1$ bis $2 \cdot 3 \cdot 5 \ldots p+1$ (inkl.) mindestens *eine* neue Primzahl vorhanden sein.

Es sei hier nur erwähnt, daß es den Bemühungen der Mathematiker gelungen ist, anstatt dieser großen Intervalle wesentlich kleinere aufzufinden. Am schönsten und einfachsten ist wohl in dieser Beziehung der folgende von *Tschebyscheff* herrührende Satz, dessen Beweis aber wesentlich höhere Hilfsmittel erfordert:

Ist a irgend eine oberhalb von 3, 5 gelegene reelle Zahl, so liegt stets zwischen den Grenzen a und $2a - 2$ mindestens eine Primzahl.

Z. B. muß also zwischen 4 und 6, 5 und 8, 6 und 10, 12 und 22 usw. jeweils mindestens eine Primzahl liegen.

Da es nur die einzige gerade Primzahl 2 gibt, so besagt der Euklidische Satz über die unendliche Anzahl der Primzahlen, daß insbesondere die Reihe

$$1, 3, 5, 7, 9, 11, \ldots$$

aller ungeraden Zahlen unendlich viele Primzahlen enthält. Teilt man diese Reihe dadurch in zwei Partialreihen, daß man in ihr von 1 bzw. 3 ausgehend immer je eine Zahl überspringt, so erhält man die Reihen

$$1, 5, 9, 13, \ldots \quad \text{und} \quad 3, 7, 11, 15, \ldots$$

aller derjenigen Zahlen, welche durch 4 geteilt den kleinsten positiven Rest 1 bzw. 3 lassen, d. h. alle Zahlen von der Form $4n + 1$ bzw. $4n + 3$. Überspringt man in der obigen Reihe aller ungeraden Zahlen in gleicher Weise von 1, 3, 5 oder 7 ausgehend immer je vier Zahlen unserer Reihe, so erhält man die vier Partialreihen

$$1, 9, 17, \ldots; \quad 3, 11, 19, \ldots; \quad 5, 13, 21, \ldots; \quad 7, 15, 23, \ldots$$

der Zahlen von den Formen $8n + 1$, $8n + 3$, $8n + 5$, $8n + 7$. In gleicher Weise kann man die Reihe der ungeraden Zahlen in andere Partialreihen zerlegen. Es liegt nun nahe, zu fragen, ob jede dieser Partialreihen ebenso wie die ganze Reihe der ungeraden Zahlen unendlich viele Primzahlen enthält, oder ob dies nur für gewisse unter ihnen gilt.

So werden wir darauf geführt, zu untersuchen, unter welchen Bedingungen eine arithmetische Reihe

$$r, \ r + m, \ r + 2m, \ \ldots$$

unendlich viele Primzahlen enthält. Hierüber verbreitet der folgende, von *Dirichlet* zuerst streng bewiesene Satz volle Klarheit:

> Alle und nur die arithmetischen Reihen $r + km$, für die das Anfangsglied r und die Differenz m teilerfremd sind, enthalten unendlich viele Primzahlen.

Daß dies sicher nicht der Fall sein kann, wenn $(r, m) = d > 1$ ist, ist unmittelbar klar, da ja dann jede Zahl der arithmetischen Reihe durch d teilbar ist. Den schwierigen Beweis der positiven Behauptung für den Fall $(r, m) = 1$ hingegen konnte *Dirichlet* nur mit Benützung der Mittel der höheren Analysis führen; sein Ziel ist dabei der Nachweis, daß, wenn p_1, p_2, p_3, $\ldots$ alle Primzahlen der zu untersuchenden arithmetischen Reihe sind, die Summe der Reihe

$$\frac{1}{p_1} + \frac{1}{p_2} + \frac{1}{p_3} + \ldots$$

ins Unendliche wächst, woraus sich ergibt, daß diese Reihe gewiß unendlich viele Glieder besitzt.

Die wichtigste Eigenschaft der Primzahlen ist aber die, daß sie gewissermaßen die Elemente sind, aus denen sich jede ganze Zahl in eindeutiger Weise multiplikativ zusammensetzen läßt. Daß zunächst jede ganze positive Zahl a (für die negativen Zahlen kommt ja nur noch die Multiplikation mit -1 dazu) überhaupt in Primzahlen dekomponiert werden kann, sieht man leicht ein: Entweder ist nämlich a eine Primzahl, dann ist der gewünschte Beweis schon geführt; oder aber a hat mindestens einen eigentlichen Teiler d, d. h. es ist $a = dd'$, dann ist die ursprüngliche Aufgabe auf die andere der Zerlegung der Zahlen d und d', die beide kleiner als a sind, zurückgeführt. Verfährt man ebenso mit d und d' usw., so muß man, da bei jedem Schritt jede der vorkommenden Zahlen verkleinert wird, schließlich zu einer Dekomposition von a in lauter Primzahlen gelangen; für jede zusammengesetzte ganze Zahl kann demnach eine Zerlegung in lauter Primzahlen durch eine endliche Anzahl von Versuchen gefunden werden. Es wäre aber sehr wohl denkbar, daß man für die nämliche Zahl a auf andere Weise eine Zerlegung in ganz andere Primzahlen erhalten könnte; wirklich ist dies zwar nicht im Körper der rationalen Zahlen, wohl aber in anderen Körpern der Fall.

Der fundamentale Beweis für die in $K(1)$ herrschende Eindeutigkeit der Zerlegung läßt sich leicht mit Hilfe der zwei folgenden Sätze führen:

Eine Primzahl p ist in einer beliebigen ganzen Zahl a entweder als Teiler enthalten oder zu ihr teilerfremd.

In der Tat ist ja der größte gemeinsame Teiler $d = (p, a)$ ein Teiler der Primzahl p, es muß also entweder $d = p$ oder $d = 1$ sein. Im ersten Fall ist p in a enthalten, im zweiten zu a teilerfremd.

Ein Produkt ist dann und nur dann durch eine Primzahl p teilbar, wenn diese in mindestens einem der Faktoren enthalten ist.

Wäre nämlich p in keiner der Zahlen a, b, $\ldots$ c enthalten, also nach dem letzten Satz $(a, p) = (b, p) = \cdots = (c, p) = 1$, so folgte nach Satz III) auf S. 30 $(a \cdot b \ldots c, p) = 1$ in Widerspruch mit der Voraussetzung, daß $a \cdot b \ldots c$ durch p teilbar ist.

Wir zeigen jetzt, daß eine ganze positive Zahl a nicht auf zwei verschiedene Arten (abgesehen von multiplikativer Hinzufügung von Einsen) als Produkt von Primzahlen dargestellt werden kann. Wären nämlich einmal zwei verschiedene Primzahlprodukte einander gleich, bestünde also eine Beziehung

$$pp' \ldots p^{(k)} = qq' \ldots q^{(l)},$$

wo nicht alle Primzahlen p mit allen Primzahlen q übereinstimmten, so könnte man offenbar voraussetzen, daß kein Faktor p einem Faktor q gleich ist; denn solche gleiche Primzahlen könnten ja durch Heben auf beiden Seiten fortgeschafft werden, wobei nach der Voraussetzung noch wenigstens auf einer Seite, etwa der linken, mindestens ein Faktor p übrig bliebe. Da demnach p in dem rechts übrig gebliebenen Produkt enthalten wäre, so müßte nach dem zuletzt bewiesenen Satze rechts mindestens eine durch p teilbare Zahl q stehen geblieben sein, welche, da sie selbst als Primzahl keinen eigentlichen Teiler enthalten könnte, notwendig mit p identisch wäre. Diese Folgerung widerspricht aber der Voraussetzung, nach der alle gleichen Primzahlen bereits ursprünglich auf beiden Seiten fortgeschafft waren; daher war die Annahme, es sei hierbei mindestens ein Faktor auf einer Seite stehen geblieben, notwendig falsch. Bedenkt man noch, daß gleiche Primzahlen bei der Zerlegung einer zusammengesetzten Zahl miteinander vereinigt werden können, so hat man den folgenden, *für die ganze multiplikative Zahlenlehre grundlegenden*

Fundamentalsatz: Jede ganze positive Zahl m läßt sich stets und nur auf eine einzige Weise als Produkt von Primzahlpotenzen,

d. h. in der Form

$$m = p^a q^b \ldots r^c$$

darstellen.

Hierbei sind die Exponenten a, b, $\ldots$ c auf ganzzahlige positive Werte beschränkt, ausgenommen den trivialen Fall $m = 1$. Da jede negative Zahl aus einer positiven durch Multiplikation mit -1 entsteht und sich jede gebrochene Zahl eindeutig als Quotient von zwei teilerfremden ganzen Zahlen darstellen läßt, von denen jede in ihre Primfaktoren zerlegt werden kann, so bleibt der soeben bewiesene Fundamentalsatz *für jede positive oder negative rationale Zahl* gültig, sobald man die Exponenten a, b, $\ldots$ c auch ganzzahlige negative Werte annehmen läßt und die eventuelle Hinzufügung von -1 gestattet. So ist z. B.:

$$1400 = 2^3 5^2 7, \quad -\frac{189}{220} = (-1) \cdot 2^{-2} 3^3 5^{-1} 7 \cdot 11^{-1}.$$

Benutzt man die Tatsache, daß sich jede ganze Zahl eindeutig als Produkt von Primzahlpotenzen darstellen läßt, so ergeben sich die im vorigen Paragraphen bewiesenen Sätze über den größten gemeinsamen Teiler und das kleinste gemeinsame Vielfache mehrerer Zahlen höchst einfach. Hier sollen nur noch zwei Sätze über die Teiler einer Zahl bewiesen werden.

Ist $m = p^a q^b \ldots r^c$ die Zerlegung einer beliebigen ganzen positiven Zahl m in ihre Primfaktoren, so ist die Anzahl aller Teiler von m (1 und m eingeschlossen) gleich

$$(a + 1)(b + 1) \ldots (c + 1).$$

Denn soll δ ein Teiler von m sein, so muß $\dfrac{m}{\delta}$ ganz sein, d. h. δ kann keinen Primteiler von m in höherer Potenz als m selbst enthalten; δ muß daher stets die Form besitzen:

$$\delta = p^\alpha q^\beta \ldots r^\gamma \qquad \begin{pmatrix} \alpha = 0,\ 1,\ \ldots\ a \\ \beta = 0,\ 1,\ \ldots\ b \\ \vdots \\ \gamma = 0,\ 1,\ \ldots\ c \end{pmatrix}.$$

Die Anzahl aller dieser Teiler ist aber in der Tat

$$(a+1)(b+1)\ldots(c+1).$$

Z. B. besitzt $1080 = 2^3 \cdot 3^3 \cdot 5$ genau $32 = 4 \cdot 4 \cdot 2$ verschiedene Teiler.

Auch die Summe $S_d(m)$ aller Teiler von m läßt sich leicht bestimmen. Es ergibt sich nämlich durch eine einfache Überlegung:

$$\begin{aligned}
S_d(m) = \sum \delta &= \sum_{\alpha=0}^{a} \sum_{\beta=0}^{b} \ldots \sum_{\gamma=0}^{c} (p^\alpha q^\beta \ldots r^\gamma) \\
&= (1 + p + p^2 + \cdots + p^a)(1 + q + \cdots + q^b)\ldots(1 + r + \cdots + r^c) \\
&= \frac{p^{a+1} - 1}{p - 1} \cdot \frac{q^{b+1} - 1}{q - 1} \ldots \frac{r^{c+1} - 1}{r - 1}.
\end{aligned}$$

Wir haben also gefunden:

Ist $m = p^a q^b \ldots r^c$ die Zerlegung einer beliebigen ganzen positiven Zahl m in ihre Primfaktoren, so ist die Summe aller Teiler von m

$$S_d(m) = \frac{p^{a+1} - 1}{p - 1} \cdot \frac{q^{b+1} - 1}{q - 1} \ldots \frac{r^{c+1} - 1}{r - 1}.$$

Z. B. ist für $1080 = 2^3 \cdot 3^3 \cdot 5$

$$S_d(1080) = \frac{2^4 - 1}{1} \cdot \frac{3^4 - 1}{2} \cdot \frac{5^2 - 1}{4} = 15 \cdot 40 \cdot 6 = 3600.$$

In ähnlicher Weise läßt sich die Summe von beliebig hohen Potenzen sämtlicher Teiler einer gegebenen Zahl sehr leicht berechnen.

Drittes Kapitel.

Die Beziehungen aller rationalen Zahlen zu einer Grundzahl g. Die g-adische Darstellung der rationalen Zahlen.

§ 1.　Die modulo g ganzen und gebrochenen rationalen Zahlen.

Nachdem wir im vorigen Kapitel die Hauptsätze über die multiplikative Zerlegung rationaler Zahlen kennen gelernt haben, sollen jetzt die Beziehungen zwischen allen rationalen Zahlen und einer willkürlich aber fest angenommenen ganzen positiven Zahl $g > 1$, der sog. G r u n d z a h l oder dem M o d u l,[1] genauer untersucht werden. Analog der früher gemachten Unterscheidung zwischen ganzen und gebrochenen Zahlen teilen wir auch jetzt die rationalen Zahlen ein in die modulo g ganzen und gebrochenen Zahlen, definieren aber jetzt wesentlich anders als vorher:

Eine rationale Zahl $A = \dfrac{m}{n}$, die wir uns in der Folge stets in der reduzierten Form (d. h. nach Wegschaffung etwaiger gemeinsamer Teiler in Zähler und Nenner) gegeben denken, heißt m o d u l o g g a n z oder f ü r d e n B e r e i c h v o n g g a n z, wenn ihr Nenner n zu g teilerfremd ist, also mit g keinen einzigen Primteiler gemeinsam hat. Dabei ist natürlich auch die

---

[1] Diese Bedeutung des Wortes, das hier eine spezielle *Zahl* bezeichnet, ist zu unterscheiden von der anderen, in § 3 des I. Kap. eingeführten, wo unter Modul ein besonderer *Zahlbereich* verstanden wurde; beide Bedeutungen haben nichts miteinander zu tun.

Zahl Null als modulo g ganz zu betrachten. Jede andere Zahl A, deren Nenner also mindestens einen der Primteiler von g enthält heißt eine m o d u l o g g e b r o c h e n e   Zahl.

Ist speziell die Grundzahl g eine Primzahl p oder eine Primzahlpotenz p^k, so sind alle und nur die reduzierten Brüche modulo g ganz, deren Nenner nicht p enthält.

Bei dieser Definition der modulo g ganzen und gebrochenen Zahlen abstrahiert man also von allen Primteilern des Nenners mit alleiniger Ausnahme derjenigen, die in g enthalten sind. Zum Unterschied sollen die bisher betrachteten gewöhnlichen ganzen Zahlen $0, \pm 1, \pm 2, \ldots$ auch als a b s o l u t   g a n z bezeichnet werden.

In diesem Kapitel werden die absolut ganzen Zahlen durch kleine, die modulo g ganzen und gebrochenen Zahlen durch große lateinische Buchstaben bezeichnet werden. Unter einer ganzen Zahl schlechthin soll jetzt immer eine modulo g ganze Zahl $A = \dfrac{m}{n}$ verstanden werden. Alle absolut ganzen Zahlen sind natürlich auch für *jeden* Modul g ganz, aber für den Bereich von g kommen zu ihnen eben noch alle unendlich vielen Brüche $A = \dfrac{m}{n}$ hinzu, für welche $(n, g) = 1$ ist.

Z. B. sind die beiden Zahlen $\dfrac{7}{5}$ und $-\dfrac{12}{17}$ modulo 12 ganz, weil ihre Nenner weder durch 2 noch durch 3 teilbar sind.

Alle modulo g ganzen Zahlen bilden ebenso wie alle absolut ganzen Zahlen einen Zahlenring, dessen Elemente sich durch Addition, Subtraktion und Multiplikation wieder erzeugen.

In der Tat, sind $A = \dfrac{m}{n}$ und $A' = \dfrac{m'}{n'}$ modulo g ganz, so gilt das gleiche für $A + A'$, $A - A'$ und AA'; denn die Nenner der (eventuell noch nicht reduzierten) Brüche

$$\frac{m}{n} \pm \frac{m'}{n'} = \frac{mn' \pm nm'}{nn'} \quad \text{und} \quad \frac{m}{n} \cdot \frac{m'}{n'} = \frac{mm'}{nn'}$$

sind ja zu g teilerfremd, wenn dies für n und n' gilt, um so mehr also die Nenner der hieraus entstehenden reduzierten Brüche.

Z. B. sind die Zahlen

$$\frac{7}{5} + \frac{12}{17} = \frac{179}{85}, \quad \frac{7}{5} - \frac{12}{17} = \frac{59}{85} \quad \text{und} \quad \frac{7}{5} \cdot \frac{12}{17} = \frac{84}{85}$$

modulo 12 ganz, weil dies von $\dfrac{7}{5}$ und $\dfrac{12}{17}$ gilt.

Jede modulo g gebrochene Zahl kann als Quotient von zwei modulo g ganzen Zahlen dargestellt werden, und zwar kann man es (bei Verzicht auf reduzierte Darstellung) immer so einrichten, daß der Nenner gerade eine Potenz der Grundzahl g wird.

Schreibt man nämlich eine beliebige gebrochene Zahl A in der Form $A = \dfrac{m}{\gamma \cdot n}$, wo γ das Produkt aller derjenigen Primfaktoren des Nenners darstellt, die auch in g enthalten sind, so daß also n zu g teilerfremd ist, so sei g^ν die niedrigste Potenz von g, welche durch γ teilbar ist, und es sei $g^\nu = \gamma \cdot \gamma'$. Da man nunmehr A in der Form

$$(1) \qquad\qquad A = \frac{\dfrac{m\gamma'}{n}}{g^\nu} = \frac{G}{g^\nu}$$

schreiben kann, wo $G = \dfrac{m\gamma'}{n}$ modulo g ganz ist, so ist unsere Behauptung erwiesen. Die Form (1), in der jede modulo g

gebrochene Zahl A dargestellt werden kann, soll die n o r m i e r t e
D a r s t e l l u n g v o n A heißen.

Z. B. hat $\dfrac{4}{9}$ modulo 6 die normierte Darstellung $\dfrac{16}{6^2}$.

Definition: Eine Zahl $E = \dfrac{m}{n}$, die selbst modulo g ganz ist
und deren reziproker Wert $\dfrac{1}{E} = \dfrac{n}{m}$ ebenfalls modulo g ganz
ist, soll eine E i n h e i t f ü r d e n B e r e i c h v o n g genannt
werden.

Dies entspricht genau der Definition der absoluten Einheiten ± 1;
denn diese und nur sie sind ja zugleich mit ihren Reziproken absolut
ganz. Ein reduzierter Bruch ist hiernach offenbar stets und nur dann
eine Einheit modulo g, wenn sowohl sein Zähler als auch sein Nenner
zu g teilerfremd ist. Für eine Primzahl $g = p$ als Grundzahl sind also
alle und nur die reduzierten Brüche Einheiten modulo p, deren Zähler
und Nenner p nicht enthalten.

Alle Einheiten modulo g bilden einen Zahlstrahl oder eine
Zahlgruppe, weil das Produkt und der Quotient zweier Einheiten
ersichtlich wieder Einheiten sind.

Z. B. sind für den Modul 12 die Zahlen $\dfrac{5}{7}$ und $\dfrac{55}{49}$ Einheiten, weil
jede der vier Zahlen 5, 7, 55, 49 zu 12 relativ prim ist. Infolgedessen
müssen auch ihr Produkt $\dfrac{275}{343}$ und ihr Quotient $\dfrac{7}{11}$ Einheiten für den
Bereich von 12 sein; in der Tat enthält auch keiner dieser Zähler und
Nenner 2 oder 3 als Faktor. Dagegen ist z. B. $\dfrac{10}{7}$ modulo 12 zwar
ganz, aber keine Einheit, weil der Zähler mit 12 den Primfaktor 2
gemeinsam hat, der reziproke Wert $\dfrac{7}{10}$ also modulo 12 gebrochen ist.

Definition: Von zwei modulo g ganzen Zahlen A und B heißt A durch B m o d u l o g t e i l b a r, wenn der Quotient $G = \dfrac{A}{B}$ modulo g ganz ist, wenn also $A = B \cdot G$ ist, wo G eine ganze Zahl darstellt. Dann nennen wir auch A ein V i e l f a c h e s oder M u l t i p l u m v o n B f ü r d e n B e r e i c h v o n g.

Wir werden besonders die Teilbarkeit einer modulo g ganzen Zahl $A = \dfrac{m}{n}$ durch eine Potenz g^ν des Moduls zu untersuchen haben. Soll $\dfrac{m}{ng^\nu}$ modulo g ganz sein, wobei nach Voraussetzung $(n, g) = 1$ ist, so muß m durch g^ν teilbar sein. Es ergibt sich also:

Eine modulo g ganze Zahl $A = \dfrac{m}{n}$ ist stets und nur dann durch g^ν teilbar, wenn ihr Zähler m ein Vielfaches von g^ν ist. Ferner ist offenbar jede ganze Zahl A durch jede Einheit E modulo g teilbar.

Denn ist A ganz, so ist auch $\dfrac{A}{E} = A \cdot \dfrac{1}{E}$ ganz, da $\dfrac{1}{E}$ ganz ist. So ist z. B. $\dfrac{4}{7}$ durch $\dfrac{2}{5}$ modulo 12 teilbar, nicht aber durch $\dfrac{3}{5}$, weil $\dfrac{4}{7} : \dfrac{3}{5} = \dfrac{20}{21}$ modulo 12 gebrochen ist, da der Nenner 21 mit 12 den Primteiler 3 gemeinsam hat; $\dfrac{4}{7} = \dfrac{2}{5} \cdot \dfrac{10}{7}$ ist modulo 12 ein Vielfaches von $\dfrac{2}{5}$. Dagegen ist $\dfrac{11}{7}$ durch $\dfrac{2}{5}$ modulo 12 nicht teilbar, wohl aber durch $\dfrac{1}{5}$, weil $\dfrac{1}{5}$ eine Einheit modulo 12 ist.

§ 2. Einteilung der modulo g ganzen Zahlen in Kongruenzklassen und das Rechnen mit diesen Klassen.

Wir wollen nunmehr die modulo g ganzen Zahlen nach eben diesem Modul in Klassen, die sog. K o n g r u e n z k l a s s e n, einteilen, indem wir *in eine und dieselbe Klasse alle und nur die ganzen Zahlen rechnen, welche sich von einander additiv um ein Vielfaches von g unterscheiden.* So gehören alle Multipla von g selbst in die nämliche Klasse C_0, die sog. N u l l k l a s s e; ebenso befinden sich alle Zahlen von der Form $gN + 1$ in derselben Klasse C_1, die wir die E i n s k l a s s e nennen wollen, und allgemein gilt:

In eine und dieselbe Klasse C_A gehören alle und nur die Zahlen von der Form $gN + A$, wenn A eine beliebige Zahl dieser Klasse bezeichnet, N aber alle modulo g ganzen Zahlen durchläuft.

Wir wollen nun festsetzen:

Definition: Irgend zwei Zahlen A und A' der nämlichen Klasse sollen k o n g r u e n t f ü r d e n M o d u l g heißen, wofür wir schreiben:

(1) $A' \equiv A$ (mod. g) (gelesen: A' ist kongruent A modulo g).

Diese Kongruenz vertritt also lediglich eine Gleichung

$$(1^a) \qquad\qquad A' = A + Ng,$$

in der N eine ganze Zahl ist; oder, was dasselbe ist, sie besagt, daß die Differenz $A' - A$ durch g teilbar ist.

So ist z. B.

$$7 \equiv 31 \ (\text{mod. } 12),$$

weil $31 - 7 = 24$ durch 12 teilbar ist, also $7 = 31 + (-2) \cdot 12$ sich in der nämlichen Klasse wie 31 befindet. Ebenso ist:

$$9 \equiv 23 \ (\text{mod. } 7); \quad -11 \equiv 7 \ (\text{mod. } 9); \quad -13 \equiv -25 \ (\text{mod. } 6).$$

Aber auch für die modulo 12 ganzen Zahlen $\dfrac{7}{5}$ und $\dfrac{169}{35}$ besteht die Kongruenz

$$\frac{7}{5} \equiv \frac{169}{35} \ (\text{mod. } 12),$$

weil ihre Differenz $\dfrac{169}{35} - \dfrac{7}{5} = \dfrac{24}{7} = 12 \cdot \dfrac{2}{7}$ ein Multiplum des Moduls 12 ist. Ferner ist z. B.

$$\frac{1}{7} \equiv -2 \ (\text{mod. } 5); \quad \frac{2}{3} \equiv \frac{12}{13} \ (\text{mod. } 10),$$

weil $\dfrac{1}{7} + 2 = \dfrac{15}{7}$ durch 5, $\dfrac{2}{3} - \dfrac{12}{13} = -\dfrac{10}{39}$ durch 10 teilbar ist.

Jede zu einer Einheit kongruente Zahl ist wieder eine Einheit. Eine Klasse C_A, welche auch nur eine Einheit enthält, besteht also aus lauter Einheiten. Eine solche Klasse soll e i n e E i n h e i t s k l a s s e genannt werden.

In der Tat, ist $A = \dfrac{m}{n}$ eine Einheit, so gilt auch für jede zu A kongruente Zahl

$$A' = A + Ng = \frac{m}{n} + g \cdot \frac{m'}{n'} = \frac{mn' + gm'n}{nn'}$$

dasselbe; denn da nach Voraussetzung $(m, g) = (n, g) = (n', g) = 1$ ist, so ist sowohl $(nn', g) = 1$ als auch $(mn' + g \cdot m'n, g) = (mn', g) = 1$, w. z. b. w.

Beschränken wir uns für den Augenblick auf den Bereich der *absolut* ganzen Zahlen $(0, \pm 1, \pm 2, \dots)$, so sind zwei solche a und a' nach unserer Definition offenbar stets und nur dann kongruent modulo g, wenn $a' = a + gn$ ist, wo n eine absolut ganze Zahl bedeutet. Da jede absolut ganze Zahl a auf eine einzige Weise in der Form

$$a = a_0 + gn$$

geschrieben werden kann, wenn a_0 eine der Zahlen $0, 1, 2, \dots g-1$ ist, so folgt, daß jede absolut ganze Zahl einer und nur einer unter diesen g Zahlen kongruent ist. Die absolut ganzen Zahlen zerfallen also modulo g in genau g Klassen inkongruenter Zahlen, welche jetzt nach den eindeutig bestimmten kleinsten nicht negativen Resten ihrer Elemente durch

$$(2) \qquad C_0, \; C_1, \; C_2, \; \dots \; C_{g-1}$$

bezeichnet werden sollen.

Man erkennt aber leicht, daß sich auch alle *modulo g ganzen* Zahlen $A = \dfrac{m}{n}$ vollständig auf diese g Klassen verteilen, daß also *jede solche Zahl A einer und nur einer Zahl der Reihe $0, 1, 2, \dots g-1$ modulo g kongruent ist.* Da nämlich nach Voraussetzung $(n, g) = 1$ ist, so enthält nach S. 29 oben der Modul $M(n, g)$ alle absolut ganzen Zahlen, also sicher auch den Zähler m von A. Man kann also zwei absolut ganzzahlige Multiplikatoren $\bar{a}_0$ und m_0 so bestimmen, daß

$$m = n\bar{a}_0 + gm_0,$$

also

$$(3) \qquad A = \frac{m}{n} = \bar{a}_0 + g\frac{m_0}{n} = \bar{a}_0 + gN$$

ist, wo $N = \dfrac{m_0}{n}$ wieder eine modulo g ganze Zahl ist. Demnach besteht die Kongruenz

$$(3^{\text{a}}) \qquad\qquad A \equiv \bar{a}_0 \ (\text{mod.}\ g),$$

d. h. jede modulo g ganze Zahl A ist sicher einer absolut ganzen Zahl $\bar{a}_0$ modulo g kongruent und zugleich hiermit auch allen und nur den absolut ganzen Zahlen $\bar{a}_0 + gn$ derjenigen Zahlklasse, welcher $\bar{a}_0$ angehört. Ist a_0 unter diesen Zahlen die kleinste nicht negative, so ist also auch

$$(3^{\text{b}}) \qquad\quad A \equiv a_0 \ (\text{mod.}\ g), \quad \text{d. h.} \quad A = a_0 + N'g,$$

wo a_0 der Reihe 0, 1, 2, ... $g - 1$ angehört. Diese kleinste ganze Zahl a_0, der A kongruent ist, ist eindeutig bestimmt, da ja die Zahlen 0, 1, ... $g - 1$ modulo g inkongruent sind; hiermit ist unsere Behauptung vollständig bewiesen.

So bestehen z. B., wie eine leichte Rechnung lehrt, die Kongruenzen

$$\frac{2}{3} \equiv 4 \ (\text{mod.}\ 10), \quad -\frac{1}{3} \equiv 3 \ (\text{mod.}\ 10).$$

$$\frac{3}{8} \equiv 1 \ (\text{mod.}\ 5), \quad -\frac{1}{8} \equiv 3 \ (\text{mod.}\ 5).$$

Aus dem soeben bewiesenen folgt unmittelbar, daß man die Klassen C_0, C_1, ... C_{g-1} statt durch die kleinsten nicht negativen absolut ganzen Zahlen, die in ihnen vorkommen, auch durch je ein beliebiges ihrer modulo g ganzen Elemente r_0, r_1, ... r_{g-1} vollständig charakterisieren kann. Auch diese bilden dann ein vollständiges System modulo g inkongruenter Zahlen oder ein v o l l s t ä n d i g e s R e s t s y s t e m m o d u l o g, d. h. jede modulo g ganze Zahl ist einer und nur einer dieser Zahlen kongruent.

So bilden z. B. für den Modul $g = 10$ nicht nur die Zahlen $(0, 1, 2, \ldots 9)$, sondern ebensowohl etwa auch die Zahlen

$$\left(20, 11, 2, -\frac{1}{3}, 4, 75, \frac{12}{7}, -3, -\frac{2}{11}, 99\right)$$

ein vollständiges Restsystem, da sie modulo 10 den Zahlen $(0, 1, 2, \ldots 9)$ der Reihe nach kongruent sind.

Das Rechnen mit Kongruenzen gestaltet sich fast ebenso einfach, wie das Rechnen mit Gleichungen. Es bestehen nämlich auch hier die Sätze:

Kongruentes zu Kongruentem addiert oder von Kongruentem subtrahiert oder mit Kongruentem multipliziert gibt Kongruentes.

In der Tat, ist

$$A' \equiv A \quad \text{und} \quad B' \equiv B \quad \text{für denselben Modul } g,$$

so daß die Differenzen $A' - A$ und $B' - B$ beide durch g teilbar sind, so sind auch die drei Differenzen

$$(4) \quad (A' \pm B') - (A \pm B) = (A' - A) \pm (B' - B)$$
$$A'B' - AB = A'(B' - B) + B(A' - A)$$

Multipla von g, d. h. es gelten für den Modul g wirklich die Kongruenzen:

$$A' \pm B' \equiv A \pm B, \quad A'B' \equiv AB, \ (\text{mod. } g)$$

w. z. b. w. Dagegen ist man, was den Quotienten anlangt, nur dann sicher, bei der Division von Kongruentem durch Kongruentes wieder Kongruentes zu erhalten, wenn die Divisoren *Einheiten* modulo g sind.

Ist nämlich modulo g $A' \equiv A$ und $B' \equiv B$, wobei B, also auch die kongruente Zahl B' eine Einheit ist, so ergibt sich wirklich

$$(5) \qquad \frac{A'}{B'} \equiv \frac{A}{B} \ (\text{mod. } g),$$

weil die Differenz

$$(5^{\text{a}}) \qquad \frac{A'}{B'} - \frac{A}{B} = \frac{A'B - AB'}{BB'} = \frac{1}{B'}(A' - A) - \frac{A}{BB'}(B' - B)$$

ersichtlich ein Vielfaches von g ist; denn der Voraussetzung wegen sind ja $\dfrac{1}{B'}$ und $\dfrac{A}{BB'}$ modulo g ganze Zahlen.

Z. B. folgt aus den modulo 10 bestehenden Kongruenzen $\dfrac{2}{3} \equiv 34$ und $-2 \equiv 8$ durch Addition, Subtraktion und Multiplikation:

$$-\frac{4}{3} \equiv 42, \qquad \frac{8}{3} \equiv 26, \qquad -\frac{4}{3} \equiv 272 \ (\text{mod. } 10),$$

während die Quotienten $\dfrac{\frac{2}{3}}{-2} = -\dfrac{1}{3}$ und $\dfrac{34}{8} = \dfrac{17}{4}$, von denen der zweite ja modulo 10 gebrochen, der erste aber ganz ist, natürlich nicht kongruent sind. Hingegen folgt aus

$$\frac{2}{3} \equiv 34 \quad \text{und} \quad -1 \equiv 9 \ (\text{mod. } 10),$$

wo -1 und also auch 9 Einheiten sind, die Kongruenz der Quotienten $-\dfrac{2}{3}$ und $\dfrac{34}{9}$.

Durchläuft A alle Zahlen einer beliebigen, aber fest angenommenen Klasse C_A, B alle Zahlen einer anderen festen Kongruenzklasse C_B, so sind alle zweifach unendlich vielen Summen $A + B$ nach dem soeben bewiesenen Satz untereinander modulo g kongruent; alle diese Summen gehören demnach einer und derselben Klasse C_s an, die wir auch als C_{A+B} bezeichnen wollen. Umgekehrt läßt sich auch jedes Element S der Klasse C_s als Summe von je einer Zahl $\overline{A}$ aus C_A und $\overline{B}$ aus C_B darstellen; denn ist A_0 ein beliebiges Element aus C_A, B_0 ein beliebiges Element aus C_B, so ist ja nach der Definition von $C_{A+B} = C_s$:

$$S \equiv A_0 + B_0, \quad \text{also} \quad S = A_0 + B_0 + Ng = (A_0 + Ng) + B_0 = \overline{A} + \overline{B},$$

wenn etwa $\overline{A} = A_0 + Ng$, $\overline{B} = B_0$ angenommen wird; es ist also S in der verlangten Weise dargestellt. Auf genau entsprechende Weise ergibt sich, daß auch alle Differenzen $A - B$ und ebenso alle Produkte AB untereinander modulo g kongruent sind, also gleichfalls alle einer Klasse C_{A-B} bzw. einer Klasse C_{AB} angehören, deren sämtliche Elemente auch als Differenzen bzw. als Produkte je einer Zahl aus C_A und C_B dargestellt werden können.

Ich betrachte jetzt diese g Klassen C_0, C_1, ... C_{g-1} selbst als die Elemente eines *Bereiches* $R(C_0, C_1, \ldots C_{g-1})$ und definiere für sie zwei Verknüpfungsoperationen, die ich wieder A d d i t i o n und M u l t i p l i k a t i o n nennen will:

1) Unter der Summe $C_a + C_b$ zweier Klassen C_a und C_b verstehe ich die eindeutig bestimmte Klasse, welche durch alle Summen $A + B$ je einer Zahl A aus C_a und B aus C_b gebildet wird.

2) Unter dem Produkt $C_a C_b$ zweier Klassen C_a und C_b verstehe ich die eindeutig bestimmte Klasse, welche durch alle Produkte AB je einer Zahl A aus C_a und B aus C_b gebildet wird.

Diese Definitionen ergeben sofort den folgenden wichtigen Satz:

Bezeichnet der Index einer Klasse ein beliebiges ihrer Elemente, so gilt:

$$C_A + C_B = C_{A+B}, \quad C_A C_B = C_{AB};$$

die hierdurch für den Bereich aller Kongruenzklassen modulo g festgelegten Operationen der Addition und Multiplikation sind innerhalb dieses Bereiches unbeschränkt und eindeutig ausführbar und genügen den sechs Grundgesetzen I)–VI) in Kap. I, § 1.

Die ersten Behauptungen dieses Satzes fließen unmittelbar aus den gegebenen Definitionen und den ihnen vorausgegangenen Bemerkungen; aus diesen folgt aber auch die Gültigkeit der Grundgesetze I)–VI), weil ja denselben Gesetzen die jene Klassen bestimmenden ganzen Zahlen genügen. Hervorgehoben sei nur noch, daß bei Bezeichnung der Klassen durch beliebige ihrer Elemente als Indizes *jede Gleichung zwischen Klassen durch die entsprechende Kongruenz zwischen ihren Indizes ersetzt werden kann und umgekehrt*; dies folgt aus der alsdann allgemein gültigen Beziehung $C_A = C_{A+Ng}$ in Verbindung mit den für Addition und Multiplikation getroffenen Definitionen. Insbesondere ergibt sich aus der Gültigkeit des VI. Grundgesetzes für die Klassenaddition:

Die Kongruenz

$$A + X \equiv B \ (\text{mod. } g)$$

besitzt immer eine Lösung $X \equiv B - A$ (und also auch unendlich viele modulo g kongruente Lösungen).

Das siebente Grundgesetz der unbeschränkten und eindeutigen Division (mit Ausnahme der Division durch das Nullelement) ist hingegen nicht immer erfüllt; denn die Gleichung

$$C_A C_X = C_B$$

oder, was dasselbe ist, die Kongruenz $AX \equiv B$ (mod. g) besitzt ja nach S. 54 (5) nur dann für jedes C_B sicher eine Lösung $X \equiv \dfrac{B}{A}$ (mod. g) oder $C_X = C_B \cdot \dfrac{1}{C_A}$, wenn A eine Einheit modulo g, d. h. C_A eine Einheitsklasse ist.

Nur dann besitzt also die Gleichung $C_A C_X = C_B$ für jedes C_B sicher eine eindeutig bestimmte Lösung $C_X = \dfrac{C_B}{C_A}$, also auch die Kongruenz $AX \equiv B$ (mod. g) eine Lösung $X \equiv \dfrac{B}{A}$, wenn A eine Einheit, d. h. C_A eine Einheitsklasse ist.

Es sollen denn auch stets nur solche Klassenquotienten als definiert zu betrachten sein, deren Nenner Einheitsklassen sind.

Man erkennt leicht, daß für den Fall eines Primzahlmoduls p sämtliche Klassen mit einziger Ausnahme der Nullklasse Einheitsklassen sind; denn der Nenner einer modulo p gebrochenen Zahl ist ja notwendig durch p teilbar, d. h. jede nicht durch p teilbare absolut ganze Zahl, also z. B. jede der Zahlen 1, 2, ... $p - 1$, ist eine Einheit modulo p. Demnach ist in diesem Fall die Division durch jede Klasse außer der Nullklasse gestattet.

Ist aber g eine zusammengesetzte Zahl, etwa $g = g_1 \cdot g_2$, so sind z. B. die beiden in der Reihe 1, 2, ... $g - 1$ vorkommenden Zahlen g_1 und g_2 keine Einheiten, weil $\dfrac{1}{g_1}$ und $\dfrac{1}{g_2}$ modulo g gebrochen sind. Es gibt in diesem Fall also sicher noch außer der Nullklasse Klassen, die keine Einheitsklassen sind. Man erkennt daher, wenn man sich die Definitionen des Körpers und des Rings ins Gedächtnis zurückruft, die Richtigkeit des folgenden Satzes:

Ist der Modul $g = p$ eine Primzahl, so bildet bei der angegebenen Definition von Addition und Multiplikation der Bereich $R(C_0, C_1, \ldots C_{p-1})$ aller Kongruenzklassen einen Körper, da in ihm die Division mit Ausnahme der Division durch die Nullklasse unbeschränkt und eindeutig ausführbar ist. Daher ist insbesondere das Produkt von zwei modulo p ganzen Zahlen dann und nur dann nach diesem Modul kongruent Null, wenn dasselbe schon von einem der Faktoren gilt.

Ist der Modul g hingegen eine zusammengesetzte Zahl, so bildet der Bereich aller Kongruenzklassen nur einen Ring, nicht auch einen Körper. In diesem Fall kann man nur durch die Einheitsklassen unbeschränkt und eindeutig dividieren. Für eine zusammengesetzte Zahl als Modul kann sehr wohl ein Produkt $g_1 g_2$ von Faktoren, deren keiner durch g teilbar ist, kongruent Null sein.

In beiden Fällen ist die Nullklasse das Nullelement, die Einsklasse das Einheitselement.

Bei beliebigem g bilden die sämtlichen Einheitsklassen eine Gruppe oder einen Strahl in bezug auf die definierte Multiplikation.

Die letzte Behauptung folgt daraus, daß das Produkt und der Quotient zweier Einheiten wieder Einheiten sind.

Hiermit haben wir zum erstenmal Körper, Ringe und Gruppen kennen gelernt, die nur eine *endliche* Zahl von Elementen enthalten.

Beispiel: Die Kongruenzklassen C_0, C_1, C_2, $\ldots C_{11}$ modulo 12: Die Nullklasse C_0 enthält alle Vielfachen von 12, die Einsklasse C_1 alle Zahlen von der Form $12 \cdot N + 1$, wo N alle modulo 12 ganzen Zahlen durchläuft, also z. B. auch die Zahl $-\dfrac{5}{7} = 1 + 12 \cdot \left(-\dfrac{1}{7}\right)$. Beispiele für die Addition, Subtraktion und Multiplikation der Klassen sind:

$$C_3 + C_5 = C_8, \quad C_9 + C_6 = C_3; \quad C_7 - C_{10} = C_9;$$
$$C_3 C_4 = C_0, \quad C_5 C_8 = C_4.$$

In Kongruenzform lauten diese Beziehungen:

$$3 + 5 \equiv 8, \quad 9 + 6 \equiv 3, \quad 7 - 10 \equiv 9, \quad 3 \cdot 4 \equiv 0, \quad 5 \cdot 8 \equiv 4 \ (\text{mod. } 12);$$

$x \equiv 6$ ist also die Lösung der Kongruenz $9 + x \equiv 3$ (mod. 12).

Einheitsklassen sind C_1, C_5, C_7, C_{11} daher hat z. B. die Kongruenz $5x \equiv 7$ (mod. 12) bzw. die Gleichung $C_5 C_x = C_7$ die Lösung

$$x \equiv \frac{7}{5} \equiv 11 \quad \text{bzw.} \quad C_x = \frac{C_7}{C_5} = C_{11},$$

während es keine Klasse C_x gibt, die der Gleichung $C_x \cdot C_9 = C_2$ genügt. Dagegen bilden die Klassen C_1, C_5, C_7, C_{11} eine Gruppe, weil das Produkt zweier Einheitsklassen wieder eine solche ist.

Im Gegensatz hierzu bilden die Kongruenzklassen für den Primzahlmodul 5: C_0', C_1', C_2', C_3', C_4' einen Körper; z. B. ist $\dfrac{C_2'}{C_4'} = C_3'$, weil $\dfrac{2}{4} \equiv 3$ (mod. 5) ist.

§ 3.   Die g-adischen Entwicklungen der rationalen Zahlen. Ihre Näherungswerte.

Die im letzten Paragraphen durchgeführten Betrachtungen geben uns die Möglichkeit, für gewisse Untersuchungen eine modulo g ganze Zahl A durch ihren kleinsten ganzzahligen nicht negativen Rest a_0

für diesen Modul zu ersetzen. Für weitergehende Betrachtungen über die Beziehungen von A zu g würde aber diese Reduktion noch nicht ausreichen; man müßte vielleicht den kleinsten Rest von A modulo g^2 oder g^3 oder für eine noch höhere Potenz von g als Modul kennen. Die allgemeinste Frage dieser Art kann nun durch die folgende Darstellung von A für den Bereich von g beantwortet werden:

Es sei a_0 der kleinste nicht negative ganzzahlige Rest von A modulo g; dann besteht, wie wir in (3^b) auf S. 53 sahen, die folgende eindeutig bestimmte Gleichung:

$$(1) \qquad A = a_0 + gA_1,$$

wo A_1 wieder modulo g ganz ist. Daher gilt für A_1 eine genau ebenso gebildete Gleichung. Schreitet man in derselben Weise fort, so erhält man eine Reihe von Gleichungen:

$$(1^a) \qquad \begin{aligned} A_1 &= a_1 + gA_2 \\ A_2 &= a_2 + gA_3 \\ &\;\;\vdots \\ A_\varrho &= a_\varrho + gA_{\varrho+1} \end{aligned} \qquad .$$

Multipliziert man die Gleichungen (1) und (1^a) bzw. mit 1, g, g^2, ... g^ϱ und addiert sie, so heben sich die Produkte $A_1 g$, $A_2 g^2$, ... $A_\varrho g^\varrho$ auf beiden Seiten fort, und man erhält die folgende Darstellung jeder beliebigen modulo g ganzen Zahl:

$$(2) \qquad A = a_0 + a_1 g + a_2 g^2 + \cdots + a_\varrho g^\varrho + A_{\varrho+1} g^{\varrho+1},$$

wo die Koeffizienten a_i eindeutig bestimmte Zahlen der Reihe 0, 1, 2, ... $g-1$ sind, und $A_{\varrho+1}$ eine modulo g ganze Zahl bedeutet. Also:

Jede modulo g ganze Zahl läßt sich für den Bereich von g in eindeutiger Weise nach positiven ganzen Potenzen von g mit modulo g reduzierten Koeffizienten entwickeln und zwar mit einem Reste, der bei genügend weiter Fortsetzung der Reihe durch eine beliebig hohe Potenz von g teilbar ist.

Es erübrigt noch, die Eindeutigkeit dieser Darstellung nachzuweisen. Gäbe es zwei verschiedene Darstellungen

$$A = a_0 + a_1 g + a_2 g^2 + \cdots + a_\varrho g^\varrho + A_{\varrho+1} g^{\varrho+1}$$

und

$$A = a_0' + a_1' g + a_2' g^2 + \cdots + a_\varrho' g^\varrho + A_{\varrho+1}' g^{\varrho+1}$$

derselben Zahl A, so folgte durch Subtraktion

$$0 = (a_0 - a_0') + (a_1 - a_1')g + (a_2 - a_2')g^2 + \cdots + (a_\varrho - a_\varrho')g^\varrho$$
$$+ (A_{\varrho+1} - A_{\varrho+1}')g^{\varrho+1};$$

wäre hier $a_k - a_k'$ der erste von Null verschiedene Koeffizient, so müßte $(a_k - a_k')g^k$ durch g^{k+1} teilbar sein, woraus sich gegen die Voraussetzung $a_k = a_k'$ ergäbe, da ja alle Koeffizienten a_i und a_i' der Reihe 0, 1, … $g - 1$ angehören. Es kann also nicht zwei verschiedene derartige Darstellungen für die nämliche Zahl geben.

Auch die modulo g gebrochenen Zahlen können in entsprechender Weise nach Potenzen von g entwickelt werden, nur daß dann jede Reihe mit einer endlichen Anzahl von Gliedern beginnt, die negative ganzzahlige Potenzen von g enthalten:

$$(3) \qquad B = \frac{b_{-\nu}}{g^\nu} + \frac{b_{-(\nu-1)}}{g^{\nu-1}} + \cdots + \frac{b_{-1}}{g}$$
$$+ b_0 + b_1 g + \cdots + b_\varrho g^\varrho + B_{\varrho+1} g^{\varrho+1}.$$

Ist nämlich $B = \dfrac{A}{g^\nu}$ die normierte Darstellung einer modulo g gebrochenen Zahl (vgl. S. 47 unten), und entwickelt man die modulo g ganze Zahl A für sich bis zu einem Restglied genügend hoher Ordnung, so erhält man nach Division durch g^ν die obige Entwicklung, welche ebenso wie diejenige von A eindeutig ist.

Wir wollen nunmehr die Kongruenz zweier Zahlen für eine *beliebige auch negative* Potenz von g als Modul genau so definieren, wie dies auf S. 49 unten für die beliebig gewählte Zahl g geschah:

Zwei Zahlen A und B heißen k o n g r u e n t f ü r d e n M o d u l g^ϱ, oder es besteht für sie die Kongruenz:

(3) $$A \equiv B \ (\text{mod. } g^\varrho),$$

wo ϱ eine absolut ganze positive oder auch negative Zahl bedeutet, wenn die Differenz $A - B$ durch g^ϱ teilbar ist, wenn also

(3ª) $$A = B + N g^\varrho$$

gilt, wo N eine modulo g ganze Zahl bezeichnet.

In der Folge wollen wir, um nicht immer bei der Entwicklung einer Zahl A in eine nach Potenzen der Grundzahl fortschreitende Reihe an ein Restglied bestimmter Ordnung gebunden zu sein, statt der abbrechenden Reihe mit ihrem Restglied die *beliebig verlängerte Reihe ohne Restglied* betrachten und diese d i e g - a d i s c h e E n t w i c k l u n g d e r Z a h l A oder die g - a d i s c h e R e i h e f ü r A nennen. Wir können daher folgenden Satz aussprechen:

Jede rationale Zahl A läßt sich auf eine einzige Weise in eine g-adische Reihe

(4) $$A = a_n g^n + a_{n+1} g^{n+1} + a_{n+2} g^{n+2} + \cdots + a_{n+\varrho} g^{n+\varrho} + \ldots$$

mit modulo g reduzierten Koeffizienten entwickeln.

Diese zwischen der Zahl A und ihrer g-adischen Entwicklung definierte Gleichung ist so aufzufassen, daß A sich von dem Aggregate der $\varrho + 1$ ersten Glieder obiger Reihe um ein Restglied $A_{n+\varrho+1} g^{n+\varrho+1}$ unterscheidet, welches für genügend groß gewähltes ϱ durch eine beliebig hohe gegebene Potenz von g teilbar ist; für jede noch so hohe positiv ganzzahlige Potenz g^{r+1} von g gilt danach eine Kongruenz:

$$(5) \qquad A \equiv a_n g^n + a_{n+1} g^{n+1} + \cdots + a_r g^r \ (\mathrm{mod.}\ g^{r+1}).$$

Ist $A = a$ eine positive absolut ganze Zahl, so bricht ihre g-adische Entwicklung nach einer endlichen Zahl von Gliedern ab, d. h. die Koeffizienten a_k werden von einem bestimmten ab alle Null. Dies folgt unmittelbar aus der Reduktionsgleichung (1), welche hier die Form erhält:

$$a = a_0 + g a_1^{(1)},$$

weil hier ersichtlich $a_1^{(1)}$ wieder eine positive absolut ganze Zahl bedeutet, die *kleiner als* a ist, und das Entsprechende für alle weiteren Gleichungen (1ª) gilt. Ebenso haben offenbar alle diejenigen modulo g gebrochenen Zahlen $\dfrac{a}{g^r}$, deren Zähler in der normierten Form positiv und absolut ganz sind, abbrechende Entwicklungen. Die g-adischen Reihen für alle anderen Zahlen hingegen, insbesondere also für diejenigen modulo g ganzen Zahlen, die negativ oder gebrochen sind, können niemals abbrechen, da ja die abbrechenden g-adischen Reihen bestimmte positive ganze Zahlen darstellen.

Wir werden eine g-adische Reihe oft auch abgekürzt folgendermaßen bezeichnen:

$$(6) \qquad A = a_0 + a_1 g + a_2 g^2 + \cdots = a_0, a_1\, a_2\, a_3 \ldots \ (g)$$

oder, falls eine modulo g gebrochene Zahl dargestellt wird:

$$(6^{\mathrm{a}}) \qquad B = \frac{b_{-\nu}}{g^{\nu}} + \frac{b_{-(\nu-1)}}{g^{\nu-1}} + \cdots + \frac{b_{-1}}{g} + b_0 + b_1 g + \cdots$$

$$= b_{-\nu}\, b_{-(\nu-1)} \ldots b_{-1}\, b_0, b_1\, b_2 \ldots \;(g),$$

sodaß also das Komma immer hinter dem von g freien Gliede b_0 steht.

Beispiele: Es ist:

$$5673 = 3 + 7 \cdot 10 + 6 \cdot 10^2 + 5 \cdot 10^3 = 3{,}7650 \cdots = 3{,}765 \;(10).$$
$$523\,000 = 0{,}00325 \;(10);$$

ferner ist

$$-3 = 7{,}9999 \ldots \;(10),$$

wie sich aus den Identitäten

$$-3 = 7 + 10 \cdot (-1), \; -1 = 9 + 10 \cdot (-1), \; \ldots \; -1 = 9 + 10 \cdot (-1)$$

ergibt, aus denen folgt:

$$-3 = 7 + 10 \cdot 9 + 10^2 \cdot 9 + \cdots + 10^{\varrho} \cdot 9 + 10^{\varrho+1} \cdot (-1).$$

Ebenso bestätigt man leicht die Richtigkeit der folgenden Gleichungen:

$$\tfrac{2}{3} = 4{,}333 \ldots \;(10).$$
$$\tfrac{172}{5} = \tfrac{344}{10} = 44{,}3 \;(10).$$
$$-\tfrac{7}{5} = -\tfrac{14}{10} = 68{,}999 \ldots \;(10).$$
$$-\tfrac{5}{12} = -\tfrac{15}{36} = 335{,}555 \ldots \;(6).$$
$$\tfrac{3}{8} = 1{,}\overline{30}\,30\,30 \ldots \;(5).$$
$$216 = 1{,}331 \;(5).$$
$$-\tfrac{4}{7} = \overline{3{,}02\,142}\,302\,142 \ldots \;(5);$$

die letzte Gleichung folgt z. B. aus den Relationen:

$$-\tfrac{4}{7} = 3 + 5 \cdot (-\tfrac{5}{7}), \quad -\tfrac{5}{7} = 0 + 5 \cdot (-\tfrac{1}{7}), \quad -\tfrac{1}{7} = 2 + 5 \cdot (-\tfrac{3}{7}),$$
$$-\tfrac{3}{7} = 1 + 5 \cdot (-\tfrac{2}{7}), \quad -\tfrac{2}{7} = 4 + 5 \cdot (-\tfrac{6}{7}), \quad -\tfrac{6}{7} = 2 + 5 \cdot (-\tfrac{4}{7}),$$
$$-\tfrac{4}{7} = 3 + 5 \cdot (-\tfrac{5}{7}) \quad \text{usw.}$$

Die nämliche Zahl wird in bezug auf verschiedene Grundzahlen gänzlich verschiedene Entwicklungen besitzen, wie folgende Beispiele im Vergleich zu den beiden zuletzt gegebenen lehren:

$$216 = 0{,}0011011 \ (2).$$
$$-\tfrac{4}{7} = \overline{2{,}01021}\,201021\ldots \ (3).$$

Bei der pentadischen Entwicklung von $\dfrac{3}{8}$ und der pentadischen sowie der triadischen Entwicklung von $-\dfrac{4}{7}$ soll der wagerechte Strich andeuten, daß die aus den betreffenden Ziffern gebildete Periode sich immer wiederholt.

Ich habe schon auf S. 52 bei der Ableitung der Gleichung (3) darauf aufmerksam gemacht, daß man bei der Division von A durch g statt des kleinsten nicht negativen absolut ganzen Restes a_0, welchem A modulo g kongruent ist, auch irgendeine zu a_0 kongruente Zahl $\bar{a}_0$ als Divisionsrest wählen kann. Tut man dies, so ergeben sich statt der Gleichungen (1) und (1ᵃ) a. S. 60 die allgemeineren

$$A = \bar{a}_0 + g\overline{A}_1, \quad \overline{A}_1 = \bar{a}_1 + g\overline{A}_2, \ \ldots,$$

und durch dieselben Schlüsse wie a. a. O. erhält man eine *allgemeinere g-adische Darstellung von A*, die sich, falls A modulo g ganz ist, folgendermaßen schreiben läßt:

$$(7) \qquad A = \bar{a}_0 + \bar{a}_1 g + \bar{a}_2 g^2 + \cdots + \bar{a}_\varrho g^\varrho + \overline{A}_{\varrho+1} g^{\varrho+1},$$

wo auch jetzt die Koeffizienten $\bar{a}_i$ modulo g ganz sind, aber nicht der Reihe 0, 1, ... $g-1$ anzugehören brauchen. Auch jetzt besteht für jede noch so hohe Potenz von g eine Kongruenz:

$$(7^{\text{a}}) \qquad A \equiv \bar{a}_0 + \bar{a}_1 g + \cdots + \bar{a}_\varrho g^\varrho \pmod{g^{\varrho+1}}.$$

Wir wollen daher hier ebenfalls A der ins Unendliche verlängert gedachten g-adischen Reihe gleichsetzen; die Gleichung

$$A = \bar{a}_0 + \bar{a}_1 g + \bar{a}_2 g^2 + \dots \quad (g)$$

soll also wieder besagen, daß sich A von dem Aggregat der $\varrho + 1$ ersten Glieder der rechtsstehenden Reihe um ein Restglied $\bar{A}_{\varrho+1} g^{\varrho+1}$ unterscheidet, welches für genügend großes ϱ durch eine vorgegebene beliebig hohe Potenz von g stets noch teilbar ist. Eine solche Reihe, die wir auch hier in der abgekürzten Form

$$(7^{\text{b}}) \qquad A = \bar{a}_0, \bar{a}_1\, \bar{a}_2 \dots \quad (g)$$

schreiben, wollen wir eine n i c h t r e d u z i e r t e g - a d i s c h e R e i h e f ü r A oder eine n i c h t r e d u z i e r t e g - a d i s c h e E n t w i c k l u n g v o n A nennen, während die bisher behandelte Reihendarstellung, bei der alle Koeffizienten modulo g reduziert sind, die r e d u z i e r t e Darstellung von A heißen soll.

Die zuletzt gegebenen Entwicklungen übertragen sich ersichtlich sofort auch auf die modulo g gebrochenen Zahlen.

Definition: Ist

$$A = a_0 + a_1 g + \cdots + a_k g^k + \dots$$

die Darstellung einer beliebigen modulo g ganzen rationalen Zahl für den Bereich von g in der reduzierten oder auch in einer nicht reduzierten Form, so sollen die rationalen Zahlen

$$(8) \qquad \begin{aligned} A^{(0)} &= a_0, \quad A^{(1)} = a_0 + a_1 g, \; \ldots \\ A^{(k)} &= a_0 + a_1 g + \cdots + a_k g^k, \; \ldots \end{aligned}$$

die N ä h e r u n g s w e r t e n u l l t e r, e r s t e r, $\ldots$ $k^{\text{-ter}}$ O r d n u n g oder kürzer d e r n u l l t e, e r s t e, $\ldots k^{\text{-te}}$ N ä - h e r u n g s w e r t d i e s e r E n t w i c k l u n g v o n A genannt werden. Daher besteht für jeden $k^{\text{-ten}}$ Näherungswert $A^{(k)}$ von A die Kongruenz:

$$(9) \qquad A \equiv A^{(k)} \;(\text{mod. } g^{k+1}).$$

Eben diese Näherungswerte sollen auch für jede modulo g gebrochene Zahl

$$A = \frac{a_{-\varrho}}{g^{\varrho}} + \frac{a_{(\varrho-1)}}{g^{\varrho-1}} + \cdots + \frac{a_{-1}}{g} + a_0 + a_1 g + \ldots$$

definiert sein; der einzige Unterschied ist der, daß in diesem Fall auch Näherungswerte negativer Ordnung:

$$(10) \qquad \begin{aligned} A^{(-\varrho)} &= \frac{a_{-\varrho}}{g^{\varrho}}, \quad A^{(-\varrho+1)} = \frac{a_{-\varrho}}{g^{\varrho}} + \frac{a_{-(\varrho-1)}}{g^{\varrho-1}}, \; \ldots \\ A^{(-1)} &= \frac{a_{-\varrho}}{g^{\varrho}} + \frac{a_{-(\varrho-1)}}{g^{\varrho-1}} + \cdots + \frac{a_{-1}}{g} \end{aligned}$$

zu denjenigen nicht negativer Ordnung

$$(10^{\text{a}}) \qquad A^{(0)} = \frac{a_{-\varrho}}{g^{\varrho}} + \frac{a_{-(\varrho-1)}}{g^{\varrho-1}} + \cdots + \frac{a_{-1}}{g} + a_0 \quad \text{usw.}$$

hinzutreten. Die Kongruenz (9) bleibt dann auch für die Werte $k = -\varrho$, $k = -(\varrho-1)$, $\ldots$ $k = -1$ richtig.

Z. B. hat die Zahl $A = 216 = 0{,}0011011$ (2) die Näherungswerte

$$A^{(0)} = A^{(1)} = A^{(2)} = 0, \quad A^{(3)} = 2^3 = 8, \quad A^{(4)} = A^{(5)} = 8 + 16 = 24,$$
$$A^{(6)} = 88,$$

während $A^{(7)}$ und alle weiteren Näherungswerte mit der Zahl $A = 216$ selbst identisch sind. Die Zahl $A = -\dfrac{7}{5} = 68{,}999\ldots$ (10) besitzt die Näherungswerte

$$A^{(-1)} = \tfrac{6}{10} = \tfrac{3}{5}, \quad A^{(0)} = \tfrac{3}{5} + 8 = 8\tfrac{3}{5}, \quad A^{(1)} = 98\tfrac{3}{5} \quad \text{usw.;}$$

wirklich ist z. B.

$$98\tfrac{3}{5} \equiv -\tfrac{7}{5} \ (\text{mod. } 10^2)$$

weil $98\tfrac{3}{5} + \tfrac{7}{5} = 100$ durch 10^2 teilbar ist. Schließlich hat beispielsweise die nichtreduzierte pentadische Darstellung der Null: $A = 0 = 5{,}444\ldots$ (5) die Näherungswerte

$$A^{(0)} = 5, \quad A^{(1)} = 25, \quad A^{(2)} = 125, \quad A^{(3)} = 625, \ \ldots,$$

die offenbar durch beliebig hohe Potenzen von 5 teilbar werden.

Viertes Kapitel

Der Ring $R(g)$ der allgemeinen g-adischen Zahlen für eine beliebige Grundzahl g.

§ 1. Definition der allgemeinen g-adischen Zahlen.

Die bisher durchgeführten Betrachtungen haben gezeigt, daß man jeder rationalen Zahl $A = \dfrac{m}{n}$ eine und bei Verzicht auf ausschließlich reduzierte Darstellungen auch beliebig viele untereinander gleichwertige Reihen $a_n g^n + a_{n+1} g^{n+1} + \ldots$ zuordnen kann, deren Koeffizienten wohldefiniert sind und, soweit man will, berechnet werden können. Diese unendlichen Reihen oder, genauer gesagt, ihre Näherungswerte entsprechend hoher Ordnung geben uns die Möglichkeit, alle Eigenschaften, welche A in bezug auf die Grundzahl g besitzt, mit jeder gewünschten Genauigkeit zu erkennen. Nun werden wir später sehen, daß wir auch die nicht rationalen, insbesondere die sog. algebraischen Zahlen in ihren Beziehungen zur Grundzahl g in gleicher Weise durch die Näherungswerte jeweils eindeutig bestimmter g-adischer Reihen charakterisieren können. Wir wollen daher sogleich an dieser Stelle die *allgemeine Definition der g-adischen Zahlen* aufstellen und gleichzeitig nachweisen, daß und wie man mit ihnen, genau wie mit den gewöhnlichen Zahlen rechnen kann, sobald einmal auch für sie die elementaren Rechenoperationen definiert sind.

Definition: Wir wollen von jetzt an jede Reihe

$$(1) \qquad A = a_\varrho g^\varrho + a_{\varrho+1} g^{\varrho+1} + \ldots$$

mit beliebigen modulo g ganzen rationalen Koeffizienten $a_\varrho, a_{\varrho+1}, \ldots$ eine g - a d i s c h e Z a h l nennen, sobald eine Vorschrift gegeben ist, nach der diese Koeffizienten, soweit man will, berechnet werden können. Auch jetzt wollen wir die abgekürzte Schreibweise

$$(1^a) \qquad A = 0,0 \ldots 0 \, a_\varrho \, a_{\varrho+1} \ldots$$

benutzen.

So sind die Reihen, die wir jeder rationalen Zahl $\dfrac{m}{n}$ zuordnen konnten, g-adische Zahlen.

Ich unterscheide die r e d u z i e r t e n g - a d i s c h e n Z a h l e n von den n i c h t r e d u z i e r t e n. Bei den ersteren sollen die Koeffizienten a_i stets modulo g reduzierte Zahlen sein, also der Reihe 0, 1, $\ldots$ $g-1$ angehören, während sie bei den letzteren durch beliebige modulo g ganze rationale Zahlen gebildet werden können. Eine reduzierte Zahl:

$$A = a_\varrho g^\varrho + a_{\varrho+1} g^{\varrho+1} + \ldots$$

soll g a n z oder g e b r o c h e n heißen, je nachdem sie mit einer nicht negativen oder einer negativen Potenz von g beginnt, je nachdem also $\varrho \geqq 0$ oder $\varrho < 0$ ist. Die einer rationalen Zahl $\dfrac{m}{n}$ zugeordnete g-adische Zahl ist also ganz oder gebrochen, je nachdem $\dfrac{m}{n}$ selbst modulo g ganz oder gebrochen ist.

Bricht man die Entwicklung einer ganzen g-adischen Zahl $A = a_0, a_1 a_2 \ldots$ hinter dem ersten, zweiten, $\ldots$ $(k+1)$-ten Gliede ab, so erhält man auch hier eine gesetzmäßige Folge von modulo g ganzen rationalen Zahlen

$$(2) \qquad \begin{aligned} A^{(0)} &= a_0, \quad A^{(1)} = a_0 + a_1 g, \ldots \\ A^{(k)} &= a_0 + a_1 g + \cdots + a_k g^k, \ldots, \end{aligned}$$

die wir wieder den n u l l t e n , e r s t e n , ... k-ten N ä h e r u n g s w e r t
d e r g - a d i s c h e n Z a h l A nennen wollen. Beginnt

$$A = \frac{a_{-\varrho}}{g^{\varrho}} + \frac{a_{-(\varrho-1)}}{g^{\varrho-1}} + \dots$$

mit negativen Potenzen von g, so beginnt auch die Reihe der
Näherungswerte $A^{(-\varrho)}$, $A^{(-\varrho+1)}$, ... mit solchen von negativer Ordnung,
und alle Näherungswerte

$$A^{(k)} = \frac{a_{-\varrho}}{g^{\varrho}} + \dots + a_k g^k$$

sind modulo g gebrochene rationale Zahlen, deren Nenner in der
normierten Darstellung g^{ϱ} ist. Im folgenden werde ich der Einfachheit
wegen öfter ganze g-adische Zahlen der Betrachtung zugrunde legen,
bemerke aber, daß die abgeleiteten Sätze und ihre Beweise für alle
g-adischen Zahlen gültig sind.

Definition: Zwei g-adische Zahlen

$$A = a_0, a_1\, a_2 \dots a_k \dots \quad \text{und} \quad A' = a_0', a_1'\, a_2' \dots a_k' \dots$$

heißen k o n g r u e n t m o d u l o g^{k+1}, wenn ihre k-ten Näherungswerte nach der a. S. 63 gegebenen Definition modulo g^{k+1}
kongruent sind, wenn also gilt:

$$A^{(k)} \equiv A'^{(k)} \;(\text{mod. } g^{k+1}),$$

oder ausgeschrieben

$$a_0 + a_1 g + \dots + a_k g^k \equiv a_0' + a_1' g + \dots + a_k' g^k \;(\text{mod. } g^{k+1}).$$

Aus dieser Kongruenz folgt sofort, daß sicher dann $A \equiv A'$ (mod. g^{k+1}) ist, wenn A und A' in ihren $k+1$ ersten Ziffern übereinstimmen. Ferner erkennt man aus der nämlichen Kongruenz unmittelbar, daß sie, falls sie modulo g^{k+1} erfüllt ist, auch für jede niedrigere Potenz von g als Modul besteht. Endlich sieht man leicht, daß zwei reduzierte g-adische Zahlen auch *nur* dann modulo g^{k+1} kongruent sein können, wenn ihre $k+1$ ersten Ziffern bezüglich gleich sind. In der Tat, besteht jene Kongruenz, und sind etwa in den beiden Reihen der $k+1$ Anfangskoeffizienten a_i und a_i' die beiden ersten voneinander verschiedenen, so kann man zunächst auf beiden Seiten die i ersten Glieder fortlassen; betrachtet man die sich so ergebende Kongruenz nur modulo g^{i+1} statt modulo g^{k+1}, so erhält man

$$a_i g^i \equiv a_i' g^i \ (\text{mod. } g^{i+1}),$$

d. h. die Differenz $a_i' - a_i$ muß durch g teilbar sein. Da nach Voraussetzung a_i und a_i' beide modulo g reduziert sind, so muß dazu wirklich $a_i = a_i'$ sein.

Auf diese Betrachtungen gründe ich nun die fundamentale *Definition der Gleichheit zweier g-adischen Zahlen:*

> Zwei g-adische Zahlen sollen dann und nur dann g l e i c h heißen, wenn sie für jede noch so hohe Potenz der Grundzahl g kongruent sind.

Diese Definition erfüllt ersichtlich die an jede Definition einer Gleichheit zu stellenden Anforderungen, da nach ihre jede Zahl sich selbst gleich ist, ferner aus $A = B$ stets $B = A$ folgt und schließlich die erklärte Gleichheit auch, wie man sagt, t r a n s i t i v ist, insofern sich aus $A = B$ und $B = C$ stets $A = C$ ergibt.

Insbesondere sind hiernach zwei *reduzierte* g-adische Zahlen dann und nur dann gleich, wenn sie identisch sind; denn für jedes noch so große k müssen ja nach dem zuletzt Bewiesenen ihre k ersten Koeffizienten bezüglich gleich sein, damit die Zahlen selbst gleich seien.

Es besteht nun der wichtige Satz:

Jede g-adische Zahl ist einer eindeutig bestimmten reduzierten Zahl gleich.

Sei nämlich

$$\overline{A} = a_0 + a_1 g + \cdots + a_{k-1} g^{k-1} + \overline{a}_k g^k + \overline{a}_{k+1} g^{k+1} + \ldots$$

beliebig gegeben; $\overline{a}_k$ sei die erste Ziffer, die noch nicht reduziert ist. Dann ist nach S. 52 Mitte $\overline{a}_k$ einer eindeutig bestimmten Zahl a_k aus der Reihe 0, 1, ... $g - 1$ modulo g kongruent, d. h. es besteht eine Gleichung

$$\overline{a}_k = a_k + \varepsilon_{k+1} g,$$

wo ε_{k+1} rational und modulo g ganz ist. Setzt man diesen Wert in die Reihe für $\overline{A}$ ein und vereinigt dabei das Produkt $\varepsilon_{k+1} g^{k+1}$ mit dem Glied $\overline{a}_{k+1} g^{k+1}$, so erhält man die neue g-adische Zahl

$$\overline{A}' = a_0 + a_1 g + \cdots + a_k g^k + (\overline{a}_{k+1} + \varepsilon_{k+1}) g^{k+1} + \ldots,$$

die nach unserer Definition gleich $\overline{A}$ ist, weil alle ihre Näherungswerte bezüglich denen von $\overline{A}$ kongruent sind. Da aber A' ein reduziertes Glied mehr als A besitzt, so ergibt sich, da das Verfahren in gleicher Weise beliebig weit fortgesetzt werden kann, in der Tat die Existenz einer reduzierten Zahl, die gleich $\overline{A}$ ist. Mehr als *einer* reduzierten Zahl kann A aber nicht gleich sein; denn zwei solche reduzierte Zahlen müßten ja auch untereinander gleich sein, und dies ist, wie wir wissen, nur dann möglich, wenn sie in allen ihren Ziffern einzeln übereinstimmen.

Das angegebene Verfahren, durch welches eine nicht reduzierte Zahl in die ihr gleiche reduzierte übergeführt wird, ist praktisch außerordentlich einfach durchzuführen; man erhält der Reihe nach die Gleichungen

$$\begin{aligned}
\bar{a}_k &= a_k + \varepsilon_{k+1}g \\
(3) \qquad \varepsilon_{k+1} + \bar{a}_{k+1} &= a_{k+1} + \varepsilon_{k+2}g \\
\varepsilon_{k+2} + \bar{a}_{k+2} &= a_{k+2} + \varepsilon_{k+3}g \quad \text{usw.,}
\end{aligned}$$

aus denen sich sukzessive die Koeffizienten a_{k+1}, a_{k+2}, ... der reduzierten Zahl bestimmen, für welche die Gleichung besteht:

$$a_0, a_1 a_2 \ldots a_{k-1} \bar{a}_k \bar{a}_{k+1} \bar{a}_{k+2} \cdots = a_0, a_1 a_2 \ldots a_{k-1} a_k a_{k+1} a_{k+2} \ldots.$$

Auf Grund der soeben gewonnenen Ergebnisse wollen wir die Definition der ganzen und der gebrochenen g-adischen Zahlen so erweitern, daß sie auch für die nicht reduzierten Zahlen gilt:

> Eine g-adische Zahl heißt g a n z oder g e b r o c h e n, je nachdem die ihr gleiche reduzierte ganz oder gebrochen ist.

Jede nicht reduzierte g-adische Zahl A kann durch das soeben angegebene Verfahren so umgeformt werden, daß ihr Anfangsglied eine modulo g reduzierte Zahl ist. Da sich dieses bei der weiteren Reduktion nicht mehr ändert, so entscheidet dieses allein darüber, ob A ganz oder gebrochen ist. Wir können also auch die nicht reduzierten Zahlen A von vornherein so gegeben denken, daß ihr Anfangsglied modulo g reduziert ist.

Beispiele für die Verwandlung von beliebigen g-adischen Zahlen in reduzierte:

$$8,30976 = 3,40976 = 3,40486 = 3,40437 = 3,404321 \ (5).$$
$$75,8295 = 10,33301 \ (6).$$
$$1,2\,3\,4\,5\,6\,7\,8\,9\,10\,11\,12\,13\cdots = 1,\overline{2\,3\,4\,0}\,2\,3\,4\,0\,2\,3\,4\,0\ldots \ (5).$$
$$g,g{-}1\ g{-}1\ g{-}1\cdots = 0,00\ldots0\,g\,g{-}1\ g{-}1\cdots = 0 \ (g).$$
$$g,2g{-}1\ 3g{-}2\ 4g{-}3\cdots = 0 \ (g).$$
$$g^2,2g^2{-}2g\ 3g^2{-}4g{+}1\ 4g^2{-}6g{+}2\cdots = 0 \ (g).$$

Gleich an dieser Stelle möchte ich darauf hinweisen, wie wichtig es ist, die wenigen einfachen Regeln für das Rechnen mit g-adischen Zahlen an möglichst vielen selbstgewählten Beispielen einzuüben. Besonders mag noch einmal die für jede Zahl bestehende Gleichung ausdrücklich hervorgehoben werden:

$$a_0,\ldots a_i\,a_{i+1}\cdots = a_0,\ldots a_i{+}g\ a_{i+1}{-}1\ldots,$$

welche bei anderer Bezeichnung der Koeffizienten auch so geschrieben werden kann:

$$b_0,\ldots b_i{-}g\ b_{i+1}{+}1\cdots = b_0,\ldots b_i\,b_{i+1}\ldots.$$

Aus diesen zwei Identitäten können die beiden folgenden, bei allen Reduktionen immer wieder angewandten Sätze abgelesen werden:

Jede g-adische Zahl bleibt ungeändert, wenn man von irgendeiner ihrer Ziffern eine Einheit borgt und dafür die nächstvorhergehende Ziffer um g Einheiten vermehrt. Jede g-adische Zahl bleibt ungeändert, wenn man eine ihrer Ziffern um g Einheiten vermindert und dafür die nächstfolgende um eine Einheit vermehrt.

Auch nach der hier gegebenen Definition der Gleichheit zweier
g-adischen Zahlen ist jede r a t i o n a l e Zahl A der ihr in (4)
a. S. 63 zugeordneten Reihe $a_n g^n + a_{n+1} g^{n+1} + \ldots$ gleich; denn ihre
Näherungswerte genügend hoher Ordnung sind den Näherungswerten
von A, die ja alle gleich A selbst sind, für jede noch so hohe Potenz
von g als Modul kongruent.

Wir wollen endlich noch die vorher gegebene Definition der
g-adischen Zahlen in der Weise erweitern, daß wir von jetzt an auch
jede unendliche Reihe:

$$A = A_0 + A_1 g + A_2 g^2 + \ldots$$

eine g - a d i s c h e Z a h l nennen wollen, deren Koeffizienten $A_0, A_1, \ldots$
selber ganze g-adische Zahlen sind, wenn nur wieder eine Vorschrift
gegeben ist, nach der diese Koeffizienten A_i, soweit man will, berechnet
werden können. Auch für diese Zahlen, können wir die Definition ihrer
Näherungswerte

$$A^{(0)} = A_0, \quad A^{(1)} = A_0 + A_1 g, \; \ldots$$

ungeändert beibehalten und auch wieder zwei solche Zahlen
A und A' m o d u l o p^{k+1} k o n g r u e n t nennen, wenn ihre
k-ten Näherungswerte modulo p^{k+1} kongruent sind. Nennen wir
also auch jetzt zwei solche Zahlen f ü r d e n B e r e i c h v o n g
g l e i c h, wenn sie für jede noch so hohe Potenz von g als Modul
kongruent sind, so erkennt man, daß durch diese Erweiterung der
Definition einer g-adischen Zahl der Bereich dieser Zahlen nicht
vergrößert worden ist, daß nämlich auch jede von diesen allgemeineren
g-adischen Zahlen einer einzigen reduzierten Zahl a_0, a_1, a_2 ... für
den Bereich von g gleich ist. In der Tat gilt ja auch für jede g-adische
Zahl $A_0, A_1, A_2, \ldots$, welche in den Koeffizienten von A auftritt, z. B.

für A_0, stets eine Gleichung von der Form:

$$A_0 = a_0 + g\varepsilon_1,$$

wo a_0 eine Zahl der Reihe 0, 1, ... $g - 1$ bedeutet, und wo ε_1 wieder eine ganze g-adische Zahl ist. Wendet man also genau das auf S. 73 auseinandergesetzte Verfahren auf diese Zahlen an, so erhält man auch hier eine Reihe von Gleichungen:

$$A = A_0, A_1 A_2 \cdots = a_0, A_1 + \varepsilon_1 \; A_2 \cdots = a_0, a_1 \; A_2 + \varepsilon_2 \ldots,$$

durch welche A sukzessive in eine eindeutig bestimmte reduzierte Zahl übergeführt wird. Alle bisher über die g-adischen Zahlen bewiesenen Sätze bleiben hiernach auch für diese allgemeineren Zahlen gültig.

§ 2.   Die Addition und Multiplikation im Bereich der g-adischen Zahlen.

Wir definieren die beiden Verknüpfungsoperationen der Addition und der Multiplikation für die g-adischen Zahlen folgendermaßen:

Sind A und B zwei beliebige g-adische Zahlen, so wollen wir unter ihrer S u m m e $A + B$ bzw. unter ihrem P r o d u k t AB eine Zahl C bzw. D verstehen, deren Näherungswerte genügend hoher Ordnung für jede noch so hohe Potenz der Grundzahl als Modul der Summe bzw. dem Produkt der Näherungswerte von A und B kongruent sind. Es soll also, eine wie große Zahl k' immer vorgegeben sein mag, möglich sein, die Zahl k so groß zu bestimmen, daß für die k-ten und alle späteren Näherungswerte die folgenden Kongruenzen gelten:

(1)
$$C^{(k)} = (A + B)^{(k)} \equiv A^{(k)} + B^{(k)} \quad (\text{mod. } g^{k'})$$
$$D^{(k)} = (AB)^{(k)} \equiv A^{(k)} B^{(k)} \quad (\text{mod. } g^{k'}).$$

Man erkennt hiernach leicht die Richtigkeit des folgenden Fundamentalsatzes:

Im Bereich der g-adischen Zahlen ist die Addition und die Multiplikation unbeschränkt und eindeutig ausführbar.

Zunächst sieht man sehr leicht, daß sich *eine* den Definitionsbedingungen genügende und unbeschränkt ausführbare Art der Addition und Multiplikation für die g-adischen Zahlen sofort angeben läßt: Sind nämlich

$$A = a_0, a_1\, a_2 \ldots \quad \text{und} \quad B = b_0, b_1\, b_2 \ldots$$

irgend zwei ganze g-adische Zahlen, so bestehen für die Zahlen

$$
\begin{aligned}
(2) \quad & C = (a_0 + b_0) + (a_1 + b_1)g + (a_2 + b_2)g^2 + \ldots \\
& D = a_0 b_0 + (a_0 b_1 + a_1 b_0)g + (a_0 b_2 + a_1 b_1 + a_2 b_0)g^2 + \ldots
\end{aligned}
$$

für jeden noch so hohen Wert von k offenbar die Beziehungen:

$$
\begin{aligned}
C^{(k)} &= (a_0 + b_0) + (a_1 + b_1)g + \cdots + (a_k + b_k)g^k \\
&= (a_0 + a_1 g + \cdots + a_k g^k) + (b_0 + b_1 g + \cdots + b_k g^k) \\
(3) \qquad &= A^{(k)} + B^{(k)} \\
D^{(k)} &= a_0 b_0 + (a_0 b_1 + a_1 b_0)g + \cdots + (a_0 b_k + a_1 b_{k-1} + \cdots + a_k b_0)g^k \\
&\equiv (a_0 + a_1 g + \cdots + a_k g^k)(b_0 + b_1 g + \cdots + b_k g^k) \\
&= A^{(k)} B^{(k)} \;(\text{mod. } g^{k+1}).
\end{aligned}
$$

C und D genügen also sicher den an die Summe und das Produkt gestellten Anforderungen, d. h. es ist:

$$(4) \qquad\qquad C = A + B, \quad D = AB \;(g).$$

Durch die Kongruenzen (1) sind ferner die Näherungswerte $C^{(k)}$ und $D^{(k)}$ von $A + B$ und AB für genügend große Werte von k für jede noch so hohe Potenz von g als Modul bestimmt, und hieraus allein folgt, daß die soeben definierten Operationen der Addition und Multiplikation nicht bloß unbeschränkt, sondern auch eindeutig sind. In der Tat muß nämlich jede Zahl C' bzw. D', welche nach dieser Definition ebenfalls gleich $A + B$ oder AB ist, gleich C bzw. D sein, da ja ihre Näherungswerte genügend hoher Ordnung für jede noch so hohe Potenz von g als Modul denen von C bzw. von D kongruent sind. Ebenso folgt aus derselben Überlegung, daß die beiden Fundamentalsätze „Gleiches zu Gleichem addiert (bzw. mit Gleichem multipliziert) gibt Gleiches" im Bereiche der g-adischen Zahlen gültig bleiben.

Sind A und B gebrochene g-adische Zahlen, ist also z. B.

$$
\begin{aligned}
(5) \qquad A &= \frac{a_{-2}}{g^2} + \frac{a_{-1}}{g} + a_0 + \ldots \ (g), \\
B &= \frac{b_{-2}}{g^2} + \frac{b_{-1}}{g} + b_0 + \ldots \ (g),
\end{aligned}
$$

so gelten für die entsprechend wie vorhin gebildeten Zahlen

$$
\begin{aligned}
(6) \qquad C &= \frac{a_{-2} + b_{-2}}{g^2} + \frac{a_{-1} + b_{-1}}{g} + (a_0 + b_0) + (a_1 + b_1)g + \ldots \\
D &= \frac{a_{-2}b_{-2}}{g^4} + \frac{a_{-2}b_{-1} + a_{-1}b_{-2}}{g^3} + \frac{a_{-2}b_0 + a_{-1}b_{-1} + a_0b_{-2}}{g^2} + \ldots
\end{aligned}
$$

offenbar bei jedem noch so hohen Werte von k die Kongruenzen bzw. Gleichungen:

$$
C^{(k)} = A^{(k)} + B^{(k)}
$$

$$
\begin{aligned}
(7) \qquad D^{(k)} &= \frac{a_{-2}b_{-2}}{g^4} + \cdots + (a_{-2}b_{k+2} + a_{-1}b_{k+1} + a_0b_k + \cdots + a_{k+2}b_{-2})g^k \\
&\equiv \left(\frac{a_{-2}}{g^2} + \cdots + a_k g^k \right) \left(\frac{b_{-2}}{g^2} + \cdots + b_k g^k \right) = A^{(k)}B^{(k)} \ (\text{mod. } g^{k-1});
\end{aligned}
$$

denn in der letzten Relation sind offenbar diejenigen Glieder, welche mit Potenzen g^l von g multipliziert sind, deren Exponent l kleiner als $k-1$ ist, auf beiden Seiten identisch, während die höheren Potenzen von g modulo g^{k-1} fortgelassen werden können. Da aber auch im letzten Fall der Exponent $k' = k-1$ mit k unbegrenzt wächst, so ist auch hier $C = A + B$, $D = A \cdot B$.

Man erkennt, daß die Addition und die Multiplikation zweier g-adischen Zahlen völlig der Ausführung derselben Operationen für zwei Dezimalbrüche (und übrigens auch für zwei systematische Brüche mit einer von 10 verschiedenen Grundzahl) entspricht; denn ist

$$(8) \qquad \begin{aligned} \alpha &= a_0 + a_1 \cdot 10^{-1} + a_2 \cdot 10^{-2} + \ldots, \\ \beta &= b_0 + b_1 \cdot 10^{-1} + b_2 \cdot 10^{-2} + \ldots, \end{aligned}$$

so ist ja

$$\begin{aligned} \alpha + \beta &= (a_0 + b_0) + (a_1 + b_1) \cdot 10^{-1} + (a_2 + b_2) \cdot 10^{-2} + \ldots, \\ (9) \quad \alpha \cdot \beta &= a_0 b_0 + (a_0 b_1 + b_1 a_0) \cdot 10^{-1} \\ &\quad + (a_0 b_2 + a_1 b_1 + a_2 b_0) 10^{-2} + \ldots. \end{aligned}$$

Will man aber die Summe oder das Produkt, nachdem man eine solche nicht reduzierte Darstellung gewonnen hat, auf die *reduzierte* Form bringen, so muß man bei den g-adischen Zahlen von dem ersten Gliede *links* anfangen und nach (3) auf S. 74 sukzessive dieses, dann das zweite, das dritte usw. reduzieren, während bekanntlich bei den Dezimalbrüchen die Reduktion gerade umgekehrt bei dem äußersten noch berücksichtigten Gliede *rechts* begonnen und in der Richtung von rechts nach links fortgeführt wird.

Beispiele:

$$
\begin{array}{l}
2{,}3102114 \\
+\,3{,}141202132 \\
\hline
5{,}451413532 \\
=0{,}012413042
\end{array}
\quad (5)
\qquad
\begin{array}{l}
35{,}213024 \\
+\;\;0{,}0251535 \\
{\scriptstyle 1\ \ 111} \\
\hline
35{,}23221201
\end{array}
\quad (6)
$$

$$
\begin{array}{r}
1{,}314 \cdot 0{,}2103 \\
2628 \\
1314 \\
393\,12 \\
{\scriptstyle 1\,1\,2\,3\ \ 1\,2} \\
\hline
0{,}221301\ \ 32
\end{array}
\quad (5).
$$

Im ersten Beispiel wurde die Summe zuerst in der nicht reduzierten Form hingeschrieben und dann erst in die reduzierte übergeführt; im zweiten wurde sie ganz analog der Addition von Dezimalbrüchen gleich in der reduzierten Form geschrieben, indem die bei der Addition der Kolonnen sich ergebenden Multipla von g gleich auf die nach rechts benachbarten Stellen übergeführt wurden. Ebenso wurde im dritten Beispiele bei Ausführung der Multiplikation verfahren.

Sind speziell A und B g-adische Darstellungen von zwei *rationalen* Zahlen $\overline{A}$ und $\overline{B}$, so sind die hier definierten g-adischen Zahlen $A + B$ und AB für den Bereich von g gleich der Summe und dem Produkt jener rationalen Zahlen, da ihre Näherungswerte genügend hoher Ordnung k für jede noch so hohe Potenz von g als Modul zu $\overline{A}^{(k)} + \overline{B}^{(k)}$ und $\overline{A}^{(k)}\overline{B}^{(k)}$ kongruent sind. Z. B. hatten wir auf S. 65

$$-3 = 7{,}999\ldots (10) \quad \text{und} \quad \tfrac{2}{3} = 4{,}333\ldots (10),$$

woraus man erhält:

$$
\begin{array}{r}
7{,}999\ldots \\
+\,4{,}333\ldots \ (10) \\
\hline
1{,}333\ldots
\end{array}
\qquad \text{und}
$$

$$
\begin{array}{r}
\overline{(7{,}999\ldots)\cdot(4{,}333\ldots)} \\
28{,}36\,36\,36\ldots \\
21\,27\,27\ldots \\
21\,27\ldots \qquad (10); \\
21\ldots \\
\hline
2 \quad 5 \quad 8 \\
\hline
8{,}\ 9\ \ 9\ \ 9\ldots
\end{array}
$$

wirklich ist, wie man sich leicht überzeugt, $1{,}333\ldots$ die reduzierte dekadische Entwicklung von $-3 + \frac{2}{3} = -\frac{7}{3}$, $8{,}999\ldots$ diejenige von $(-3)\cdot\frac{2}{3} = -2$.

Wir können nun leicht beweisen, daß der Bereich der g-adischen Zahlen im Sinne des Kap. 1 § 5 einen Zahlenring bildet, da in ihm die Addition, Subtraktion und Multiplikation unbeschränkt und eindeutig ausführbar ist.

Man bemerkt zunächst, daß der Bereich der g-adischen Zahlen in den Elementen 0 und 1 je ein Einheitselement für die Addition und die Multiplikation besitzt; in der Tat ist für jede g-adische Zahl A

$$
A + 0 = A\ (g), \quad A \cdot 1 = A\ (g).
$$

Nunmehr folgt leicht:

Für die innerhalb des Bereichs der g-adischen Zahlen definierte Addition und Multiplikation gelten die ersten sechs der zu Beginn des ersten Kapitels aufgestellten Grundgesetze.

Daß für beide Operationen das kommutative und das assoziative Gesetz gilt, und daß auch das distributive Gesetz

$$
A(B + C) = AB + AC
$$

erfüllt ist, folgt ja unmittelbar aus der Definition der Addition und der Multiplikation in Verbindung mit der Tatsache, daß die Kongruenzen für eine beliebige Potenz von g als Modul jene Gesetze befriedigen.

Aber auch die Gültigkeit des sechsten Gesetzes von der unbeschränkten und eindeutigen Subtraktion im Bereich der g-adischen Zahlen kann jetzt leicht bewiesen werden. Sind nämlich

$$A = a_0, a_1 a_2 \ldots \quad \text{und} \quad B = b_0, b_1 b_2 \ldots$$

zwei beliebige, der Kürze halber als ganz angenommene g-adische Zahlen, so gibt es zunächst sicher stets überhaupt eine Zahl

$$(10) \qquad X = (b_0 - a_0) + (b_1 - a_1)g + (b_2 - a_2)g^2 + \ldots,$$

welche der Bedingung

$$(11) \qquad\qquad A + X = B$$

genügt und die daher durch $B - A$ bezeichnet und die D i f f e r e n z von B und A genannt werde. Speziell ist für $B = 0$:

$$X = -A = -a_0 - a_1 g - a_2 g^2 - \ldots$$

eine g-adische Zahl, für die $A + (-A) = 0$ ist. Hieraus schließt man aber leicht, daß die durch (11) definierte Zahl X eindeutig bestimmt ist. Genügen nämlich X und X' beide der Gleichung (11), so folgt

$$A + X = A + X'$$

oder nach Addition von $A' = -A$ auf beiden Seiten:

$$(A' + A) + X = (A' + A) + X', \quad \text{d. h.}$$
$$X = X', \quad \text{w. z. b. w.}$$

Für die rechnerische Ausführung der Subtraktion sei bemerkt, daß oft die Hinzufügung einer nichtreduzierten Darstellung der Null, z. B. $0,00\ldots0\,g\,g{-}1\;g{-}1\ldots(g)$, zum Minuendus nützlich oder nötig ist. Z. B. ist

$$
\begin{array}{r}
4,35452 \\
-\,0,2531 \\ \hline
4,10142
\end{array} \quad (6)
$$

$$
\begin{array}{r}
0,054444444444\ldots \\
2,123102114 \\
-\,0,03141202132 \\ \hline
=\,2,1461345371244\ldots \\
=\,2,1412340422244\ldots
\end{array} \quad (5).
$$

Bei der ersten Aufgabe kann die von links nach rechts auszuführende Subtraktion der einzelnen entsprechenden Ziffern direkt ausgeführt werden; bei der zweiten ist dies schon bei der dritten Ziffer nicht möglich. Wir addieren daher vorher zum Minuendus die darüber geschriebene Zahl $0,0544\ldots$, welche ja gleich Null ist, und können nun für jede Ziffer die Subtraktion ausführen; der so sich ergebende Ausdruck für die Differenz erscheint aber im allgemeinen in nicht reduzierter Form und ist dann erst in die reduzierte Form überzuführen.

Fünftes Kapitel

Die Zerlegung des Ringes aller g-adischen Zahlen in seine einfachsten Bestandteile.

§ 1.   Inhalt und Ziel der Untersuchung.

Bis jetzt wurde die beliebig angenommene Grundzahl g bei der ganzen Untersuchung festgehalten. Wir werden aber sehen, daß sich die systematische Untersuchung der Eigenschaften aller g-adischen Zahlen wesentlich vereinfacht, wenn wir dieselben Zahlen in einem alsbald näher zu definierenden Sinn für den Bereich gewisser Grundzahlen, die Teiler von g sind, untersuchen.

Ist nämlich

$$g = PQ$$

irgend eine Zerlegung der Grundzahl g in zwei Faktoren, so können wir jeder g-adischen Zahl, d. h. jeder Zahl des Ringes $R(g)$

$$A_g = a_0 + a_1 g + a_2 g^2 + \cdots = a_0 + a_1 (PQ) + a_2 (PQ)^2 + \ldots$$

je eine eindeutig bestimmte Zahl

$$\overline{A}_P = a_0 + (a_1 Q)P + (a_2 Q^2)P^2 + \ldots \quad (P)$$
$$\overline{A}_Q = a_0 + (a_1 P)Q + (a_2 P^2)Q^2 + \ldots \quad (Q)$$

der beiden Ringe $R(P)$ und $R(Q)$ zuordnen, welche wir als die Werte von A_g für den Bereich von P und für den Bereich von Q bezeichnen wollen. Sind ferner die beiden Faktoren P und Q teilerfremd, so werden wir in diesem Kapitel zeigen, daß auch umgekehrt zu jedem System $(\overline{A}_P, \overline{A}_Q)$ von zwei beliebig angenommenen P-adischen und Q-adischen Zahlen eine einzige g-adische Zahl A_g gehört, deren Werte für den Bereich von P und von Q bzw. gleich $\overline{A}_P$ und $\overline{A}_Q$ sind. Aus diesem Grunde können wir jede Zahl A_g folgendermaßen bezeichnen:

$$A_g = (\overline{A}_P \overline{A}_Q).$$

Sind dann

$$A_g = (\overline{A}_P, \overline{A}_Q), \quad B_g = (\overline{B}_P, \overline{B}_Q)$$

irgendwelche in dieser Form bezeichnete g-adische Zahlen, so können und werden wir ohne jede Rechnung zeigen, daß für ihre Summen und ihr Produkt die beiden Gleichungen bestehen:

$$A_g + B_g = (\overline{A}_P + \overline{B}_P, \overline{A}_Q + \overline{B}_Q)$$
$$A_g B_g = (\overline{A}_P \overline{B}_P, \overline{A}_Q \overline{B}_Q).$$

Also ist der Ring $R(g)$ in genau derselben Weise aus den beiden Ringen $R(P)$ und $R(Q)$ komponiert, wie dies für den aus den Körpern K und K' komponierten Ring $R(K, K')$ a. S. 17 flgde. der Fall war. Hieraus folgt, daß man, anstatt den Ring $R(g)$ zu untersuchen, die beiden einfacheren Ringe $R(P)$ und $R(Q)$ betrachten kann, deren Grundzahlen komplementäre teilerfremde Divisoren von g sind. Dieselbe Zerlegung kann man weiter auf die neuen Zahlringe $R(P)$ und $R(Q)$ anwenden und damit so lange fortfahren, bis die Grundzahlen aller so sich ergebenden Zahlringe Primzahlpotenzen p^s geworden sind. Von diesen einfachsten Zahlringen $R(p^s)$ werde ich endlich zeigen, daß in ihnen nicht bloß die Addition, Subtraktion und Multiplikation, sondern auch die Division unbeschränkt und eindeutig ausführbar ist; diese sind also Zahlkörper, in welchen alle vier elementaren Rechenoperationen ausgeführt werden können; und so läßt sich die Frage nach den Eigenschaften aller Zahlringe von g-adischen Zahlen vollständig ersetzen durch die Betrachtung gewisser Zahlkörper, welche keine prinzipiellen Schwierigkeiten darbietet. So reduziert sich z. B. die Theorie der hexadischen Zahlen

$$A_6 = a_0 + a_1 \cdot 6 + a_2 \cdot 6^2 + \dots$$

auf diejenige der dyadischen und der triadischen Zahlen

$$\overline{B}_2 = b_0 + b_1 \cdot 2 + b_2 \cdot 2^2 + \dots$$

und

$$\overline{C}_3 = c_0 + c_1 \cdot 3 + c_2 \cdot 3^2 + \dots.$$

So ist z. B. die hexadische Zahl 1,50321 eindeutig bestimmt durch ihren dyadischen Wert 1,1100100110101 und ihren triadischen Wert 1,10110021, was wir durch die Gleichung ausdrücken:

$$1{,}50321_6 = (1{,}1100100110101_2,\ 1{,}10110021_3).$$

Ebenso bestehen für die beiden dekadischen Zahlen

$$5{,}213023\dots_{10} \quad \text{und} \quad 2{,}110100\dots_{10}$$

die beiden Gleichungen

$$5{,}213023\dots_{10} = (1{,}010110\dots_2,\ 0{,}000000\dots_5)$$
$$2{,}110100\dots_{10} = (0{,}000000\dots_2,\ 2{,}240130\dots_5).$$

§ 2. Die Beziehungen zwischen g-adischen Zahlen mit verschiedener Grundzahl.

Der soeben angedeuteten Reduktion unserer Aufgabe schicke ich zunächst einige fast selbstverständliche Bemerkungen über die Beziehungen g-adischer Zahlen mit verschiedener Grundzahl voraus.

Ist

$$A = a_0 + a_1 g + a_2 g^2 + \ldots$$

eine beliebige, nur der Einfachheit wegen als ganz angenommene g-adische Zahl, und sind

$$A^{(0)} = a_0, \quad A^{(1)} = a_0 + a_1 g, \; \ldots$$

ihre sukzessiven Näherungswerte, so ist allgemein

$$A^{(i)} - A^{(i-1)} = a_i g^i \quad (i = 1, 2, \ldots),$$

so daß man folgende Darstellung der Zahl A durch ihre Näherungswerte erhält:

$$A = A^{(0)} + (A^{(1)} - A^{(0)}) + (A^{(2)} - A^{(1)}) + \ldots.$$

Ebensogut kann man A z. B. auch durch die Näherungswerte

$$A^{(2)}, \quad A^{(5)}, \quad A^{(8)}, \quad A^{(11)}, \; \ldots$$

in der Form

$$A = A^{(2)} + (A^{(5)} - A^{(2)}) + (A^{(8)} - A^{(5)}) + \ldots$$
$$= (a_0 + a_1 g + a_2 g^2) + (a_3 + a_4 g + a_5 g^2)g^3 + (a_6 + a_7 g + a_8 g^2)g^6 + \ldots,$$

d. h. als eine Zahl mit der Grundzahl g^3 darstellen, wie aus der Definition der Gleichheit unmittelbar folgt. Allgemeiner findet man in dieser Weise eine Darstellung von A durch die Näherungswerte

$$A^{(k-1)}, \quad A^{(2k-1)}, \quad A^{(3k-1)}, \; \ldots,$$

wo k irgendeine ganze positive Zahl bezeichnet, in der Form

$$A = A^{(k-1)} + (A^{(2k-1)} - A^{(k-1)}) + (A^{(3k-1)} - A^{(2k-1)}) + \dots$$
$$= (a_0 + a_1 g + \dots + a_{k-1} g^{k-1}) + (a_k + a_{k+1} g + \dots + a_{2k-1} g^{k-1}) g^k$$
$$+ (a_{2k} + a_{2k+1} g + \dots + a_{3k-1} g^{k-1}) g^{2k} + \dots;$$

hierdurch ist also die g-adische Zahl A als eine nach Potenzen der Grundzahl g^k fortschreitende Reihe dargestellt.

Umgekehrt kann selbstverständlich jede g^k-adische Zahl

$$A = a^{(0)} + a^{(1)} g^k + a^{(2)} g^{2k} + \dots$$

als eine nach Potenzen von g fortschreitende Reihe mit nicht reduzierten Koeffizienten angesehen werden, in der insbesondere die Koeffizienten von g, g^2, $\dots$ g^{k-1}, g^{k+1}, $\dots$ sämtlich Null sind, und diese kann dann in ihre reduzierte Form übergeführt werden. Es folgt daher speziell:

Ist die Grundzahl $g = p^k$ eine Primzahlpotenz, so können alle Zahlen mit der Grundzahl p^k

$$A = a_0 + a_1 p^k + a_2 p^{2k} + \dots$$

auch als p-adische Zahlen, d. h. in der Form

$$A = a^{(0)} + a^{(1)} p + a^{(2)} p^2 + \dots$$

dargestellt werden.

Z. B. kann man die Zahl

$$800 = 8 + 7 \cdot 9 + 0 \cdot 9^2 + 1 \cdot 9^3 = 8{,}701 \ (9)$$

auch schreiben als

$$800 = (2 + 2 \cdot 3) + (1 + 2 \cdot 3) 3^2 + (0 + 0 \cdot 3) 3^4 + 1 \cdot 3^6 = 2{,}212001 \ (3);$$

ebenso folgt aus der Darstellung von $-\frac{1}{15}$ für die Grundzahl 25

$$-\tfrac{1}{15} = \tfrac{15}{25} + 16 + 16 \cdot 25 + 16 \cdot 25^2 + \cdots = 15\,16{,}16\,16\,16 \ldots \quad (25)$$

die pentadische Darstellung von $-\frac{1}{15}$:

$$-\tfrac{1}{15} = (0 + 3 \cdot 5) \cdot 5^{-2} + (1 + 3 \cdot 5) + (1 + 3 \cdot 5)5^2 + \ldots$$
$$= 31{,}3131 \ldots \quad (5).$$

Sind ferner g und g' zwei Grundzahlen, welche beide die nämlichen Primfaktoren p, q, ... r, nur in verschiedenen Potenzen enthalten, so gibt es sicher eine niedrigste Potenz g^k von g, die durch g' teilbar ist, und ebenso eine niedrigste Potenz $g'^{k'}$ von g', die ein Vielfaches von g ist. Dann erkennt man sofort, daß jede g-adische Zahl A auch als g'-adische Zahl und umgekehrt jede g'-adische als g-adische Zahl dargestellt werden kann; denn es ist ja

$$A = A^{(k-1)} + (A^{(2k-1)} - A^{(k-1)}) + (A^{(3k-1)} - A^{(2k-1)}) + \cdots$$
$$= a_0' + a_1'g + a_2'g'^2 + \ldots,$$

weil jede der oben stehenden Differenzen

$$(A^{(2k-1)} - A^{(k-1)}), \quad (A^{(3k-1)} - A^{(2k-1)}), \quad \ldots,$$

bzw. durch g^k, g^{2k}, ..., also durch g', g'^2 ... teilbar ist; umgekehrt ist ebenso für eine g'-adische Zahl A':

$$A' = A'^{(k'-1)} + (A'^{(2k'-1)} - A'^{(k'-1)}) + (A'^{(3k'-1)} - A'^{(2k'-1)}) + \cdots$$
$$= a_0 + a_1g + a_2g^2 + \ldots,$$

d. h. A' ist auch als g-adische Zahl darstellbar. Hieraus ziehen wir die praktisch wichtige Folgerung:

Bei der Untersuchung beliebiger g-adischer Zahlen kann man statt der Grundzahl $g = p^h q^k \ldots r^l$ diejenige reduzierte Grundzahl $g_0 = pq \ldots r$ nehmen, welche dieselben Primfaktoren wie g, aber jeden nur in der ersten Potenz enthält.

Z. B. ist zu $12 = 2^2 \cdot 3$ die in diesem Sinn zugehörige reduzierte Zahl $2 \cdot 3 = 6$; es ist 12^1 teilbar durch 6, also $k = 1$. Daher ist z. B.

$$
\begin{aligned}
-\tfrac{5}{12} &= 7 \cdot 12^{-1} + 11 + 11 \cdot 12 + 11 \cdot 12^2 + \ldots \\
&= 21 \cdot 6^{-2} + 11 + 22 \cdot 6 + 44 \cdot 6^2 + \ldots \\
&= (3 + 3 \cdot 6) \cdot 6^{-2} + (5 + 1 \cdot 6) + (4 + 3 \cdot 6) \cdot 6 \\
&\qquad\qquad\qquad + (2 + 1 \cdot 6 + 1 \cdot 6^2) \cdot 6^2 + \ldots \\
&= 3 \cdot 6^{-2} + 3 \cdot 6^{-1} + 5 + 5 \cdot 6 + 5 \cdot 6^2 + \ldots;
\end{aligned}
$$

man kann also an Stelle der Zahl $7\,11, 11\,11\ldots$ (12) ebensogut die hexadische Zahl $3\,3\,5, 5\,5\ldots$ (6) untersuchen.

Auf Grund dieser Betrachtungen wollen wir die folgende *erweiterte Definition der Gleichheit zweier Zahlen*

$$
A = a_0 + a_1 g + \ldots \;(g), \quad A' = a'_0 + a'_1 g' + \ldots \;(g')
$$

aufstellen, *deren Grundzahlen g und g' von einander verschieden sind.* Wir betrachten auch hier die beiden Reihen von Näherungswerten

$$
\begin{aligned}
A^{(0)} &= a_0, \quad A^{(1)} = a_0 + a_1 g, \quad \ldots \;(g) \\
A'^{(0)} &= a'_0, \quad A'^{(1)} = a'_0 + a'_1 g', \quad \ldots \;(g')
\end{aligned}
$$

und nennen A und A' g l e i c h f ü r d e n B e r e i c h v o n g', wenn ihre Näherungswerte genügend hoher Ordnung einander für jede noch so hohe Potenz von g' als Modul kongruent sind. Ebenso sollen A und A' g l e i c h f ü r d e n B e r e i c h v o n g heißen, wenn die entsprechenden Kongruenzen für jede noch so hohe Potenz von g erfüllt sind.

So sind z. B. die beiden vorher betrachteten Zahlen

$$A = A^{(0)} + (A^{(1)} - A^{(0)}) + (A^{(2)} - A^{(1)}) + \ldots \ (g)$$
$$A' = A^{(2)} + (A^{(5)} - A^{(2)}) + (A^{(8)} - A^{(5)}) + \ldots \ (g^3),$$

von denen die erste eine Zahl von der Grundzahl g, die zweite eine solche von der Grundzahl g^3 darstellt, nach dieser neuen Definition einander gleich sowohl für den Bereich von g als auch für den von g^3; denn ihre Näherungswerte sind bzw.

$$A^{(0)}, \ A^{(1)}, \ A^{(2)}, \ A^{(3)}, \ \ldots \quad \text{und} \quad A^{(2)}, \ A^{(5)}, \ A^{(8)}, \ A^{(11)}, \ \ldots$$

und für eine beliebig hohe Potenz von g sowohl als von g^3 als Modul werden diese schließlich zueinander kongruent. Ist allgemeiner g^k durch g' teilbar, so sind die beiden Zahlen

$$A = a_0 + a_1 g + a_2 g^2 + \ldots \ (g)$$
$$A' = A^{(k-1)} + (A^{(2k-1)} - A^{(k-1)}) + (A^{(3k-1)} - A^{(2k-1)}) + \ldots \ (g'),$$

von denen die zweite nach dem letzten Resultat für den Bereich von g' einer g'-adischen Zahl gleich ist, für diesen Bereich einander gleich, weil die Näherungswerte von A und A'

$$A^{(0)}, \ A^{(1)}, \ A^{(2)}, \ \ldots$$
$$A^{(k-1)}, \ A^{(2k-1)}, \ A^{(3k-1)}, \ \ldots$$

für genügend große Indizes einander für jede noch so hohe Potenz von g' als Modul kongruent werden.

Ein Ring $R(g)$ von g-adischen Zahlen soll ein T e i l b e r e i c h eines andern Ringes $R(g')$ von g'-adischen Zahlen heißen, wenn zu jeder Zahl A aus $R(g)$ eine ihr für den Bereich von g' gleiche A' innerhalb $R(g')$ gehört. Sind dann A und B zwei beliebige Zahlen in $R(g)$ und sind A' und B' diejenigen Zahlen im Teilbereich $R(g')$, welche ihnen gleich sind, so sind den Zahlen $A + B$, $A - B$, AB offenbar die Zahlen $A' + B'$, $A' - B'$, $A'B'$ in dem Teilbereich beziehlich gleich.

Ist $R(g)$ ein Teilbereich von $R(g')$ und auch umgekehrt $R(g')$ ein Teilbereich von $R(g)$, so sollen beide Ringe als g l e i c h bezeichnet werden; ich schreibe diese Beziehung in der Form:

$$R(g) = R(g').$$

Nach dem soeben Dargelegten ist $R(g) = R(g')$, wenn die beiden Grundzahlen g und g' dieselben Primfaktoren enthalten, wenn also g^k durch g' und $g'^{k'}$ durch g teilbar ist. Speziell ist z. B.:

$$R(p^k) = R(p), \quad R(p^k q^l \ldots r^m) = R(pq \ldots r).$$

Dagegen ist $R(P)$ ein *eigentlicher* Teilbereich von $R(g)$, wenn die Grundzahl P ein Teiler von g ist, der mindestens einen Primfaktor von g nicht enthält. Dann gehört nämlich zu jeder g-adischen Zahl A eine eindeutig bestimmte P-adische Zahl α, die jener für den Bereich von P gleich ist. Ist nämlich

$$g = PQ,$$

so ist ja:

$$A = a_0 + a_1 g + a_2 g^2 + \cdots = a_0 + (a_1 Q)P + (a_2 Q^2)P^2 + \ldots$$
$$= \alpha_0 + \alpha_1 P + \alpha_2 P^2 + \cdots = \alpha \ (P),$$

wo allgemein $\alpha_i = a_i Q^i$ ist. α ist dann eine eindeutig bestimmte
P-adische Zahl; denn je zwei zu A für den Bereich von P gleiche
Zahlen α und α' sind ja für diesen Bereich einander gleich, eben weil
sie für diesen Bereich beide gleich A sind. Wir wollen α, wie bereits
erwähnt wurde, den W e r t v o n A f ü r d e n B e r e i c h v o n P
nennen.

Während also zu jeder Zahl A von $R(g)$ eine ihr gleiche α aus
$R(P)$ gehört, ist das Umgekehrte nicht der Fall; denn eine P-adische
Zahl

$$\alpha = \alpha_0 + \alpha_1 P + \alpha_2 P^2 + \ldots$$

besitzt überhaupt nur dann Näherungswerte, die sich als Näherungswerte
einer g-adischen Zahl betrachten lassen, wenn mit wachsendem Index i
jedes Glied $\alpha_i P^i$ von genügend hoher Ordnung durch jede noch so
hohe Potenz von $g = PQ$ teilbar ist; dies ist aber im allgemeinen nicht
der Fall, sobald Q auch nur einen nicht in P auftretenden Primfaktor
enthält. In diesem Fall ist also wirklich $R(P)$ ein eigentlicher Teilbereich
von $R(g)$. So gehört z. B. zu der triadischen Zahl

$$\alpha = 3 + (5 \cdot 2) \cdot 3 + (3 \cdot 2^2) \cdot 3^2 + (5 \cdot 2^3) \cdot 3^3 + (3 \cdot 2^4) \cdot 3^4 + \ldots$$

zwar die ihr gleiche hexadische Zahl

$$A = 3 + 5 \cdot 6 + 3 \cdot 6^2 + 5 \cdot 6^3 + 3 \cdot 6^4 + \ldots,$$

dagegen existiert zu der triadischen Zahl

$$\overline{\alpha} = 3 + 5 \cdot 3 + 3 \cdot 3^2 + 5 \cdot 3^3 + \ldots$$

keine ihr gleiche hexadische Zahl.

Ebenso gibt es offenbar auch einen eindeutig bestimmten
Q-adischen Wert der oben angegebenen g-adischen Zahl A, nämlich

die Zahl

$$\beta = \beta_0 + \beta_1 Q + \beta_2 Q^2 + \cdots = a_0 + (a_1 P)Q + (a_2 P^2)Q^2 + \ldots,$$

wo, also allgemein $\beta_i = a_i P^i$ ist; dagegen gilt auch hier das Umgekehrte nicht; auch $R(Q)$ ist also ein eigentlicher Teilbereich von $R(g)$.

§ 3. Die Zerlegung des Ringes $R(g)$ in die beiden Ringe $R(P)$ und $R(Q)$.

Ich will jetzt untersuchen, in welcher Beziehung die Zahlen eines Ringes $R(g)$ zu den Zahlen eines eigentlichen Teilbereichs $R(P)$ stehen, dessen Grundzahl P ein Teiler von $g = PQ$ ist. Hierbei kann ich, ohne die Allgemeinheit der Resultate zu beeinträchtigen, die Annahme machen, daß die beiden komplementären Faktoren P und Q teilerfremd sind, also keinen Primfaktor gemeinsam haben. Besitzt nämlich g, was wir ja voraussetzen konnten, nur einfache Primfaktoren, so ist jene Annahme für *jede* Zerlegung $g = PQ$ von g erfüllt. Nach dem oben Bewiesenen gehört dann zu jeder Zahl A aus $R(g)$ eine eindeutig bestimmte P-adische Zahl α, welche ihr für den Bereich von P gleich ist, nämlich der Wert von A für den Bereich von P.

Ist umgekehrt im Ring $R(P)$ eine P-adische Zahl

$$\alpha = \alpha_0 + \alpha_1 P + \alpha_2 P^2 + \ldots$$

ganz beliebig gegeben, so gibt es, wie wir jetzt beweisen wollen, mindestens eine solche g-adische Zahl

$$X = x_0 + x_1 g + x_2 g^2 + \ldots,$$

daß $X = \alpha \ (P)$ wird, daß also gerade diese Zahl α der P-adische Wert von X ist. In der Tat, soll

$$x_0 + x_1 PQ + x_2 P^2 Q^2 + \cdots = \alpha_0 + \alpha_1 P + \alpha_2 P^2 + \ldots \quad (P)$$

sein, so können wir zunächst $x_0 = \alpha_0$ annehmen. Lassen wir dann die beiden gleichen Zahlen α_0 und x_0 fort und dividieren auf beiden Seiten durch PQ, so schreibt sich die obige Gleichung so:

$$x_1 + x_2 PQ + \cdots = Q^{-1}(\alpha_1 + \alpha_2 P + \dots) \ (P).$$

Da $(P, Q) = 1$ ist, so ist Q^{-1} eine modulo P ganze Zahl, kann also als reduzierte ganze P-adische Zahl geschrieben werden; multipliziert man dann auf der rechten Seite aus, so erhält man eine P-adische Zahl:

$$\beta_1 + \beta_2 P + \dots.$$

In der sich so ergebenden Gleichung

$$x_1 + x_2 PQ + \cdots = \beta_1 + \beta_2 P + \dots \ (P)$$

kann man wieder $x_1 = \beta_1$ setzen, worauf man durch genau dasselbe Verfahren wie vorher zur Bestimmung der übrigen x_i eine neue Gleichung

$$x_2 + x_3 PQ + \cdots = \gamma_2 + \gamma_3 P + \dots \ (P)$$

erhält. Fährt man in derselben Weise fort, so kann man die unbekannten Koeffizienten x_0, x_1, x_2, ..., soweit man will, bestimmen, d. h. man erhält eine wohldefinierte g-adische Zahl X, deren P-adischer Wert gleich der beliebig angenommenen P-adischen Zahl α ist.

Ebenso kann man natürlich auch eine g-adische Zahl Y finden, deren Q-adischer Wert gleich einer beliebig angenommenen Q-adischen Zahl $\beta = \beta_0 + \beta_1 Q + \dots$ ist.

In beiden Fällen ist aber durch je eine von diesen Forderungen die g-adische Zahl X bzw. Y noch keineswegs eindeutig bestimmt; im Gegenteil, ich zeige jetzt, daß man stets eine g-adische Zahl A so wählen kann, daß ihr Wert für den Bereich von P gleich einer ganz beliebig gewählten P-adischen Zahl α, ihr Wert für den Bereich von Q gleich einer beliebig gegebenen Q-adischen Zahl β ist. Erst durch diese beiden Festsetzungen zusammen ist A eindeutig bestimmt. Ich beweise also den merkwürdigen und wichtigen Satz:

> Im Ringe $R(g)$ der g-adischen Zahlen gibt es eine einzige Zahl A, deren Werte für die Teilbereiche $R(P)$ und $R(Q)$ je eine beliebig vorgegebene P-adische und Q-adische Zahl sind.

Der vollständige Beweis dieses Fundamentalsatzes kann auf denjenigen des folgenden Spezialfalles desselben zurückgeführt werden:

> Im Ringe der g-adischen Zahlen gibt es eine Zahl, die für den Bereich von P den Wert 1, für den Bereich von Q den Wert 0 besitzt. Diese Zahl soll in der Folge durch 1_P bezeichnet werden.

Eine solche g-adische Zahl kann folgendermaßen gebildet werden: Da $(P, Q) = 1$ ist, so kann man nach S. 29 (2) zwei ganzzahlige Multiplikatoren λ und μ so bestimmen, daß

$$\mu Q - \lambda P = 1$$

ist; dann hat man also in

$$\xi = 1 + \lambda P = \mu Q$$

eine Zahl, die den beiden Kongruenzen

(1) $$\xi \equiv 1 \ (\text{mod.} \ P), \quad \xi \equiv 0 \ (\text{mod.} \ Q)$$

genügt. Hieraus folgt aber sofort, daß die Zahlen der Reihe

$$\xi, \ \xi^g, \ \xi^{g^2}, \ \xi^{g^3}, \ \ldots$$

die Eigenschaft haben, daß allgemein die Beziehungen gelten:

$$(2) \qquad \xi^{g^i} \equiv 1 \ (\text{mod. } P^{i+1}), \quad \xi^{g^i} \equiv 0 \ (\text{mod. } Q^{i+1}).$$

Die Richtigkeit der zweiten Serie von Kongruenzen zunächst ist evident, da ja wegen der zweiten Kongruenz (1) ξ^{g^i} sogar durch die viel höhere Potenz Q^{g^i} von Q teilbar ist. Den Beweis für das Bestehen der ersten Kongruenzenserie (2) führen wir induktiv, ausgehend von der bereits bewiesenen ersten Behauptung (1) für $i = 0$. Es sei also für einen bestimmten Wert $i = k$ schon bewiesen, daß

$$(3) \qquad \xi^{g^{k-1}} \equiv 1 \ (\text{mod. } P^k)$$

ist, was sich auch in der Form

$$\xi^{g^{k-1}} = 1 + hP^k$$

schreiben läßt. Erhebt man diese Gleichung in die $g^{\text{-te}} = (PQ)^{\text{-te}}$ Potenz und entwickelt die rechte Seite nach dem binomischen Lehrsatz, so ergibt sich:

$$\xi^{g^k} = (1 + hP^k)^{PQ} = 1 + PQhP^k + \frac{PQ(PQ-1)}{1 \cdot 2} h^2 P^{2k} + \cdots,$$

wo rechts alle auf das zweite Glied folgenden Summanden mindestens durch die $(2k)^{\text{-te}}$ Potenz von P teilbar sind. Da aber das zweite Glied rechts durch P^{k+1} teilbar ist und für $k \geq 1$ stets $2k \geq k + 1$ gilt, so zieht die Kongruenz (3) die andere

$$\xi^{g^k} \equiv 1 \ (\text{mod. } P^{k+1})$$

nach sich; da vermöge der ersten Kongruenz (1) die Beziehung (3) für $k = 1$ richtig ist, so ist in der Tat die Allgemeingültigkeit auch der ersten Kongruenzenserie (2) nachgewiesen.

Aus den Potenzen ξ, ξ^g, ξ^{g^2}, ... von ξ kann man leicht eine g-adische Zahl bilden, die für den Bereich von P den Wert Eins, für den Bereich von Q den Wert Null hat, nämlich die Zahl

$$(4) \qquad 1_P = \xi + (\xi^g - \xi) + (\xi^{g^2} - \xi^g) + (\xi^{g^3} - \xi^{g^2}) + \dots.$$

Daß diese Reihe zunächst überhaupt eine g-adische Zahl darstellt, wird nachgewiesen sein, sobald gezeigt ist, daß

$$\xi^g - \xi = g\xi_1, \quad \xi^{g^2} - \xi^g = g^2\xi_2, \; \dots$$

ist, wo ξ_1, ξ_2, ... ganze Zahlen bedeuten. Dies ist wirklich der Fall; denn da wegen (2) für jedes $i \geq 1$ ξ^{g^i} und $\xi^{g^{i-1}}$ modulo P^i kongruent Eins, modulo Q^i kongruent Null, also jedesmal auch untereinander kongruent sind, so ist ihre Differenz $\xi^{g^i} - \xi^{g^{i-1}}$ sowohl durch P^i wie durch Q^i, also auch durch $P^iQ^i = g^i$ teilbar, w. z. b. w. 1_P läßt sich also in der Form

$$1_P = \xi_0 + \xi_1 g + \xi_2 g^2 + \dots,$$

d. h. als reduzierte oder nicht reduzierte g-adische Zahl schreiben. Ferner ist der $i^{\text{-te}}$ Näherungswert von 1_P

$$1_P^{(i)} = \xi_0 + \xi_1 g + \dots + \xi_i g^i = \xi + (\xi^g - \xi) + \dots + (\xi^{g^i} - \xi^{g^{i-1}}) = \xi^{g^i}$$

nach (2) modulo P^{i+1} kongruent 1, modulo Q^{i+1} kongruent Null, d. h. es ist gemäß der Definition der Gleichheit wirklich:

$$(5) \qquad 1_P = 1 \; (P), \quad 1_P = 0 \; (Q).$$

Ganz ebenso läßt sich natürlich eine g-adische Zahl 1_Q derart bestimmen, daß

$$(5^{\text{a}}) \qquad 1_Q = 0 \; (P), \quad 1_Q = 1 \; (Q)$$

ist.

Endlich kann man nun auch eine g-adische Zahl X_P finden, deren Wert für den Bereich von P gleich einer beliebig gegebenen P-adischen Zahl α ist, während sie für den Bereich von Q den Wert Null hat. Bestimmen wir nämlich nach dem auf S. 96 ff. auseinandergesetzten Verfahren eine g-adische Zahl X so, daß $X = \alpha$ (P) ist, während über den Q-adischen Wert von X nichts festgesetzt wird, so hat die g-adische Zahl

$$X_P = X \cdot 1_P$$

die beiden verlangten Eigenschaften; denn es ist ja:

$$X_P = X \cdot 1_P = \alpha \cdot 1 = \alpha \ (P), \quad X_P = X \cdot 1_P = X \cdot 0 = 0 \ (Q).$$

Genau ebenso kann man eine g-adische Zahl X_Q bestimmen, die für den Bereich von P gleich Null, für den von Q gleich einer beliebig vorgegebenen Q-adischen Zahl $\beta = \beta_0 + \beta_1 Q + \ldots$ wird.

Die aus diesen beiden g-adischen Zahlen additiv zusammengesetzte Zahl $X = X_P + X_Q$ hat nun offenbar die Eigenschaft, daß ihre Werte für den Bereich von P und Q bzw. gleich α und β sind. In der Tat ist ja:

$$X = X_P + X_Q = \alpha + 0 = \alpha \ (P), \quad X = X_P + X_Q = 0 + \beta \ (Q).$$

Es gibt also wirklich stets eine solche g-adische Zahl. Mehr als *eine* Zahl, welche diesen beiden Anforderungen genügt, kann es aber nicht geben. Denn wäre X' eine zweite derartige Zahl, so würde ja die Differenz $Y = X - X'$ eine g-adische Zahl sein, die für den Bereich von P gleich $\alpha - \alpha = 0$, für den Bereich von Q gleich $\beta - \beta$, also ebenfalls gleich Null wäre. Eine solche Zahl Y muß aber auch für den Bereich von g gleich Null sein; denn ihre Näherungswerte genügend hoher

Ordnung müssen ja für jede noch so hohe Potenz von P sowohl wie von Q, also auch von $PQ = g$, kongruent Null sein, d. h. es ist wirklich $Y = 0$, also $X = X'$ (g), w. z. b. w. Speziell sind also die vorher gebildeten g-adischen Zahlen 1_P und 1_Q sowie die Zahlen X_P und X_Q durch die ihnen auferlegten Bedingungen *eindeutig* bestimmt.

Ist also A_g eine beliebige g-adische Zahl, und sind A_P und A_Q diejenigen eindeutig bestimmten g-adischen Zahlen, für welche

$$A_P = A_g \ (P), \quad A_P = 0 \quad (Q)$$
$$A_Q = 0 \quad (P), \quad A_Q = A_g \ (Q)$$

ist, so ist A_g, wie dies schon im § 1 dieses Kapitels ausgeführt wurde, in der Tat folgendermaßen darstellbar

$$A_g = (A_P, A_Q),$$

weil A_P und A_Q gleich den Werten von A für den Bereich von P bzw. Q sind. Da aber diese Werte A_P und A_Q außerdem so gewählt sind, daß sie für den Bereich von Q bzw. von P gleich Null sind, so besteht nach dem soeben geführten Beweise die sehr viel einfachere Gleichung:

$$A_g = A_P + A_Q.$$

Sind umgekehrt

$$\alpha_P = a_0 + a_1 P + \dots \ (P), \quad \alpha_Q = a_0' + a_1' Q + \dots \ (Q)$$

zwei ganz beliebige Zahlen der Ringe $R(P)$ und $R(Q)$, so gibt es ein einziges System (A_P, A_Q) von zwei g-adischen Zahlen, für welche

$$A_P = \alpha_P \ (P), \quad A_P = 0 \quad (Q)$$
$$A_Q = 0 \quad (P), \quad A_Q = \alpha_Q \ (Q)$$

ist, und die aus ihnen durch gewöhnliche Addition gebildete Zahl

$$A = A_P + A_Q$$

ist diejenige eindeutig bestimmte Zahl, deren Werte für den Bereich von P und von Q bzw. gleich α_P und α_Q sind.

Sind endlich

$$A = A_P + A_Q, \quad B = B_P + B_Q$$

zwei beliebige g-adische Zahlen in dieser Komponentendarstellung, so ergeben sich nach den allgemeinen Rechenregeln im Ringe $R(g)$ für die Summe, die Differenz und das Produkt dieser beiden Zahlen die Gleichungen:

$$\begin{aligned} A + B &= (A_P + B_P) + (A_Q + B_Q) \\ (6) \qquad A - B &= (A_P - B_P) + (A_Q - B_Q) \\ AB &= (A_P B_P) + (A_Q B_Q). \end{aligned}$$

Hier ist noch zu bemerken, daß in der letzten Gleichung die beiden Produkte $A_P B_Q$ und $A_Q B_P$, welche eigentlich noch auftreten, beide für den Bereich von g Null sind, weil z. B.

$$A_P B_Q = A_P \cdot 0 = 0 \ (P), \quad A_P B_Q = 0 \cdot B_Q = 0 \ (Q)$$

ist.

Ferner erkennt man aber sofort, daß die in (6) rechts in den Klammern stehenden Zahlen die P- und Q-Komponenten bzw. von $A + B$, $A - B$ und AB sind, d. h. daß z. B.

$$\begin{aligned} (A + B)_P &= A_P + B_P, \\ (6^{\text{a}}) \qquad (A - B)_P &= A_P - B_P, \quad (\text{g}) \\ (AB)_P &= A_P B_P \end{aligned}$$

ist, und die entsprechenden Gleichungen für die Q-Komponenten gelten. In der Tat ist z. B.:

$$A_P + B_P = A + B \;(P)$$
$$A_P + B_P = \qquad 0 \;(Q),$$

und durch diese beiden Gleichungen ist ja die P-Komponente $(A+B)_P$ eindeutig bestimmt. Aus der Eindeutigkeit der Darstellung der g-adischen Zahlen in der Normalform folgt, daß eine Zahl $A = A_P + A_Q$ dann und nur dann Null ist, wenn beide Komponenten für sich Null sind; und hieraus ergibt sich, daß zwei Zahlen $A = A_P + A_Q$ und $A' = A'_P + A'_Q$ nur dann gleich sind, wenn $A_P = A'_P$, $A_Q = A'_Q$ ist.

Die Berechnung der g-adischen Zahlen 1_P und 1_Q auf mehrere Stellen würde nach der a. S. 98 ff. angegebenen Methode wegen der hohen Potenzen von ξ schwierig sein. Praktisch viel einfacher erhält man Näherungswerte beliebig hoher Ordnung von 1_P und 1_Q auf folgende Weise: Da die beiden Zahlen P^{k+1} und Q^{k+1} für ein beliebiges k teilerfremd sind, so kann man durch das Euklidische Verfahren zwei ganzzahlige Multiplikatoren λ_k und μ_k so bestimmen, daß

$$(7) \qquad \lambda_k P^{k+1} + \mu_k Q^{k+1} = 1$$

ist. Also sind die beiden ganzen Zahlen:

$$(7^{\mathrm{a}}) \qquad \begin{aligned} 1_P^{(k)} &= 1 - \lambda_k P^{k+1} = \mu_k Q^{k+1} \\ 1_Q^{(k)} &= 1 - \mu_k Q^{k+1} = \lambda_k P^{k+1} \end{aligned}$$

bzw. gleich den $k^{\text{-ten}}$ Näherungswerten von 1_P und 1_Q; denn aus der obigen Gleichung ergeben sich ja die Kongruenzen:

$$1_P^{(k)} \equiv 1 \;(\mathrm{mod.}\ P^{k+1}), \quad 1_P^{(k)} \equiv 0 \;(\mathrm{mod.}\ Q^{k+1})$$
$$1_Q^{(k)} \equiv 0 \;(\mathrm{mod.}\ P^{k+1}), \quad 1_Q^{(k)} \equiv 1 \;(\mathrm{mod.}\ Q^{k+1}).$$

Ist z. B.
$$g = 10 = 2 \cdot 5,$$

also $P = 2$, $Q = 5$, so ergibt das Euklidische Verfahren für $(2^5, 5^5) = (32, 3125)$ leicht die Gleichung:

$$293 \cdot 2^5 - 3 \cdot 5^5 = 1.$$

Also bestimmen sich die $4^{\text{-ten}}$ Näherungswerte von 1_2 und 1_5 aus den Gleichungen:

$$1_2^{(4)} = 1 - 293 \cdot 2^5 = -9375$$
$$1_5^{(4)} = 1 + \quad 3 \cdot 5^5 = +9376.$$

Schreibt man also 1_2 und 1_5 als dekadische Zahlen, also in umgekehrter Folge der Ziffern, so erhält man:

$$\begin{aligned} 1_2 &= -5{,}7390\cdots = +5{,}2609\ldots \\ 1_5 &= +6{,}7390\cdots = +6{,}7390\ldots. \end{aligned} \qquad (10)$$

Es sei zweitens

$$g = 6 = 2 \cdot 3, \quad \text{also} \quad P = 2, Q = 3;$$

dann ergibt das Euklidische Verfahren angewandt auf die Zahlen $(2^7, 3^7) = (128, 2187)$ sofort die Gleichung:

$$35 \cdot 3^7 - 598 \cdot 2^7 = 1.$$

Also erhält man als sechsten Näherungswert von 1_2

$$1_2^{(6)} = 1 + 598 \cdot 2^7 = 76545,$$

und wenn man diese als hexadische Zahl nach der a. S. 60 gegebenen Methode schreibt:

(8) $1_2 = 3,120531\ldots$ (6).

Die zweite Einskomponente 1_3 braucht nicht besonders berechnet zu werden, da ja allgemein immer

$$1 = 1_P + 1_Q, \quad \text{also} \quad 1_Q = 1 - 1_P, \ (g)$$

ist. Also ist in diesem Falle

(8^a) $1_3 = 1 - 1_2 = 4,435024\ldots$ (6).

Kennt man die Darstellung

(9) $1 = 1_P + 1_Q \ (g)$

der Eins in der Normalform, so folgt aus ihr sofort die entsprechende Darstellung jeder anderen g-adischen Zahl A einfach dadurch, daß man die obige Gleichung (9) mit A multipliziert. Denn in der Gleichung:

$$A = A \cdot 1_P + A \cdot 1_Q \ (g)$$

ist ja z. B. $A \cdot 1_P$ in der Tat gleich A_P, weil für dieses Produkt

$$A \cdot 1_P = A \cdot 1 = A \ (P), \quad A \cdot 1_P = A \cdot 0 = 0 \ (Q)$$

gilt und durch diese beiden Gleichungen A_P eindeutig bestimmt ist.

So erhält man z. B. durch einfache Multiplikation der aus (8) und (8^a) sich ergebenden Gleichung

$$1 = 3,120531\cdots + 4,435024\ldots \ (6)$$

die folgende Darstellung der Zahl $44 = 2,11$ (6) in der Normalform:

$$2,11 = 0,034010\cdots + 2,141545\ldots. \ (6)$$

§ 4. Die Zerlegung des Ringes $R(g)$ in die Ringe $R(p)$, $R(q)$, ..., deren Grundzahlen Primzahlen sind. Die Darstellung der g-adischen Zahlen in der additiven und in der multiplikativen Normalform.

In genau derselben Weise, wie dies im vorigen Abschnitt gezeigt wurde, kann nun eine beliebige g-adische Zahl entsprechend jeder Zerlegung von g in mehr als zwei teilerfremde Faktoren als Summe von mehr als zwei Komponenten dargestellt werden. Ich gebe diese Dekomposition gleich für die letzte Zerlegung, welche g zuläßt. Wir können nach S. 90 unten ohne Beeinträchtigung der Allgemeinheit annehmen, daß g nur einfache Primteiler besitzt; es sei

$$(1) \qquad\qquad g = p \cdot q \ldots r$$

die Zerlegung von g in seine Primfaktoren. Ist dann $P = q \ldots r$ der zu p komplementäre Faktor von g, so ist $g = pP$ eine der im vorigen Paragraphen betrachteten Zerlegungen; also können wir nach der dort gegebenen Methode eine g-adische Zahl 1_P bilden, welche für den Bereich von p gleich 1, für den Bereich von $P = q \ldots r$, mithin also auch für den Bereich jeder der von p verschiedenen Primzahlen q, $\ldots r$ gleich Null ist.

Ist dann $\alpha = \alpha_0 + \alpha_1 p + \ldots$ eine beliebige p-adische Zahl, so können wir, wie schon bewiesen, eine g-adische Zahl X bilden, die für den Bereich von p gleich α ist; dann ist

$$X_p = X \cdot 1_p$$

die eindeutig bestimmte g-adische Zahl, welche für den Bereich von p gleich α, für den Bereich aller anderen Primzahlen q, $\ldots r$ aber jedesmal gleich Null ist. Ebenso können wir entsprechend der

Zerlegung $g = q \ (p \ldots r) = qQ$ eine g-adische Zahl X_q bilden, welche für den Bereich von q gleich einer beliebig vorgegebenen q-adischen Zahl $\beta = \beta_0 + \beta_1 q + \ldots$ ist, während sie für den Bereich aller übrigen Primzahlen $p, \ldots r$ Null ist, usw. Haben dann die g-adischen Zahlen $X_q, \ldots X_r$ die entsprechende Bedeutung für die Primzahlen $q, \ldots r$, wie X_p für p, so ist

$$(2) \qquad X = X_p + X_q + \cdots + X_r$$

eine g-adische Zahl, die für die Bereiche von p, von q, $\ldots$ von r bzw. die beliebig vorgegebenen Werte α, β, $\ldots$ γ besitzt, und umgekehrt läßt sich jede g-adische Zahl A als eine derartige Summe

$$(2^{\mathrm{a}}) \qquad A = A_p + A_q + \cdots + A_r$$

darstellen, in der z. B. die erste Komponente durch die Gleichungen

$$(2^{\mathrm{b}}) \qquad A_p = A \ (p), \quad A_p = 0 \ (q), \ \ldots \quad A_p = 0 \ (r)$$

bestimmt ist. Auch in diesem allgemeinen Falle ist jene Darstellung einer g-adischen Zahl nur auf eine Weise möglich. Wären nämlich

$$\begin{aligned} A &= A_p + A_q + \cdots + A_r \\ &= A'_p + A'_q + \cdots + A'_r \end{aligned} \quad (g)$$

solche Darstellungen derselben Zahl A auf zwei verschiedene Weisen, so ergäbe sich durch Subtraktion

$$\begin{aligned} 0 &= (A_p - A'_p) + (A_q - A'_q) + \cdots + (A_r - A'_r) \\ &= B_p \qquad\quad + B_q \qquad\quad + \cdots + B_r, \end{aligned}$$

wo die g-adischen Zahlen $B_p = A_p - A'_p$, ... nicht alle Null wären, während z. B. für B_p die Gleichungen

$$B_p = A - A = 0 \ (p), \quad B_p = 0 \ (q), \ \ldots \quad B_p = 0 \ (r)$$

erfüllt sein müßten. Aus ihnen folgt aber, daß $B_p = 0 \ (g)$, d. h. daß $A_p = A'_p$ sein muß, und dasselbe gilt für alle anderen Zahlen $A_q, \ldots A_r$.

Ist also g eine beliebige Grundzahl, und sind $p, q, \ldots r$ alle in g enthaltenen voneinander verschiedenen Primfaktoren, so ist jede g-adische Zahl A auf eine einzige Weise in der Form

$$(3) \qquad A = A_p + A_q + \cdots + A_r \ (g)$$

darstellbar, in welcher die g-adischen Zahlen $A_p, \ldots$ durch die Gleichungen:

$$(3^{\mathrm{a}}) \qquad A_p = A \ (p), \quad A_p = 0 \ (q), \ \ldots \quad A_p = 0 \ (r)$$

usw. eindeutig bestimmt sind. Sind umgekehrt $\alpha_p, \alpha_q, \ldots \alpha_r$ je eine beliebige p-adische, q-adische, ... r-adische Zahl, so gibt es im Ringe $R(g)$ eine einzige Zahl A, deren Wert für den Bereich von $p, q, \ldots r$ bzw. gleich $\alpha_p, \alpha_q, \ldots \alpha_r$ ist.

Die eindeutig bestimmten Zahlen $A_p, A_q, \ldots A_r$ in der obigen Gleichung sollen kurz als die p - K o m p o n e n t e, q - K o m p o n e n t e, ... r - K o m p o n e n t e von A bezeichnet werden. Die Darstellung (3) einer Zahl A als Summe ihrer Komponenten soll ihre a d d i t i v e N o r m a l f o r m heißen.

Ist dann

$$(4) \qquad \begin{aligned} A &= A_p + A_q + \cdots + A_r \\ B &= B_p + B_q + \cdots + B_r \end{aligned}$$

die Darstellung von zwei beliebigen g-adischen Zahlen in der Normalform, so ergeben die Gleichungen

$$(4^{\mathrm{a}}) \qquad \begin{aligned} A \pm B &= (A_p \pm B_p) + (A_q \pm B_q) + \cdots + (A_r \pm B_r) \\ AB &= A_p B_p + A_q B_q + \cdots + A_r B_r \end{aligned}$$

die Summe, die Differenz und das Produkt von A und B in derselben Form; denn $A_p \pm B_p$ z. B. ist eine g-adische Zahl, die für den Bereich von p gleich dem p-adischen Wert von $A \pm B$, für den Bereich jedes anderen Primteilers von g aber gleich Null ist. Für die zweite Gleichung hat man noch zu bedenken, daß die Produkte ungleichnamiger Komponenten, z. B. $A_p B_q$, verschwinden, weil sie für den Bereich eines *jeden* Teilers von g gleich Null sind.

Sind daher

$$(\alpha_p, \alpha_q, \ldots \alpha_r) \quad \text{und} \quad (\beta_p, \beta_q, \ldots \beta_r)$$

zwei Systeme von beliebigen Zahlen der Ringe $R(p)$, $R(q)$, ... $R(r)$, und A und B die eindeutig bestimmten g-adischen Zahlen, deren Werte für jene Teilbereiche bzw. gleich $(\alpha_p, \alpha_q, \ldots \alpha_r)$ und $(\beta_p, \beta_q, \ldots \beta_r)$ sind, so gehören zu den Wertsystemen

$$(\alpha_p \pm \beta_p, \alpha_q \pm \beta_q, \ldots \alpha_r \pm \beta_r) \quad \text{und} \quad (\alpha_p \beta_p, \alpha_q \beta_q, \ldots \alpha_r \beta_r)$$

die eindeutig bestimmten g-adischen Zahlen

$$A \pm B \quad \text{und} \quad AB.$$

Neben der soeben eingeführten Darstellung aller g-adischen Zahlen in der additiven Normalform führe ich jetzt noch eine m u l t i p l i k a t i v e N o r m a l f o r m für diese Zahlen ein, welche später von großer Bedeutung sein wird. Sie ergibt sich aus der additiven Zerlegung der g-adischen Zahlen unmittelbar mit Hilfe des folgenden einfachen Satzes:

Ist

(5) $$B = B_p + B_q + \cdots + B_r \ (g)$$

die Darstellung einer beliebigen g-adischen Zahl in der additiven Normalform, so besteht immer die Gleichung:

(5ª) $$1 + B = (1 + B_p)(1 + B_q) \ldots (1 + B_r) \quad (g).$$

Die Richtigkeit dieser Gleichung folgt unmittelbar, wenn man ihre rechte Seite ausmultipliziert und beachtet, daß jedes Produkt $B_p B_q, \ldots$ von zwei oder mehreren Komponenten immer gleich Null ist.

Setzt man in dieser Gleichung:

$$1 + B = A; \quad 1 + B_p = \mathfrak{A}_p, \ \ldots \quad 1 + B_r = \mathfrak{A}_r,$$

wodurch sich also ergibt:

$$B = A - 1; \quad \mathfrak{A}_p = 1 + (A - 1)_p = A_p + 1 - 1_p, \ \ldots,$$

so erhält man die folgende multiplikative Zerlegung einer beliebigen g-adischen Zahl A

(6) $$A = \mathfrak{A}_p \mathfrak{A}_q \ldots \mathfrak{A}_r \ (g),$$

und die Komponenten $\mathfrak{A}_p, \ \ldots \ \mathfrak{A}_r$ sind die durch die folgenden Gleichungen eindeutig bestimmten g-adischen Zahlen

(6ª)
$$\begin{aligned}
&\mathfrak{A}_p = A \ (p), \quad \mathfrak{A}_p = 1 \ (q), \ \ldots \quad \mathfrak{A}_p = 1 \ (r) \\
&\mathfrak{A}_q = 1 \ (p), \quad \mathfrak{A}_q = A \ (q), \ \ldots \quad \mathfrak{A}_q = 1 \ (r) \\
&\quad \vdots \\
&\mathfrak{A}_r = 1 \ (p), \quad \mathfrak{A}_r = 1 \ (q), \ \ldots \quad \mathfrak{A}_r = A \ (r).
\end{aligned}$$

Die Richtigkeit dieser Gleichungen folgt z. B. für $\mathfrak{A}_p$ unmittelbar, wenn man die Gleichung:

$$\mathfrak{A}_p = A_p + 1 - 1_p \ (g)$$

der Reihe nach für die Bereiche von p, q, $\ldots$ r betrachtet.

So ergibt sich z. B. aus den auf S. 105 ff. für den Bereich der hexadischen Zahlen hergeleiteten Gleichungen:

$$1 = 1_2 + 1_3 = 3,120531\cdots + 4,435024\ldots \ (6)$$
$$A = 2{,}11 = A_2 + A_3 = 0,034010\cdots + 2,141545\ldots \ (6) :$$
$$\mathfrak{A}_2 = A_2 + 1 - 1_2 = 4,404134\ldots$$
$$\mathfrak{A}_3 = A_3 + 1 - 1_3 = 5,202421\ldots \quad (6),$$

und man erhält somit die folgende multiplikative Darstellung der hexadischen Zahl 2,11

$$2{,}11 = (4,404134\ldots)\,(5,202421\ldots)\ \ (6),$$

deren Richtigkeit durch Ausmultiplizieren unmittelbar bestätigt werden kann.

Sind umgekehrt

$$\alpha_p, \ \alpha_q, \ \ldots \ \alpha_r$$

je eine beliebig gegebene p-adische, q-adische, $\ldots$ r-adische Zahl, so können wir die eindeutig bestimmte g-adische Zahl A, welche für den Bereich von p, q, $\ldots$ r bzw. gleich α_p, $\alpha_q,\ldots\alpha_r$ ist, nun auch in der multiplikativen Normalform eindeutig darstellen. In der Tat ist

$$(7) \qquad\qquad A = \mathfrak{A}_p\mathfrak{A}_q\ldots\mathfrak{A}_r,$$

wo z. B. $\mathfrak{A}_p$ die g-adische Zahl ist, welche durch die Gleichungen:

$$(7^{\mathrm{a}}) \qquad \mathfrak{A}_p = \alpha_p \ (p), \quad \mathfrak{A}_p = 1 \ (q), \ \ldots \quad \mathfrak{A}_p = 1 \ (r)$$

eindeutig bestimmt ist.

Ich will im folgenden die Komponente $\mathfrak{A}_p$, $\mathfrak{A}_q$, ... $\mathfrak{A}_r$, von A in dieser multiplikativen Normalform (6) *den zu p, q, ... r gehörigen Faktor von A* nennen. Jeder von ihnen ist durch die Gleichungen (6ª) eindeutig bestimmt.

Ist

$$(8) \qquad A = \mathfrak{A}_p\mathfrak{A}_q\ldots\mathfrak{A}_r, \quad B = \mathfrak{B}_p\mathfrak{B}_q\ldots\mathfrak{B}_r \ (g)$$

die Darstellung von zwei g-adischen Zahlen in der multiplikativen Normalform, so ist

$$(8^{\text{a}}) \qquad AB = (\mathfrak{A}_p\mathfrak{B}_p)(\mathfrak{A}_q\mathfrak{B}_q)\ldots(\mathfrak{A}_r\mathfrak{B}_r) \ (g),$$

und man erkennt sofort, daß die rechts in Klammern stehenden Produkte die zu p, q, ... r gehörigen Faktoren von AB sind, daß also z. B.:

$$(AB)_p = \mathfrak{A}_p\mathfrak{B}_p$$

ist. In der Tat bestehen für dieses erste Produkt z. B. die Gleichungen:

$$\mathfrak{A}_p\mathfrak{B}_p = AB \ (p), \quad \mathfrak{A}_p\mathfrak{B}_p = 1 \ (q), \ \ldots \quad \mathfrak{A}_p\mathfrak{B}_p = 1 \ (r),$$

durch welche der zu p gehörige Faktor von AB eindeutig bestimmt ist.

Aus der Eindeutigkeit der Darstellung einer Zahl in der multiplikativen Normalform folgt analog wie vorher auf S. 107 unten bei der additiven Normalform, daß zwei Zahlen

$$A = \mathfrak{A}_p\mathfrak{A}_q\ldots\mathfrak{A}_r, \quad A' = \mathfrak{A}'_p\mathfrak{A}'_q\ldots\mathfrak{A}'_r \ (g)$$

dann und nur dann einander gleich sind, wenn

$$\mathfrak{A}_p = \mathfrak{A}'_p, \quad \mathfrak{A}_q = \mathfrak{A}'_q, \ \ldots \quad \mathfrak{A}_r = \mathfrak{A}'_r \ (g)$$

ist.

Speziell zerfällt die Zahl Null multiplikativ folgendermaßen:

$$(9) \qquad 0 = O_p O_p \ldots O_r \ (g),$$

wo z. B. die g-adische Zahl O_p durch die Gleichungen:

$$(9^{\mathrm{a}}) \qquad O_p = 0 \ (p), \quad O_p = 1 \ (q), \quad \ldots \quad O_p = 1 \ (r)$$

eindeutig bestimmt ist. Jede dieser Zahlen O_p, O_q, ... O_r nenne ich d e n z u p , q , ... r g e h ö r i g e n F a k t o r oder D i v i s o r d e r N u l l.

Eine Zahl A soll ein T e i l e r d e r N u l l heißen, wenn sie wenigstens einen von diesen Faktoren der Null enthält, wenn also z. B.:

$$A = O_p \mathfrak{A}_q \ldots \mathfrak{A}_r \ (g)$$

ist. Dies ist dann und nur dann der Fall, wenn z. B. bei der obigen Gleichung

$$A = O_p = 0 \ (p)$$

ist. Stets und nur dann ist also A ein Teiler der Null, wenn wenigstens einer der Werte von A für den Bereich von p, q, ... r gleich Null ist. Allein in diesem Falle ist also auch bei der additiven Darstellung:

$$A = A_p + A_q + \cdots + A_r$$

wenigstens eine der Komponenten Null. Jeder einzelne von diesen Faktoren O_p, ... soll e i n P r i m t e i l e r d e r N u l l genannt werden. Diese Bezeichnung wird durch den folgenden offenbar richtigen Satz gerechtfertigt.

Ein Produkt zweier g-adischen Zahlen enthält stets und nur dann einen Primteiler der Null, wenn mindestens einer der Faktoren durch denselben Divisor teilbar ist.

§ 5.   Die Einteilung der ganzen g-adischen Zahlen in Zahlklassen modulo g.

Ich benutze die im vorigen Abschnitt gefundene Darstellung der ganzen g-adischen Zahlen in der additiven Normalform zunächst dazu, um auch sie ebenso wie vorher die modulo g ganzen *rationalen* Zahlen für diesen Modul in Klassen einzuteilen.

Es sei

$$(1) \qquad\qquad g = p^k q^l \ldots r^m$$

die Zerlegung der Grundzahl g, und

$$(2) \qquad\qquad A = A_p + A_q + \cdots + A_r$$

die Darstellung einer beliebigen g-adischen Zahl in der additiven Normalform. Ich denke mir jede der Komponenten in ihrer reduzierten Form dargestellt, und es seien

$$
(2^{\mathrm{a}}) \qquad
\begin{aligned}
A_p &= a_p^{(0)} + a_p^{(1)}g + a_p^{(2)}g^2 + \ldots \\
A_q &= a_q^{(0)} + a_q^{(1)}g + a_q^{(2)}g^2 + \ldots \\
&\ldots\ldots\ldots\ldots\ldots\ldots\ldots\ldots\ldots \\
A_r &= a_r^{(0)} + a_r^{(1)}g + a_r^{(2)}g^2 + \ldots
\end{aligned}
\qquad (g)
$$

diese Reihen, wo wenigstens eines der Anfangsglieder nicht Null sein soll. Der Einfachheit wegen sind jene Reihen von der nullten Ordnung angenommen. Sollten sie mit g^α beginnen, so kann dieselbe Überlegung auf die Zahl $\dfrac{A}{g^\alpha}$ angewendet werden, deren Entwicklungen dann mit g^0 anfangen.

Dann ist

$$A = a_0 + a_1 g + a_2 g^2 + \ldots$$
$$= (a_p^{(0)} + a_q^{(0)} + \cdots + a_r^{(0)}) + (a_p^{(1)} + \cdots + a_r^{(1)})g + \ldots,$$

d. h. für den Anfangskoeffizienten von A besteht die Kongruenz:

$$(3) \qquad a_0 \equiv a_p^{(0)} + a_q^{(0)} + \cdots + a_r^{(0)} \ (\text{mod. } g).$$

Ist nun $P = q^l \ldots r^m$ der zu p^k komplementäre Divisor von $g = p^k P$, so ist

$$a_p^{(0)} = \alpha_p \cdot P$$

durch P teilbar; denn aus der für die p-Komponente von A nach (2^a) bestehenden Gleichung:

$$A_p = a_p^{(0)} + a_{pg}^{(1)} + \cdots = 0 \ (P)$$

folgt ja, wenn man sie als Kongruenz modulo P betrachtet, $a_p^{(0)} \equiv 0 \ (\text{mod. } P)$. Da ferner $a_p^{(0)} = \alpha_p P$ modulo $g = p^k P$ reduziert ist, so muß α_p einen der Werte 0, 1, ... $(p^k - 1)$ besitzen. Sind entsprechend $Q, \ldots R$ die zu $q^l, \ldots r^m$ komplementären Teiler von g, so daß also:

$$(4) \qquad g = p^k P = q^l Q = \cdots = r^m R$$

ist, so zeigt man ebenso, daß die Anfangsglieder $a_q^{(0)}, \ldots a_r^{(0)}$ bzw. durch $Q, \ldots R$ teilbar sind. Die Kongruenz (3) läßt sich also folgendermaßen schreiben:

$$(5) \qquad a_0 \equiv \alpha_p P + \alpha_q Q + \cdots + \alpha_r R \ (\text{mod. } g),$$

wo α_p, α_q, ... α_r ganze Zahlen der Reihen

$$0, 1, \ldots (p^k - 1); \ldots \quad 0, 1, \ldots (r^m - 1)$$

sein müssen. Je zwei in dieser Form dargestellte Zahlen sind nur dann modulo g kongruent, wenn sie identisch sind. Denn wäre die obige Zahl a_0 kongruent einer anderen

$$\bar{a}_0 \equiv \bar{\alpha}_p P + \bar{\alpha}_q Q + \cdots + \bar{\alpha}_r R \;(\text{mod. } g),$$

so müßte ihre Differenz:

$$a_0 - \bar{a}_0 \equiv (\alpha_p - \bar{\alpha}_p)P + \cdots + (\alpha_r - \bar{\alpha}_r)R \equiv 0 \;(\text{mod. } g),$$

sein. Betrachtet man aber diese Kongruenz als eine solche für den Modul p^k und beachtet dabei, daß derselbe in Q, ... R enthalten, aber zu P teilerfremd ist, so folgt aus ihr:

$$\alpha_p \equiv \bar{\alpha}_p \;(\text{mod. } p^k),$$

und diese Kongruenz ist, da jene beiden Koeffizienten modulo p^k reduziert sind, nur dann erfüllt, wenn $\alpha_p = \bar{\alpha}_p$ ist. Da man genau ebenso die Identität der übrigen Koeffizienten beweist, so ist die Richtigkeit unseres Satzes dargetan.

Alle g-adischen Zahlen $A = a_\alpha g^\alpha + a_{\alpha+1} g^{\alpha+1} + \ldots$, welche in ihrer reduzierten Form mit der $\alpha^{\text{-ten}}$ Potenz von g beginnen, sind also in der Form

$$A = (\alpha_p P + \alpha_q Q + \cdots + \alpha_r R)g^\alpha + \ldots$$

darstellbar, wo mindestens einer der Koeffizienten α_p, α_q, ... α_r nicht Null ist. Für jede ganze g-adische Zahl $A = a_0 + a_1 g + \ldots$ besteht demnach eine Kongruenz

$$(5^a) \qquad A \equiv \alpha_p P + \alpha_q Q + \cdots + \alpha_r R \;(\text{mod. } g).$$

Ich will nun die ganzen *g-adischen* Zahlen für den Modul g ebenso in Kongruenzklassen einteilen, wie dies auf S. 49 ff. für die modulo g ganzen *rationalen* Zahlen geschah. Wir rechnen also in eine und dieselbe Klasse alle und nur die ganzen g-adischen Zahlen

$$A = a + a'g + a''g^2 + \dots,$$

welche zueinander modulo g kongruent sind, die mithin in ihrer reduzierten Darstellung dasselbe Anfangsglied a besitzen. Ich bezeichne diese Klasse durch C_a, setze aber ebenso wie a. a. O. gleich fest, daß statt des Index a auch jede zu a kongruente Zahl $\bar{a} = a + gt$ genommen werden darf, so daß also $C_a = C_{a \pm g} = C_{a \pm 2g} = \dots$ ist. Dann zerfallen also alle ganzen Zahlen A modulo g in genau g Klassen:

(6) $$C_0, C_1, \dots C_{g-1}.$$

Wir betrachten diese Klassen als die Elemente eines Systemes $S = (C_0, C_1, \dots C_{g-1})$ und definieren für sie wieder die Operationen der Addition, Subtraktion und Multiplikation eindeutig auf die folgende Weise:

Durchlaufen A und B alle Zahlen der beiden Klassen C_a und C_b, so ist für sie alle:

(7) $$A \equiv a, \quad B \equiv b \pmod{g}.$$

Dann folgt, daß ihre Summen, ihre Differenzen und ihre Produkte alle bzw. den drei eindeutig bestimmten Klassen

$$C_{a+b}, \quad C_{a-b}, \quad C_{ab}$$

angehören, da aus (7) die Kongruenzen:

$$A \pm B \equiv a \pm b, \quad AB \equiv ab \pmod{g}$$

folgen. Aus diesem Grunde definieren wir die Summe, die Differenz und das Produkt zweier Klassen C_a und C_b durch die Gleichungen:

$$(8) \qquad C_a + C_b = C_{a+b}, \quad C_a - C_b = C_{a-b}, \quad C_a C_b = C_{ab}.$$

Bei dieser Erklärung der elementaren Rechenoperationen für jene Klassen sieht man, daß das System $S = (C_0, C_1, \ldots C_{g-1})$ dieser g Zahlklassen einen Ring bildet, da in ihm die Addition, die Subtraktion und die Multiplikation unbeschränkt und eindeutig ausführbar ist.

Alle Zahlen einer und derselben Klasse C_a sind in der Form:

$$A = a + gN$$

enthalten, wo N jede ganze g-adische Zahl bedeutet. Unter ihnen sind auch alle ganzen r a t i o n a l e n Zahlen enthalten, welche modulo g zu a kongruent sind; beschränkt man sich also auf den Bereich dieser Zahlen, so fällt diese Klasseneinteilung mit der auf S. 52 gegebenen vollständig zusammen. Alle *rationalen* Zahlen einer und derselben Klasse C_a besitzen einen größten gemeinsamen Teiler d_a. Dieser muß also ein gemeinsamer Teiler der beiden in C_a vorkommenden rationalen Zahlen a und $a + g$ sein, also ist d_a sicher ein Teiler von $(a, a + g) = (a, g)$. Da aber jede Zahl $a + gn$ durch (a, g) teilbar ist, so ist $d_a = (a, g)$ selbst. Diese Zahl d_a soll d e r T e i l e r d e r K l a s s e C_a genannt werden.

Ist

$$a \equiv a_p P + a_q Q + \cdots + a_r R \ (\text{mod.} \ g)$$

die Darstellung von a in der Form (5) modulo g, so ist

$$d_a = (a, g) = p^{k_0} q^{l_0} \ldots r^{m_0},$$

wenn p^{k_0}, q^{l_0}, $\ldots r^{m_0}$ die höchsten Potenzen von p, q, $\ldots r$ sind, welche bzw. in α_p, α_q, $\ldots \alpha_r$ enthalten sind; offenbar ist dann nämlich a z. B. genau durch p^{k_0} teilbar.

Ist speziell $d_a = (a, g) = 1$, also jede rationale Zahl von C_a zu g teilerfremd, so soll C_a e i n e E i n h e i t s k l a s s e, jede Zahl A von C_a e i n e E i n h e i t m o d u l o g genannt werden. Aus der soeben durchgeführten Betrachtung für einen beliebigen Divisor d_a ergibt sich also für $d = 1$ der Satz:

Eine Zahl

$$e \equiv \varepsilon_p P + \varepsilon_q Q + \cdots + \varepsilon_r R \ (\text{mod. } g)$$

ist dann und nur dann eine Einheit modulo g oder also zu g teilerfremd, wenn keine der Zahlen ε_p, ε_q, ... ε_r durch die ihr zugeordnete Primzahl p, q, ... r teilbar ist, wenn also ε_p, ... ε_r bzw. zu p, ... r teilerfremd sind.

Nach dem Vorgange von G a u s s (Disq. Arith. art. 38) bezeichnen wir die Anzahl der Einheitsklassen modulo g oder, was dasselbe ist, die Anzahl der modulo g inkongruenten zu g teilerfremden ganzen Zahlen durch $\varphi(g)$. Nach den soeben abgeleiteten Resultaten ist es leicht, diese Anzahl für ein beliebiges g zu finden.

Ist zunächst speziell $g = p^k$ eine beliebige Primzahlpotenz, so ist $P = 1$, und eine modulo $g = p^k$ reduzierte ganze Zahl:

$$a_0 = a^{(0)} + a^{(1)}p + a^{(2)}p^2 + a^{(k-1)}p^{k-1} \quad (a^{(i)} = 0, 1, \ldots p-1)$$

ist dann und nur dann eine Einheit modulo p^k, wenn sie nicht durch p teilbar, wenn also $a^{(0)}$ nicht Null ist. Da nun alle durch p teilbaren Zahlen dieser Reihe in der Form

$$a^{(1)}p + a^{(2)}p^2 + \cdots + a^{(k-1)}p^{k-1} \quad (a^{(i)} = 0, 1, \ldots p-1)$$

enthalten sind, ihre Anzahl also offenbar gleich p^{k-1} ist, so ergibt sich die Anzahl aller inkongruenten Einheiten modulo p^k

$$(9) \qquad \varphi(p^k) = p^k - p^{k-1} = p^k \left(1 - \frac{1}{p}\right).$$

Ist nun allgemein wie vorher $g = p^k q^l \ldots r^m$ eine beliebig zusammengesetzte Zahl, so ist nach dem oben Bewiesenen:

$$e = \varepsilon_p P + \varepsilon_q Q + \cdots + \varepsilon_r R$$

dann und nur dann eine der $\varphi(g)$ modulo g inkongruenten Einheiten, wenn ε_p eine der $\varphi(p^k)$ modulo p^k inkongruenten Einheiten, ε_q eine der $\varphi(q^b)$ modulo q^b inkongruenten Einheiten ist usw. Somit ergibt sich für die gesuchte Anzahl der Einheitsklassen modulo g die einfache Gleichung:

$$(9^\text{a}) \qquad \varphi(g) = \varphi(p^k)\varphi(q^l) \ldots \varphi(r^m)$$
$$= p^k q^l \ldots r^m \left(1 - \frac{1}{p}\right)\left(1 - \frac{1}{q}\right) \ldots \left(1 - \frac{1}{r}\right) = g \prod \left(1 - \frac{1}{p}\right),$$

wo das Produkt auf alle in g enthaltenen verschiedenen Primfaktoren zu erstrecken ist. Aus dieser Gleichung kann sofort der weitere Satz abgelesen werden:

Ist $g = g_1 g_2$ irgendeine Zerlegung von g in zwei *teilerfremde* Faktoren, so ist stets:

$$(9^\text{b}) \qquad\qquad \varphi(g) = \varphi(g_1)\varphi(g_2).$$

Hiernach ist es sehr leicht, für die ersten ganzen Zahlen g die Anzahlen $\varphi(g)$ zu berechnen. So ist z. B.:

$$(10) \quad \begin{aligned} &\varphi(1) = 1, \quad \varphi(2) = 1, \quad \varphi(3) = 2, \quad \varphi(4) = 2, \quad \varphi(5) = 4, \\ &\qquad\qquad \varphi(6) = \varphi(2)\varphi(3) = 2, \\ &\varphi(7) = 6, \quad \varphi(8) = 4, \quad \varphi(9) = 6, \quad \varphi(10) = 4, \quad \varphi(11) = 10, \\ &\qquad\qquad \varphi(12) = \varphi(3)\varphi(4) = 4. \end{aligned}$$

Die Anzahl $\varphi(g)$ aller modulo g inkongruenten Einheiten ist stets gerade, sobald $g > 2$ ist; denn zu jeder Einheit e gehört eine andere Einheit $-e$, und es ist allein dann $e \equiv -e$ (mod. g) wenn $2e$, also auch 2 durch g teilbar, wenn also g gleich 1 oder gleich 2 ist.

Ganz ebenso einfach kann man jetzt die allgemeinere Frage entscheiden, wie groß die Anzahl der Kongruenzklassen modulo g ist, welche genau den Divisor d enthalten, wo

$$d = p^{k_0} q^{l_0} \ldots r^{m_0}$$

ein beliebiger Teiler von g ist. Eine Zahl $A = a_0, a_1 a_2 \ldots$ besitzt nämlich genau den Teiler d mit g, wenn in ihrem Anfangsgliede:

$$a_0 = \alpha_p P + \alpha_q Q + \cdots + \alpha_r R$$

α_p genau durch p^{k_0}, α_q genau durch q^{l_0}, $\ldots$ teilbar ist. Es muß also z. B.:

$$\alpha_p = p^{k_0}(\alpha_0 + \alpha_1 p + \cdots + \alpha_{k-k_0-1} p^{k-k_0-1})$$

sein, wo $\alpha_0 > 0$ ist, während $\alpha_1, \ldots \alpha_{k-k_0-1}$ beliebige Zahlen der Reihe 0, 1, $\ldots$ $p-1$ sein können. Die Anzahl aller modulo p^k inkongruenten Zahlen dieser Art bestimmt sich also genau wie in (9) auf der vorigen Seite gleich:

$$\varphi(p^{k-k_0}) = p^{k-k_0} - p^{k-k_0-1}.$$

Also ist die Anzahl aller zum Divisor d_0 gehörigen Klassen oder die Anzahl aller modulo g inkongruenten Zahlen, welche mit g den größten gemeinsamen Teiler d haben, gleich:

$$(11) \qquad \varphi(p^{k-k_0})\varphi(q^{l-l_0}) \ldots \varphi(r^{m-m_0}) = \varphi(\delta)$$

wenn

$$(11^{\text{a}}) \qquad \delta = p^{k-k_0} q^{l-l_0} \ldots r^{m-m_0}$$

der zu $d = p^{k_0} q^{l_0} \ldots r^{m_0}$ komplementäre Teiler von $g = d\delta$ ist.

Die Anzahl aller Kongruenzklassen, welche einen bestimmten Teiler d von $g = d\delta$ besitzen, ist also stets gleich $\varphi(\delta)$.

Da nun jede der g Kongruenzklassen C_0, C_1, ... C_{g-1} einen der Teiler d von g besitzt, so muß die Summe der Anzahlen $\varphi(\delta)$ erstreckt über alle Teiler d oder, was dasselbe ist, erstreckt über alle Teiler δ von g gleich g sein. Es ergibt sich also der Satz:

Ist g eine beliebige ganze Zahl, so ist

$$(12) \qquad \sum_{\delta/g} \varphi(\delta) = g,$$

wenn die Summe über alle Teiler von g einschließlich 1 und g erstreckt wird.

So ist z. B. nach der Tabelle (10):

$$9 = \varphi(1) + \varphi(3) + \varphi(9) = 1 + 2 + 6$$
$$12 = \varphi(1) + \varphi(2) + \varphi(3) + \varphi(4) + \varphi(6) + \varphi(12)$$
$$= 1 + 1 + 2 + 2 + 2 + 4.$$

§ 6.   Die Einheiten und die Einheitsklassen. Der Fermatsche Satz für endliche Gruppen.

Ich betrachte jetzt genauer die g-adischen Einheiten und die aus ihnen gebildeten Einheitsklassen. Sind

$$E = e_0 + e_1 g + \ldots, \quad E' = e_0' + e_1' g + \ldots$$

zwei beliebige Einheiten, deren Anfangsglieder e_0 und e_0' also zu g teilerfremd sind, so ist ihr Produkt

$$EE' = e_0e_0' + (e_0e_1' + e_1e_0')g + \dots$$

offenbar wieder eine Einheit. Sind also C_{e_0} und $C_{e_0'}$ die beiden zugehörigen Einheitsklassen, so ist ihr Produkt $C_{e_0}C_{e_0'} = C_{e_0e_0'}$ wieder eine solche:

> Das Produkt beliebig vieler Einheitsklassen ist also wieder eine Einheitsklasse. Die $\varphi(g)$ Einheitsklassen bilden demnach einen Bereich, in dem die Multiplikation unbeschränkt und eindeutig ausführbar ist.

Ich zeige jetzt weiter, daß auch die Division durch eine Einheit E im Ringe $R(g)$ unbeschränkt und eindeutig ausführbar ist, daß nämlich die Gleichung:

$$(1) \qquad EY = B$$

stets eine eindeutig bestimmte Lösung besitzt, wenn E eine Einheit, B eine beliebige Zahl bedeutet. Diese Lösung soll dann durch $Y = \dfrac{B}{E}$ bezeichnet und der Q u o t i e n t   v o n B u n d E genannt werden. Dazu beweise ich den folgenden speziellen Satz:

> Ist E eine beliebige Einheit, so gibt es stets eine einzige Zahl X, welche der Gleichung

$$(2) \qquad EX = 1$$

genügt; diese Zahl X soll dann durch E^{-1} oder durch $\dfrac{1}{E}$ bezeichnet und d i e   z u E r e z i p r o k e   Z a h l genannt werden.

Daß zunächst *eine* Lösung $X = x_0 + x_1 g + \ldots$ dieser Gleichung existiert, erkennt man leicht: Die Gleichung:

$$(2^{\mathrm{a}}) \quad EX = e_0 x_0 + (e_1 x_0 + e_0 x_1)g + (e_2 x_0 + e_1 x_1 + e_0 x_2)g^2 + \ldots$$
$$= 1 + 0 \cdot g + 0 \cdot g^2 + \ldots$$

wird nämlich sicher erfüllt, wenn x_0, x_1, ... so gewählt werden, daß sie die Gleichungen:

$$(2^{\mathrm{b}}) \quad \begin{aligned} e_0 x_0 &= 1 \\ e_1 x_0 + e_0 x_1 &= 0 \\ e_2 x_0 + e_1 x_1 + e_0 x_2 &= 0 \end{aligned}$$

$$\ldots\ldots\ldots\ldots\ldots\ldots\ldots$$

befriedigen. Aus ihnen bestimmen sich diese Zahlen x_0, x_1, x_2 ... sukzessive folgendermaßen:

$$(2^{\mathrm{c}}) \qquad x_0 = \frac{1}{e_0}, \quad x_1 = -\frac{e_1}{e_0^2}, \quad x_2 = \frac{e_1^2 - e_0 e_2}{e_0^3}, \quad \ldots,$$

oder übersichtlicher mit Benutzung der Determinanten:

$$(2^{\mathrm{d}}) \quad x_0 = \frac{1}{e_0}, \quad x_1 = -\frac{e_1}{e_0^2}, \quad x_2 = +\frac{\begin{vmatrix} e_1 & e_0 \\ e_2 & e_1 \end{vmatrix}}{e_0^3}, \quad x_3 = -\frac{\begin{vmatrix} e_1 & e_0 & 0 \\ e_2 & e_1 & e_0 \\ e_3 & e_2 & e_1 \end{vmatrix}}{e_0^4}, \quad \ldots.$$

Alle Koeffizienten stellen sich also als Brüche dar, deren Zähler ganze ganzzahlige Funktionen der e_i, also gewöhnliche ganze Zahlen sind, während die Nenner Potenzen der Zahl e_0 sind, welche selbst eine Einheit modulo g ist. Mithin sind alle x_i modulo g ganze Zahlen, also ist die zugehörige Zahl

$$(3) \qquad X = \frac{1}{E} = E^{-1} = \frac{1}{e_0} - \frac{e_1}{e_0^2}g + \frac{e_1^2 - e_0 e_2}{e_0^3}g^2 + \dots$$

eine *ganze* g-adische Zahl. Sie ist auch eine Einheit, da ihr Anfangsglied $\frac{1}{e_0}$ ebenso wie e_0 eine Einheit modulo g ist.

Außer dieser Zahl besitzt die Gleichung $EX = 1$ keine andere Lösung X'; denn aus der Gleichung:

$$EX' = 1$$

folgt ja durch Multiplikation mit der soeben bestimmten Zahl X:

$$(EX)X' = 1 \cdot X' = X.$$

Endlich erkennt man ebenso, daß sich aus (1) für Y der eindeutig bestimmte Wert:

$$(4) \qquad Y = BX = B \cdot E^{-1} = \frac{B}{E}$$

ergibt. Ist speziell auch $B = E' = e_0' + e_1'g + \dots$ eine Einheit, so ist auch $\frac{E'}{E} = E' \cdot \frac{1}{E} = \frac{e_0'}{e_0} + \dots$ eine Einheit, weil ihr Anfangsglied $\frac{e_0'}{e_0}$ zu g teilerfremd ist.

Der Quotient zweier Einheiten ist also stets wieder eine Einheit.

Man erkennt so, daß im Gebiete der g-adischen Zahlen auch die Division durch Einheiten unbeschränkt und eindeutig ausführbar ist.

Wir werden später sehen, daß man nicht durch jede g-adische Zahl A unbeschränkt dividieren kann. Hier werde nur noch erwähnt, daß man auch durch eine Zahl $A = g^\alpha E$ eindeutig dividieren kann, wenn α eine positive oder negative ganze Zahl und E eine Einheit ist, denn die Gleichung:

$$AX = B$$

hat dann die offenbar eindeutig bestimmte Lösung $X = B\dfrac{1}{A}$, wo $\dfrac{1}{A} = \dfrac{1}{g^\alpha} \cdot \dfrac{1}{E}$, und $\dfrac{1}{E}$ die in (3) angegebene g-adische Einheit ist.

Ich übertrage jetzt die soeben für die Einheiten gefundenen Resultate auf die zugehörigen Einheitsklassen. Sind C_{e_0} und $C_{e_0'}$ zwei beliebige Einheitsklassen und

$$E = e_0 + e_1 g + \ldots, \quad E' = e_0' + e_1' g + \ldots$$

zwei Einheiten derselben, so gehört ihr Produkt und ihr Quotient:

$$EE' = e_0 e_0' + (e_0 e_1' + e_1 e_0')g + \ldots$$
$$\frac{E'}{E} = \frac{e_0'}{e_0} + \frac{e_1' e_0 - e_0' e_1}{e_0^2}g + \ldots$$

bzw. zu den beiden eindeutig bestimmten Einheitsklassen:

$$C_{e_0 e_0'} \quad \text{und} \quad C_{\frac{e_0'}{e_0}}.$$

Dann sind also für die $\varphi(g)$ Einheitsklassen die Rechenoperationen der Multiplikation und der Division durch die Gleichungen:

$$C_e C_{e'} = C_{ee'} \quad \text{und} \quad \frac{C_{e'}}{C_e} = C_{\frac{e'}{e}}$$

definiert, und man erkennt die Richtigkeit des Satzes:

Die $\varphi(g)$ Einheitsklassen C_e bilden bei der oben gegebenen Definition der Multiplikation und der Division eine endliche Gruppe oder einen endlichen Strahl, da in ihrem Gebiete die Multiplikation und die Division unbeschränkt und eindeutig ausführbar ist.

Diese Gruppe muß wie jede Gruppe ein Einheitselement enthalten; dieses ist offenbar die Klasse C_1, welche aus allen Einheiten

$$1, e_1 \, e_2 \cdots = 1 + e_1 g + e_2 g + \ldots$$

besteht, deren Anfangsglied in der reduzierten Form gleich Eins ist. Jede solche Einheit soll e i n e H a u p t e i n h e i t   m o d u l o g genannt werden; die Klasse C_1 der Haupteinheiten nennen wir kürzer d i e H a u p t k l a s s e und wollen sie, wenn wir mit den Einheitsklassen rechnen, mitunter auch kurz durch 1 bezeichnen.

Für *jede* endliche Gruppe besteht nun ein Fundamentalsatz, welcher d e r k l e i n e F e r m a t s c h e S a t z genannt zu werden pflegt, weil ein ganz spezieller Teil desselben zuerst von *Fermat* bewiesen worden ist.

Ist

$$G = (1, E_1, E_2, \ldots E_{\nu-1})$$

eine endliche Gruppe von ν Elementen (in der also Multiplikation und Division unbeschränkt und eindeutig ausführbar sind), so besteht für jedes ihrer Elemente die Gleichung:

$$(5) \qquad\qquad E^\nu = 1,$$

wenn 1 das Einheitselement von G bedeutet.

Bildet man nämlich die ν Produkte:

(6) $$E \cdot 1, \; EE_1, \; EE_2, \; \ldots \; EE_{\nu-1},$$

so sind sie zunächst wieder sämtlich Elemente von G, ferner sind sie wegen der Eindeutigkeit der Division alle voneinander verschieden, da aus $EE_i = EE_k$ durch Division mit E notwendig $E_i = E_k$ folgt. Daher sind diese Produkte, abgesehen von ihrer Reihenfolge, mit den ν Elementen $1, E_1, \ldots E_{\nu-1}$ von G identisch. Also sind die beiden Produkte:

$$(E \cdot 1)(EE_1) \ldots (EE_{\nu-1}) = E^\nu (1 \, E_1 \ldots E_{\nu-1})$$

und $(1 \cdot E_1 \ldots E_{\nu-1})$ einander gleich, und aus der so sich ergebenden Gleichung:

$$E^\nu (1 \cdot E_1 \ldots E_{\nu-1}) = (1 \cdot E_1 \ldots E_{\nu-1})$$

folgt durch Division mit $(1 \cdot E_1 \ldots E_{\nu-1})$ wirklich

$$E^\nu = 1.$$

Verstehen wir jetzt unter $G = (1, E_1, \ldots E_{\nu-1})$, speziell die Gruppe der Einheitsklassen, für welche also $\nu = \varphi(g)$ ist, so lehrt der soeben bewiesene Fermatsche Satz, daß die $\varphi(g)$-te Potenz jeder Einheitsklasse gleich der Hauptklasse ist. Überträgt man diese Aussage von den Klassen auf ihre Elemente, so ist ihr Inhalt folgender: Das Produkt von irgendwelchen ν Zahlen einer und derselben Einheitsklasse C_e, insbesondere also auch die ν-te Potenz jeder beliebigen Einheit $E = e, e_1 e_2 \ldots$ ist stets eine Haupteinheit $1, e_1', e_2' \ldots$. Betrachtet man diese Beziehung als eine Kongruenz modulo g, so ergibt sich der Satz:

Ist g eine beliebige ganze Zahl, $\varphi(g)$ die Anzahl aller modulo g inkongruenten Zahlen, welche zu g teilerfremd sind, und ist e irgendeine dieser Zahlen, so besteht immer die Kongruenz:

$$(7) \qquad\qquad e^{\varphi(g)} \equiv 1 \ (\text{mod. } g).$$

Ist speziell $g = p^k$ eine Primzahlpotenz, so ist $\varphi(p^k) = p^k - p^{k-1}$, so daß hier für jede durch p nicht teilbare Zahl stets die Kongruenz:

$$(8) \qquad\qquad e^{p^k - p^{k-1}} \equiv 1 \ (\text{mod. } p^k)$$

erfüllt ist. Insbesondere ist also für $k = 1$

$$(8^{\mathrm{a}}) \qquad\qquad e^{p-1} \equiv 1 \ (\text{mod. } p);$$

dies ist der zuerst von Fermat bewiesene Satz.

Für den Modul $9 = 3^2$ ist z. B. $\varphi(9) = 6$, und die sechs Zahlen $(1, 2, 4, 5, 7, 8)$ bilden ein vollständiges System aller modulo 9 inkongruenten Einheiten; wirklich ist hier, wie man sich durch Ausrechnung (wobei Vielfache von 9 immer fortgelassen werden können) leicht überzeugt:

$$1^6 \equiv 2^6 \equiv 4^6 \equiv 5^6 \equiv 7^6 \equiv 8^6 \equiv 1 \ (\text{mod. } 9).$$

Ich beweise jetzt einen zweiten Fundamentalsatz für endliche Gruppen $G = (1, E_1, \ldots E_{\nu-1})$, welcher in der ganzen Zahlentheorie immer wieder zur Anwendung kommt.

Ist E irgend ein Element einer endlichen Gruppe G von ν Elementen, so bilden, wie bereits a. S. 14 erwähnt wurde, alle Potenzen

$$(\ldots E^r \ldots) = (\ldots E^{-2}, E^{-1}, 1, E, E^2, \ldots)$$

von E, bei denen allgemein E^{-r} das zu E^r reziproke Element bedeutet, für sich eine Untergruppe von G, welche a. a. O. die zu E gehörige Untergruppe von G genannt wurde. Da somit auch diese Gruppe endlich ist, so müssen in der unendlichen Reihe dieser Potenzen von E gewisse einander gleich sein. Es seien in dieser Gruppe E^r und E^{r+d} die beiden ersten Elemente mit nicht negativen Exponenten, welche einander gleich sind; dann muß $r = 0$ sein, da anderenfalls aus der Gleichung $E^r = E^{r+d}$ sofort $1 = E^d$ folgen würde. Ist E^d die kleinste positive Potenz von E, welche gleich Eins ist, so sagen wir E g e h ö r t   z u m   E x p o n e n t e n d; alsdann sind die Elemente

$$1, E, E^2, \ldots E^{d-1}$$

alle voneinander verschieden. Ist dagegen $k' = k + rd$ irgendeine positive Zahl, welche größer oder gleich d ist, so folgt aus der Gleichung:

$$E^{k'} = E^{k+rd} = E^k(E^d)^r = E^k,$$

daß $E^{k'}$ derjenigen Potenz E^k in jener Reihe gleich ist, deren Exponent kongruent k' modulo d ist. Endlich folgt aus der Gleichung $E^k E^{d-k} = 1$, welche für jedes $k \leqq d$ besteht, daß allgemein

$$E^{-k} = E^{d-k}$$

ist, daß also die Reihe $(E^{-d}, E^{-(d-1)}, \ldots E^{-1})$ der d ersten negativen Potenzen mit der Reihe $(1, E, E^2, \ldots E^{d-1})$ übereinstimmt. Aus diesen beiden Betrachtungen zusammengenommen folgt also, daß die ganze zu E gehörige Untergruppe $(\ldots E^r \ldots)$ aller positiven und negativen Potenzen von E aus der sich immer wiederholenden Periode

$$(\ldots 1, E, E^2, \ldots E^{d-1}, 1, E, E^2, \ldots E^{d-1}, \ldots)$$

der d voneinander verschiedenen Potenzen von E besteht. Zwei Potenzen E^k und $E^{k'}$ mit positiven oder negativen Exponenten sind einander stets und nur dann gleich, wenn ihre Exponenten modulo d kongruent sind. Speziell sind allein die Potenzen von E gleich Eins, deren Exponent ein Multiplum von d ist. Da nun nach dem Fermatschen Satze $E^\nu = 1$ ist, so ist auch ν ein Vielfaches von d. Somit ergibt sich der folgende wichtige Satz:

> Jedes Element einer endlichen Gruppe $\nu^{\text{-ter}}$ Ordnung gehört zu einem Exponenten d, welcher ein Teiler von ν ist.

So gehören z. B. für den Modul 9 von den $\varphi(9) = 6$ inkongruenten Einheiten $(1, 2, 4, 5, 7, 8)$ 1 zum Exponenten 1, $8 \equiv -1$, zu 2, 7 und 4 zum Exponenten 3, und 2 und 5 zu 6. Ebenso gehören von den $\varphi(20) = 8$ Einheiten $(\pm 1, \pm 3, \pm 7, \pm 9)$ drei, nämlich ± 9 und -1 zum Exponenten 2, und 4, nämlich ± 3, ± 7, zum Exponenten 4.

Durch die Darstellung der g-adischen Zahlen in der additiven und der multiplikativen Normalform wird die Ausführung der elementaren Rechenoperationen im Ringe $R(g)$ der allgemeinen g-adischen Zahlen vollständig und eindeutig reduziert auf die Ausführung derselben Operationen in den Ringen $R(p)$, $R(q)$, ... $R(r)$, deren Grundzahlen alle diejenigen verschiedenen Primzahlen p, q, ... r sind, welche in g enthalten sind.

Daher wollen wir uns in den nächsten Kapiteln zunächst mit der genauen Untersuchung der p-adischen Zahlen beschäftigen, deren Grundzahl p eine beliebige Primzahl ist, und nachher die hier gefundenen Resultate auf die g-adischen Zahlen ausdehnen.

Sechstes Kapitel.

Der Körper $K(p)$ der p-adischen Zahlen, deren Grundzahl eine beliebige Primzahl ist.

§ 1. Die elementaren Rechenoperationen im Körper $K(p)$ der p-adischen Zahlen.

Es sei jetzt p eine beliebige Primzahl; wir betrachten den Bereich aller p-adischen Zahlen

$$A = a_\alpha p^\alpha + a_{\alpha+1} p^{\alpha+1} + \ldots \ (p),$$

deren Koeffizienten modulo p ganze rationale oder auch ganze p-adische Zahlen sein können. Wir setzen, falls $A \neq 0$ ist, diese Darstellung bereits so umgeformt voraus, daß der Anfangskoeffizient a_α durch p nicht teilbar ist. Jeder solchen Zahl A ordnen wir dann eine O r d n u n g s z a h l zu, nämlich den Exponenten α ihres Anfangsgliedes. Der einen Zahl

$$0 = 0 + 0 \cdot p + 0 \cdot p^2 + \ldots$$

müssen wir konsequenterweise die Ordnungszahl $\alpha = +\infty$ zuordnen. Dann besitzt jede Zahl A eine eindeutig bestimmte positive, verschwindende oder negative Ordnungszahl α, und umgekehrt gehören zu jeder gewöhnlichen ganzen Zahl α, die auch gleich $+\infty$ sein kann, p-adische Zahlen, welche gerade diese Ordnungszahl haben. Dagegen enthält $R(p)$ keine Zahl, welche die Ordnungszahl $-\infty$ hat, da jede Zahl A höchstens mit einer *endlichen* Anzahl negativer Potenzen von p beginnt.

Wir nennen A eine g a n z e oder eine g e b r o c h e n e p-a d i -
s c h e Z a h l, je nachdem ihre Ordnungszahl α nicht negativ oder
negativ ist. Ist A speziell die p-adische Entwicklung einer rationalen
Zahl, so ist sie nach dieser Definition ganz oder gebrochen, je nachdem
die zugehörige rationale Zahl modulo p ganz oder gebrochen ist.

Nach der auf S. 119 unten gegebenen Definition ist eine ganze
p-adische Zahl $E = e_0 + e_1 p + \ldots$ eine Einheit, wenn $(e_0, p) = 1$, wenn
also e_0 nicht durch p teilbar ist; es gilt also der Satz:

Eine Zahl

$$E = e_0 + e_0 + e_1 p + e_2 p^2 + \ldots$$

ist stets und nur dann eine Einheit, wenn ihre Ordnungszahl Null
ist.

Jede ganze oder gebrochene Zahl außer Null läßt sich auf eine
einzige Weise in der Form

$$A = p^\alpha (a_\alpha + a_{\alpha+1} p + \ldots) = p^\alpha E$$

darstellen, wo E eine Einheit und α die Ordnungszahl von A ist.
Diese höchste in A enthaltene Potenz p^α von p soll der a b s o l u t e
B e t r a g v o n A genannt und durch

$$|A| = p^\alpha$$

bezeichnet werden.

Im vorigen Kapitel ist bereits bewiesen worden, daß der Bereich
$R(g)$ aller g-adischen Zahlen einen Zahlenring bildet, da in ihm die
ersten sechs Grundgesetze des ersten Kapitels gelten, also speziell die
Addition, Subtraktion und Multiplikation unbeschränkt und eindeutig
ausführbar sind. Ich zeige jetzt, daß, falls die Grundzahl eine

Primzahl p ist, allerdings auch nur unter dieser Voraussetzung, auch das siebente Grundgesetz von der unbeschränkten und eindeutigen Division erfüllt ist, daß also der Bereich $R(p)$ aller p-adischen Zahlen einen Körper $K(p)$ darstellt, in dem alle vier elementaren Rechenoperationen unbeschränkt und eindeutig ausführbar sind. Ich beweise also folgenden Satz:

Ist A eine von Null verschiedene, B eine ganz beliebige p-adische Zahl, so gibt es stets eine einzige p-adische Zahl X, für welche

$$(1) \qquad\qquad AX = B \ (p)$$

ist. Diese Zahl X wird durch $\dfrac{B}{A}$ bezeichnet und d e r   Q u o t i e n t   v o n B u n d A genannt.

Die Richtigkeit dieses wichtigen Satzes folgt einfach aus der Tatsache, daß im Bereiche $R(p)$ jede Zahl A in der Form $p^{\alpha}E$ darstellbar ist, wo E eine p-adische Einheit bedeutet. Nach dem auf S. 126 oben bewiesenen Satze besitzt nämlich dann die Gleichung (1) die eindeutig bestimmte Lösung:

$$(1^{\text{a}}) \qquad\qquad X = \frac{B}{A} = p^{-\alpha} \cdot B \cdot E^{-1},$$

wo E^{-1} die zu E reziproke Einheit bedeutet.

Damit ist also die Gültigkeit des siebenten Grundgesetzes vollständig bewiesen. Da somit der Ring $R(p)$ der p-adischen Zahlen ein Körper ist, so wollen wir ihn von nun an stets durch $K(p)$ bezeichnen.

Die Division einer p-adischen Einheit $B = b_0, b_1\, b_2 \ldots$ durch eine andere $A = a_0, a_1\, a_2 \ldots$, deren unbeschränkte und eindeutige

Ausführbarkeit wir soeben nachgewiesen haben, läßt sich praktisch genau so ausführen, wie die eines Dezimalbruches durch einen andern; nur muß auch hier genau wie bei der Ausführung der Multiplikation die Operation bei den Anfangsgliedern b_0 und a_0 begonnen und dann sukzessive von links nach rechts fortgeführt werden. Um die Division einer reduzierten Einheit $b_0, b_1 b_2 \ldots$ durch eine andere $a_0, a_1 a_2 \ldots$ durchzuführen, dividiere man also zunächst b_0 durch a_0, d. h. man bestimme, am leichtesten durch Probieren, die reduzierte Zahl x_0, für welche $a_0 x_0 \equiv b_0$ (mod. p) ist, bilde dann die Differenz $B - A x_0$, oder ausgeführt

$$
\begin{array}{r}
b_0, \quad b_1 \quad b_2 \ldots \\
- \, x_0 a_0, \, x_0 a_1 \, x_0 a_2 \ldots \\
\hline
0, \quad b_1' \quad b_2' \ldots,
\end{array}
$$

und behandle diese Differenz dann genau in derselben Weise weiter. So ist z. B. für die Grundzahl $p = 5$:

$$
3{,}12 : 4{,}21 = 2{,}\overline{4220}\,\overline{4220} \ldots \; (5),
$$

$$
\begin{array}{l}
3{,}03 \\
\hline
\quad 1444 \ldots \\
\quad 1111 \\
\hline
\quad\; 33344 \ldots \\
\quad\; 303 \\
\hline
\quad\;\; 3044 \ldots \\
\quad\;\; 303 \\
\hline
\quad\;\;\; 01444 \ldots \\
\quad\;\;\; 1111 \\
\hline
\quad\;\;\;\; 33344 \ldots \\
\quad\;\;\;\;\;\; \vdots
\end{array}
$$

und man sieht, wie beiläufig bemerkt werden mag, daß dieser Quotient periodisch ist.

Sind

$$E = e_0, e_1\, e_2 \ldots \quad \text{und} \quad E' = e'_0, e'_1\, e'_2 \ldots$$

zwei beliebige Einheiten, so sind, wie auf S. 124 und 102 allgemein bewiesen wurde, ihr Produkt und ihr Quotient

$$EE' = e_0 e'_0 + p(e_0 e'_1 + e_1 e'_0) + \ldots$$
$$\frac{E}{E'} = \frac{e_0}{e'_0} + p\frac{e_1 e'_0 - e_0 e'_1}{e'_0{}^2} + \ldots$$

gleichfalls Einheiten. Hieraus folgt sofort der allgemeine Satz:

> Die Ordnungszahl eines Produktes ist gleich der Summe der Ordnungszahlen seiner Faktoren; die Ordnungszahl eines Quotienten ist die Differenz der Ordnungszahlen von Zähler und Nenner.

Denn aus den Gleichungen $A = p^{\alpha} E_1$, $B = p^{\beta} E_2$ folgt ja:

$$AB = p^{\alpha+\beta} E_1 E_2, \quad \frac{A}{B} = p^{\alpha-\beta}\frac{E_1}{E_2},$$

und $E_1 E_2$ sowohl als $\dfrac{E_1}{E_2}$ sind wieder Einheiten.

Als eine einfache Anwendung dieser Betrachtungen löse ich die für die Folge wichtige Aufgabe, die Ordnungszahl μ_m des Produktes:

$$m! = 1 \cdot 2 \ldots m$$

der m ersten Zahlen für den Bereich von p zu bestimmen, wenn m beliebig gegeben ist.

Hierzu führt wohl am einfachsten der folgende leicht zu beweisende Satz:

Die Ordnungszahl ν einer beliebigen ganzen rationalen Zahl n ist gleich

(2) $$\nu = \frac{s_{n-1} - s_n + 1}{p - 1},$$

wenn allgemein s_r die p-adische Ziffersumme der ganzen Zahl r bei ihrer Darstellung in der reduzierten Form bedeutet.

Ist nämlich

$$n = 0{,}0\,0 \ldots 0\, a_\nu\, a_{\nu+1} \ldots a_r \ (p)$$

die Darstellung dieser Zahl n in der reduzierten Form, so ist

$$n - 1 = p{-}1,\ p{-}1 \ldots p{-}1\ a_\nu{-}1\ a_{\nu+1} \ldots a_r\ (p),$$

und aus den beiden Ziffernsummen:

$$s_n \quad = a_\nu + a_{\nu+1} + \cdots + a_r$$
$$s_{n-1} = \nu(p - 1) + (a_\nu - 1) + a_{\nu+1} + \cdots + a_r$$

folgt in der Tat durch Subtraktion die obige Gleichung für die Ordnungszahl ν, welche auch für $n = 1$ gilt, da ja die Ziffernsumme s_0 von Null gleich Null ist.

Aus dieser Formel folgt sofort für die Ordnungszahl μ_m des Produktes $1 \cdot 2 \cdot 3 \ldots m = m!$ die Gleichung:

(3) $$\mu_m = \frac{1}{p - 1} \sum_{n=1}^{m} (s_{n-1} - s_n + 1) = \frac{m - s_m}{p - 1}$$

d. h. es gilt der Satz:

Ist $m = a_0{,}a_1 \ldots a_r$ die Darstellung einer beliebigen gewöhnlichen ganzen Zahl in der reduzierten Form, so ist das Produkt $m!$ genau durch $p^{\frac{m - s_m}{p - 1}}$ teilbar, wenn $s_m = a_0 + a_1 + \cdots + a_r$ die p-adische Ziffernsumme von m bedeutet.

§ 2. Die Anordnung der p-adischen Zahlen nach ihrer Größe.

Der im Anfang des vorigen Paragraphen eingeführte Begriff der Ordnungszahl der p-adischen Zahlen gibt uns die Möglichkeit, diese Zahlen nach ihrer Größe für den Bereich von p so einzuteilen, daß viele Sätze über die Größenordnung der gewöhnlichen rationalen oder irrationalen Zahlen auch für die p-adischen Zahlen gültig bleiben; während sie aber dort z. T. schwierig zu beweisen sind, ist ihre Richtigkeit für unsere p-adischen Zahlen meistens fast evident.

Von zwei Zahlen γ und δ soll γ für den Bereich von p k l e i n e r als δ heißen ($\gamma < \delta \ (p)$), wenn die Ordnungszahl von γ größer als die von δ ist, wenn also z. B. für den Fall, daß γ und δ ganz sind, für ihre p-adischen Darstellungen

$$\gamma = 0{,}0 \ldots 0\, c_r\, c_{r+1} \ldots, \quad \delta = 0{,}0 \ldots 0\, d_s\, d_{s+1} \ldots$$

r größer als s ist, mithin γ mehr Nullen hinter dem Komma hat als δ. Die beiden Zahlen sollen für den Bereich von p ä q u i v a l e n t oder v o n g l e i c h e r G r ö ß e heißen ($\gamma \sim \delta \ (p)$), wenn r gleich s ist, wenn sie also die gleiche Ordnungszahl haben.

So ist z. B.
$$36 < 12 \ (3), \quad 6 \sim 15 \ (3),$$

weil $36 = 0{,}0\,1\,1 \ (3)$ die Ordnungszahl 2 hat, während $12 = 0{,}1\,1 \ (3)$ von der ersten Ordnung ist; 6 und 15 sind aber beide von der ersten Ordnung, also wirklich äquivalent.

Ist $\gamma \lesssim \delta$, so besteht eine Gleichung

$$\gamma = \delta g,$$

wo g eine *ganze* p-adische Zahl bedeutet, d. h. allein unter dieser Voraussetzung ist γ durch δ teilbar. Eine Zahl γ ist also durch jede äquivalente und durch jede größere Zahl teilbar, aber durch keine kleinere Zahl.

Bekanntlich werden die gewöhnlichen komplexen Zahlen $a + bi$ vom gleichen absoluten Betrag $r = \sqrt{a^2 + b^2}$ geometrisch als Punkte eines und desselben um den Anfangspunkt als Mittelpunkt mit dem Radius r beschriebenen Kreises in der komplexen Zahlenebene repräsentiert. Ähnlich wollen wir, wenn es einmal im Interesse der Anschaulichkeit erwünscht sein sollte, alle äquivalenten p-adischen Zahlen A, A', A'', ..., deren absoluter Betrag $|A| = p^\alpha = |A'| = |A''| = \ldots$ derselbe ist, in irgendeiner Anordnung durch Punkte eines um den Anfangspunkt als Mittelpunkt mit dem Radius $\dfrac{1}{p^\alpha} = \dfrac{1}{|A|}$ beschriebenen Kreises repräsentieren, ohne daß jedoch hier auch umgekehrt jedem Punkt dieses Kreises eine p-adische Zahl zu entsprechen braucht, wie dies bei den komplexen Zahlen der Fall ist. Dann entsprechen also allen p-adischen Zahlen der Ordnungszahlen $\ldots -2, -1, 0, 1, 2, \ldots$ Punkte der konzentrischen Kreise mit den Radien $\ldots p^2, p, 1, \dfrac{1}{p}, \dfrac{1}{p^2} \ldots$; dem Anfangspunkt selbst entspricht die Zahl Null, deren Ordnung ja gleich $+\infty$ ist, und von zwei Zahlen γ und δ ist γ die kleinere, wenn der ihr zugeordnete Punkt näher am Nullpunkt liegt als der zu δ gehörige. Man könnte auch allen Zahlen mit derselben Ordnungszahl α den einen Punkt P_α zuordnen, welcher auf einer Achse die Abszisse $p^{-\alpha}$ besitzt.

In der Theorie der algebraischen Zahlen muß der Bereich der rationalen p-adischen Zahlen in der Weise erweitert werden, daß zu ihnen auch solche Zahlen

$$\alpha = a_r p^{\frac{r}{n}} + a_{r+1} p^{\frac{r+1}{n}} + \ldots$$

hinzutreten, welche nach gebrochenen Potenzen von p mit modulo p ganzen Koeffizienten fortschreiten; eine solche Zahl α besitzt, falls ihr Anfangskoeffizient wieder als Einheit modulo p vorausgesetzt wird, die gebrochene Ordnungszahl $d = \dfrac{r}{n}$. Auch in diesem allgemeinen Falle können wir den Zahlen α einer bestimmten gebrochenen Ordnungszahl d Peripheriepunkte des um den Nullpunkt mit dem Radius p^{-d} beschriebenen Kreises zuordnen. Die im folgenden ausgesprochenen Sätze über die Größenverhältnisse der rationalen Zahlen gelten dann, wie hier nur erwähnt werde, genau ebenso für diese algebraischen Zahlen mit gebrochenen Ordnungszahlen.

Sind $\gamma_1, \gamma_2, \ldots \gamma_\nu$ sämtlich nicht größer als δ, sind also alle diese Zahlen durch δ teilbar, so gilt offenbar dasselbe von ihrer Summe:

$$\gamma_1 + \gamma_2 + \cdots + \gamma_\nu.$$

Ist also speziell $\gamma \lesssim \delta$, so ist auch für jede natürliche Zahl ν: $\nu\gamma \lesssim \delta$, was auch an sich klar ist, da ja jede ganze Zahl $\nu \lesssim 1$ (p) ist.

Wir haben hier also eine Größenanordnung der p-adischen Zahlen, welche insofern ganz wesentlich von der der gewöhnlichen Zahlen abweicht, als das sog. *Axiom des Messens* oder das *Archimedische Axiom* für sie nicht gilt, nach welchem ein genügend hohes Multiplum $\nu\gamma$ einer jeden, wenn auch noch so kleinen Zahl γ größer ist als jede beliebig große vorgegebene Zahl. Um so merkwürdiger ist es, daß bei dieser vollständig anderen Größenanordnung der p-adischen Zahlen, wie wir zeigen werden, die Fundamentalsätze der Algebra, der Reihentheorie, der Differentialrechnung und der Funktionentheorie gültig bleiben, aber allerdings völlig andere Eigenschaften der untersuchten Zahlen und Funktionen enthüllen.

§ 3.   Grenzwerte von Reihen p-adischer Zahlen.

Es sei

(1) $$s_0,\ s_1,\ s_2,\ \ldots$$

eine unendliche Reihe von gesetzmäßig gebildeten p-adischen Zahlen, welche, soweit man will, berechnet werden können. Gibt es dann eine p-adische Zahl s von der Beschaffenheit, daß, wie klein auch δ gewählt werde, für ein genügend großes n

(2) $$s - s_\nu < \delta\ (p)$$

wird, sobald $\nu > n$ ist, so sagt man, die Reihe (1) b e s i t z t d e n G r e n z w e r t s, oder sie k o n v e r g i e r t g e g e n s, und man drückt diese Beziehung durch die Gleichung

(3) $$\lim_{\nu=\infty} s_\nu = s\ (p)$$

aus.

So konvergiert z. B. die Reihe der p-adischen Zahlen:

$$s_1 = 1{,}1111\ldots,\quad s_2 = 1{,}2222\ldots,\quad s_3 = 1{,}2333\ldots,$$
$$s_4 = 1{,}2344\ldots,\ \ldots$$

offenbar gegen die p-adische Zahl

$$s = 1{,}23456\ldots,$$

weil

$$s - s_\nu = 0{,}00\ldots 123\cdots = p^\nu + 2p^{\nu+1} + \cdots < p^n$$

ist, sobald $\nu > n$ gewählt ist.

Ist ferner z. B.

$$A = a_0 + a_1 p + a_2 p^2 + \ldots \ (p)$$

eine beliebige p-adische Zahl, so konvergiert die Reihe ihrer Näherungswerte

$$A^{(0)} = a_0, \quad A^{(1)} = a_0 + a_1 p, \quad A^{(2)} = a_0 + a_1 p + a_2 p^2, \ \ldots$$

eben gegen die Grenze A, weil für ein beliebig kleines $\delta = p^n$ alle Differenzen

$$A - A^{(\nu)} = a_{\nu+1} p^{\nu+1} + a_{\nu+2} p^{\nu+2} + \cdots < \delta = p^n$$

sind, sobald $\nu \geqq n$ angenommen wird.

Besitzt eine Reihe (1) den Grenzwert s, so folgt für ein genügend großes n und ein beliebiges positives k aus den beiden Gleichungen:

$$s - s_{r+k} < \delta, \quad s - s_\nu < \delta \ (p),$$

daß stets:

$$(4) \qquad\qquad s_{\nu+k} - s_\nu < \delta \ (p)$$

sein muß, sobald nur ν größer als n ist.

Speziell ergibt sich für $k = 1$, daß die Reihe (1) nur dann einen Grenzwert haben kann, wenn für ein beliebig kleines δ von einem genügend hoch gewählten n ab

$$(5) \qquad\qquad s_{\nu+1} - s_\nu < \delta \ (p) \quad (\nu > n)$$

ist. Ist diese notwendige Bedingung erfüllt, so folgt weiter, daß dann auch der allgemeinen Bedingung (4) genügt wird, da ja dann für ein beliebiges k

$$s_{\nu+k} - s_\nu = (s_{\nu+1} - s_\nu) + (s_{\nu+2} - s_{\nu+1}) + \cdots + (s_{\nu+k} - s_{\nu+k-1}) < \delta$$

ist.

Endlich ergibt sich jetzt leicht, daß die notwendige Bedingung (5) dafür, daß die Reihe (1) einen Grenzwert hat, auch hinreichend ist. Ist sie nämlich erfüllt, so stellt die Reihe

$$s = s_0 + (s_1 - s_0) + (s_2 - s_1) + \cdots + (s_\nu - s_{\nu-1}) + \ldots \ (p)$$

eine p-adische Zahl dar, welche mit jeder vorgegebenen Genauigkeit berechnet werden kann, weil ihre Glieder $(s_{\nu+1} - s_\nu)$ für ein genügend großes ν durch jede noch so hohe Potenz von p teilbar sind; und da diese Reihe für jedes ν auch offenbar in der Form

$$s = s_\nu + (s_{\nu+1} - s_\nu) + (s_{\nu+2} - s_{\nu+1}) + \ldots \ (p)$$

geschrieben werden kann, so folgt in der Tat, daß für diese Zahl s

$$s - s_\nu = (s_{\nu+1} - s_\nu) + (s_{\nu+2} - s_{\nu+1}) + \cdots < \delta \ (p)$$

ist, sobald ν größer als ein genügend großes n gewählt wird.

§ 4. Die unendlichen Reihen mit p-adischen Gliedern und das Kriterium für ihre Konvergenz.

Die soeben durchgeführten Betrachtungen wende ich jetzt an auf die Untersuchung der unendlichen Reihen von p-adischen Zahlen und auf die Ableitung des einen Kriteriums, welches hier die Frage nach ihrer Konvergenz vollständig und in wunderbar einfacher Weise löst.

Ich führe jetzt auch unendliche Reihen

$$(1) \qquad\qquad A_0 + A_1 + A_2 + \ldots$$

in die Betrachtung ein, deren Glieder beliebige p-adische Zahlen sind, und bezeichne die aus ihnen gebildeten endlichen Partialsummen:

$$s_0 = A_0$$
$$s_1 = A_0 + A_1$$
(2)
$$\vdots$$
$$s_\nu = A_0 + A_1 + \cdots + A_\nu$$

....

als den nullten, ersten, ... $\nu^{\text{-ten}}$, ... Näherungswert jener Reihe. Vorausgesetzt nun, daß die Reihe

$$s_0,\ s_1,\ s_2,\ \ldots$$

dieser Näherungswerte gegen einen bestimmten Grenzwert konvergiert so soll dieser die Summe der Reihe genannt, und diese als eine konvergente p-adische Reihe bezeichnet werden. Die Summe s einer konvergenten Reihe wird dann mit jeder vorgegebenen Genauigkeit durch einen ihrer Näherungswerte s_ν von genügend hoher Ordnung dargestellt.

Nach dem im vorigen Paragraphen gefundenen Resultate konvergiert nun die Reihe der Näherungswerte s_ν stets und nur dann gegen einen bestimmten Grenzwert, wenn ihre Differenzen $s_{\nu+1} - s_\nu$ mit wachsendem Index unendlich klein werden, oder also gegen die Grenze Null konvergieren; und da aus (2) offenbar allgemein

$$s_{\nu+1} - s_\nu = A_{\nu+1}$$

folgt, so ergibt sich das folgende ebenso einfache wie umfassende Konvergenzgesetz für alle p-adischen Reihen:

Eine p-adische Reihe $A_0 + A_1 + A_2 + \dots$ ist stets und nur dann konvergent, wenn ihre Glieder mit wachsendem Index gegen Null konvergieren. Die Gleichung

$$(3) \qquad\qquad \lim_{\nu=\infty} A_\nu = 0$$

enthält also die notwendige und hinreichende Bedingung für die Konvergenz einer beliebigen p-adischen Reihe.

Summiert man die Glieder einer konvergenten p-adischen Reihe in einer beliebigen anderen Reihenfolge, bei welcher natürlich jedes Glied derselben wirklich einmal zur Summation gelangen muß, so erhält man stets dieselbe Summe s. Sind nämlich für ein beliebig klein gewähltes δ alle Glieder A_{n+1}, A_{n+2}, $\dots$ kleiner als δ, so wird ja bei jeder Summationsordnung die Reihe mit der Genauigkeit δ durch die endliche Summe:

$$s_n = A_0 + A_1 + \dots + A_n$$

dargestellt, da ja die Summe:

$$A_{\nu_1} + A_{\nu_2} + \dots + A_{\nu_k}$$

beliebiger und beliebig vieler Elemente, deren Indizes größer sind als n, für den Bereich von p stets kleiner als δ ist. Auch hierdurch unterscheiden sich die p-adischen Reihen ganz wesentlich von den unendlichen Reihen natürlicher Zahlen, denn unter diesen gibt es sowohl u n b e d i n g t k o n v e r g e n t e Reihen, welche unabhängig von der Summationsordnung stets dieselbe Summe haben, als auch b e d i n g t k o n v e r g e n t e, welche bei geeigneter Ordnung der Summation gegen jeden Grenzwert konvergieren können. Es gilt also hier der Satz:

Jede konvergente p-adische Reihe ist unbedingt konvergent.

Speziell konvergiert eine sogen. D o p p e l r e i h e

$$\sum_{i=0}^{\infty} \sum_{k=0}^{\infty} A_{ik} = A_{00} + A_{10} + A_{01} + A_{20} + A_{11} + A_{02} + \dots$$

stets und nur dann, wenn ihre Glieder für den Bereich von p beliebig klein werden, sobald auch nur einer der Indizes entsprechend wächst; alsdann ist die Reihenfolge der Summationen gleichgültig, auch die Doppelreihe konvergiert also unbedingt, falls sie überhaupt konvergiert.

§ 5. Die Potenzreihen im Bereich der p-adischen Zahlen.

Ich wende diese Betrachtungen auf die Untersuchung der *Potenzreihen* mit p-adischen Koeffizienten an und bemerke gleich, daß die sich hier ergebenden Konvergenzkriterien mit denjenigen genau übereinstimmen, welche die Betrachtung der Potenzreihen mit natürlichen Zahlkoeffizienten liefert.

Es sei:

$$\mathfrak{P}(x) = a_0 + a_1 x + a_2 x^2 + \dots$$

eine Potenzreihe mit beliebigen ganzen oder gebrochenen p-adischen Koeffizienten a_k. Ist dann ξ eine p-adische Zahl, für welche jedes Glied $a_k \xi^k$ jener Reihe unterhalb einer endlichen Grenze g bleibt, so konvergiert die Reihe unbedingt für alle $x < \xi \ (p)$.

Ist nämlich für jedes k

$$(1) \qquad\qquad a_k \xi^k < g \ (p),$$

und ist $x < \xi$, also $\dfrac{x}{\xi} \sim p^\varrho$ von positiver Ordnung, also < 1 (p), so wird

$$a_k x^k = a_k \xi^k \left(\frac{x}{\xi}\right)^k < g \left(\frac{x}{\xi}\right)^k \sim g p^{k\varrho}$$

mit wachsendem Index k von beliebig hoher positiver Ordnung, d. h. es ist in der Tat:

$$\lim a_k x^k = 0 \ (p).$$

Ich nenne auch hier, wie auf S. 145, die ganzen Funktionen $0^{\text{-ten}}$, $1^{\text{-ten}}$, $2^{\text{-ten}}$ ... Grades von x:

$$\mathfrak{P}_0(x) = a_0, \quad \mathfrak{P}_1(x) = a_0 + a_1 x, \quad \mathfrak{P}_2(x) = a_0 + a_1 x + a_2 x^2, \ \ldots$$

den nullten, ersten, zweiten, ... Näherungswert der Potenzreihe $\mathfrak{P}(x)$. Hat dann wieder ξ die oben in (1) angegebene Bedeutung, so sei x eine bestimmte p-adische Zahl, welche für den Bereich von p kleiner als ξ ist, so daß also:

$$\frac{x}{\xi} \sim p^\varrho < 1 \ (p)$$

wird, wo ϱ positiv ist. Wird dann für eine bestimmte Genauigkeit δ n so groß gewählt, daß für alle $\nu > n$

$$g p^{\nu \varrho} < \delta \ (p)$$

ist, so ist für alle hinter $a_n x^n$ auftretenden Summanden:

$$a_\nu x^\nu = (a_\nu \xi^\nu) \cdot \left(\frac{x}{\xi}\right)^\nu < g p^{\nu \varrho} < \delta \ (p),$$

und dasselbe gilt für die Summen von beliebig vielen von diesen Gliedern. Also wird der Wert $\mathfrak{P}(x)$ der Potenzreihe für dieses x durch ihren $n^{\text{-ten}}$ Näherungswert

$$\mathfrak{P}_n(x) = a_0 + a_1 x + \cdots + a_n x^n$$

mit der Genauigkeit δ dargestellt, und das gleiche gilt für alle Zahlen $x_0 \lesssim x$, da für sie:

$$a_\nu x_0^\nu = a_\nu x^\nu \left(\frac{x_0}{x}\right)^\nu \lesssim a_\nu x^\nu$$

ist.

Eine Reihe $\mathfrak{P}(x)$ heißt innerhalb eines gewissen Bereiches von x g l e i c h m ä ß i g   k o n v e r g e n t, wenn sie für alle Werte, welche x innerhalb dieses Bereiches annehmen kann, durch einen und denselben Näherungswert $\mathfrak{P}_n(x)$ dieser Reihe mit der *gleichen* Genauigkeit δ dargestellt wird. Wir können also das soeben erlangte Resultat in dem folgenden Satz aussprechen:

Konvergiert eine Potenzreihe für einen bestimmten Wert x der Veränderlichen, so konvergiert sie unbedingt und gleichmäßig für alle $x_0 \lesssim x$ (p); konvergiert dagegen die Reihe für einen Wert von x nicht, so konvergiert sie auch nicht für alle $x' \gtrsim x$ (p); denn sie müßte ja nach dem soeben bewiesenen Satze für x konvergieren, wenn sie für x' konvergent wäre.

Die entsprechenden Sätze gelten auch für Potenzreihen mit mehreren Variablen und werden ganz ebenso bewiesen. Hieraus folgt speziell, daß eine Potenzreihe

$$\mathfrak{P}(x, y) = \sum a_{ik} x^i y^k,$$

in welcher für ein Wertsystem (ξ, η) alle Glieder $a_{ik}\xi^i\eta^k$ kleiner sind als eine endliche Grenze g, für alle $x < \xi$, $y < \eta$ (p) unbedingt und gleichmäßig konvergiert; ihre Glieder können somit in beliebiger Anordnung summiert werden. Speziell ist also:

$$\mathfrak{P}(x, y) = \mathfrak{P}_0(x) + \mathfrak{P}_1(x)y + \mathfrak{P}_2(x)y^2 + \dots$$
$$= \overline{\mathfrak{P}}_0(y) + \overline{\mathfrak{P}}_1(y)x + \overline{\mathfrak{P}}_2(y)x^2 + \dots$$

wo allgemein:

$$\mathfrak{P}_k(x) = \sum_{i=0}^{\infty} a_{ik}x^i, \quad \overline{\mathfrak{P}}_i(y) = \sum_{k=0}^{\infty} a_{ik}y^k$$

ist.

Spricht man die bisher gefundenen Resultate unter Benutzung der auf S. 140 gegebenen geometrischen Repräsentation der p-adischen Zahlen aus, so erhält man den Satz:

Konvergiert die Reihe $\mathfrak{P}(x)$ in einem Punkte x, so konvergiert sie im Inneren und auf der Peripherie des Kreises mit dem Mittelpunkte 0, welcher durch x geht. Konvergiert sie in einem Punkte $\bar{x}$ nicht, so gilt das gleiche von allen Punkten außerhalb und auf der Peripherie eines durch diesen Punkt gehenden Kreises mit dem Mittelpunkte 0.

Hieraus folgt, daß für jede Potenzreihe $\mathfrak{P}(x)$, welche überhaupt für von Null verschiedene Werte von x konvergiert, ein solcher Kreis K um den Nullpunkt existiert, daß sie für alle innerhalb von K liegenden Punkte konvergiert, für alle außerhalb von K befindlichen Punkte divergiert, während sie für keinen einzigen auf der Kreisperipherie liegenden Punkt konvergieren kann. Dieser eindeutig bestimmte Kreis möge der K o n v e r g e n z k r e i s   v o n $\mathfrak{P}(x)$ genannt werden. Ist

$r = p^\varrho$ der absolute Betrag der Zahlen, welche den Peripheriepunkten von K entsprechen, so konvergiert $\mathfrak{P}(x)$ für alle und nur die Zahlen $x < p^\varrho$ (p). Die Zahl $r = p^\varrho$ heißt d e r R a d i u s d e s K o n v e r g e n z k r e i s e s v o n $\mathfrak{P}(x)$.

Man kann um den Nullpunkt einer Potenzreihe mit von Null verschiedenem Konvergenzradius stets einen endlichen Bereich so abgrenzen, daß sich in ihm eventuell mit Ausnahme der Stelle $x = 0$ keine weitere Nullstelle der Reihe befindet. Ist nämlich etwa $a_m x^m$ der erste Term mit einem von Null verschiedenen Koeffizienten, und schreibt man die Reihe in der Form:

$$\mathfrak{P}(x) = a_m x^m + a_{m+1} x^{m+1} + \cdots = a_m x^m (1 + \varphi(x)),$$

wo die Potenzreihe:

$$\varphi(x) = \frac{a_{m+1}}{a_m} x + \frac{a_{m+2}}{a_m} x^2 + \ldots$$

innerhalb desselben Bereiches gleichmäßig konvergiert, wie die ursprüngliche Reihe, so kann man $x = \xi$ so klein wählen, daß alle Glieder von $\varphi(x)$, also auch $\varphi(x)$ selbst, kleiner als Eins, d. h. durch p teilbar sind. Liegen nämlich für ein bestimmtes x_0 alle Glieder $\frac{a_i}{a_m} \cdot x_0^i$ unterhalb einer endlichen Grenze g, und setzt man $|\xi| = |x_0| p^\varrho$, so ist für jedes Glied der Reihe $\varphi(\xi)$

$$\left| \frac{a_i}{a_m} \xi^i \right| = \left| \frac{a_i}{a_m} x_0^i \right| \cdot \left| \frac{\xi}{x_0} \right|^i < g p^{i\varrho} \ (p);$$

wählt man also ϱ positiv und so groß, daß $g p^\varrho < 1$ (p) wird, so gilt dasselbe a fortiori für jedes der Glieder von $\varphi(\xi)$, mithin auch von $\varphi(\xi)$ selbst; es wird also auch für alle $x \lesssim \xi$

$$\mathfrak{P}(x) = a_m x^m (1 + \varphi(x)) \sim a_m x^m > 0 \ (p),$$

und damit ist unsere Behauptung bewiesen.

Hieraus folgt der weitere Satz:

Eine Potenzreihe mit endlichem (d. h. von Null verschiedenem) Konvergenzbereich ist innerhalb dieses Bereiches dann und nur dann stets Null, wenn alle ihre Koeffizienten Null sind.

Wäre nämlich bei der vorher betrachteten Reihe wieder a_m der erste von Null verschiedene Koeffizient, so könnte man ja $x < \xi$ stets so klein wählen, daß gegen unsere Voraussetzung:

$$\mathfrak{P}(x) \sim a_m x^m > 0$$

wäre. Hieraus folgt ohne weiteres:

Zwei Potenzreihen mit endlichem Konvergenzbereiche sind einander dann und nur dann innerhalb dieses Bereiches gleich, wenn sie identisch sind;

denn nur dann kann ja ihre Differenz innerhalb des gemeinsamen Konvergenzbereiches Null sein.

§ 6.   Der Körper der Potenzreihen mit endlichem Konvergenzbereiche.

Sind

(1) $$A(x) = \sum a_i x^i, \quad B(x) = \sum b_k x^k$$

zwei Potenzreihen mit endlichem Konvergenzbereiche, so konvergieren die aus ihnen gebildeten Potenzreihen

(2)
$$S(x) = \sum (a_i + b_i) x^i$$
$$D(x) = \sum (a_i - b_i) x^i$$
$$P(x) = \sum \sum a_i b_k x^{i+k}$$

in dem ihnen gemeinsamen Konvergenzbereiche ebenfalls unbedingt und gleichmäßig und sie stellen für jedes in diesem Bereiche liegende x die Werte $A(x) + B(x)$, $A(x) - B(x)$, $A(x)B(x)$ dar; endlich sind jene Reihen durch diese drei Forderungen eindeutig bestimmt. In der Tat, liegt x im Konvergenzbereiche von $A(x)$ und $B(x)$, so ist

$$\lim_{i=\infty}(a_i x^i) = 0, \quad \lim_{k=\infty}(b_k x^k) = 0,$$

und ferner ist für jedes Glied beider Reihen

$$a_i x^i < g, \quad b_k x^k < g,$$

wo g eine endliche Zahl bedeutet; also ist auch für jede der drei obigen Reihen

$$\lim(a_i \pm b_i) = 0$$
$$\lim(a_i b_k x^{i+k}) = \lim_{i \text{ od. } k=\infty}(a_i x^i)(b_k x^k) = 0,$$

da im letzten Falle einer der beiden Faktoren sicher unterhalb g bleibt, während der andere für einen genügend großen Index beliebig klein ist. Alle drei Reihen konvergieren also für dasselbe x unbedingt und gleichmäßig und können in beliebiger Ordnung summiert werden.

Sind ferner $A_n(x)$ und $B_n(x)$ die $n^{\text{-ten}}$ Näherungswerte von $A(x)$ und $B(x)$, ferner $S_n(x)$, $D_n(x)$, $P_n(x)$ die entsprechenden Näherungswerte der drei abgeleiteten Reihen (2), und beachtet man, daß für ein genügend großes n jedes Glied $a_\nu x^\nu$ bezw. $b_\nu x^\nu$, wo $\nu > n$, durch jede noch so kleine Zahl δ teilbar ist, so ergibt sich, daß für jedes noch so kleine δ und ein genügend großes n

$$\left.\begin{aligned} S_n &\equiv A_n + B_n \\ D_n &\equiv A_n - B_n \\ P_n &\equiv A_n B_n \end{aligned}\right\} \quad (\text{mod. } \delta)$$

ist, d. h. die Reihen $S(x)$, $D(x)$ und $P(x)$ stellen in der Tat die Werte $A(x) \pm B(x)$ und $A(x)B(x)$ mit jeder vorgegebenen Genauigkeit δ dar. Durch diese Forderung sind jene Reihen aber auch eindeutig bestimmt, denn z. B. eine zweite Reihe $\overline{S}(x)$, welche ebenso wie $S(x)$ für alle Werte von x im gemeinsamen Konvergenzbereiche von $A(x)$ und $B(x)$ gleich $A(x) + B(x)$ wäre, müßte ja notwendig mit $S(x)$ identisch sein.

Wir wollen die so gewonnenen Reihen also d i e S u m m e, d i e D i f f e r e n z und d a s P r o d u k t v o n $A(x)$ u n d $B(x)$ nennen und durch $A(x) \pm B(x)$ bzw. $A(x)B(x)$ bezeichnen.

Ähnlich kann man zeigen, daß im Bereiche der konvergenten Potenzreihen zu jeder von Null verschiedenen Reihe $A(x)$ eine eindeutig bestimmte reziproke Reihe $\overline{A}(x)$ existiert, welche ebenfalls einen endlichen Konvergenzbereich besitzt und dort gleich $\dfrac{1}{A(x)}$ ist.

Es sei:

$$A(x) = a_m x^m (1 + \alpha_1 x + \alpha_2 x^2 + \ldots);$$

wir setzen $\overline{A}(x)$ in der Form

$$\overline{A}(x) = \frac{1}{\alpha_m x^m}(1 + \overline{\alpha}_1 x + \overline{\alpha}_2 x^2 + \ldots)$$

an. Dann sind die unbekannten Koeffizienten $\overline{\alpha}_i$ so zu bestimmen, daß:

$$(1 + \alpha_1 x + \alpha_2 x^2 + \ldots)(1 + \overline{\alpha}_1 x + \overline{\alpha}_2 x^2 + \ldots) = 1 + 0x + 0x^2 + \ldots$$

wird, und das ergibt für die unbekannten Koeffizienten $\overline{\alpha}_1$, $\overline{\alpha}_2$, $\ldots$

die Gleichungen:

$$\overline{\alpha}_1 + \alpha_1 = 0$$
$$\overline{\alpha}_2 + \overline{\alpha}_1\alpha_1 + \alpha_2 = 0$$

(3)
$$\vdots$$

$$\overline{\alpha}_i + \overline{\alpha}_{i-1}\alpha_1 + \overline{\alpha}_{i-2}\alpha_2 + \cdots + \alpha_i = 0$$
$$\dots\dots\dots\dots\dots\dots\dots\dots\dots\dots\dots\dots\dots,$$

aus denen sich, wie bereits auf S. 125 allgemein nachgewiesen wurde, dieselben eindeutig bestimmen.

Ich zeige jetzt, daß die so bestimmte Reihe

$$1 + \overline{\alpha}_1 x + \overline{\alpha}_2 x^2 + \dots$$

in einem endlichen Bereiche konvergiert und dort dem reziproken Werte der Reihe

$$1 + \alpha_1 x + \alpha_2 x^2 + \dots$$

gleich ist. Da diese letztere n. d. V. einen endlichen Konvergenzbereich besitzt, für welchen $\lim(a_i x^i) = 0$ ist, so kann man erstens in diesem Bereiche auch für x einen kleineren Bereich so abgrenzen, daß für alle Werte von x in demselben und für jedes i $\alpha_i x^i$ mindestens durch p^i teilbar ist.

In der Tat, ist für ein endliches x_0 allgemein:

$$\alpha_i x_0^i < g\ (p),$$

wo g eine endliche Zahl bedeutet, und wählt man dann $\xi < x_0$, so daß

$$\frac{\xi}{x_0} \sim p^\nu\ (p)$$

ist, wo ν eine gleich zu bestimmende positive Zahl bedeutet, so ist ja:

$$\alpha_i \xi^i = (\alpha_i x_0^i) \left(\frac{\xi}{x_0} \right)^i < g p^{\nu i},$$

und wie auch g gegeben sei, immer kann man ν so groß wählen, daß für jedes $i = 1, 2, \ldots$ stets $g p^{\nu i} \lesssim p^i$ (p) ist; dann ist wirklich für alle $x \lesssim \xi$

$$\alpha_i x^i < p^i$$

w. z. b. w.

Ich behaupte nun zweitens, daß für alle diese Werte von x auch jedes Glied $\bar{a}^i x^i$ mindestens durch p^i teilbar ist, und da dann sicher $\lim(\bar{a}^i x^i) = 0$ ist, so ist damit bewiesen, daß die zweite Reihe mindestens in diesem Bereiche $x \lesssim \xi$ (p) konvergent ist.

Um diesen Beweis zu führen, nehme ich an, es sei bereits gezeigt, daß für alle Indizes $k = 1, 2, \ldots i - 1$ $\bar{a}_k x^k$ mindestens durch p^k teilbar ist. Multipliziert man dann die i-te Gleichung (3) mit x^i, schreibt sie in der Form:

$$(\bar{a}_i x^i) \cdot 1 + (\bar{a}_{i-1} x^{i-1})(\alpha_1 x) + (\bar{a}_{i-2} x^{i-2})(\alpha_2 x^2) + \cdots + (\alpha_i x^i) = 0$$

und beachtet, daß in ihr alle Produkte mit Ausnahme des ersten n. d. V. durch p^i teilbar sind, so folgt, daß für $\bar{\alpha}_i x^2$ das gleiche gelten muß. Da nun nach der ersten Gleichung in (3) $\bar{\alpha}_1 x = -\alpha_1 x$ mindestens p^1 enthält, so ist die Behauptung vollständig bewiesen.

Da somit die beiden Reihen $\sum \alpha_i x^i$ und $\sum \bar{\alpha}_i x^i$ einen endlichen Konvergenzbereich haben, und da ihr Produkt in diesem gleich Eins ist, so ist nach dem oben für das Produkt bewiesenen Satze in diesem Bereiche die zweite Reihe dem reziproken Wert der ersten gleich und sie ist durch diese Eigenschaft eindeutig bestimmt.

Hieraus folgt, daß der Bereich aller konvergenten Potenzreihen einen Körper bildet, da in ihm die vier elementaren Rechenoperationen so definiert sind, daß sie unbeschränkt und eindeutig ausführbar sind; denn ist $A(x)$ nicht identisch Null, so besitzt ja jede Gleichung

$$A \cdot X = B$$

die eindeutig bestimmte Lösung

$$X = B \cdot A^{-1} = \frac{B}{A}.$$

Ich knüpfe hier die für das folgende wichtige Bemerkung an, daß im Körper der konvergenten Potenzreihen auch die sogen. D i f f e r e n t i a t i o n unbeschränkt und eindeutig ausführbar ist.

Ist nämlich

$$A(x) = a_0 + a_1 x + a_2 x^2 + \ldots$$

eine beliebige Reihe, so bezeichnet man als a b g e l e i t e t e R e i h e oder als A b l e i t u n g $A'(x)$ von $A(x)$ die Potenzreihe:

$$A'(x) = a_1 + 2a_2 x + 3a_3 x^2 + \ldots.$$

Ist nun für ein bestimmtes x $A(x)$ konvergent, also

$$\lim_{i=\infty}(a_i x^i) = 0,$$

so gilt für das gleiche x dasselbe von $A'(x)$, denn es ist ja:

$$\lim_{i=\infty}(i a_i x^{i-1}) = \frac{1}{x} \lim_{i=\infty}(a_i x^i) = 0,$$

da jede ganze Zahl $i \lessgtr 1$ ist. Dasselbe gilt natürlich auch von der Ableitung von $A'(x)$

$$A''(x) = 1 \cdot 2a_2 + 2 \cdot 3a_2 x + \ldots,$$

welche d i e z w e i t e A b l e i t u n g v o n $A(x)$ heißt, und überhaupt von allen Ableitungen $A'''(x)$, $A''''(x)$, ... beliebig hoher
Ordnung von $A(x)$.

§ 7. Die unendlichen Produkte.

In ganz gleicher Weise wie die unendlichen Summen können, wie
hier nur kurz erwähnt werden mag, auch die unendlichen Produkte

(1) $$P = B_0 B_1 B_2 \dots$$

p-adischer Zahlen arithmetisch untersucht werden, vorausgesetzt, daß
ein solches Produkt konvergiert, d. h. sich mit wachsender Anzahl der
Faktoren einer eindeutig bestimmten p-adischen Zahl annähert, so
daß diese durch das Produkt von einer Anzahl unter diesen Faktoren,
deren Indizes unter einer genügend groß gewählten Grenze liegen, mit
jeder vorgegebenen Genauigkeit dargestellt wird. Wir schließen hierbei
den trivialen Fall aus, daß einer (oder mehrere) unter diesen Faktoren
gleich Null ist.

Ein solches Produkt konvergiert stets und nur dann gegen einen
bestimmten Grenzwert, wenn man nach Annahme einer beliebig hohen
Potenz p^k von p als Modul eine Grenze n so angeben kann, daß das
Produkt

$$B_{\nu_1} B_{\nu_2} \dots B_{\nu_r}$$

beliebig vieler Faktoren von P, deren Indizes ν_i größer als n
sind, modulo p^k kongruent Eins ist, wenn sich also das Produkt
beliebig vieler genügend weit entfernter Glieder beliebig wenig von
Eins unterscheidet; dann konvergiert nämlich P gegen die eindeutig
bestimmte p-adische Zahl P, deren k-ter Näherungswert

$$P^{(k)} = B_1 B_2 \dots B_n$$

ist, d. h. gegen die Zahl

(2) $\qquad P = P^{(0)} + (P^{(1)} - P^{(0)}) + (P^{(2)} - P^{(1)}) + \ldots \ (p).$

Hierzu ist zunächst notwendig, daß jeder einzelne Faktor B_ν, dessen Index größer als n ist, für sich modulo p^k kongruent Eins ist. Setzt man also allgemein:

$$B_\nu = 1 + A_\nu$$

so muß für ein genügend großes ν A_ν durch jede noch so hohe Potenz von p teilbar, oder also

$$\lim A_\nu = 0 \ (p)$$

sein. Diese notwendige Bedingung ist aber auch hinreichend; denn ist sie erfüllt, so ist ja offenbar auch jedes Produkt

$$\begin{aligned} B_{\nu_1} B_{\nu_2} \ldots B_{\nu_r} &= (1 + A_{\nu_1})(1 + A_{\nu_2}) \ldots (1 + A_{\nu_r}) \\ &= 1 + A_{\nu_1} + \cdots + A_{\nu_r} + A_{\nu_1} A_{\nu_2} + \ldots \end{aligned}$$

von beliebig vielen solchen Faktoren ebenfalls modulo p^k kongruent Eins, weil jedes der Produkte $A_{\nu_1} A_{\nu_2} \ldots$ durch p^k teilbar ist. Wir erhalten also folgendes einfache Resultat:

Ein unendliches Produkt

$$P = B_1 B_2 B_3 \cdots = (1 + A_1)(1 + A_2)(1 + A_3) \ldots$$

stellt stets und nur dann eine eindeutig bestimmte p-adische Zahl mit jeder vorgegebenen Genauigkeit dar, wenn

$$\lim_{\nu=0} A_\nu = 0 \ (p)$$

ist.

Siebentes Kapitel.

Die Elemente der Analysis und Algebra im Gebiete der p-adischen Zahlen.

§ 1. Die veränderlichen Größen. Die Funktionen, Stetigkeit und Differenzierbarkeit. Die p-adischen Potenzreihen sind in ihrem Konvergenzbereiche stetige und differenzierbare Funktionen ihres Argumentes.

Ich wende mich nun zu der Frage, in welcher Weise der Wert einer Potenzreihe $A(x)$ von ihrem Argumentwerte abhängt und übertrage dazu den aus der elementaren Analysis bekannten Begriff der stetigen und differenzierbaren Funktion auf die hier betrachteten Bereiche der p-adischen Zahlen.

Eine Größe x heißt innerhalb eines gewissen Bereiches B p-adischer Zahlen u n b e s c h r ä n k t v e r ä n d e r l i c h o d e r v a r i a b e l, wenn sie jeden Zahlwert in demselben annehmen kann. Ist x_0 eine Zahl jenes Bereiches, so konstituieren alle diejenigen Zahlen x desselben, für welche die Differenz $x - x_0$ unterhalb einer genügend klein gewählten Grenze δ liegt, einen Teilbereich von B, welcher d i e U m g e b u n g v o n x_0 genannt wird. Eine variable Größe x kann in einem Bereiche u n e n d l i c h k l e i n e W e r t e annehmen, wenn der Bereich Zahlen enthält, welche kleiner als jede noch so kleine von Null verschiedene Größe δ sind.

Eine Größe y heißt eine F u n k t i o n d e r u n a b h ä n g i g e n V e r ä n d e r l i c h e n x i n n e r h a l b e i n e s g e w i s s e n B e r e i c h e s B, wenn ein Verfahren existiert, mit dessen Hilfe man y mit jeder vorgegebenen Genauigkeit berechnen kann, sobald x in jenem Bereiche beliebig gegeben wird. So ist z. B.

$$y = \mathfrak{f}(x) = a_k x^k + a_{k-1} x^{k-1} + \cdots + a_0 \ (p)$$

eine ganze rationale Funktion von x, wenn die Koeffizienten a_i beliebige p-adische Zahlen sind. Allgemein ist auch

$$y = A(x) = a_0 + a_1 x + a_2 x^2 + \ldots \ (p),$$

falls $A(x)$ eine beliebige konvergente Potenzreihe ist, in dem Konvergenzbereiche derselben eine Funktion von x.

Eine Funktion $y = \mathfrak{f}(x)$ heißt an einer Stelle $x = \xi$ ihres Bereiches s t e t i g, wenn der Grenzwert der Differenz:

$$\mathfrak{f}(\xi + h) - \mathfrak{f}(\xi)$$

unendlich klein wird, falls h irgendwie gegen Null konvergiert. Eine solche Funktion heißt an der Stelle ξ d i f f e r e n z i e r b a r, wenn

$$\lim_{h=0} \frac{\mathfrak{f}(\xi + h) - \mathfrak{f}(\xi)}{h} = \mathfrak{f}'(\xi)$$

gegen einen von den Werten und der Art des Abnehmens von h unabhängigen, also allein von ξ abhängigen Grenzwert konvergiert, der die A b l e i t u n g oder der D i f f e r e n t i a l q u o t i e n t von $\mathfrak{f}(x)$ n a c h x a n d e r S t e l l e ξ genannt wird.

Eine Potenzreihe $A(x) = \sum a_i x^i$ ist für alle Werte von x innerhalb ihres Konvergenzbereiches stetig und differenzierbar, und ihre Ableitung ist für jede Stelle gleich der abgeleiteten Reihe $A'(x) = \sum i a_i x^{i-1}$.

Es sei nämlich r der Konvergenzradius jener Reihe und $\xi < r$ irgendeine Zahl innerhalb des Konvergenzbereiches. Ist dann $h < r$ ein anderer Argumentwert desselben Bereiches, so gehört auch $\xi + h < r$ diesem Bereiche an, und der zugehörige Funktionswert von $A(x)$ ist gleich:

$$A(\xi + h) = a_0 + a_1(\xi + h) + a_2(\xi + h)^2 + \ldots$$
$$= a_0 + a_1\xi + a_1 h + a_2\xi^2 + 2a_2\xi h + a_2 h^2 + \ldots.$$

Für die gewählten Werte ξ und h konvergiert aber auch die zweite Darstellung dieser Reihe unbedingt und gleichmäßig; wählt man nämlich, was stets möglich ist, ϱ innerhalb des Konvergenzbereiches von $A(x)$ so aus, daß

$$\xi \lesssim \varrho < r, \quad h \lesssim \varrho < r \ (p),$$

wird, so ist ja für ihr allgemeines Glied $a_i \binom{i}{k} \xi^k h^{i-k}$

$$a_i \binom{i}{k} \xi^k h^{i-k} \lesssim a_k \varrho^k \varrho^{i-k} = a_i \varrho^i \ (p),$$

weil jeder Binomialkoeffizient $\binom{i}{k}$ eine ganze Zahl, also höchstens äquivalent Eins ist. Also nähert sich jedes Glied dieser Reihe dem Grenzwerte Null, wenn k oder $i - k$ unendlich groß wird.

Ordnet man also diese Reihe, was ja nun erlaubt ist, nach Potenzen von h und berücksichtigt, daß dann die Koeffizienten der einzelnen Potenzen von h offenbar bis auf Faktoren $\dfrac{1}{2!}, \dfrac{1}{3!}, \ldots$ die sukzessiven abgeleiteten Reihen von $A(\xi)$ werden, so folgt, daß auch für den Bereich einer beliebigen Primzahl p und für

alle Inkremente h des Konvergenzbereiches von $A(x)$ die sog.
T a y l o r s c h e   E n t w i c k l u n g gilt:

$$A(\xi + h) = A(\xi) + A'(\xi)h + \frac{A''(\xi)}{2!}h^2 + \ldots.$$

Wählt man jetzt, was ja bei jeder konvergenten Potenzreihe stets
möglich ist, h unendlich klein, so folgt aus der letzten Gleichung, daß
in der Tat

$$\lim_{h=0} \frac{A(\xi + h) - A(\xi)}{h} = A'(\xi),$$

d. h. daß $A(x)$ an jeder Stelle ξ ihres Konvergenzbereiches stetig und
differenzierbar und daß ihr Differentialquotient dort gleich $A'(\xi)$ ist.

§ 2.   Die Exponentialfunktion im Bereiche der p-adischen Zahlen.

Ich untersuche jetzt, ob es eine Funktion

$$(1) \qquad E(x) = e_0 + e_1 x + e_2 x^2 + \ldots \quad (p)$$

von x gibt, welche in einer endlichen Umgebung der Stelle $x = 0$ als
konvergente Potenzreihe darstellbar ist, welche in ihrem Bereiche der
Funktionalgleichung:

$$(2) \qquad E(x + y) = E(x)E(y)$$

genügt.

Wir schließen die beiden trivialen konstanten Lösungen $E(x) = 0$
und $E(x) = 1$ dieser Aufgabe aus. Dann folgt aus der Gleichung (2)
für $y = 0$

$$E(x) = E(x + 0) = E(x) \cdot E(0) = e_0 \cdot E(x);$$

es muß also $e_0 = 1$ sein.

Ferner ergibt sich aus (2) für die Ableitung der Reihe

$$E(x) = 1 + e_1 x + e_2 x^2 + \ldots$$

die Gleichung:

$$(3) \quad E'(x) = \lim_{h=0} \frac{E(x+h) - E(x)}{h} = \lim \frac{E(x) \cdot E(h) - E(x)}{h}$$

$$= E(x) \lim \frac{E(h) - 1}{h} = E(x) \cdot \lim_{h=0}(e_1 + h e_2 + h^2 e_3 + \ldots)$$

$$= e_1 \cdot E(x).$$

Es muß also $e_1 \neq 0$ sein, da andernfalls aus der Gleichung

$$E'(x) = e_1 + 2 e_2 x + 3 e_3 x^2 + \cdots = 0$$

$e_1 = e_2 = \cdots = 0$, also $E(x) = 1$ sich ergeben würde.

Ist endlich $E(x) = 1 + e_1 x + \ldots$ eine Potenzreihe, welche der Forderung (2) genügt und für alle $x < \varrho$ konvergiert, und bedeutet c eine beliebige Konstante, so ist auch

$$\overline{E}(x) = E(cx) = 1 + c e_1 x + c^2 e_2 x^2 + \ldots$$

eine Lösung unserer Aufgabe, denn es ist ja

$$\overline{E}(x) \overline{E}(y) = E(cx) E(cy) = E(c(x+y)) = \overline{E}(x+y),$$

und die neue Reihe konvergiert für alle $cx < \varrho$ oder $x < \dfrac{\varrho}{c}$, besitzt also ebenfalls einen endlichen Konvergenzbereich.

Besitzt also die Gleichung (2) überhaupt eine Lösung:

$$(4) \qquad E(x) = 1 + e_1 x + \ldots,$$

so hat sie auch eine Lösung:

$$(4^{\mathrm{a}}) \qquad \overline{E}(x) = E\left(\frac{x}{e_1}\right) = 1 + x + \frac{e_2}{e_1^2}x^2 + \ldots,$$

in welcher $e_1 = 1$ ist, und umgekehrt ergibt sich aus jeder Lösung (4^{a}) eine einzige Lösung (4), in welcher e_1 einen beliebig gegebenen von Null verschiedenen Wert hat. Wir können und wollen daher von vornherein die Lösung in der Form

$$E(x) = 1 + x + e_2 x^2 + e_3 x^3 + \ldots$$

voraussetzen.

Da für sie nach (3) $E'(x) = E(x)$ sein muß, so folgt weiter für alle Ableitungen:

$$E(x) = E'(x) = E''(x) = \ldots,$$

und durch diese Bedingungen ist die gesuchte Reihe eindeutig bestimmt. In der Tat erhält man aus ihnen für $x = 0$

$$E(0) = E'(0) = E''(0) = \cdots = 1,$$

und aus dem Taylorschen Satze ergibt sich also für $E(x)$ die folgende Reihe:

$$(5) \qquad \begin{aligned} E(x) = E(0+x) &= E(0) + E'(0)x + \frac{E''(0)}{2!}x^2 + \ldots \\ &= 1 + \frac{x}{1} + \frac{x^2}{2!} + \frac{x^3}{3!} + \ldots. \end{aligned}$$

Die so bestimmte Reihe (5) genügt, falls sie in einem endlichen Bereiche konvergiert, in diesem wirklich der Funktionalgleichung (2).

Einmal ist nämlich, wie man sich durch gliedweise Differentiation überzeugt, $E(x) = E'(x) = E''(x) = \dots$. Sind ferner x und y zwei Zahlen, welche im Konvergenzbereiche unserer Reihe liegen, so ist nach dem Taylorschen Satze wirklich:

$$(5^{\mathrm{a}}) \qquad \begin{aligned} E(x + y) &= E(x) + E'(x)\frac{y}{1} + E''(x)\frac{y^2}{2!} + \dots \\ &= E(x)\left(1 + \frac{y}{1!} + \frac{y^2}{2!} + \dots\right) = E(x)E(y). \end{aligned}$$

Nach der oben gemachten Bemerkung gehen alle und nur die Lösungen der Gleichung (2) aus der soeben gefundenen durch die Verwandlung von x in cx hervor, wo c eine beliebige Konstante ist. Die allgemeinste Potenzreihe, welche der Funktionalgleichung (2) genügt, ist also diese:

$$(5^{\mathrm{b}}) \qquad \overline{E} = E(cx) = 1 + \frac{cx}{1} + \frac{c^2 x^2}{2!} + \frac{c^3 x^3}{3!} + \dots$$

und sie ist für jedes c eindeutig durch die weitere Bedingung bestimmt, daß $\overline{E}'(x) = c\overline{E}(x)$, oder durch die einfachere, daß

$$(5^{\mathrm{c}}) \qquad \overline{E}'(0) = c$$

sein soll. Im folgenden wollen wir immer die Reihe $E(x)$ betrachten, welche durch (5) gegeben ist.

Es ist also jetzt nur noch zu untersuchen, welches der Konvergenzbereich der Reihe (5) ist, für welche Werte von x also

$$\lim_{m = \infty} \frac{x^m}{m!} = 0$$

wird. Da $m!$ für jedes m von nicht negativer Ordnung ist, so sieht man zunächst, daß die Reihe $E(x)$ sicher divergiert, wenn x von nullter oder negativer Ordnung ist. Hat dagegen $x = px_0$ die Ordnung 1 oder eine höhere, so besitzt das allgemeine Glied

$$\frac{x^m}{m!} = \frac{p^m}{m!} x_0^m$$

nach S. 137 unten mindestens die Ordnungszahl:

$$(6) \qquad m - \frac{m - s_m}{p - 1} = \frac{m(p - 2) + s_m}{p - 1},$$

und diese Zahl wächst mit m ins Unendliche, falls $p > 2$ ist, also irgendeine ungerade Primzahl bedeutet; denn sie ist dann größer als $\frac{m}{p - 1}$. Ist dagegen $p = 2$, so ist die Ordnungszahl von $\frac{p^m}{m!}$ gleich s_m, also gleich der Ziffersumme der dyadischen Darstellung von m, und diese Zahl wird sicher nicht mit m unendlich, da ja z. B. alle Potenzen $2, 2^2, \ldots$ von 2 sogar die kleinste mögliche Ziffersumme Eins haben. Ist dagegen in diesem Falle $x = 2^2 x_0$ wo x_0 ganz ist, so ist die Ordnungszahl von $\frac{x^m}{m!} = \frac{2^{2m}}{m!} x_0^m$ gleich oder größer als:

$$(6^{\mathrm{a}}) \qquad 2m - \mu_m = 2m - (m - s_m) = m + s_m,$$

d. h. die Potenzreihe $E(x)$ konvergiert für alle diese Werte.

Wir erhalten also in jedem Falle das folgende einfache und interessante Resultat:

Die Reihe:

$$E(x) = 1 + \frac{x}{1} + \frac{x^2}{2!} + \frac{x^3}{3!} + \ldots \quad (p)$$

stellt für ein ungerades p stets und nur dann eine p-adische Zahl dar, wenn x ein Vielfaches von p ist. Ist dagegen $p = 2$, so muß x ein Multiplum von 4 sein.

Aus der Fundamentaleigenschaft (2) der Potenzreihe $E(x)$ ergeben sich, falls x und y beide dem Konvergenzbereiche derselben angehörende Zahlen sind, die Gleichungen:

$$E(x)E(y) = E(x+y)$$

$$E(x)E(-x) = E(0) = 1, \quad \text{also} \quad E(-x) = \frac{1}{E(x)},$$

also

(7)
$$\frac{E(y)}{E(x)} = E(y)E(-x) = E(y-x),$$

und für ein beliebiges ganzzahliges m

(7ª)
$$E(x)^m = E(mx).$$

Durch die Gleichung $y = E(x)$ wird die Variable y innerhalb des Konvergenzbereiches von $E(x)$ als eindeutige Funktion von x definiert, da zu jeder Zahl x eine einzige Zahl y gehört. Aber es gilt auch der umgekehrte Satz, daß zu einem gegebenen y, wenn überhaupt, nur eine einzige Zahl x im Konvergenzbereiche unserer Reihe existiert, welche die Gleichung $E(x) = y$ befriedigt. Gäbe es nämlich für ein bestimmtes y zwei verschiedene Werte x und x', für welche

$$E(x) = y, \quad E(x') = y$$

wäre, so müßte ja nach (7)

$$E(x'-x) = \frac{y}{y} = 1$$

sein, es müßte also eine von Null verschiedene Zahl $\xi = x' - x$ im Konvergenzbereiche von $E(x)$ existieren, für welche

$$(8) \qquad E(\xi) = 1 + \xi + \frac{\xi^2}{2!} + \cdots = 1$$

wäre. Dies ist aber unmöglich. In der Tat folgte ja aus dieser Gleichung durch Subtraktion von 1 auf beiden Seiten und Division mit ξ:

$$(8^{\mathrm{a}}) \qquad 1 + \frac{\xi}{2!} + \frac{\xi^2}{3!} + \cdots + \frac{\xi^{m-1}}{m!} + \cdots = 0 \ (p).$$

Diese Gleichung kann aber nicht bestehen, sobald ξ im Konvergenzbereiche der Reihe irgendwie als eine von Null verschiedene Zahl angenommen wird. Ist nämlich $\xi = p^k \xi_0$ von der $k^{\text{-ten}}$ Ordnung, wo k für ein ungerades p mindestens gleich 1, für $p = 2$ aber mindestens gleich 2 sein muß, so ist ja $\dfrac{\xi^{m-1}}{m!}$ von der Ordnung:

$$(9) \qquad (m-1)k - \frac{m - s_m}{p - 1}.$$

Da nun diese Zahl in den beiden unterschiedenen Fällen in einer der Formen geschrieben werden kann:

$$(9^{\mathrm{a}}) \qquad (m-1)(k-1) + \frac{(m-1)(p-3) + (m-2) + s_m}{p - 1}$$

bzw.:

$$(9^{\mathrm{b}}) \qquad (m-1)(k-2) + (m-2) + s_m,$$

so erkennt man, daß diese Ordnungszahl für jedes $m = 2, 3, \ldots$ mindestens gleich Eins ist, da im ersten Falle $m - 2$, $k - 1$, $p - 3$, im zweiten $m - 2$, $k - 2$ nicht negativ sind, in beiden Fällen aber s_m sicher positiv ist. Hiernach sind also alle Glieder der Reihe (8^a) mit Ausnahme der ersten, also auch die Summe derselben kleiner als Eins; die Gleichung (8^a) ist also unmöglich.

Legt man in der Potenzreihe $E(x)$ der Variablen x irgendeinen p-adischen Wert bei, welcher dem Konvergenzbereiche derselben angehört, d. h. durch p bzw. für $p = 2$ durch 4 teilbar ist, so wird

$$y = E(x) = 1 + x \left(1 + \frac{x}{2!} + \frac{x^2}{3!} + \dots \right) = 1 + z$$

eine Haupteinheit für die ungerade Primzahl p bzw. für $p = 2$ eine Haupteinheit Modulo 4. Da nämlich die rechts in der Klammer stehende Reihe nach dem soeben geführten Beweise äquivalent Eins ist, so ist in dieser Gleichung stets $z \sim x$ (p). Wir können also den folgenden Satz aussprechen:

Durch die Funktion $E(x)$ werden innerhalb ihres Konvergenzbereiches lauter Haupteinheiten modulo p dargestellt, wenn p ungerade, und lauter Haupteinheiten modulo 4, wenn $p = 2$ ist; in beiden Fällen besteht die Gleichung:

$$(10) \qquad y = E(x) = 1 + z,$$

und zwischen den zusammengehörigen p-adischen Zahlen z und x besteht immer die Kongruenz:

$$(11) \qquad \frac{z}{x} \equiv 1 \ (\mathrm{mod.}\ p),$$

beide besitzen also stets dieselbe Ordnungszahl und denselben Anfangskoeffizienten.

Ersetzt man in der Reihe $E(x)$ die Variable x durch eine in einem Bereiche $\xi < \xi_0$ konvergente Potenzreihe $\varphi(\xi)$, deren einzelne Glieder in diesem Bereiche sämtlich mindestens durch p (bzw. für $p = 2$ mindestens durch 2^2) teilbar sind, so wird:

$$E(\varphi(\xi)) = 1 + \frac{\varphi(\xi)}{1!} + \frac{\varphi(\xi)^2}{2!} + \ldots$$

in demselben Bereiche eine unbedingt konvergente Potenzreihe von ξ, welche also nach Potenzen von ξ geordnet werden kann.

Setzt man nämlich zunächst p als ungerade Primzahl voraus, so kann man $\varphi(\xi)$ für alle $\xi < \xi_0$ in der Form schreiben:

$$\varphi(\xi) = p\overline{\varphi}(\xi)$$

wo jetzt

$$\overline{\varphi}(\xi) = \overline{a}_0 + \overline{a}_1\xi + \overline{a}_2\xi^2 + \ldots$$

eine Potenzreihe mit lauter modulo p ganzzahligen Gliedern $\overline{a}_i\xi^i$ ist.

In der Doppelreihe:

$$E(\varphi(\xi)) = 1 + \frac{p}{1!}\overline{\varphi}(\xi) + \frac{p^2}{2!}\overline{\varphi}(\xi)^2 + \ldots$$

sind nun erstens für ein genügend großes n in allen auf $\dfrac{p^n}{n!}\overline{\varphi}(\xi)^n$ folgenden Potenzreihen alle Glieder durch eine beliebig hohe Potenz p^s von p teilbar, weil $\lim\limits_{\nu=\infty} \dfrac{p^\nu}{\nu!} = 0$ ist, während alle Glieder von $\overline{\varphi}(\xi)^\nu$ modulo p ganz sind. Zweitens sind aber in der nach Weglassung aller dieser Reihen übrig bleibenden abbrechenden Doppelreihe:

$$1 + \frac{p}{1!}\overline{\varphi}(\xi) + \frac{p^2}{2!}\overline{\varphi}(\xi)^2 + \cdots + \frac{p^n}{n!}\overline{\varphi}(\xi)^n$$

für ein genügend großes ν alle auf das Glied $\bar{a}_\nu \xi^\nu$ von $\overline{\varphi}(\xi)$ folgenden Glieder wegen der Konvergenz von $\overline{\varphi}(\xi)$ ebenfalls durch p^s teilbar, d. h. es ist

$$\overline{\varphi}(\xi) \equiv \bar{a}_0 + \bar{a}_1\xi + \cdots + \bar{a}_\nu\xi^\nu \pmod{p^s},$$

und hieraus erhält man die weiteren Kongruenzen:

$$\overline{\varphi}(\xi)^i \equiv (\bar{a}_0 + \bar{a}_1\xi + \cdots + \bar{a}_\nu\xi^\nu)^i \pmod{p^s} \quad (i = 1, 2, \ldots n).$$

Hieraus folgt, daß die Reihe $E(\varphi(\xi))$ für alle Werte $\xi < \xi_0$ in der Tat unbedingt konvergent ist, daß also ihre Glieder in beliebiger Reihenfolge summiert werden können. Genau ebenso wird derselbe Satz für den Fall $p = 2$ bewiesen unter der Voraussetzung, daß hier alle Glieder der Potenzreihe $\varphi(\xi)$ für alle $\xi < \xi_0$ mindestens durch 2^2 teilbar sind.

Hieraus folgt endlich, daß unter der soeben gemachten Voraussetzung die Potenzreihe $\eta = E(\varphi(\xi))$ für den ganzen Bereich $\xi < \xi_0$ eine differenzierbare Funktion von ξ, und daß

$$\frac{d\eta}{d\xi} = \frac{dE}{d\xi} = E(\varphi(\xi))\varphi'(\xi)$$

ist. Ist nämlich in den beiden Gleichungen

$$\eta = E(x), \quad x = \varphi(\xi)$$

$d\xi$ ein unendlich kleines Inkrement von ξ, und sind dx und $d\eta$ diejenigen Inkremente von x und von η, die diesem $d\xi$ entsprechen, so ist ja:

$$(12) \qquad \frac{d\eta}{d\xi} = \frac{d\eta}{dx} \cdot \frac{dx}{d\xi} = \frac{dE}{dx} \cdot \frac{dx}{d\xi} = E(\varphi(\xi))\varphi'(\xi),$$

und damit ist die obige Behauptung bewiesen.

Im Anschluß an die gebräuchliche Bezeichnung der elementaren Funktionentheorie will ich allein für die Werte von x, welche im Konvergenzbereiche von $E(x)$ liegen, diese Reihe durch e^x bezeichnen und die allein für alle $x < 1$ (p) bzw. für $p = 2$ für alle $x < 2$ (2) definierte Funktion:

$$y = e^x = 1 + \frac{x}{1!} + \frac{x^2}{2!} + \dots \ (p)$$

die E x p o n e n t i a l f u n k t i o n f ü r d e n B e r e i c h v o n p nennen.

§ 3.   Der Logarithmus im Bereiche der p-adischen Zahlen.

Auf der Grundlage der bisher gewonnenen Resultate wollen wir nun die durch die Gleichung

(1) $$y = e^x$$

definierte Funktion genauer untersuchen und den Nachweis führen, daß ebenso, wie y in einem bestimmten Bereiche von x als konvergente Potenzreihe darstellbar ist, auch x als Potenzreihe von y eindeutig dargestellt werden kann. Ist nämlich $x \lesssim p$ für ein ungerades p, bzw. $x \lesssim 2^2$ für $p = 2$, so ist

$$y = 1 + \frac{x}{1!} + \frac{x^2}{2!} + \dots = 1 + z$$

wo $z \sim x$ (p) ist. Zwischen den beiden Variablen x und z besteht also die Gleichung:

(2) $$z = \frac{x}{1!} + \frac{x^2}{2!} + \dots$$

Wir fragen jetzt: Gibt es eine Potenzreihe von z, welche wir durch

$$(3) \qquad \mathfrak{L}(z) = b_0 + b_1 z + \ldots$$

bezeichnen wollen, für welche $x = \mathfrak{L}(z)$, für die also

$$(4) \qquad e^{\mathfrak{L}(z)} = y = 1 + z$$

ist?

Ich setze voraus, daß die gesuchte Reihe (3) in einem endlichen Bereiche konvergiert, und daß in demselben ihre sämtlichen Glieder $b_i z^i$ mindestens durch p bzw. durch 2^2 teilbar sind. Nach dem auf S. 170 ff. bewiesenen Satze ist dann

$$(4^{\mathrm{a}}) \qquad e^{\mathfrak{L}(z)} = 1 + \frac{\mathfrak{L}(z)}{1!} + \frac{\mathfrak{L}(z)^2}{2!} + \ldots$$

in demselben Bereiche unbedingt konvergent und kann in eine Potenzreihe, welche nach Potenzen von z fortschreitet, umgeordnet werden. Es frägt sich, wie die Koeffizienten b_i von $\mathfrak{L}(z)$ zu bestimmen sind, damit die unendliche Reihe (4^{a}) gleich $1 + z$ wird.

In der Reihe (3) muß zunächst $b_0 = 0$ sein, da nach dem soeben auf S. 168 bewiesenen Satze für $z = 0$, also $y = 1$, $x = \mathfrak{L}(0) = 0$ sein muß.

Angenommen nun, es gäbe eine solche Potenzreihe (3) mit endlichem Konvergenzbereiche. Differenzieren wir dann die Gleichung (4) nach z unter Benutzung der Gleichung (12) auf S. 172 und beachten dabei, daß $\dfrac{de^x}{dx} = e^x = 1 + z$ ist, so folgt:

$$(4^{\mathrm{b}}) \qquad e^{\mathfrak{L}(z)} \mathfrak{L}'(z) = (1 + z)\mathfrak{L}'(z) = 1.$$

Die Reihe $\mathfrak{L}'(z)$ muß also die Gleichung:

$$(1+z)\mathfrak{L}'(z) = (1+z)(b_1 + 2b_2 z + 3b_3 z^2 + \dots)$$
$$= b_1 + (b_1 + 2b_2)z + (2b_2 + 3b_3)z^2 + \dots = 1$$

erfüllen, und aus ihr ergeben sich durch Koeffizientenvergleichung für die b_i die Werte:

$$b_1 = 1, \quad b_2 = -\tfrac{1}{2}, \quad b_3 = +\tfrac{1}{3}, \quad b_4 = -\tfrac{1}{4}, \ \dots.$$

Gibt es also überhaupt eine Potenzreihe, welche die Gleichung (4) erfüllt, so ist es die folgende:

$$(5) \qquad \mathfrak{L}(z) = z - \frac{z^2}{2} + \frac{z^3}{3} - \frac{z^4}{4} + \dots.$$

Zunächst erkennt man, daß diese Reihe wirklich einen endlichen Konvergenzbereich besitzt, daß sie nämlich für alle $z \lesssim p$ konvergiert, dagegen für $z \gtrsim 1$ divergiert. Ist nämlich z von der nullten oder von negativer Ordnung, so gilt dasselbe von z^m, also a fortiori von $\dfrac{z^m}{m}$. Ist dagegen $z = pz_0$ von der ersten oder höherer Ordnung, so ist sicher

$$\lim_{m=\infty} \frac{z^m}{m} = \lim_{m=\infty} \frac{p^m}{m} \cdot z_0^m = 0.$$

In der Tat ist die Ordnungszahl von $\dfrac{p^m}{m}$ nach (2) auf S. 137 gleich:

$$(6) \qquad \begin{aligned} m - \frac{s_{m-1} - s_m + 1}{p-1} &= \frac{m(p-1) - 1 - s_{m-1}}{p-1} + \frac{s_m}{p-1} \\ &\geqq \frac{(m-1) - s_{m-1}}{p-1} + \frac{s_m}{p-1} = \mu_{m-1} + \frac{s_m}{p-1}, \end{aligned}$$

d. h. größer als die Ordnungszahl μ_{m-1} von $(m-1)!$, welche ja mit wachsendem m unendlich groß wird. Aus derselben Ungleichung folgt weiter, daß für $z = pz_0$ jedes einzelne Glied mindestens die Ordnungszahl 1 besitzt, da die Ordnungszahl (6) größer ist als die Zahl $\mu_{m-1} + \dfrac{s_m}{p-1}$, in welcher s_m sicher positiv ist. Ist speziell $p = 2$ und $z = 2^2 z_0$, so besitzt $\dfrac{z^m}{m} = \dfrac{2^{2m}}{m} z_0^m$ mindestens die Ordnungszahl

$$(7) \qquad \begin{aligned} 2m - s_{m-1} + s_m - 1 &= (m-1) - s_{m-1} + m + s_m \\ &= \mu_{m-1} + m + s_m, \end{aligned}$$

und diese ist stets mindestens gleich 2, da m und s_m beide $\geqq 1$ sind.

Ersetzt man also in e^x x durch

$$\mathfrak{L}(z) = \frac{z}{1} - \frac{z^2}{2} + \frac{z^3}{3} - \cdots$$

und nimmt für ein ungerades p $z < 1$ (p), für $p = 2$ aber $z < 2^1$ (2) an, so konvergiert die Potenzreihe $\mathfrak{L}(z)$ unbedingt, und jedes von ihren Gliedern ist mindestens durch p bzw. mindestens durch 2^2 teilbar. Nach dem auf S. 170 f. bewiesenen Satze konvergiert also die Reihe:

$$(8) \qquad e^{\mathfrak{L}(z)} = 1 + \frac{\mathfrak{L}(z)}{1!} + \frac{\mathfrak{L}(z)^2}{2!} + \cdots = \chi(z)$$

unbedingt und kann daher nach Potenzen von z geordnet werden. Man sieht nun leicht, daß in der so geordneten Reihe

$$\chi(z) = 1 + z + c_2 z^2 + \ldots,$$

in welcher, wie man sich aus der Entwicklung direkt überzeugt, $c_0 = c_1 = 1$ ist, alle weiteren Koeffizienten Null sein müssen.

Differenziert man nämlich die obige Gleichung (8) nach z, so erhält man nach (12) auf S. 172

$$e^{\mathfrak{L}(z)} \cdot \mathfrak{L}'(z) = \chi'(z)$$

oder, da $e^{\mathfrak{L}(z)} = \chi(z)$ und nach (4^b) $\mathfrak{L}'(z) = \dfrac{1}{1+z}$ ist, so geht diese Gleichung über in:

$$\chi(z) = \chi'(z)(1+z),$$

d. h.

$$1 + z + c_2 z^2 + \cdots = (1 + 2c_2 z + 3c_3 z^2 + \ldots)(1 + z),$$

und hieraus folgt durch Ausführung der Multiplikation und Koeffizientenvergleichung:

$$2c_2 + 1 = 1, \quad 3c_3 + 2c_2 = c_2, \quad \ldots,$$

d. h.

$$c_2 = c_3 = c_4 = \cdots = 0;$$

unsere Behauptung ist somit in ihrem vollen Umfange bewiesen.

Die soeben durchgeführten Betrachtungen zeigen, daß, falls p ungerade ist, für jedes $\xi < 1$

$$e^\zeta = 1 + \frac{\zeta}{1!} + \frac{\zeta^2}{2!} + \ldots = 1 + \varepsilon_1 p + \varepsilon_2 p^2 + \ldots$$
$$= 1, \varepsilon_1 \varepsilon_2 \cdots = \varepsilon = 1 + \eta$$

ist, wo $\varepsilon = 1 + \eta$ eine Haupteinheit modulo p, d. h. eine solche Einheit ist, welche kongruent 1 modulo p ist, und daß umgekehrt, wenn $\varepsilon = 1 + \eta$ eine beliebige Haupteinheit modulo p ist, zu ihr eine wegen S. 167 unten eindeutig bestimmte durch p teilbare Zahl

$$\zeta = \frac{\eta}{1} - \frac{\eta^2}{2} + \frac{\eta^3}{3} - \cdots$$

gehört, für welche $e^\zeta = \varepsilon$ ist. Dasselbe ist für die gerade Primzahl 2 der Fall; nur muß dann ζ mindestens durch 4 teilbar sein, und die Gleichung $e^\zeta = \varepsilon$ liefert dann auch

$$\varepsilon = 1{,}0\,\varepsilon_2 \cdots = 1 + \eta$$

als eine Haupteinheit modulo 4, für welche also η ebenfalls mindestens durch 4 teilbar ist.

Wir wollen in Übereinstimmung mit der entsprechenden Bezeichnung der elementaren Analysis die durch die Gleichung

$$e^\zeta = \varepsilon$$

bestimmte p-adische Zahl ζ d e n L o g a r i t h m u s v o n ε f ü r d e n B e r e i c h v o n p nennen und sie durch $lg\,\varepsilon$ bezeichnen. Umgekehrt soll, wenn eine Bezeichnung erwünscht sein sollte, ε d e r N u m e r u s v o n ζ heißen. Dann läßt sich das Resultat der soeben durchgeführten Betrachtung in dem folgenden Fundamentalsatze aussprechen, in dem p eine ungerade Primzahl bezeichnet:

Jede Haupteinheit modulo p bzw. modulo 4 besitzt stets einen einzigen durch p bzw. 4 teilbaren Logarithmus, und umgekehrt gehört zu jeder durch p bzw. 4 teilbaren Zahl eine eindeutig bestimmte Haupteinheit modulo p bzw. modulo 4, deren Logarithmus sie ist.

Sind

$$e^\zeta = \varepsilon \quad \text{und} \quad e^{\zeta'} = \varepsilon'$$

zwei beliebige Haupteinheiten für p bzw. 4, so folgen aus den Gleichungen:

$$e^{\zeta+\zeta'} = \varepsilon\varepsilon', \quad e^{\zeta-\zeta'} = \frac{\varepsilon}{\varepsilon'}, \quad e^{\zeta m} = \varepsilon^m$$

die Beziehungen:

$$lg(\varepsilon\varepsilon') = lg\,\varepsilon + lg\,\varepsilon', \quad lg\,\frac{\varepsilon}{\varepsilon'} = lg\,\varepsilon - lg\,\varepsilon', \quad lg(\varepsilon^m) = m\,lg\,\varepsilon.$$

Um zu zeigen, wie einfach sich für den Bereich einer nicht zu großen Primzahl die Logarithmen der Haupteinheiten berechnen lassen, will ich die Bestimmung von einigen Logarithmen für den Bereich von 3 auf 7 Stellen genau durchführen. Hierzu gebe ich zunächst die triadischen Werte der in der Reihe

$$lg(1+x) = \frac{x}{1} - \frac{x^2}{2} + \frac{x^3}{3} - \frac{x^4}{4} + \ldots \quad (3)$$

auftretenden Koeffizienten auf sieben Stellen, soweit sie für den vorliegenden Zweck gebraucht werden:

$$
\begin{aligned}
1 &= 1,0000000\ldots \\
-\tfrac{1}{2} &= 1,1111111\ldots \\
+\tfrac{1}{3} &= 10,0000000\ldots \\
-\tfrac{1}{4} &= 2,0202020\ldots \qquad (3) \\
+\tfrac{1}{5} &= 2,0121012\ldots \\
-\tfrac{1}{6} &= 11,1111111\ldots \\
+\tfrac{1}{7} &= 1,1021201\ldots
\end{aligned}
$$

Die Berechnung dieser Koeffizienten gestaltet sich sehr einfach mit Hilfe der Formeln:

$$-\tfrac{1}{2} = \frac{1}{1-3} = 1 + 3 + 3^2 + \cdots = 1,111\ldots$$

$$-\tfrac{1}{4} = -\frac{1}{1+3} = -(1 - 3 + 3^2 - \ldots) = -(1,-1\,1\,-1\,1\ldots)$$

$$+\tfrac{1}{5} = -\frac{1}{1-2\cdot 3} = -(1 + 2\cdot 3 + 2^2\cdot 3^2 + \dots) = -(1,2\,4\,8\,16\dots)$$
$$+\tfrac{1}{7} = \frac{1}{1+2\cdot 3} = 1 - 2\cdot 3 + 2^2\cdot 3^2 - \dots$$

So ergeben sich ohne Schwierigkeit für die Logarithmen der Haupteinheiten modulo 3 die folgenden Werte:

$$lg(-20) = 0{,}2\,0\,1\,1\,0\,0\,2\dots$$
$$lg(-17) = 0{,}0\,1\,2\,0\,0\,0\,2\dots$$
$$lg(-14) = 0{,}1\,0\,0\,0\,2\,2\,1\dots$$
$$lg(-11) = 0{,}2\,1\,2\,2\,2\,1\,1\dots$$
$$lg(-8)\ = 0{,}0\,2\,2\,0\,0\,1\,1\dots$$
$$lg(-5)\ = 0{,}1\,1\,2\,0\,1\,0\,1\dots$$
$$lg(-2)\ = 0{,}2\,2\,0\,0\,1\,1\,0\dots$$
$$lg(1)\ \ = 0{,}0\,0\,0\,0\,0\,0\,0\dots$$
$$lg(4)\ \ = 0{,}1\,2\,1\,0\,2\,2\,0\dots$$
$$lg(7)\ \ = 0{,}2\,0\,2\,2\,0\,2\,1\dots$$
$$lg(10)\ = 0{,}0\,1\,0\,1\,2\,1\,1\dots$$
$$lg(13)\ = 0{,}1\,0\,2\,0\,1\,1\,0\dots$$
$$lg(16)\ = 0{,}2\,1\,0\,1\,1\,2\,1\dots$$
$$lg(19)\ = 0{,}0\,2\,0\,1\,1\,2\,0\dots$$
$$lg(22)\ = 0{,}1\,1\,2\,1\,0\,0\,2\dots$$
$$lg(25)\ = 0{,}2\,2\,1\,1\,2\,0\,2\dots$$
$$lg(28)\ = 0{,}0\,0\,1\,0\,0\,1\,2\dots.$$

Hierzu bemerke ich noch, daß natürlich nur die Logarithmen derjenigen Haupteinheiten wirklich berechnet zu werden brauchen, welche positive oder negative Primzahlen sind; denn die Logarithmen aller zusammengesetzten Zahlen ergeben sich ja aus diesen durch Addition.

§ 4. Die algebraischen Gleichungen in einem Körper, speziell im Körper der p-adischen Zahlen.

Ich wende mich jetzt zu der Frage, wann eine Gleichung im Körper der p-adischen Zahlen eine Wurzel hat. Da die hier zu beweisenden Sätze für jeden beliebigen Zahlkörper gelten, und da wir diese später auch für andere Körper brauchen werden, so leite ich sie gleich für beliebige Körper ab.

Es sei also K ein beliebiger Zahlkörper und

$$(1) \qquad F(x) = A_0 x^n + A_1 x^{n-1} + \cdots + A_{n-1} x + A_n = 0$$

eine Gleichung, deren Koeffizienten A_i Elemente aus K sind. Es ist keineswegs notwendig, daß eine solche Gleichung immer eine Zahl ξ aus K als Wurzel besitzt, daß also immer in K eine Zahl ξ existiert, für welche $F(\xi) = 0$ ist; es kann vielmehr sehr wohl sein, daß K nicht ausgedehnt genug ist, um Wurzeln jener Gleichungen zu enthalten. So besitzt z. B. die Gleichung:

$$x^2 - 2 = 0 \ (5)$$

im Gebiete der pentadischen Zahlen keine Wurzel, weil das Anfangsglied einer solchen Wurzel

$$\xi = a_0 + a_1 5 + a_2 5^2 + \ldots \ (5)$$

ja sicher der Kongruenz:

$$a_0^2 - 2 \equiv 0 \ (\text{mod. } 5)$$

genügen müßte, was für keine der Zahlen $a_0 = 0, 1, 2, 3, 4$ der Fall ist; ebensowenig ist z. B. die Gleichung

$$x^2 - 3 = 0 \ (7)$$

im Körper der heptadischen Zahlen lösbar. Dagegen hat die Gleichung

$$x^3 - 2 = 0 \ (5)$$

die eine Wurzel $\xi = \sqrt[3]{2} = 3{,}0\,2\,2\,3\ldots$ (5), aber keine weitere, wie eine einfache Betrachtung lehrt; die Gleichung

$$x^2 + 1 = 0 \ (5)$$

hat die beiden pentadischen Wurzeln:

$$\begin{aligned} x_1 &= \ \ \sqrt{-1} = 2{,}1\,2\,1\,3\,4\ldots \\ x_2 &= -\sqrt{-1} = 3{,}3\,2\,3\,1\,0\ldots, \end{aligned} \quad (5)$$

wie man durch Einsetzen dieser Werte leicht bestätigt.

Besitzt eine Gleichung $F(x) = 0$ in einem Körper K eine oder mehrere Wurzeln, so bestehen für diese genau die nämlichen Sätze wie in der elementaren Algebra und sie werden auch wörtlich ebenso bewiesen. Darum sollen auch nur die wichtigsten von ihnen kurz hervorgehoben werden.

Eine ganze rationale Funktion $F(x)$ von x mit Koeffizienten aus K läßt sich stets nach Potenzen eines beliebigen Linearfaktors $x - \xi$ nach dem Taylorschen Satze entwickeln, wenn ξ eine Zahl des Körpers ist, und zwar ergibt sich dann die Entwicklung:

$$(2) \quad \begin{aligned} F(x) &= F(\xi + (x - \xi)) \\ &= A_0(\xi + (x - \xi))^n + \cdots + A_{n-1}(\xi + (x - \xi)) + A_n \\ &= F(\xi) + (x - \xi)F'(\xi) + (x - \xi)^2 \frac{F''(\xi)}{1 \cdot 2} + \cdots + (x - \xi)^n \frac{F^n(\xi)}{n!}, \end{aligned}$$

wo, wie man durch Ausrechnen leicht bestätigt,

$$(2^a) \qquad F'(\xi) = nA_0\xi^{n-1} + (n-1)A_1\xi^{n-2} + \cdots + A_{n-1},$$

$$(2^b) \qquad F''(\xi) = n(n-1)A_0\xi^{n-2} + (n-1)(n-2)A_1\xi^{n-3}$$
$$\cdots \qquad\qquad\qquad\qquad\qquad + \cdots + 2A_{n-2},$$
$$\cdots$$

die Werte sind, welche die sogen. erste, zweite, ... Ableitung von F für $x = \xi$ annimmt.

Da speziell jede ganze Funktion $F(x)$ mit p-adischen Koeffizienten als eine abbrechende Potenzreihe angesehen werden kann, welche also für jeden Wert des Argumentes konvergiert, so folgt hier die Entwickelbarkeit nach Potenzen von $x - \xi$ auch direkt aus dem a. S. 162 bewiesenen Taylorschen Satze für Potenzreihen.

Ist nun speziell ξ eine Wurzel von $F(x) = 0$ im Körper K, so wird in (2) das Anfangsglied $F(\xi)$ Null und man erhält:

$$(3) \quad F(x) = (x - \xi)\left(F'(\xi) + \frac{F''(\xi)}{1 \cdot 2}(x - \xi) + \ldots\right) = (x - \xi) \cdot F_1(x),$$

d. h. $F(x)$ ist durch den Linearfaktor $x - \xi$ teilbar. Ist umgekehrt die letzte Gleichung erfüllt, so ergibt sich aus ihr, wenn man $x = \xi$ setzt, $F(\xi) = 0$, d. h. ξ ist eine Wurzel der Gleichung $F(x) = 0$.

Die Gleichung $F(x) = 0$ besitzt also stets und nur dann die Wurzel $x = \xi$, wenn ihre linke Seite durch den zugehörigen Linearfaktor $x - \xi$ teilbar ist.

So ergibt sich z. B. für die vorher als Beispiel angeführten Gleichungen:

$$x^2 + 1 = (x - 2{,}1\,2\,1\,3\,4\ldots)(x - 3{,}3\,2\,3\,1\,0\ldots) \quad (5),$$
$$x^3 - 2 = (x - 3{,}0\,2\,2\,3\ldots)(x^2 + 3{,}0\,2\,2\,3\ldots x + 4{,}1\,2\,4\,4\ldots) \quad (5).$$

Die Zahl ξ heißt eine h-fache Wurzel unserer Gleichung, wenn deren linke Seite durch die h^{te} Potenz von $x - \xi$, aber durch keine höhere teilbar ist, wenn also eine identische Gleichung

$$(4) \qquad F(x) = (x - \xi)^h F_1(x)$$

besteht, in welcher die (offenbar den Grad $n - h$ besitzende) ganze Funktion $F_1(x)$ durch $x - \xi$ nicht mehr teilbar ist. Aus der Gleichung (4) folgt sofort, daß ξ dann und nur dann eine h-fache Wurzel der Gleichung $F(x) = 0$ ist, wenn

$$F(\xi) = F'(\xi) = \cdots = F^{(h-1)}(\xi) = 0, \quad \text{aber} \quad F^{(h)}(\xi) \neq 0$$

ist; denn allein in diesem Falle gilt ja

$$F(x) = (x - \xi)^h \left(\frac{F^{(h)}(\xi)}{h!} + (x - \xi) \frac{F^{(h+1)}(\xi)}{(h+1)!} + \dots \right) = (x - \xi)^h \cdot F_1(x),$$

wo $F_1(\xi) = \dfrac{F^{(h)}(\xi)}{h!} \neq 0$ ist. Wir wollen im folgenden stets eine h-fache Wurzel als äquivalent zu h verschiedenen einfachen Wurzeln betrachten.

Nach diesen Erörterungen ist es jetzt leicht, die Richtigkeit des folgenden Satzes einzusehen:

Besitzt die Gleichung $F(x) = 0$, deren Koeffizienten dem Körper K angehören, die k gleichen oder verschiedenen Wurzeln $\xi_1, \xi_2, \dots \xi_k$ aus K, so ist ihre linke Seite durch das Produkt der k zugehörigen Linearfaktoren $(x - \xi_1)(x - \xi_2) \dots (x - \xi_k)$ teilbar. Insbesondere kann daher eine Gleichung n^{ten} Grades, die mindestens einen von Null verschiedenen Koeffizienten besitzt, nie mehr als n Wurzeln haben.

Wir wollen diesen Satz durch vollständige Induktion beweisen; in der Tat ist er ja nach den letzten Betrachtungen im Fall einer einfachen Wurzel ξ_1 für $k = 1$ richtig und, falls ξ_1 allgemeiner eine h-fache Wurzel ist, sogar für $k = h$. Wir setzen nun voraus, der Satz sei bereits für einen Wert $k = m$ bewiesen, wobei offenbar die Annahme erlaubt ist, daß unter den gleichen oder verschiedenen Wurzeln der Reihe ξ_1, ξ_2, ... ξ_m jede bereits so oft vorkommt, als der zugehörige Linearfaktor in $F(x)$ enthalten ist; dann sei also schon gezeigt, daß

$$F(x) = (x - \xi_1)(x - \xi_2)\ldots(x - \xi_m)F_{m+1}(x)$$

ist. Ist nun ξ_{m+1} eine weitere Wurzel der Gleichung, so folgt, da ξ_{m+1} nach Voraussetzung von jeder der Wurzeln ξ_1, ξ_2, ... ξ_m verschieden ist, speziell für $x = \xi_{m+1}$:

$$F(\xi_{m+1}) = 0 = (\xi_{m+1} - \xi_1)(\xi_{m+1} - \xi_2)\ldots(\xi_{m+1} - \xi_m)F_{m+1}(\xi_{m+1}),$$

und hieraus $F_{m+1}(\xi_{m+1}) = 0$, weil ja in einem Körper ein Produkt nur dann verschwindet, wenn mindestens ein Faktor Null ist; ξ_{m+1} ist also eine Wurzel der Gleichung $F_{m+1}(x) = 0$, d. h. es gilt:

$$F_{m+1}(x) = (x - \xi_{m+1})F_{m+2}(x).$$

Da somit unsere Annahme die Identität

$$F(x) = (x - \xi_1)(x - \xi_2)\ldots(x - \xi_m)(x - \xi_{m+1})F_{m+2}(x)$$

zur Folge hat, so ist die erste Behauptung unseres Satzes wirklich für jedes k richtig. Ist aber unsere Gleichung vom $n^{\text{-ten}}$ Grad und besitzt sie gerade n gleiche oder verschiedene Wurzeln ξ_1, ξ_2, ... ξ_n, so ergibt das soeben gewonnene Resultat für $k = n$ die Identität

$$F(x) = (x - \xi_1)(x - \xi_2)\ldots(x - \xi_n)F_{n+1}(x),$$

wo ersichtlich $F_{n+1}(x)$ einer Konstanten und zwar dem Koeffizienten A_0 von x^n gleich sein muß, wie man durch Vergleichung des Koeffizienten von x^n auf beiden Seiten erkennt. Da also eine $(n+1)$-te, von ξ_1, ξ_2, ... ξ_n verschiedene Zahl ξ_{n+1} nur dann gleichfalls Wurzel der Gleichung sein kann, wenn $A_0 = F_{n+1}(x) = 0$ ist, so sieht man sukzessive auch die Richtigkeit des zweiten Teiles unseres Satzes ein. Insbesondere läßt sich hieraus noch die Folgerung ziehen:

Besitzt die Gleichung $n^{\text{-ten}}$ Grades $F(x) = 0$ gerade n voneinander verschiedene Wurzeln, so hat auch jeder Teiler $\varphi(x)$ von $F(x) = \varphi(x)\psi(x)$ genau so viele Wurzeln, als sein Grad angibt.

Sind nämlich μ und ν die Grade der Faktoren $\varphi(x)$ und $\psi(x)$, so ist $\mu + \nu = n$. Hat nun die Gleichung $F(x) = 0$ die n Wurzeln ξ_1, ξ_2, ... ξ_n, so ist für jede derselben $F(\xi_i) = \varphi(\xi_i)\psi(\xi_i) = 0$, ξ_i ist also eine Wurzel von $\varphi(x) = 0$ oder $\psi(x) = 0$. Hätte nun die erste dieser beiden Gleichungen weniger als μ Wurzeln ξ_1, so müßte die andere $\psi(x) = 0$ die übrigen als Wurzeln haben, deren Anzahl dann größer als der Grad ν von $\psi(x)$ wäre, und dies widerspricht dem soeben bewiesenen Satze. Derselbe Satz gilt auch in dem Falle, daß die Gleichung $F(x) = 0$ mehrfache Wurzeln hat, und er wird wörtlich ebenso bewiesen.

Als eine einfache, aber für das Folgende sehr wichtige Anwendung betrachte ich die Gleichung

$$x^m - 1 = 0$$

für ein beliebiges m und nehme an, daß sie in dem zugrunde gelegten Körper m Wurzeln

$$w_0, \ w_1, \ \ldots \ w_{m-1}$$

besitzt, von denen offenbar eine, etwa w_0, gleich 1 sein muß. Alle diese Wurzeln sind voneinander verschieden, da sonst die durch Ableitung gewonnene Gleichung $mx^{m-1} = 0$ die nämliche Wurzel haben müßte, während diese nur die $(m-1)$-fache Wurzel $x = 0$ besitzt. Diese m verschiedenen Einheitswurzeln w_i bilden offenbar eine Gruppe vom $m^{\text{-ten}}$ Grade; denn das Produkt ww' von zwei beliebigen Einheitswurzeln ist, da $(ww')^m = w^m w'^m = 1$ ist, wieder eine solche. Das Einheitselement dieser Gruppe ist natürlich $w_0 = 1$. Nach dem a. S. 132 bewiesenen allgemeinen Satze gehört also jede Einheitswurzel w zu einem Exponenten d, wenn d der kleinste positive Exponent ist, für den $w^d = 1$ ist, und dieser Exponent d ist ein Teiler des Grades m der Gruppe; dann sind in der Reihe

$$1, \ w, \ w^2, \ \ldots \ w^{d-1}, \ \ldots$$

aller Potenzen von w nur die ersten d voneinander verschieden, während die höheren Potenzen sich immer in derselben Reihenfolge wiederholen. Es besteht also der allgemeine Satz:

Jede Wurzel der Gleichung $x^m = 1$ gehört zu einem Exponenten d, der ein Teiler von m (also eventuell auch gleich m selbst) ist.

Wir lösen jetzt die wichtige Frage, welche gewissermaßen die Umkehrung des vorigen Satzes bildet: Es sei d irgendein beliebiger Teiler von m; wieviele unter den m Wurzeln der Gleichung $x^m = 1$ gehören gerade zum Exponenten d? Zur Lösung dieser Frage führen folgende Bemerkungen: Gehört die Zahl w zum Exponenten d, so genügt sie der Gleichung $x^d = 1$. Ist ferner $dd' = m$, so folgt aus der Identität:

$$x^m - 1 = (x^d - 1)(1 + x^d + x^{2d} + \cdots + x^{(d'-1)d}),$$

daß $x^d - 1$ ein Teiler von $x^m - 1$ ist. Da die Gleichung $x^m - 1 = 0$ nach Voraussetzung so viele Wurzeln besitzt, als ihr Grad angibt, so gilt nach dem Satze auf voriger Seite dasselbe von $x^d - 1 = 0$. Gibt es nun wenigstens eine zum Exponenten d gehörige Wurzel w, so genügen die d voneinander verschiedenen Potenzen 1, w, w^2, ... w^{d-1} ebenfalls der letzten Gleichung, da ja auch $(w^k)^d = (w^d)^k = 1$ ist. Also ist dann identisch

$$x^d - 1 = (x - 1)(x - w) \ldots (x - w^{d-1}),$$

während diese Gleichung andere Wurzeln nicht besitzen kann. Um nun zu finden, wieviele unter diesen Wurzeln w^k zum Exponenten d gehören, bezeichnen wir den größten gemeinsamen Teiler (k, d) von k und d mit δ, so daß sich ergibt:

$$k = k_0\delta, \quad d = d_0\delta, \quad (k_0, d_0) = 1.$$

Soll dann

$$(w^k)^{\bar{d}} = w^{k_0\delta\bar{d}} = 1$$

sein, so muß der Exponent $k_0\delta\bar{d}$ durch $d = d_0\delta$, also $k_0\bar{d}$ durch d_0 oder, da $(k_0, d_0) = 1$ ist, $\bar{d}$ durch d_0 teilbar sein. Der kleinste mögliche positive Wert von $\bar{d}$, für welchen die obige Gleichung besteht, ist also $d_0 = \dfrac{d}{(k, d)}$. Die Wurzel w^k gehört also stets und nur dann zum Exponenten d selbst, wenn $(k, d) = 1$, d. h. k zu d teilerfremd ist. Gibt es also überhaupt eine zum Exponenten d gehörige Wurzel w, so gibt es genau $\varphi(d)$ solche Wurzeln, wenn wieder $\varphi(d)$ die Anzahl der inkongruenten Einheiten modulo d, also die Anzahl derjenigen Zahlen aus der Reihe 1, 2, ... $d - 1$ bedeutet, welche mit d keine Primzahl gemeinsam haben; denn die zu d gehörigen Wurzeln sind alle und nur die Potenzen w^k von w, deren Exponent kleiner als d und zu d teilerfremd ist.

Zu jedem Teiler d von m als Exponent gehört also entweder gar keine Wurzel w oder genau $\varphi(d)$ Wurzeln. Ist also $\psi(d)$ die Anzahl der zu d als Exponent gehörigen Wurzeln w, so ist entweder $\psi(d) = \varphi(d)$ oder $\psi(d) = 0$. Die letzte Möglichkeit nun kann nie eintreten. Denn da jede der m Wurzeln zu einem einzigen unter den Teilern von m als Exponenten gehören muß, so besteht für die sämtlichen Zahlen $\psi(d)$ die Beziehung:

$$\sum_{d/m} \psi(d) = m,$$

wo die Summation über alle Teiler d von m zu erstrecken ist. Da aber nach S. 122 (12) genau dieselbe Gleichung für die sämtlichen Zahlen $\varphi(d)$ besteht, so muß

$$\sum (\varphi(d) - \psi(d)) = 0$$

sein; und weil ferner jede einzelne dieser Differenzen nur 0 oder positiv sein kann, so ist diese Gleichung nur dann erfüllt, wenn für jeden Teiler d

$$\psi(d) = \varphi(d)$$

ist. Es besteht also der Satz:

Zu jedem Teiler d von m gehören genau $\varphi(d)$ $m^{\text{-te}}$ Einheitswurzeln. Speziell gibt es also stets $\varphi(m)$ $m^{\text{-te}}$ Einheitswurzeln, welche zum Exponenten m selbst gehören; diese werden p r i m i t i v e $m^{\text{-te}}$ E i n h e i t s w u r z e l n genannt.

Da die Anzahl $\varphi(d)$ aller zu d teilerfremden Zahlen der Reihe 1, 2, ... d sicher positiv ist, weil doch mindestens die Zahl 1 zu ihnen gehört, so existiert für jeden Teiler d von m mindestens eine gerade zu diesem Exponenten gehörige Wurzel unserer Gleichung. Speziell gibt es also unter den m Wurzeln mindestens eine zu m selber gehörige oder primitive Wurzel.

Ist w eine beliebige dieser primitiven Einheitswurzeln, so sind nach der früheren Bemerkung die m Zahlen

$$1, w, w^2, \ldots w^{m-1}$$

m voneinander verschiedene $m^{\text{-te}}$ Einheitswurzeln,

alle $m^{\text{-ten}}$ Einheitswurzeln sind also als Potenzen einer primitiven Einheitswurzel darstellbar.

Setzt man endlich in der identischen Gleichung

$$x^m - 1 = (x - w_0)(x - w_1)\ldots(x - w_{m-1})$$

$x = 0$, so ergibt sich die Gleichung:

$$w_0 w_1 \ldots w_{m-1} = (-1)^{m-1}.$$

Ist m gerade, so besitzt die Gleichung $x^m - 1 = 0$ auch die Wurzel -1. Ist w eine primitive Wurzel dieser Gleichung, so ist stets $\overline{w} = w^{\frac{m}{2}} = -1$; da nämlich $\overline{w}^2 = w^m = 1$ ist, so kann nur $\overline{w} = w^{\frac{m}{2}} = +1$ oder -1 sein, und der erste Fall kann nicht eintreten, da w primitive Wurzel ist.

Achtes Kapitel.

Die Elemente der Zahlentheorie im Körper der p-adischen Zahlen.

§ 1. Die Einheitswurzeln im Körper der p-adischen Zahlen.

Nach diesen analytischen und algebraischen Vorbereitungen wende ich mich zu einer Untersuchung der wichtigsten Fragen der elementaren Zahlentheorie. Alle diese Fragen, welche sich, wie bereits früher (a. S. 20) erwähnt wurde, auf die Multiplikation oder Division der Zahlen beziehen, vereinfachen sich nun in wunderbarer Weise, wenn wir jeder p-adischen Zahl eindeutig einen Logarithmus zuordnen können, ebenso wie uns dies im vorigen Kapitel für die Haupteinheiten modulo p bzw. modulo 4 bereits gelungen ist. In der Tat geht ja dann jede Frage über das Produkt oder den Quotienten von gegebenen Zahlen in die entsprechende Frage in bezug auf die Summe bzw. die Differenz ihrer Logarithmen über, und diese ist natürlich sehr viel einfacher zu lösen als die vorige.

Es wird die Aufgabe dieses Kapitels sein, für alle p-adischen Zahlen ihre Logarithmen zu bestimmen und mit Hilfe dieser Logarithmenrechnung die wichtigsten Fragen der elementaren Arithmetik zu lösen. Hier werden notwendig die p-adischen Einheitswurzeln gebraucht werden; darum will ich zuerst die Frage lösen, welche Einheitswurzeln im Körper $K(p)$ der p-adischen Zahlen existieren, d. h. für welche Exponenten m die Gleichung

$$x^m - 1 = 0 \ (p)$$

in $K(p)$ Wurzeln hat. Ich beweise da zuerst den wichtigen Satz:

Ist p irgendeine ungerade Primzahl, so besitzt die Gleichung

(1) $$x^{p-1} - 1 = 0 \ (p)$$

im Körper $K(p)$ genau $(p-1)$ voneinander verschiedene Wurzeln, d. h. so viele Wurzeln, als ihr Grad angibt.

Ich beweise diesen Satz dadurch, daß ich ein Verfahren angebe, für jede der $p-1$ Zahlen $i = 1, 2, \ldots p-1$ eine ganze p-adische Zahl

$$w_i = i + i_1 p + i_2 p^2 + \ldots$$

mit dem Anfangsgliede i zu bilden, für welche $w_i^{p-1} = 1$ ist. Diese $p-1$ Zahlen $w_1, w_2, \ldots w_{p-1}$ sind dann schon modulo p inkongruent, also sicher für den Bereich von p voneinander verschieden; unser Satz ist dann also vollständig bewiesen.

Es sei also i irgendeine der $p-1$ Zahlen $1, 2, \ldots p-1$; dann genügt sie nach dem *Fermat*schen Satze für die Potenzen $p, p^2, p^3, \ldots p^{k+1}, \ldots$ als Moduln der Reihe nach den Kongruenzen:

$$i^{\varphi(p)} = i^{p-1} \equiv 1 \pmod{p}$$
$$i^{\varphi(p^2)} = i^{p(p-1)} \equiv 1 \pmod{p^2}$$
$$i^{\varphi(p^3)} = i^{p^2(p-1)} \equiv 1 \pmod{p^3}$$
$$\vdots$$

(2) $$i^{\varphi(p^{k+1})} = i^{p^k(p-1)} \equiv 1 \pmod{p^{k+1}}$$
$$\vdots$$

Schreibt man diese Kongruenzen allgemein in der Form

(2ª) $$\frac{i^{p^{k+1}}}{i^{p^k}} \equiv 1 \quad \text{oder} \quad i^{p^{k+1}} \equiv i^{p^k} \pmod{p^{k+1}},$$

so erkennt man, daß sich die Potenzen

$$(3) \qquad i,\ i^p,\ i^{p^2},\ i^{p^3},\ \ldots$$

für den Bereich von p einer Grenze w_i nähern, welche eine wohlbestimmte p-adische Zahl ist und mit jeder vorgegebenen Genauigkeit berechnet werden kann. Bildet man nämlich die Reihe

$$(4) \qquad w_i = i + (i^p - i) + (i^{p^2} - i^p) + \ldots \quad (p)$$

und beachtet dabei, daß nach (2^{a}) allgemein $i^{p^{k+1}} - i^{p^k} = i_{k+1}p^{k+1}$ gesetzt werden kann, so ergibt sich für w_i die p-adische Darstellung:

$$(5) \qquad w_i = i + i_1 p + i_2 p^2 + \ldots \quad (p);$$

andererseits sind die Näherungswerte von w_i folgende:

$$(5^{\mathrm{a}}) \quad w_i^{(0)} = i, \quad w_i^{(1)} = i + (i^p - i) = i^p, \ \ldots \quad w_i^{(k)} = i^{p^k}, \ \ldots.$$

Hieraus folgt, daß die so bestimmte Zahl w_i der Gleichung

$$w_i^{p-1} = 1\ (p)$$

genügt, weil nach (2) für jede noch so hohe Potenz von p als Modul für die Näherungswerte von w_i die Kongruenz besteht:

$$(w_i^{(k)})^{p-1} = i^{p^k(p-1)} \equiv 1\ (\mathrm{mod.}\ p^{k+1}).$$

Jede der $p-1$ verschiedenen p-adischen Zahlen $w_1,\ w_2,\ \ldots\ w_{p-1}$ ist also in der Tat eine Wurzel der Gleichung

$$x^{p-1} - 1 = 0\ (p)$$

und nach dem Satze a. S. 184 kann diese auch nicht mehr Wurzeln als die angegebenen besitzen; im Körper $K(p)$ gibt es somit genau $p-1$ $(p-1)$-te Einheitswurzeln $w_1, w_2, \ldots w_{p-1}$, wobei der Index i jedesmal das Anfangsglied der p-adischen Darstellung (4) von w_i bedeutet.

Anstatt die $(p-1)$ Einheitswurzeln w_i durch die unendlichen Reihen (4) darzustellen, kann man sie auch durch die unendlichen Produkte

$$(6) \qquad \frac{i}{1} \cdot \frac{i^p}{i} \cdot \frac{i^{p^2}}{i^p} \ldots = i^1 \cdot i^{\varphi(p)} \cdot i^{\varphi(p^2)} \cdot i^{\varphi(p^3)} \ldots$$
$$= i^{1+\varphi(p)+\varphi(p^2)+\cdots} \ (p)$$

definieren. Da nämlich für jeden Faktor derselben nach dem Fermatschen Satze:

$$i^{\varphi(p^{k+1})} = i^{p^{k+1}-p^k} = 1 + i_{k+1} p^{k+1}$$

ist, so konvergieren jene Produkte unbedingt, und ihre Näherungswerte sind der Reihe nach:

$$\frac{i}{1} = i, \quad \frac{i}{1} \cdot \frac{i^p}{i} = i^p, \quad \frac{i}{1} \cdot \frac{i^p}{i} \cdot \frac{i^{p^2}}{i^p} = i^{p^2}, \ldots,$$

stimmen also mit den in (5ᵃ) angegebenen Näherungswerten der Einheitswurzeln w_i überein.

Von den $(p-1)$-ten Einheitswurzeln $w_1, w_2, \ldots w_{p-1}$ sind die erste und die letzte stets rationale Zahlen; in der Tat ist ja

$$w_1 = 1 + (1^p - 1) + \cdots = 1,$$

und da auch $(-1)^{p-1} = 1$ ist, so muß die zu -1 modulo p kongruente Einheitswurzel $w_{p-1} = -1$ sein. Dagegen sind die anderen $p-3$ Wurzeln offenbar keine rationalen Zahlen.

So besitzt z. B. die Gleichung:

$$x^6 - 1 = 0 \quad (7)$$

die sechs Wurzeln:

$$(7) \quad \begin{aligned} &w_1 = 1{,}00\,00\ldots; \quad w_2 = 2{,}46\,30\ldots; \quad w_3 = 3{,}46\,30\ldots; \\ &w_4 = 4{,}20\,36\ldots; \quad w_5 = 5{,}20\,36\ldots; \quad w_6 = 6{,}66\,66\cdots = -1. \end{aligned}$$

Aus den soeben durchgeführten Betrachtungen hat sich ergeben, daß die Gleichung $x^m - 1 = 0$ (p) für $m = p - 1$ im Körper der p-adischen Zahlen so viele Wurzeln hat, als ihr Grad angibt. Hieraus folgt also, daß alle a. S. 185 ff. über die $m^{\text{-ten}}$ Einheitswurzeln bewiesenen Sätze für diese $(p - 1)$-ten Einheitswurzeln gültig sind. Hiernach können wir also die folgenden Sätze über diese Zahlen $w_1, w_2, \ldots w_{p-1}$ aussprechen:

Jede $(p - 1)$-te Einheitswurzel w gehört zu einem Teiler d von $p - 1$ als Exponenten, d. h. d ist die kleinste positive Zahl, für welche $w^d = 1$ (p) ist; umgekehrt existieren zu jedem Teiler d von $p - 1$ genau $\varphi(d)$ unter jenen Einheitswurzeln, die gerade zum Exponenten d gehören. Ist speziell w eine der $\varphi(p - 1)$ primitiven $(p - 1)$-ten Einheitswurzeln, so sind alle $p - 1$ Wurzeln in der Reihe

$$1, \ w, \ w^2, \ \ldots \ w^{p-2}$$

enthalten.

Will man also für ein bestimmtes p alle $(p-1)$-ten Einheitswurzeln bis auf eine bestimmte Anzahl von Stellen berechnen, so genügt es, dies für eine der *primitiven* Wurzeln w zu tun; alle anderen findet man einfach durch Potenzieren von w und erhält überdies eine einfache

Probe für die Richtigkeit der Rechnung dadurch, daß sich zuletzt $w^{p-1} = 1,000\ldots$ ergeben muß.

So ist z. B. für die Grundzahl $p = 13$ $w = w_6 = 6,19\,10\,3\ldots$ eine primitive Wurzel, woraus durch Potenzieren folgt: $w^2 = 10,16\,3\,5\ldots$ usw. Zur leichteren Berechnung dieser primitiven Wurzel bemerke ich noch, daß z. B. für $p = 13$ aus der Zerlegung

$$x^{12} - 1 = (x^6 - 1)(x^2 + 1)(x^4 - x^2 + 1)$$

leicht folgt, daß die $\varphi(12) = 4$ primitiven zwölften Einheitswurzeln der Gleichung

$$x^4 - x^2 + 1 = 0 \ (13)$$

genügen. Also ist eine dieser Wurzeln

$$x = \sqrt{\frac{1 + \sqrt{-3}}{2}} \ (13)$$

und sie kann hiernach leicht berechnet werden. Die Rechnung werde hier beispielshalber ausführlich wiedergegeben; man sieht leicht, daß das benutzte Verfahren der Quadratwurzelausziehung genau analog dem für gewöhnliche Zahlen üblichen ist, und daß auch hier das abgekürzte Verfahren zur Wurzelberechnung angewendet werden kann.

$$\sqrt{-3} = \sqrt{10,12\,12\,12\ldots} = 6,3\,12\,6\,10\ldots \ (13)$$

```
            10  2
         ──────────────
          10 12 12...    : 12
          10 11
        ──────────────
           1 12 12 12... : 12 6
           1  5  7 11
         ──────────────
              7  5  1... : 12 6 11
              7  2  4...
            ──────────────
                 3 10... : 12...
```

$$\frac{1 + \sqrt{-3}}{2} = \frac{7,3\,12\,6\,10\ldots}{2} = 10,1\,6\,3\,5\ldots$$

also ergibt sich:

$$w_6 = \sqrt{10,\ 1\ \ 6\ \ 3\ \ 5\ldots} = 6,19\,10\,3\ldots$$

$$\begin{array}{l}
\underline{10,\ 2} \\
\quad 12\ \ 5\ \ 3\ \ 5\ldots : 12 \\
\quad \underline{12\ \ 1} \\
\qquad 4\ \ 3\ \ 5\ldots : 12,2 \\
\qquad \underline{4\ \ 0\ \ 5} \\
\qquad\quad 3\ \ 0\ldots : 12,2\ldots \\
\qquad\quad \underline{3\ \ 3\ldots} \\
\qquad\qquad 10\ldots : 12\ldots \\
\qquad\qquad \underline{10} \\
\qquad\qquad\ \ 0\ldots
\end{array}$$

Durch Potenzieren von $w = w_6$ finden wir sämtliche Wurzeln der Gleichung $x^{12} - 1 = 0$ (13) folgendermaßen:

$$
\begin{array}{lll}
w^0 = w_1\ = 1,0\,0\,0\,0\cdot & w^4 = w_9\ = 9,1\,6\,3\,5\cdot & w^8 = w_3\ = 3,11\,6\,9\,7\cdot \\
w = w_6\ = 6,19\,10\,3\cdot & w^5 = w_2\ = 2,6\,2\,2\,4\cdot & w^9 = w_5\ = 5,5\,1\,0\,5\cdot \\
w^2 = w_{10} = 10,1\,6\,3\,5\cdot & w^6 = w_{12} = 12,12\,12\,12\,12\cdot & w^{10} = w_4\ = 4,11\,6\,9\,7\cdot \\
w^3 = w_8\ = 8,7\,11\,12\,7\cdot & w^7 = w_7\ = 7,11\,3\,2\,9\cdot & w^{11} = w_{11} = 11,6\,10\,10\,8\cdot
\end{array}
$$

und durch nochmalige Multiplikation mit w erhalten wir als Probe auf 4 Stellen genau:

$$w^{12} = 1,0\,0\,0\,0\ldots.$$

Es werde endlich bemerkt, daß für den Bereich der geraden Primzahl 2 die beiden dyadischen Einheitswurzeln $+1$ und -1

vorhanden sind, welche die beiden Wurzeln der quadratischen Gleichung:

$$x^2 - 1 = 0 \ (2)$$

sind. Von ihnen ist $w = -1$ die primitive Wurzel, da beide Wurzeln durch sie als $w^0 = 1$, $w^1 = -1$ darstellbar sind. Im Falle $p = 2$ sind die beiden Einheitswurzeln $+1$ und -1 modulo 2 kongruent und erst modulo 2^2 inkongruent, während für ein ungerades p alle Einheitswurzeln bereits modulo p inkongruent sind. Erst später werde ich beweisen, daß für ein beliebiges p der Körper $K(p)$ der p-adischen Zahlen außer den hier angegebenen überhaupt keine anderen Einheitswurzeln enthält.

§ 2. Die Einheitswurzeln sind die Invarianten der Kongruenzklassen modulo p.

Die im vorigen Paragraphen gefundenen Resultate können wesentlich verallgemeinert werden, und dabei ergibt sich dann eine wichtige Beziehung der soeben betrachteten Einheitswurzeln zu den früher untersuchten Kongruenzklassen modulo p.

Es sei

$$A = a + a'p + a''p^2 + \dots$$

eine ganz beliebige ganze p-adische Zahl, deren Anfangsglied a eine der p Zahlen $0, 1, \dots p - 1$ sein kann. Bildet man dann aus ihr genau wie in (4) des vorigen Paragraphen die Reihe:

$$(1) \qquad A + (A^p - A) + (A^{p^2} - A^p) + \dots$$

oder wie in (6) das unendliche Produkt:

$$(1^{\text{a}}) \qquad \frac{A}{1} \cdot \frac{A^p}{A} \cdot \frac{A^{p^2}}{A^p} \dots,$$

so beweist man wörtlich ebenso wie a. a. O., daß sie beide unbedingt, und zwar gegen denselben Grenzwert w_A konvergieren. In der Tat haben beide Zahlgrößen dieselben Näherungswerte, nämlich die Zahlen

$$A, \ A^p, \ A^{p^2}, \ \ldots,$$

und diese konvergieren, falls A durch p teilbar ist, offenbar gegen den Grenzwert Null. Ist dagegen A eine Einheit modulo p, so folgt aus dem dann gültigen Fermatschen Satz für eine beliebig hohe Potenz p^{k+1} von p, daß wieder die Kongruenz

$$(A^{p^k})^{p-1} \equiv 1 \ (\text{mod. } p^{k+1})$$

besteht. In diesem Falle ist also der Grenzwert w_A wieder eine der $p-1$ Wurzeln der Gleichung $x^{p-1} - 1 = 0$ und zwar offenbar gleich derjenigen Einheitswurzel w_a, deren Index gleich dem Anfangsgliede von $A = a, a', a'' \ldots$ ist.

Durch diese Reihen- oder Produktbildung gelangt man also ausgehend von einer beliebigen ganzen p-adischen Zahl A stets zu einem der p Grenzwerte

$$(2) \qquad w_0 = 0, \quad w_1, \quad w_2, \ \ldots w_{p-1},$$

und zwar führen alle und nur die modulo p kongruenten Zahlen A, A', A'', $\ldots$, welche also zu derselben Kongruenzklasse C_a modulo p gehören, zu demselben Grenzwerte w_a. Man kann daher diese p Zahlen (2) als d i e   I n v a r i a n t e n   d e r p K o n g r u e n z k l a s s e n

$$C_0, \quad C_1, \quad C_2, \ \ldots C_{p-1}$$

modulo p bezeichnen.

Diese p Invarianten sind die p Wurzeln der rationalen Gleichung:

(3) $\quad x^p - x = x(x^{p-1} - 1) = (x - w_0)(x - w_1) \ldots (x - w_{p-1}) = 0.$

Die Untersuchung dieser Gleichung führt auf eine größere Anzahl von Folgerungen für die Kongruenzklassen modulo p.

Betrachtet man nämlich irgendeine zwischen den Invarianten $(w_0, w_1, \ldots w_{p-1})$ bestehende ganze rationale Gleichung mit ganzzahligen Koeffizienten

(4) $\qquad\qquad F(w_0, w_1, \ldots w_{p-1}) = 0 \ (p)$

als Kongruenz modulo p, so ergibt sich die folgende Kongruenz zwischen den Zahlen $(0, 1, 2, \ldots p - 1)$:

(4ᵃ) $\qquad\qquad F(0, 1, \ldots p - 1) \equiv 0 \ (\text{mod. } p).$

Jeder solchen Gleichung zwischen den Zahlen w_i entspricht also eine Kongruenz zwischen ihren Anfangsgliedern. Übertragen wir so die a. S. 194 ff. bewiesenen Sätze über die Einheitswurzeln $w_1, w_2, \ldots w_{p-1}$ auf ihre Anfangsglieder 1, 2, ... $p - 1$, so ergeben sich die folgenden Sätze:

Alle Einheiten modulo p genügen der Kongruenz:

$$x^{p-1} - 1 \equiv 0 \ (\text{mod. } p),$$

d. h. es besteht für ein variables x die Zerlegung

(4ᵇ) $\quad x^{p-1} - 1 \equiv (x - 1)(x - 2) \ldots (x - (p-1)) \ (\text{mod. } p).$

Für $x = 0$ ergibt sich aus ihr die Kongruenz:

(4ᶜ) $\qquad\qquad (p-1)! = 1 \cdot 2 \ldots (p-1) \equiv -1 \ (\text{mod. } p),$

der sog. *Wilson*sche Satz für Primzahlen. Jede durch p nicht teilbare Zahl a gehört modulo p zu einem Teiler d von $p-1$, d. h. d ist die kleinste positive Zahl, für welche

$$(5) \qquad\qquad a^d \equiv 1 \;(\text{mod.}\; p)$$

ist. Umgekehrt existieren zu jedem Teiler d von $p-1$ genau $\varphi(d)$ modulo p inkongruente Zahlen, welche gerade zum Exponenten d gehören; sie sind kongruent denjenigen $\varphi(d)$ Einheitswurzeln, welche zum Exponenten d gehören. Speziell gibt es also genau $\varphi(p-1)$ inkongruente Zahlen g, welche zum höchsten Exponenten $p-1$ selbst gehören. Diese werden p r i m i t i v e   W u r z e l n   m o d u l o p genannt. Sie sind kongruent den Anfangsgliedern der $\varphi(p-1)$ primitiven $(p-1)$-ten Einheitswurzeln w_g. Ist g eine primitive Wurzel modulo p, so sind alle $p-1$ Potenzen

$$(6) \qquad\qquad 1, \quad g, \quad g^2, \;\ldots\; g^{p-2}$$

modulo p inkongruent; sie sind also den $p-1$ inkongruenten Einheiten $1, 2, \ldots p-1$, abgesehen von der Reihenfolge, modulo p kongruent.

Auf diese Fragen werde ich sehr bald (a. S. 212 ff.) genauer einzugehen haben, wenn die entsprechenden Resultate für eine Primzahlpotenz p^k als Modul abzuleiten sind.

§ 3.   Die Logarithmen der p-adischen Zahlen.

Da für jedes ungerade p die p Zahlen $w_0, w_1, \ldots w_{p-1}$ ebenso wie die ihnen kongruenten Zahlen $0, 1, \ldots p-1$ ein vollständiges Restsystem modulo p bilden, so können auch sie als Koeffizienten bei der Darstellung der p-adischen Zahlen benutzt werden, und dies soll immer dann geschehen, wenn eine theoretisch möglichst einfache Darstellung gebraucht wird.

Jede von Null verschiedene p-adische Zahl kann also stets und nur auf eine Weise in der Form

$$A = w^{(\alpha)}p^{\alpha} + w^{(\alpha+1)}p^{\alpha+1} + \ldots$$

dargestellt werden, wo $w^{(\alpha)}$, $w^{(\alpha+1)}$, ... Wurzeln der Gleichung $x^p - x = 0$, d. h. $(p-1)$-te Einheitswurzeln oder Null bedeuten und $w^{(\alpha)} \neq 0$ ist.

Diese Form von A führt uns nun sofort zu der gesuchten logarithmischen Darstellung einer beliebigen p-adischen Zahl, falls p eine beliebige *ungerade* Primzahl ist. Schreibt man nämlich A in der Form:

$$A = w^{(\alpha)}p^{\alpha}(1 + w_1 p + w_2 p^2 + \ldots),$$

wo auch $w_1 = \dfrac{w^{(\alpha+1)}}{w^{(\alpha)}}$, ... Einheitswurzeln oder Null sind, so ist der eingeklammerte Teil eine Haupteinheit, welcher nach dem auf S. 177 bewiesenen Satze in der Form e^{γ} dargestellt werden kann, wo γ eine durch p teilbare p-adische Zahl bedeutet. Ferner ist $w^{(\alpha)}$ eine $(p-1)$-te Einheitswurzel, also gleich einer Potenz w^{β} einer ein für alle Male fest gewählten primitiven Wurzel w. Es ergibt sich somit der folgende Fundamentalsatz:

Jede von Null verschiedene p-adische Zahl läßt sich, falls p eine beliebige ungerade Primzahl und w eine beliebig, aber fest gewählte primitive $(p-1)$-te Einheitswurzel ist, in der Form:

$$A = p^{\alpha}w^{\beta}e^{\gamma}$$

darstellen, wo α und β gewöhnliche ganze Zahlen bedeuten, und γ eine mindestens durch p teilbare p-adische Zahl ist.

Die Exponenten α und γ sind eindeutig bestimmt, während β wegen $w^{p-1} = 1$ nur bis auf ein beliebiges Vielfaches von $p-1$ bestimmt ist. Beschränkt man β also auf die Zahlen $0, 1, \ldots p-2$, so ist das ganze Exponentensystem (α, β, γ) durch A eindeutig festgelegt.

Auch für die eine *gerade* Primzahl 2 existiert genau dieselbe Darstellung; nur hat da die Zahl w eine etwas andere Bedeutung. Für den Bereich von 2 ist nämlich jede Einheit in der reduzierten Form

$$\varepsilon = 1{,}\varepsilon_1\,\varepsilon_2\,\varepsilon_3 \cdots = 1 + \varepsilon_1 \cdot 2 + \varepsilon_2 \cdot 2^2 + \ldots \quad (2),$$

in der die Koeffizienten ε_i nur 0 oder 1 sein können, eine Haupteinheit modulo 2. Von den beiden Einheiten

$$\varepsilon = 1, \quad \varepsilon_1 \quad \varepsilon_2 \quad \varepsilon_3 \ldots$$
$$-\varepsilon = 1, \; 1{-}\varepsilon_1 \; 1{-}\varepsilon_2 \; 1{-}\varepsilon_3 \ldots$$

ist dann eine einzige auch eine Haupteinheit modulo 4, nämlich ε selbst oder $-\varepsilon$, je nachdem $\varepsilon_1 = 0$ oder 1 ist. Jede von Null verschiedene dyadische Zahl kann also auf eine einzige Weise in der Form geschrieben werden

$$A = 2^{\alpha}(-1)^{\beta}(1 + e_2 \cdot 2^2 + e_3 \cdot 2^3 + \ldots),$$

wo 2^{α} die größte in ihr enthaltene Potenz von 2, $\beta = 0$ oder 1 ist, und die in der Klammer stehende Reihe eine eindeutig bestimmte Haupteinheit modulo 4 bedeutet. Diese letztere kann nun nach S. 177 wieder gleich e^{γ} gesetzt werden, wo γ ein Multiplum von 4 ist. Setzt man also in diesem Falle $(-1) = w$, so hat man auch hier die Darstellung

$$A = 2^{\alpha} w^{\beta} e^{\gamma},$$

wo jetzt der zweite Exponent nur modulo 2 bestimmt ist, während die ganze Zahl α und die dyadische Zahl $\gamma = 4\gamma_0$ eindeutig durch A gegeben sind.

Ist also p eine beliebige Primzahl, so besteht für jede von Null verschiedene p-adische Zahl A die Exponentialdarstellung

$$(1) \qquad A = p^{\alpha} w^{\beta} e^{\gamma},$$

in der w eine primitive $(p-1)$-te Einheitswurzel für ein ungerades p ist, während w die primitive zweite Einheitswurzel, nämlich -1, für $p = 2$ bedeutet. In jedem Falle ist α die Ordnungszahl von A, γ der Logarithmus der zu A gehörigen Haupteinheit.

Bei dieser Darstellung ist der erste Faktor

$$|A| = p^{\alpha}$$

der a. S. 133 definierte absolute Betrag der Zahl A; der zweite Faktor w^{β} soll d i e z u A g e h ö r i g e E i n h e i t s w u r z e l heißen; endlich soll der Exponentialfaktor e^{γ} als d i e z u A g e h ö r i g e H a u p t - e i n h e i t bezeichnet werden. Wir wählen im folgenden die primitive Einheitswurzel w unter den $\varphi(p-1)$ vorhandenen ein für alle Mal willkürlich, aber fest aus. Von den drei Exponenten α, β, γ, durch die A dann eindeutig bestimmt ist, ist der erste die Ordnungszahl von A, der zweite soll d e r I n d e x,der dritte d e r z u A g e h ö r i g e L o g a r i t h m u s d e r H a u p t e i n h e i t oder d e r H a u p t l o - g a r i t h m u s v o n A genannt werden.

Wir wollen nun im folgenden das zu einer beliebigen Zahl $A = p^{\alpha} w^{\beta} e^{\gamma}$ gehörige Exponentensystem (α, β, γ) den L o g a r i t h - m u s v o n A (für den Bereich von p) nennen und durch $\lg_p A$ oder, wo kein Mißverständnis zu befürchten ist, ohne den Index p durch

$$(2) \qquad \lg A = (\alpha, \beta, \gamma)$$

bezeichnen.

Dann gehört zu jeder p-adischen Zahl A ein Logarithmus (α, β, γ), und da ja $w^{k(p-1)} = 1$ ist, da somit allgemeiner

$$A = p^\alpha w^\beta e^\gamma = p^\alpha w^{\beta+k(p-1)} e^\gamma$$

ist, so gehören zu jeder Zahl A unendlich viele Logarithmen

$$(2^a) \qquad \lg A = (\alpha, \beta + k(p-1), \gamma),$$

welche aus einem unter ihnen durch Vermehrung des zweiten Exponenten um ein beliebiges Multiplum von $(p-1)$ hervorgehen. Speziell besitzt die Zahl $1 = p^0 w^0 e^0$ den Logarithmus $(0, 0, 0)$ und allgemeiner die Logarithmen $(0, k(p-1), 0)$, und da die Gleichung

$$p^\alpha w^\beta e^\gamma = p^\alpha w^\beta (1 + \frac{\gamma}{1} + \dots) = 1$$

dann und nur dann erfüllt ist, wenn $\alpha = 0$, $\beta = k(p-1)$, $\gamma = 0$ ist, so folgt, daß dann und nur dann $A = 1$ ist, wenn $\lg A = (0, k(p-1), 0)$ ist. Es ist also stets $\lg(1) = (0, 0, 0) = (0, k(p-1), 0)$. Hieraus ergibt sich sofort der allgemeine Satz:

Zwei p-adische Zahlen sind dann und nur dann gleich, wenn sich ihre Logarithmen nur im zweiten Exponenten um ein Vielfaches von $p-1$ unterscheiden.

In der Tat folgt ja aus der Gleichung

$$A = p^\alpha w^\beta e^\gamma = A' = p^{\alpha'} w^{\beta'} e^{\gamma'},$$

daß

$$\frac{A}{A'} = p^{\alpha-\alpha'} w^{\beta-\beta'} e^{\gamma-\gamma'} = 1,$$

also $\alpha = \alpha'$, $\gamma = \gamma'$, $\beta = \beta' + k(p-1)$ sein muß.

Ferner hat 0 den Logarithmus

(3) $$\lg(0) = (+\infty, \beta, \gamma),$$

wo β und γ beliebig gewählt werden können.

Umgekehrt gehört zu jedem Logarithmus (α, β, γ), dessen erster Exponent α nur nicht negativ unendlich ist, eine eindeutig bestimmte p-adische Zahl $A = p^{\alpha} w^{\beta} e^{\gamma}$, deren Logarithmus gleich (α, β, γ) ist und welche d e r N u m e r u s v o n (α, β, γ) genannt werden soll. Zu $(-\infty, \beta, \gamma)$ gehört keine p-adische Zahl, da eine solche ja niemals eine negativ unendliche Ordnungszahl besitzt.

Wir wollen auch für die Logarithmen die Gleichheit und eine Verknüpfungsoperation definieren, welche wir A d d i t i o n nennen wollen, und von der sofort zu sehen ist, daß für sie die Grundeigenschaften der Addition gelten, sowie daß im Bereiche der Logarithmen die Addition unbeschränkt und eindeutig ausführbar ist.

Zwei Logarithmen

$$a = (\alpha, \beta, \gamma) \qquad a' = (\alpha', \beta', \gamma')$$

heißen dann und nur dann g l e i c h $(a = a')$, wenn ihre ersten und dritten Exponenten beziehlich gleich sind und ihre zweiten Exponenten sich um ein Multiplum von $p-1$ unterscheiden, d. h. modulo $(p-1)$ kongruent sind; ferner auch, wenn $\alpha = \alpha' = \infty$ ist.

Sind

$$a = (\alpha, \beta, \gamma) \quad \text{und} \quad a' = (\alpha', \beta', \gamma')$$

zwei beliebige Logarithmen, so wollen wir unter der S u m m e $a + a'$ derselben den Logarithmus:

$$a + a' = (\alpha + \alpha', \beta + \beta', \gamma + \gamma')$$

verstehen.

Offenbar ist die so definierte Addition der Logarithmen eine assoziative und kommutative Operation und für sie besteht, wenn man $\lg(0) = (+\infty, \beta, \gamma)$ als Subtrahendus ausschließt, das Gesetz der unbeschränkten und eindeutigen Subtraktion: Sind nämlich $a = (\alpha, \beta, \gamma)$ und $a' = (\alpha', \beta', \gamma')$ zwei beliebige Logarithmen, so gibt es, falls a nicht $\lg(0)$ ist, einen einzigen Logarithmus $x = (\xi, \eta, \zeta)$, für welchen

$$a + x = a'$$

wird, nämlich den Logarithmus

$$x = (\alpha' - \alpha, \beta' - \beta, \gamma' - \gamma).$$

Dieser soll also die D i f f e r e n z der Logarithmen a' und a genannt und durch $a' - a$ bezeichnet werden.

Ist dagegen $a = \lg(0)$, $a' \neq \lg(0)$, so besitzt die Gleichung

$$(+\infty, \beta, \gamma) + (\xi, \eta, \zeta) = (\alpha', \beta', \gamma')$$

im Bereiche der Logarithmen keine Lösung, da ja $\xi = \alpha' - \infty = -\infty$ sein müßte.

Die Logarithmen aller p-adischen Zahlen bilden somit bei Ausschluß von $\lg(0)$ einen Modul, in dem die beiden soeben definierten zu einander inversen Operationen der Addition und Subtraktion unbeschränkt und eindeutig ausführbar sind.

Es gibt also ein einziges Nullelement

$$0 = (0, 0, 0) = (0, k(p-1), 0) = \lg(1),$$

welches als das Einheitselement für die Addition angesehen werden kann, da allein für dieses $a + 0 = a$ ist.

Sind $A = p^\alpha w^\beta e^\gamma$ und $A' = p^{\alpha'} w^{\beta'} e^{\gamma'}$ zwei beliebige p-adische Zahlen, zu denen also die Logarithmen:

$$a = \lg A = (\alpha, \beta, \gamma) \quad \text{und} \quad a' = \lg A' = (\alpha', \beta', \gamma')$$

gehören, so sind zunächst nach dem a. S. 204 bewiesenen Satze A und A' dann und nur dann gleich, wenn ihre Logarithmen a und a' gleich sind; ferner gehören zu dem Produkte und dem Quotienten

$$A \cdot A' = p^{\alpha+\alpha'} w^{\beta+\beta'} e^{\gamma+\gamma'} \quad \text{und} \quad \frac{A}{A'} = p^{\alpha-\alpha'} w^{\beta-\beta'} e^{\gamma-\gamma'}$$

von zwei beliebig gegebenen Zahlen A und A' die Logarithmen $a + a'$ und $a - a'$, d. h. es bestehen genau wie in der elementaren Analysis die Gleichungen:

$$(4) \qquad \lg(AA') = \lg A + \lg A', \quad \lg\left(\frac{A}{A'}\right) = \lg A - \lg A'.$$

Wendet man die erste Gleichung auf ein Produkt von m gleichen Faktoren an, so folgt:

$$(4^{\text{a}}) \qquad \lg(A^m) = m \lg A = (m\alpha, m\beta, m\gamma).$$

Aus der allgemein gültigen logarithmischen Darstellung der p-adischen Zahlen ziehe ich noch die wichtige Folgerung, auf welche ich bereits a. S. 197 unten hingewiesen hatte:

Die einzigen Einheitswurzeln, welche im Körper $K(p)$ der p-adischen Zahlen vorhanden sind, sind die $p - 1$ $(p - 1)$-ten Einheitswurzeln $(1, w, w^2, \ldots w^{p-2})$ bzw. für $p = 2$ die Zahlen ± 1.

Soll nämlich $A = p^\alpha w^\beta e^\gamma$ einer Gleichung $x^m = 1$ genügen, so muß

$$A^m = p^{m\alpha} w^{m\beta} e^{m\gamma} = 1,$$

also $m\alpha = m\gamma = 0$ sein; d. h. nur die Zahlen $A = w^\beta$ sind Einheitswurzeln.

Ist

(5) $$A = p^\alpha w^\beta e^\gamma$$

eine beliebige Zahl, so will ich die größte im Hauptlogarithmus γ enthaltene Potenz $p^\varkappa$ von p den Teiler des Hauptlogarithmus nennen. Dieser Teiler ist also für ein ungerades p mindestens gleich p^1, für $p = 2$ mindestens gleich 2^2. Ferner soll für ein ungerades p der größte gemeinsame Teiler

(6) $$\delta = (\beta, p - 1)$$

des Index mit $p - 1$ der Teiler dieses Index oder der Indexteiler von A genannt werden; für $p = 2$ wird der entsprechende Teiler

(6ª) $$\delta = (\beta, 2),$$

d. h. gleich 1 oder 2, je nachdem β gerade oder ungerade ist. Im ersten Falle ist der Indexteiler stets und nur dann gleich 1, wenn $(\beta, p - 1) = 1$, wenn also w^β eine primitive Einheitswurzel ist; er hat seinen größten Wert $\delta = p - 1$ bzw. $\delta = 2$, wenn β ein Multiplum von $p - 1$ bzw. von 2, wenn also $w^\beta = 1$ ist. Der Indexteiler δ ist von der Wahl der primitiven Wurzel w ganz unabhängig; denn ist w' eine der $\varphi(p - 1)$ primitiven Wurzeln, so ist ja $w = w'^r$, wo $(r, p - 1) = 1$ ist, und es wird $w^\beta = w'^{r\beta}$; somit ist für die primitive Wurzel w'

$$\delta' = (r\beta, p - 1) = (\beta, p - 1) = \delta.$$

Setzen wir jetzt in (5)

$$\beta = \delta\beta_0, \quad \gamma = p^\varkappa\gamma_0,$$

so ergibt sich für jede Zahl A die Darstellung

$$(7) \qquad A = p^\alpha w^{\delta\beta_0} e^{p^\varkappa\gamma_0},$$

welche bei eingehenderen Untersuchungen häufig gebraucht werden wird.

§ 4. Untersuchung der p-adischen Zahlen für eine Primzahlpotenz p^k als Modul.

Ich wende mich nun zu einer eingehenderen Untersuchung der p-adischen Zahlen $A = p^\alpha w^\beta e^\gamma$ für eine beliebige Potenz p^k von p als Modul. Hierbei kann ich von vornherein die Ordnungszahl $\alpha = 0$, d. h. die zu betrachtenden Zahlen $E = w^\beta e^\gamma$ als Einheiten voraussetzen, da es ja auf dasselbe herauskommt, ob man $A = p^\alpha E$ modulo p^k oder ob man E modulo $p^{k-\alpha}$ untersucht.

Zuerst erledige ich die beiden trivialen Fälle, daß der Modul p^k gleich 2^1 oder gleich 2^2 ist. Da nun für den Bereich von 2 jede Einheit

$$E = (-1)^\beta e^\gamma \equiv (-1)^\beta \equiv \pm 1 \ (\text{mod. } 4)$$

ist, weil ja hier der Hauptlogarithmus von γ mindestens durch 4 teilbar ist, und da modulo 2 außerdem noch die beiden Einheitswurzeln $+1$ und -1 kongruent werden, so ergeben sich hier die beiden auch an sich selbstverständlichen Sätze:

> Modulo 2 betrachtet sind alle dyadischen Einheiten kongruent $+1$, für den Modul 4 existieren allein die beiden inkongruenten Einheiten $+1$ und -1.

Im folgenden kann und soll daher jetzt, falls $p = 2$ ist, immer $k \geq 3$ vorausgesetzt werden. Dann besteht der folgende allgemeine Satz:

Eine p-adische Einheit $E = w^\beta e^\gamma$ ist dann und nur dann kongruent 1 modulo p^k, wenn:

$$w^\beta = 1, \quad \gamma \equiv 0 \ (\text{mod. } p^k)$$

ist, wenn also ihr Index β durch $p - 1$ bzw. durch 2 und ihr Hauptlogarithmus γ durch p^k teilbar ist.

Betrachtet man nämlich die Kongruenz:

(1) $E = w^\beta e^\gamma \equiv 1 \ (\text{mod. } p^k)$ bzw. $E = (-1)^\beta e^\gamma \equiv 1 \ (\text{mod. } 2^k)$

zunächst modulo p bzw. für $p = 2$ modulo 2^2 und beachtet, daß für diesen Modul $e^\gamma \equiv 1$ wird, so ergibt sich:

$$w^\beta \equiv 1 \ (\text{mod. } p) \quad \text{bzw.} \quad (-1)^\beta \equiv 1 \ (\text{mod. } 4),$$

und da die Potenzen $(1, w, \ldots w^{p-2})$ modulo p bzw. $(-1, +1)$ modulo 4 inkongruent sind, so muß $w^\beta = 1$ bzw. $(-1)^\beta = 1$ sein. Die dann aus (1) folgende Kongruenz:

$$e^\gamma \equiv 1 \ (\text{mod. } p^k)$$

ist aber nach (11) a. S. 170 allein dann erfüllt, wenn γ durch p^k teilbar ist.

Zwei Einheiten

$$E = w^\beta e^\gamma, \quad E' = w^{\beta'} e^{\gamma'}$$

sind also allein dann modulo p^k kongruent, wenn ihr Quotient

$$\frac{E}{E'} = w^{\beta-\beta'} e^{\gamma-\gamma'} \equiv 1 \;(\text{mod. } p^k),$$

wenn also:

$$\beta \equiv \beta' \;(\text{mod. } p-1, \text{ bzw. mod. } 2),$$
$$\gamma \equiv \gamma' \;(\text{mod. } p^k)$$

ist. Also bilden für ein ungerades p die $(p-1)p^{k-1} = \varphi(p^k)$ Einheiten:

$$(2) \qquad w^{\beta} e^{p(c_0+c_1 p+\cdots+c_{k-2} p^{k-2})} \qquad \begin{pmatrix} \beta = 1, 2, \ldots p-1 \\ c_i = 0, 1, \ldots p-1 \end{pmatrix},$$

für $p = 2$ die $2 \cdot 2^{k-2} = 2^{k-1} = \varphi(2^k)$ Zahlen

$$(2^{\mathrm{a}}) \qquad (-1)^{\beta} \cdot e^{4(c_0+c_1\cdot 2+\cdots+c_{k-3}\cdot 2^{k-3})} \qquad \begin{pmatrix} \beta = 1, 2 \\ c_i = 0, 1 \end{pmatrix}$$

ein vollständiges System modulo p^k inkongruenter Einheiten.

Die $\varphi(p^k)$ modulo p^k inkongruenten Einheiten oder, was dasselbe ist, die zugehörigen Einheitsklassen für den Modul p^k bilden, wie a. S. 126 unten bereits ausgeführt wurde, eine endliche Gruppe, und allein hieraus ergab sich nach dem Fermatschen Satze, daß für jede Einheit E die Kongruenz:

$$(3) \qquad E^{\varphi(p^k)} \equiv 1 \;(\text{mod. } p^k)$$

besteht. Es ergibt sich aber weiter aus der a. S. 130 durchgeführten Untersuchung der endlichen Gruppen, daß jede Einheit E zu einem Teiler d von $\varphi(p^k)$ als Exponenten gehört, wenn nämlich d die kleinste positive Zahl ist, für welche

$$E^d \equiv 1 \;(\text{mod. } p^k)$$

ist. Dann sind die d ersten Potenzen $(1, E, E^2, \ldots E^{d-1})$ sämtlich modulo p^k inkongruent.

Ich will jetzt den Exponenten d bestimmen, zu dem eine gegebene Einheit

$$E = w^\beta e^\gamma = w^{\delta\beta_0} e^{p^\varkappa \gamma_0}$$

gehört, für welche der Indexteiler gleich δ und der Teiler des Hauptlogarithmus gleich $p^\varkappa$ ist. Soll dann

$$(4) \qquad E^d = w^{\delta d\beta_0} e^{p^\varkappa d\gamma_0} \equiv 1 \ (\text{mod.} \ p^k)$$

sein, so muß nach dem auf der vorigen Seite bewiesenen Satze $\delta d\beta_0$ durch $p-1$ bzw. durch 2 und $p^\varkappa d\gamma_0$ durch p^k teilbar sein, d. h. es muß:

$$
\begin{aligned}
(4^{\text{a}}) \qquad & \delta d \equiv 0 \ (\text{mod.} \ p-1, \ \text{bzw. mod.} \ 2) \\
& p^\varkappa d \equiv 0 \ (\text{mod.} \ p^k)
\end{aligned}
$$

sein. Ist also δ' der zu δ komplementäre Divisor von $p-1$ bzw. von 2 und $p^{\varkappa'}$ der zu $p^\varkappa$ komplementäre Divisor von p^k, so daß

$$
\begin{aligned}
(5) \qquad & \delta\delta' = p-1 \ \text{bzw.} = 2 \\
& p^\varkappa \cdot p^{\varkappa'} = p^k
\end{aligned}
$$

ist, so folgen aus (4^{a}) durch Division mit δ bzw. mit $p^\varkappa$ für d die beiden Kongruenzen:

$$(4^{\text{b}}) \qquad d \equiv 0 \ (\text{mod.} \ \delta'), \quad d \equiv 0 \ (\text{mod.} \ p^{\varkappa'}),$$

d. h. die Kongruenz (4) ist allein dann erfüllt, wenn d durch das kleinste gemeinsame Vielfache $[\delta', p^{\varkappa'}]$ der beiden zu δ und $p^\varkappa$ komplementären Teiler teilbar ist. Es ergibt sich also der allgemeine Satz:

Eine Einheit E, deren Index den Teiler δ und deren Hauptlogarithmus den Teiler $p^{\varkappa}$ hat, gehört modulo p^k zu dem Exponenten:

$$(6) \qquad\qquad d = [\delta', p^{\varkappa'}],$$

wenn δ' und $p^{\varkappa'}$ die in bezug auf $p - 1$ (bzw. 2) und p^k komplementären Teiler zu δ und $p^{\varkappa}$ sind.

Ist nun p eine ungerade Primzahl, so sind δ' und $p^{\varkappa'}$ teilerfremd, d. h. es ist dann stets $d = \delta' p^{\varkappa'}$. Ist dagegen $p = 2$, so ist $\delta' = 1$ oder 2; also ist stets δ' ein Teiler von $2^{\varkappa'}$, mithin $d = 2^{\varkappa'}$, außer in dem trivialen Falle, wo $\delta' = 2$, $2^{\varkappa'} = 1$, wo also $\delta = 1$, $2^{\varkappa} = 2^k$ ist. Hier ist $E = (-1)e^{2^k} \equiv -1 \pmod{2^k}$, und dann gehört (-1) auch wirklich nicht zum Exponenten $2^{\varkappa'} = 1$, sondern zum Exponenten $\delta' = 2$. Schließen wir also diesen trivialen Fall aus, so ergibt sich der Satz:

Eine Einheit, deren Index den Teiler δ und deren Hauptlogarithmus den Teiler $p^{\varkappa}$ hat, gehört modulo p^k zum Exponenten

$$(6^{\mathrm{a}}) \qquad d = \delta' p^{\varkappa'} = \tfrac{p-1}{\delta} p^{k-\varkappa} \quad \text{oder} \quad 2^{\varkappa'} = 2^{k-\varkappa},$$

je nachdem p ungerade oder die gerade Primzahl 2 ist.

Da für eine ungerade Primzahl der Teiler $p^{\varkappa}$ des Hauptlogarithmus mindestens gleich p^1, für $p = 2$ aber $2^{\varkappa}$ mindestens gleich 4 sein muß, während im ersten Falle δ stets ein Teiler von $p - 1$ ist, so ergibt sich jetzt wieder, daß für ein ungerades p jeder Exponent d ein Teiler von $\varphi(p^k) = (p-1)p^{k-1}$, für $p = 2$ aber schon ein Teiler von $\varphi(2^{k-1}) = 2^{k-2}$ sein muß.

Jede Einheit gehört also modulo p^k zu einem Exponenten, welcher ein Teiler von $\varphi(p^k)$ oder für $p = 2$ schon von $\varphi(2^{k-1})$ ist.

Es sei jetzt umgekehrt

$$(7) \qquad\qquad d = \delta' p^{\varkappa'} \quad \text{bzw.} \quad d = 2^{\varkappa'}$$

ein beliebiger Teiler von $\varphi(p^k)$ bzw. von $\varphi(2^{k-1})$; wir fragen, wie viele und welche Einheiten

$$E = w^{\delta\beta_0} e^{p^{\varkappa}\gamma_0} \quad \text{bzw.} \quad E = (-1)^\beta e^{2^{\varkappa}\gamma_0}$$

gerade zu diesem Exponenten d gehören. Nach dem soeben bewiesenen Satze gehört nun für ein ungerades p die obige Einheit zum Exponenten d, wenn ihr Indexteiler δ und der Teiler $p^{\varkappa}$ ihres Hauptlogarithmus komplementär bzw. zu δ' und zu $p^{\varkappa'}$ sind; für $p = 2$ ist β beliebig, während $2^{\varkappa}$ ebenfalls zur $2^{\varkappa'}$ komplementär sein muß. Sind also δ und $p^{\varkappa}$ so gewählt, so gehören alle und nur die Einheiten E zum Exponenten d, bei welchen für jedes ungerade p

$$
(8) \qquad
\begin{aligned}
(\delta\beta_0, p - 1) &= (\delta\beta_0, \delta\delta') &&= \delta, &&\text{also} &&(\beta_0, \delta') = 1, \\
(p^{\varkappa}\gamma_0, p^k) &= (p^{\varkappa}\gamma_0, p^{\varkappa}p^{\varkappa'}) = p^{\varkappa}, &&&&\text{„} &&(\gamma_0, p^{\varkappa'}) = 1
\end{aligned}
$$

ist, dagegen für $p = 2$ $\beta = 1$ oder 2 sein kann, während

$$(8^{\mathrm{a}}) \qquad\qquad (\gamma_0, 2^{\varkappa'}) = 1$$

sein muß. Da nun die Anzahl aller zu δ' teilerfremden inkongruenten Zahlen β_0 gleich $\varphi(\delta')$, die aller modulo $p^{\varkappa'}$ inkongruenten zu $p^{\varkappa'}$ teilerfremden Zahlen γ_0 gleich $\varphi(p^{\varkappa'})$ ist, so ist für ein ungerades p die Anzahl der zum Exponenten d gehörigen Einheiten gleich $\varphi(\delta')\varphi(p^{\varkappa'}) = \varphi(d)$, für $p = 2$ ist jene Anzahl gleich $2\varphi(2^{\varkappa'})$, weil hier für jedes $e^{2^{\varkappa}\gamma_0}$ die zugehörige Einheitswurzel $(-1)^\beta$ gleich ± 1 sein kann. In dem vorher ausgeschlossenen trivialen Falle $p = 2$, $d = 2^0 = 1$

gehört zum Exponenten 1 modulo 2^k offenbar nur die eine Einheit $E = +1$; die Anzahl der zu diesen Exponenten gehörigen Einheiten ist also allein in diesem Falle $d = 2^0$ gleich $\varphi(2^0) = 1$ und nicht gleich $2\varphi(2^0) = 2$. Sieht man also auch hier von diesem trivialen Ausnahmefalle ab, so ergibt sich das folgende allgemeine Resultat:

> Die Anzahl aller Modulo p^k inkongruenten Einheiten, welche zu einem beliebigen Teiler d von $\varphi(p^k)$ bzw. von $\varphi(2^{k-1})$ als Exponenten gehören, ist stets gleich $\varphi(d)$ bzw. gleich $2\varphi(d)$.

§ 5. Die primitiven Wurzeln modulo p^k. Die Theorie der Indices für eine Primzahlpotenz als Modul.

Von besonderer Bedeutung sind auch für eine Primzahlpotenz p^k diejenigen Einheiten, welche für diesen Modul zu dem höchsten überhaupt möglichen Exponenten gehören, nämlich zu $c = \varphi(p^k)$ bzw. zu $c = \varphi(2^{k-1})$. Diese Einheiten mögen auch hier p r i m i t i v e W u r z e l n m o d u l o p^k genannt werden. Für, sie muß in (7) auf vor. Seite

$$\delta = 1, \quad p^\varkappa = p \quad \text{bzw.} \quad 2^\varkappa = 2^2$$

sein. Alle primitiven Wurzeln sind also in der Form

$$(1) \qquad r = w^{\beta_0} e^{p\gamma_0} \quad \text{bzw.} \quad \pm e^{4\gamma_0}$$

enthalten, wo $(\gamma_0, p) = 1$ und $(\beta_0, p-1) = 1$ ist, also $\overline{w} = w^{\beta_0}$ eine beliebige *primitive* Einheitswurzel bedeutet. Die Anzahl aller modulo p^k inkongruenten primitiven Wurzeln endlich ist

$$(2) \qquad \varphi(c) = \varphi(\varphi(p^k)) \quad \text{bzw.} \quad \varphi(c) = \varphi(\varphi(2^{k-1})) = 2^{k-3}.$$

Wir können die notwendige und hinreichende Bedingung dafür, daß eine Einheit

$$g = g_0, g_1 \, g_2 \cdots$$

für eine beliebige Primzahlpotenz p^k eine primitive Wurzel ist, in wesentlich einfacherer Weise aussprechen: Ist nämlich p zunächst ungerade, so muß ja

$$(3) \qquad g = \overline{w} \cdot e^{p\gamma_0}$$

sein. Betrachtet man diese Gleichung zunächst modulo p und beachtet, daß $e^{p\gamma_0} \equiv 1 \pmod{p}$ ist, so ergibt sich die notwendige Bedingung:

$$(4) \qquad g_0 \equiv \overline{w} \pmod{p},$$

d. h. g muß modulo p einer der $\varphi(p-1)$ primitiven Einheitswurzeln kongruent sein. Ist $k = 1$, so ist diese Bedingung auch hinreichend, und wir erhalten das bereits a. S. 201 gefundene Resultat, daß die $\varphi(p-1)$ modulo p inkongruenten primitiven Wurzeln die Anfangsglieder der primitiven Einheitswurzeln sind. Ist dagegen $k > 1$, und betrachtet man die Gleichung (3) jetzt modulo p^2, so ergibt sich, da ja

$$e^{p\gamma_0} \equiv 1 + p\gamma_0 \pmod{p^2}$$

ist, außer (4) noch die zweite Kongruenz:

$$(4^{\mathrm{a}}) \qquad g \equiv \overline{w}\,(1 + p\gamma_0) \pmod{p^2},$$

wo nur γ_0 durch p nicht teilbar sein darf. Sind umgekehrt diese beiden Bedingungen erfüllt, so ist nach S. 214 (8) g eine primitive Wurzel modulo p^k.

Die zweite Bedingung ist nun offenbar stets und nur dann erfüllt, wenn

$$g \not\equiv \overline{w} \pmod{p^2}$$

ist. Wir erhalten also jetzt das einfache Resultat:

Eine Zahl g ist stets und nur dann eine primitive Wurzel für eine beliebige Potenz p^k einer ungeraden Primzahl ($k > 1$), wenn sie den beiden Bedingungen

$$g \equiv \overline{w} \ (\text{mod.}\ p), \quad g \not\equiv \overline{w} \ (\text{mod.}\ p^2)$$

genügt, wo $\overline{w}$ irgendeine der $\varphi(p-1)$ primitiven p-adischen Einheitswurzeln bedeutet.

Offenbar können wir diese Bedingung auch so aussprechen:

Eine Zahl $g = g_0, g_1 \ldots$ ist stets und nur dann eine primitive Wurzel für eine Primzahlpotenz p^k, wenn sie mit der reduzierten Darstellung einer primitiven Einheitswurzel $\overline{w} = \overline{w}_0, \overline{w}_1 \ldots$ in der ersten Stelle übereinstimmt, in der zweiten Stelle aber von ihr abweicht.

Man findet also sicher eine primitive Kongruenzwurzel modulo p^k, wenn man in einer beliebigen primitiven Einheitswurzel die zweite Stelle beliebig verändert; die weiteren Stellen können beliebig gewählt oder einfach fortgelassen werden.

So folgt z. B. daraus, daß für die sechsten Einheitswurzeln im Körper $K(7)$ nach S. 194

$$w = 3{,}46 \ldots, \quad w^5 = 5{,}20 \ldots$$

die beiden primitiven Wurzeln sind, daß die beiden Zahlen

$$g = 3{,}00 \ldots, \quad g' = 5{,}00 \ldots$$

primitive Wurzeln für jede beliebige Potenz von 7 als Modul sind.

Ebenso folgt aus der Tabelle a. S. 197, daß für jede Potenz von 13 als Modul z. B. 2, 6, 11 und 7 primitive Wurzeln sein müssen, da sie mit den vier primitiven Einheitswurzeln $w = 6{,}19\ldots$, w^5, w^7, w^{11} in der ersten Stelle übereinstimmen, in der zweiten aber von ihnen abweichen.

Endlich können wir dieselbe Bedingung auch in einer Form aussprechen, welche die vorgängige Berechnung der primitiven Einheitswurzeln bis zur zweiten Stelle nicht voraussetzt. Ist nämlich a eine durch p nicht teilbare ganze Zahl, etwa eine der Zahlen $1, 2, \ldots p - 1$, und w_a die zugehörige Einheitswurzel, so ist:

$$w_a = a + (a^p - a) + (a^{p^2} - a^p) + \ldots$$

und diese ist immer dann eine primitive Einheitswurzel, wenn a modulo p zum Exponenten $p - 1$ gehört, wenn also a eine primitive Kongruenzwurzel modulo p ist. Da ferner alle auf das zweite Glied folgenden Differenzen $(a^{p^2} - a^p)$, $\ldots$ nach (2^{a}) auf S. 191 durch p^2 teilbar sind, so folgt aus der obigen Gleichung die Kongruenz:

$$w_a \equiv a + (a^p - a) \ (\mathrm{mod}.\ p^2).$$

Dann und nur dann ist also a auch modulo p^2 zu w_a kongruent, wenn $a^p - a$ oder also wenn $a^{p-1} - 1$ nicht bloß durch p, sondern auch durch p^2 teilbar ist. Ist das nicht der Fall, so ist hiernach a eine primitive Wurzel für jede Potenz p^k von p als Modul.

> Eine ganze Zahl a ist also dann und nur dann eine primitive Wurzel modulo p^k, wenn sie eine primitive Wurzel modulo p ist und wenn außerdem $(a^{p-1} - 1)$ nicht durch p^2 teilbar ist.

So sind z. B. die beiden Zahlen $g = 3$, $g' = 5$ modulo 7^k primitive Wurzeln, weil sie modulo 7 zum Exponenten 6 gehören, und weil außerdem:

$$3^6 - 1 \equiv 5^6 - 1 \equiv -7 \ (\mathrm{mod}.\ 49)$$

ist, also beide Differenzen nicht durch 7^2 teilbar sind.

Im Falle $p = 2$ gehört nach (1) auf S. 216 für $k > 2$ jede Einheit

$$(5) \qquad g = \pm e^{4\gamma_0} = \pm(1 + 4\gamma_0 + \dots)$$

modulo 2^k zum höchsten möglichen Exponenten 2^{k-2}, für welche γ_0 nicht durch 2 teilbar ist. Betrachten wir diese Gleichung als Kongruenz modulo 8 und beachten, daß alle auf das zweite Glied von $e^{4\gamma_0}$ folgenden Summanden durch 8 teilbar sind, während $4\gamma_0$ kongruent 4 oder kongruent Null ist, je nachdem γ_0 eine Einheit ist oder nicht, so ergibt sich der einfache Satz:

Eine ungerade Zahl g gehört stets und nur dann modulo 2^k zum höchsten Exponenten 2^{k-2}, ist also für diesen Modul eine primitive Wurzel, wenn

$$(5^a) \qquad g \equiv \pm 5 \ (\text{mod. } 8)$$

ist. Speziell sind also $g = 5$ und $g = 3$ primitive Wurzeln für jede Potenz 2^k, deren Exponent größer als 2 ist.

Ist p ungerade, und g eine primitive Wurzel modulo p^k, gehört also g für diesen Modul zum Exponenten $c = \varphi(p^k)$, so sind die $\varphi(p^k)$ Potenzen

$$1, \ g, \ g^2, \ \dots \ g^{c-1}$$

lauter modulo p^k inkongruente Einheiten, und da die Anzahl aller für diesen Modul inkongruenten Einheiten ebenfalls gleich c ist; so ergibt sich der Satz:

Jede Einheit modulo p^k, wo p eine ungerade Primzahl bedeutet, läßt sich auf eine einzige Weise in der Form

$$(6) \qquad E \equiv g^\varepsilon \ (\text{mod. } p^k) \qquad (\varepsilon = 0,1,\dots c-1)$$

darstellen; wir nennen bei ein für allemal festgehaltener primitiver Wurzel g ε d e n I n d e x v o n E m o d u l o p^k und schreiben diese Beziehung

(6ª) $(\varepsilon) = \text{Ind. } E.$

Ist $p = 2$, und wird $k \geqq 2$ angenommen, so gehört nach (5) auf voriger Seite modulo 2^k jede Einheit

$$g = +e^{4\gamma_0},$$

speziell also $g = +5$ zum Exponenten $c = 2^{k-2}$; dann stellen die $2c = 2^{k-1} = \varphi(2^k)$ Potenzen:

$$
\begin{array}{c}
1, \quad g, \quad g^2, \; \dots \quad g^{c-1} \\
-1, \; -g, \; -g^2, \; \dots \; -g^{c-1}
\end{array}
\tag{7}
$$

lauter modulo g^k inkongruente Einheiten dar. Denn die in einer von jenen beiden Reihen stehenden Zahlen sind ja modulo 2^k inkongruent, und zwei in verschiedenen Reihen stehende Zahlen sind schon modulo $2^2 = 4$ inkongruent, da ja g und somit auch alle Potenzen von g kongruent 1 modulo 4 sind, während alle Zahlen $-g^h$ der zweiten Reihe modulo 4 kongruent -1 sind. Hier gilt also speziell für $g = 5$ der Satz:

Jede dyadische Einheit läßt sich modulo 2^k auf eine einzige Weise in der Form:

(8) $E \equiv (-1)^\delta 5^\varepsilon \pmod{2^k}$ $\begin{pmatrix} \delta = 0, 1 \\ \varepsilon = 0, 1, \dots c - 1 \end{pmatrix}$

darstellen. Wir nennen hier das Ziffernsystem (δ, ε) d e n I n d e x v o n E m o d u l o 2^k und schreiben diese Beziehung

(8ª) $(\delta, \varepsilon) = \text{Ind. } E.$

Der Index (ε) einer Einheit E modulo p^k beziehungsweise das Indexsystem (δ, ε) modulo 2^k hat ganz dieselben Grundeigenschaften, wie der Logarithmus einer beliebigen p-adischen Zahl für den Bereich von p. Um dies deutlicher hervortreten zu lassen, will ich auch hier die Gleichheit zweier Indizes sowie die Addition derselben ganz ähnlich wie dort definieren und dann zeigen, daß die Indizes der Einheiten genau denselben Gesetzen gehorchen, wie die Logarithmen der Zahlen.

Zwei Indizes (ε) und (ε') für eine ungerade Primzahlpotenz p^k sollen g l e i c h heißen $((\varepsilon) = (\varepsilon'))$, wenn ihre Zahlenwerte sich nur um ein Vielfaches von $c = \varphi(p^k)$ unterscheiden, wenn also

$$(9) \qquad \varepsilon = \varepsilon' \ (\text{mod. } (p-1)p^{k-1})$$

ist. Zwei Indexsysteme (δ, ε), (δ', ε') für eine Potenz 2^k heißen gleich, wenn δ und δ' modulo 2, ε und ε' modulo $c = \varphi(2^{k-1}) = 2^{k-2}$ kongruent sind. Die Gleichung $(\delta, \varepsilon) = (\delta', \varepsilon')$ ist also nur ein anderer Ausdruck für das Bestehen der Kongruenzen:

$$(9^\text{a}) \qquad \delta \equiv \delta' \ (\text{mod. } 2), \quad \varepsilon \equiv \varepsilon' \ (\text{mod. } 2^{k-2}).$$

Ferner definiere ich die Summe bzw. die Differenz zweier Indizes durch die Gleichungen

$$(9^\text{b}) \qquad (\varepsilon) \pm (\varepsilon') = (\varepsilon \pm \varepsilon'), \quad (\delta, \varepsilon) \pm (\delta', \varepsilon') = (\delta \pm \delta', \varepsilon \pm \varepsilon').$$

Dann bestehen auch hier die folgenden Sätze, durch die das Rechnen mit den Indizes vollständig und höchst einfach geregelt wird:

Zwei Einheiten modulo p

$$b \equiv g^\beta \quad \text{und} \quad b' \equiv g^{\beta'} \ (\text{mod. } p^k)$$

sind, falls p ungerade ist, stets und nur dann modulo p^k kongruent, wenn ihre Indizes (β) und (β') gleich, d. h. wenn ihre Indexexponenten β und β' modulo $c = \varphi(p^k)$ kongruent sind; und das entsprechende gilt für die Indizes von zwei modulo 2^k kongruenten dyadischen Einheiten.

Sind

$$b \equiv g^{\beta} \quad b' \equiv g^{\beta'} \ (\text{mod. } p^k)$$

zwei beliebige Einheiten, also (β) und (β') ihre Indizes, so folgt aus den Kongruenzen:

$$bb' \equiv g^{\beta+\beta'} \quad \frac{b}{b'} \equiv g^{\beta-\beta'} \ (\text{mod. } p^k)$$

der Satz, welcher mit dem entsprechenden für die Logarithmen genau übereinstimmt:

Der Index eines Produktes ist gleich der Summe der Indizes seiner Faktoren; der Index eines Quotienten ist gleich der Differenz der Indizes von Zähler und Nenner.

In der Tat folgt ja aus den beiden obigen Kongruenzen:

$$\text{Ind. } (bb') = (\beta + \beta') = \text{Ind. } b + \text{Ind. } b',$$
$$\text{Ind. } \left(\frac{b}{b'}\right) = (\beta - \beta') = \text{Ind. } b - \text{Ind. } b'.$$

Aus den entsprechenden Kongruenzen:

$$b \equiv (-1)^{\delta} 5^{\varepsilon} \qquad b' \equiv (-1)^{\delta'} 5^{\varepsilon'}$$
$$bb' \equiv (-1)^{\delta+\delta'} 5^{\varepsilon+\varepsilon'} \quad \frac{b}{b'} \equiv (-1)^{\delta-\delta'} 5^{\varepsilon-\varepsilon'} \ (\text{mod. } 2^k)$$

folgt, daß derselbe Satz auch für $p = 2$ richtig ist.

Bei der Untersuchung von Kongruenzen für eine bestimmte Primzahlpotenz p^k als Modul ist es vorteilhaft, ganz wie bei den Logarithmen auch hier *Tafeln*, sogen. Indextafeln zu benutzen und zwar immer ein Paar von Tafeln, von denen die eine nach den Zahlen (Numeri) b, die andere nach den Indizes β geordnet ist; für den Zahlentheoretiker sind solche Tabellen geradezu unentbehrlich. *C. G. J. Jacobi* hat so einfache Methoden zur Berechnung solcher Tabellen angegeben, daß er zur Herstellung eines umfangreichen derartigen Tafelwerkes, des „Canon arithmeticus", der alle Primzahlen und alle Primzahlpotenzen unter 1000 berücksichtigt, einen Artillerieunteroffizier anleiten konnte. Als Beispiel diene folgende Tabelle, in der $p = 13$, $g = 2$ angenommen ist:

$b = 1$	2	3	4	5	6	7	8	9	10	11	12
$\beta = 0$	1	4	2	9	5	11	3	8	10	7	6

$\beta = 0$	1	2	3	4	5	6	7	8	9	10	11
$b = 1$	2	4	8	3	6	12	11	9	5	10	7

Aus der ersten Tabelle findet man zu jeder Einheit b den zugehörigen Index β, aus der zweiten zu jedem Index β die zugeordnete Zahl b. Die erste liefert also die Lösung jeder Kongruenz $g^x \equiv b$ (mod. 13), die zweite die Lösungen aller Kongruenzen $y \equiv g^\beta$ (mod. 13).

Z. B. ist also für $p = 13$ und $g = 2$: Ind. $9 = 8$, Ind. $10 = 10$, daher Ind. $(9 \cdot 10) \equiv 8 + 10 \equiv 6$ (mod. 12), Ind. $\left(\dfrac{9}{10} \right) \equiv 8 - 10 \equiv -2 \equiv +10$ (mod.12), also folgt aus der zweiten Tabelle:

$$9 \cdot 10 \equiv 12 \ (\text{mod. } 13), \qquad \frac{9}{10} \equiv 10 \ (\text{mod. } 13).$$

Ferner findet man z. B. für die Primzahlpotenz $27 = 3^3$, für welche $c = \varphi(3^3) = 2 \cdot 3^2 = 18$ ist, und wo als primitive Wurzel 2 genommen werden kann, die beiden folgenden Tabellen (vgl. a. a. O. a. S. 278), deren Einrichtung leicht verständlich ist

Numeri

I.	0	1	2	3	4	5	6	7	8	9
	1	2	4	8	16	5	10	20	13	26
1.	25	23	19	11	22	17	7	14		

Indizes

N.	0	1	2	3	4	5	6	7	8	9
		0	1	·	2	5	·	16	3	·
1	6	13	·	8	17	·	4	15	·	12
2	7	·	14	11	·	10	9			

Die erste Tabelle gibt zu allen Indizes der Reihe 0, 1, 2, ... 17 die Numeri, die zweite zu allen Einheiten aus der Reihe 1, 2, ... 26 die Indizes. In der zweiten Tabelle fehlen bei den Vielfachen von 3 natürlich die Indizes, da sie ja modulo 27 keine Einheiten sind.

Für den Modul 27 ergibt sich z. B. aus der zweiten Tabelle

$$\text{Ind. } 13 = 8, \quad \text{Ind. } 10 = 6,$$

also mit Hilfe der ersten Tabelle:

$$\text{Ind.} (10 \cdot 13) \equiv 14 = \text{Ind. } 22, \quad \text{Ind.} \left(\frac{13}{10}\right) \equiv 2 = \text{Ind. } 4, \ (\text{mod. } 18)$$

$$\text{Ind.} \left(\frac{13}{10}\right)^{16} \equiv 16 \cdot 2 \equiv 14 = \text{Ind. } 22 \ (\text{mod. } 18).$$

Also erhält man die Kongruenzen modulo 27:

$$10 \cdot 13 \equiv 22, \quad \frac{13}{10} \equiv 4, \quad \left(\frac{13}{10}\right)^{16} \equiv 22 \ (\text{mod. } 27),$$

von denen wenigstens die beiden ersten leicht direkt nachgeprüft werden können.

Um ein Indexsystem modulo p^k aufzusuchen, muß man eine feste primitive Wurzel g wählen; nimmt man für den nämlichen Modul p^k eine andere primitive Wurzel g' und bestimmt das zu dieser gehörige Indexsystem, so erscheinen letzterem gegenüber alle Indizes des ersten Systems mit einer und derselben Zahl, nämlich dem Index von g' in bezug auf das erste System, multipliziert, ganz ebenso wie beim Übergang von einem Logarithmensystem zu einem andern. In der Tat, ist $g' \equiv g^\alpha$ (mod. p^k), so ist ja für denselben Modul $g'^{\beta'} \equiv g^{\alpha\beta'}$.

Während sich bei dieser Transformation aber im allgemeinen die Indizes der einzelnen Zahlen ändern, bleiben für einen beliebigen ungeraden Modul p^k zwei Indizes stets für jede primitive Wurzel unverändert. Es ist nämlich für eine beliebige primitive Wurzel $g = w e^{p\gamma_0}$

$$g^0 \equiv 1, \quad g^{\frac{c}{2}} = g^{\frac{p-1}{2} p^{k-1}} = \left(w^{\frac{p-1}{2}} \right)^{p^{k-1}} e^{p^k \gamma_0 \cdot \frac{p-1}{2}} \equiv -1 \ (\text{mod. } p^k),$$

da nach S. 189 unten $w^{\frac{p-1}{2}} = -1$ und p^{k-1} ungerade ist; also ist stets

$$(10) \qquad \text{Ind.} (1) = 0, \quad \text{Ind.} (-1) = \frac{c}{2}.$$

§ 6. Anwendungen: Der Wilsonsche Satz für eine beliebige Primzahlpotenz. Lineare Kongruenzen im p-adischen Zahlkörper.

Ich benutze die Exponentialdarstellung der Einheiten modulo p^k um den verallgemeinerten Wilsonschen Satz zu beweisen:

Das Produkt aller modulo p^k inkongruenten Einheiten ist für diesen Modul kongruent -1, wenn p ungerade, kongruent $+1$, wenn $p = 2$ ist. Eine Ausnahme macht nur der Modul 2^2, denn für ihn ist ja das Produkt $1 \cdot 3$ kongruent -1.

Stellt man nämlich alle jene Einheiten modulo p^k als Potenzen einer primitiven Wurzel g dar, so ergibt sich für ein ungerades p unter Benutzung von (10)

$$(1) \quad \prod E \equiv g^{1+2+\cdots+(c-1)} = \left(g^{\frac{c}{2}}\right)^{c-1} \equiv (-1)^{c-1} \equiv -1 \pmod{p^k}$$

da $(c-1)$ ungerade ist.

Im Falle $p = 2$ ergibt die Darstellung (7) auf S. 221 aller Einheiten modulo 2^k, da $c = 2^{k-2}$ für $k > 2$ gerade ist, die Kongruenz:

$$(1^{\mathrm{a}}) \quad \prod E \equiv (-1)^c (g^{1+2+\cdots+(c-1)})^2 = +(g^c)^{c-1} \equiv +1 \pmod{2^k},$$

und damit ist der Wilsonsche Satz allgemein bewiesen.

Auch ohne Benutzung der primitiven Wurzeln folgt die Richtigkeit des Wilsonschen Satzes sofort aus der Exponentialdarstellung der Einheiten E modulo p^k. In der Tat ist ja für ein ungerades p jede Einheit

$$E_{rs} \equiv w_r e^{ps} \pmod{p^k} \qquad \binom{r = 1, 2, \ldots p-1}{s = 0, 1, \ldots (p^{k-1} - 1)},$$

wo w_1, w_2, $\ldots$ w_{p-1} die $(p-1)$-ten Einheitswurzeln mit den Anfangsgliedern 1, 2, $\ldots$ $p-1$ sind. Dann ist zunächst das für ein bestimmtes r auf alle p^{k-1} Werte von s erstreckte Produkt:

$$(2) \quad \prod_{(s)} E_{rs} = \prod_{s=0}^{p^{k-1}-1} w_r e^{ps} = w_r^{p^{k-1}} \cdot e^{p(1+2+\cdots+(p^{k-1}-1))}$$

$$= w_r e^{p^k \frac{p^{k-1}-1}{2}} \equiv w_r \pmod{p^k}$$

da ja $w_r^p = w_r$, also auch $w_r^{p^k} = w_r$, und der Exponent von e durch p^k teilbar ist. Multipliziert man in dieser Gleichung noch über alle Werte von r und beachtet, daß $w_1 w_2 \ldots w_{p-1} = -1$ ist, so ergibt sich in der Tat:

$$\prod_r \prod_s E_{rs} \equiv -1 \ (\text{mod. } p^k).$$

Ganz ebenso wird der Wilsonsche Satz für eine Potenz 2^k von 2 als Modul bewiesen, falls $k > 2$ ist. Denken wir uns hier alle Einheiten in der Form (2^a) a. S. 212 dargestellt:

$$\pm E_s \equiv \pm e^{2^{2 \cdot s}} \ (\text{mod. } p^k) \qquad {\scriptstyle (s=0,1,\ldots(2^{k-2}-1))}$$

und multiplizieren zuerst die 2^{k-2} Einheiten mit demselben Vorzeichen $+1$ oder -1, so erhält man

$$(2^a) \qquad \prod_{(s)} (\pm 1) E_s \equiv (\pm 1)^{2^{k-2}} \cdot e^{2^2(1+2+\cdots+(2^{k-2}-1))}$$
$$= e^{2^2 \cdot 2^{k-3}(2^{k-2}-1)} \equiv +e^{2^{k-1}} \ (\text{mod. } 2^k),$$

da der Exponent von e kongruent 2^{k-1} modulo 2^k ist. Also wird das Produkt jener beiden Teilprodukte kongruent $e^{2 \cdot 2^{k-1}} \equiv +1 \ (\text{mod. } 2^k)$.

Aus den beiden in (2) und (2^a) abgeleiteten Kongruenzen:

$$\prod_{(s)} E_{rs} \equiv w_r \ (\text{mod. } p^k)$$
$$\prod_{(s)} \pm E_s \equiv 1 \ (\text{mod. } 2^{k-1})$$

ergeben sich noch die beiden folgenden interessanten Sätze:

Das Produkt aller modulo p^k inkongruenten Einheiten, welche für diesen Modul kongruent r, welche also von der Form $np + r$

sind, ist für denselben Modul der zugehörigen Einheitswurzel w_r kongruent.

Das Produkt aller derjenigen modulo 2^k inkongruenten Einheiten, welche von der Form $4n + 1$ bzw. $4n + 3$ sind, ist modulo 2^{k-1} kongruent 1.

Als letzte Anwendung der bisher durchgeführten Betrachtungen löse ich die allgemeine lineare Kongruenz

$$(3) \qquad\qquad AX \equiv A' \;(\text{mod. } M)$$

auf, in welcher A, A' und der Modul M beliebige ganze oder gebrochene p-adische Zahlen sein können, und bestimme die Anzahl ihrer modulo M inkongruenten Lösungen. Hierzu gebe ich zuerst die allgemeinste Definition der Kongruenz zweier p-adischen Zahlen für einen beliebigen p-adischen Modul M, welche vollständig mit der früher für eine beliebige Potenz p^k von p als Modul gegebenen übereinstimmt und sofort auf diese zurückgeführt werden kann:

Zwei Zahlen B und B' heißen k o n g r u e n t f ü r d e n M o d u l M, wenn ihre Differenz durch M teilbar ist.

Hiernach ist also genau wie a. S. 49 unten die Kongruenz:

$$(4) \qquad\qquad B \equiv B' \;(\text{mod. } M)$$

nur ein anderer Ausdruck für das Bestehen einer Gleichung:

$$(4^{\text{a}}) \qquad\qquad B' = B + MG,$$

in der G eine beliebige *ganze* g-adische Zahl bedeutet. Ist $M = p^m E$, wo E eine Einheit bedeutet, so geht die Gleichung (4^{a}) in

$$(4^{\text{b}}) \qquad\qquad B' = B + p^m EG = B + p^m \overline{G}$$

über und sie ist dann und nur dann erfüllt, wenn $\overline{G} = EG$ ebenfalls eine ganze p-adische Zahl, wenn also

$$(4^c) \qquad B' \equiv B \ (\text{mod. } p^m) \quad \text{oder} \quad (\text{mod. } |M|)$$

ist, wo $|M|$ den absoluten Betrag von M bedeutet; somit ergibt sich der Satz:

Die Kongruenz (4) für den p-adischen Modul M ist stets und nur dann erfüllt, wenn sie für seinen absoluten Betrag besteht.

Da endlich die Gleichung (4^a) bestehen bleibt, wenn man sie mit einer beliebigen von Null verschiedenen Zahl C multipliziert oder sie durch C dividiert, so folgt der Satz:

Eine Kongruenz:

$$(4) \qquad B \equiv B' \ (\text{mod. } M)$$

bleibt richtig, wenn man sie mit einer p-adischen Zahl $C \neq 0$ multipliziert oder dividiert, vorausgesetzt, daß ihr Modul in derselben Weise umgeformt wird; erfüllen also B und B' die Kongruenz (4), so ist für jede von Null verschiedene Zahl C:

$$(4^d) \qquad CB \equiv CB' \ (\text{mod. } CM), \quad \frac{B}{C} \equiv \frac{B'}{C} \ \left(\text{mod. } \frac{M}{C}\right).$$

Aus der obigen Kongruenz (1) ergibt sich nun durch Anwendung von (4^d) und (4^c)

$$(5) \qquad X \equiv \frac{A'}{A} = x_0 \ \left(\text{mod. } \left|\frac{M}{A}\right|\right),$$

wo x_0 also modulo $\left|\dfrac{M}{A}\right|$ eindeutig bestimmt ist. Daher genügt X dann und nur dann der Kongruenz (1), wenn

$$(6) \qquad X = x_0 + \left|\frac{M}{A}\right| G$$

ist, wo G eine beliebige ganze Zahl bedeutet.

Wieviele unter diesen Zahlen (6) sind nun modulo M inkongruent? Sollen zwei Lösungen

$$x_0 + \left|\frac{M}{A}\right| G \quad \text{und} \quad x_0 + \left|\frac{M}{A}\right| G'$$

modulo M kongruent sein, so gilt für ihre Differenz:

$$\left|\frac{M}{A}\right| (G' - G) \equiv 0 \ (\text{mod. } |M|)$$

oder nach Division mit $\left|\dfrac{M}{A}\right|$:

$$G' \equiv G \ (\text{mod. } |A|).$$

Also sind alle und nur die modulo M inkongruenten Lösungen der vorgelegten Kongruenz (1) in der Form:

$$\frac{A'}{A} + \left|\frac{M}{A}\right| G$$

enthalten, in der G ein vollständiges System aller modulo $|A| = p^a$ inkongruenten ganzen Zahlen durchläuft.

Ist die Ordnungszahl a von A positiv, so ist die Anzahl aller modulo p^a inkongruenten ganzen Zahlen

$$G = g_0 + g_1 p + \cdots + g_{a-1} p^{a-1}$$

gleich $p^a = |A|$; ist dagegen $a = -\bar{a} \leqq 0$, so sind alle ganzen Zahlen G modulo $p^{-\bar{a}}$ kongruent; in diesem Falle hat also unsere Kongruenz nur die eine Lösung $x = \dfrac{A'}{A}$.

Die Anzahl aller modulo M inkongruenten Lösungen der Kongruenz

$$AX \equiv A' \; (\text{mod. } M)$$

ist also gleich $|A|$ oder gleich 1, je nachdem A ganz oder gebrochen ist; jene Anzahl ist also stets gleich dem kleinsten gemeinsamen Vielfachen $[1, |A|]$ von 1 und $|A|$.

Ich untersuche jetzt, ob die Kongruenz

$$(1) \qquad\qquad AX \equiv A' \; (\text{mod. } M)$$

g a n z z a h l i g e Lösungen besitzt, und, falls dies der Fall sein sollte, wie groß ihre Anzahl ist. Dabei kann ich voraussetzen, daß A, A' und M von nicht negativer Ordnung sind; denn durch Multiplikation der Kongruenz (1) mit einer geeigneten Potenz von p kann die allgemeinste Kongruenz leicht auf diesen Fall reduziert werden.

Ferner können und wollen wir $|A| > |M|$ voraussetzen; denn für $|A| \lesssim |M|$ wird ja die Kongruenz $0 \cdot X \equiv A' \; (\text{mod. } M)$ nur in dem trivialen Falle durch ganzzahlige X befriedigt, daß $A' \equiv 0$, daß also auch $|A'| \lesssim |M|$ ist, und dann durch alle $p^m = |M|$ modulo M

inkongruenten ganzen Zahlen. Ist dagegen $|A| > |M|$, so ist in der allgemeinen Lösung:

$$X = \frac{A'}{A} + \left| \frac{M}{A} \right| G$$

der zweite Summand ganz; also besitzt unsere Kongruenz stets und nur dann eine ganzzahlige Lösung, wenn auch $\frac{A'}{A}$ ganz, wenn also A' durch A teilbar ist, und nach dem allgemeinen Resultate hat sie dann genau $p^a = |A|$ modulo M inkongruente ganzzahlige Lösungen. Bezeichnen wir wieder durch $(A, M) = (p^a, p^m)$ den größten gemeinsamen Teiler von A und M, d. h. die niedrigere von den beiden Potenzen p^a und p^m, so hat die Kongruenz (1) in jedem der beiden unterschiedenen Fälle stets und nur dann eine Lösung, wenn A' durch (A, M) teilbar ist; und sie besitzt dann genau (A, M) modulo M inkongruente Lösungen.

Wir wollen jede Lösung der Kongruenz $AX \equiv A'$ (mod. M) als e i n e n W e r t d e s Q u o t i e n t e n $\frac{A}{A'}$ m o d u l o M bezeichnen und A' und A den Z ä h l e r und den N e n n e r desselben nennen. Dann können wir das Gesamtergebnis der letzten Untersuchung folgendermaßen aussprechen:

Der Quotient $\frac{A'}{A}$ besitzt modulo M stets und nur dann einen ganzzahligen Wert, wenn sein Zähler A' durch (A, M) teilbar ist, und zwar hat er dann genau (A, M) modulo M inkongruente Werte, welche sich um Multipla von $|M/A|$ unterscheiden.

So hat z. B. für den Bereich von 3 die Kongruenz

$$18X \equiv 63 \ (\text{mod. } 81)$$

mindestens eine ganzzahlige Lösung, weil 63 durch $(18, 81) = 9$ teilbar ist. Alle modulo 81 inkongruenten Wurzeln dieser Kongruenz sind in der Form:

$$X = \frac{63}{18} + \left|\frac{81}{18}\right| n = \frac{7}{2} + 9n$$

enthalten, wo $\frac{7}{2}$ modulo $\left|\frac{81}{18}\right| = 9$ bestimmt ist, also gleich 8 gesetzt werden kann und wo n ein vollständiges Restsystem modulo $|18| = 9$, also etwa die Zahlenreihe $0, \pm 1, \pm 2, \pm 3, \pm 4$ durchläuft. Die sämtlichen 9 Lösungen $X = 8 + 9n$ sind hiernach:

$$-28, \; -19, \; -10, \; -1, \; +8, \; +17, \; +26, \; +35, \; +44.$$

Ebenso besitzt für den Bereich von 2 die Kongruenz:

$$12X \equiv 40 \;(\text{mod. } 32)$$

die Lösungen:

$$X = \frac{40}{12} + \left|\frac{32}{12}\right| \cdot n = \frac{10}{3} + 8n,$$

wo $\frac{10}{3}$ modulo 8 kongruent 6 ist, und n ein vollständiges Restsystem modulo $|12| = 4$ durchläuft. Die vier modulo 32 inkongruenten Lösungen jener Kongruenz sind also 6, 14, 22, 30.

Schließt man den trivialen Fall, daß A durch M teilbar ist, aus, so spricht sich das auf vor. S. abgeleitete Schlußresultat einfacher so aus:

Die Kongruenz

$$AX \equiv A' \;(\text{mod. } M)$$

besitzt stets und nur dann ganzzahlige Lösungen, wenn A' durch $|A|$ teilbar ist, und zwar hat sie dann genau $|A|$ modulo M inkongruente Wurzeln, welche sich um Multipla von $|M/A|$ unterscheiden.

Neuntes Kapitel.

Die Elemente der Zahlentheorie im Ringe der g-adischen Zahlen.

§ 1.   Die elementaren Rechenoperationen im Ringe der g-adischen Zahlen.

Im fünften Kapitel (S. 106 ff.) war gezeigt worden, wie sich die Untersuchung aller g-adischen Zahlen für eine beliebige zusammengesetzte Grundzahl g vollständig auf die Betrachtung derjenigen Körper $K(p)$, $K(q)$, ... $K(r)$ reduzieren läßt, deren Grundzahlen p, q, ... r die sämtlichen in g enthaltenen verschiedenen Primzahlen sind. Ich will jetzt zeigen, wie einfach sich die genauere Untersuchung der Zahlen des g-adischen Zahlringes $R(g)$ auf Grund der im vorigen Kapitel für die p-adischen Zahlkörper gewonnenen Resultate gestaltet.

Im fünften Kapitel hatte sich als Hauptresultat ergeben, daß alle g-adischen Zahlen auf eine einzige Weise entweder in der sogen. additiven oder in der multiplikativen Normalform darstellbar sind. Die letztere Art werden wir im folgenden wesentlich benutzen; daher sollen die vorher gefundenen Sätze hier noch einmal ausgesprochen werden:

Ist g eine beliebige ganze Zahl, und sind p, q, ... r alle ihre verschiedenen Primfaktoren, so ist jede g-adische Zahl auf eine einzige Weise in der sogen. multiplikativen Normalform darstellbar:

$$A = \mathfrak{A}_p \mathfrak{A}_q \ldots \mathfrak{A}_r \ (g).$$

Hier sind die g-adischen Zahlen $\mathfrak{A}_p$, $\mathfrak{A}_q$, ... $\mathfrak{A}_r$, die sogen. K o m p o n e n t e n   v o n A, eindeutig durch die Bedingungen bestimmt, daß z. B. für die erste:

$$\mathfrak{A}_p = A \ (p), \quad \mathfrak{A}_p = 1 \ (q), \ \ldots \quad \mathfrak{A}_p = 1 \ (r)$$

ist, während für die übrigen entsprechende Bestimmungsgleichungen bestehen. Sind umgekehrt:

$$\alpha_p, \quad \alpha_q, \ \ldots \quad \alpha_r$$

beliebig vorgegebene p-adische, q-adische, ... r-adische Zahlen, so gibt es eine einzige g-adische Zahl A, welche für die Bereiche von p, q, ... r bzw. gleich α_p, α_q, ... α_r ist.

Aus diesem Satze folgte sofort der weitere:

Sind

$$A = \mathfrak{A}_p \mathfrak{A}_q \ldots \mathfrak{A}_r; \quad B = \mathfrak{B}_p \mathfrak{B}_q \ldots \mathfrak{B}_r$$

zwei beliebige g-adische Zahlen in der Normalform, so ist:

$$AB = (\mathfrak{A}_p \mathfrak{B}_p)(\mathfrak{A}_q \mathfrak{B}_q) \ldots (\mathfrak{A}_r \mathfrak{B}_r)$$

die Darstellung ihres Produktes in der Normalform.

Aus den Untersuchungen des vierten Kapitels hatte sich a. S. 82 unten ergeben, daß im Bereiche der g-adischen Zahlen die Grundgesetze I)–VI) des ersten Kapitels unbeschränkt gelten. Während aber in dem Ringe $R(g)$ die Subtraktion unbeschränkt und eindeutig ausführbar ist, gilt dasselbe nicht für die Division; es ist jetzt aber leicht, die Divisionsregeln in diesem Ringe ebenfalls vollständig und einfach anzugeben.

Sind nämlich A und B zwei beliebige g-adische Zahlen, so wollen wir auch hier jede g-adische Zahl X, welche der Gleichung:

$$(1) \qquad\qquad AX = B \ (g)$$

genügt, durch

$$(1^{\mathrm{a}}) \qquad\qquad X = \frac{B}{A} \; (g)$$

bezeichnen und sie e i n e n Q u o t i e n t e n v o n B u n d A oder
e i n e n B r u c h nennen, dessen Zähler B, dessen Nenner A ist. Ist
wieder

$$A = \mathfrak{A}_p \mathfrak{A}_q \ldots \mathfrak{A}_r; \quad B = \mathfrak{B}_p \mathfrak{B}_q \ldots \mathfrak{B}_r$$

die Darstellung von A und B in der Normalform, und ist
$X = X_p X_q \ldots X_r$ dieselbe Darstellung für die unbekannte Zahl X, so
sind ihre Komponenten durch die Forderungen bestimmt, daß z. B. X_p
den Gleichungen:

$$(2) \qquad \mathfrak{A}_p X_p = \mathfrak{B}_p \;(p), \quad X_p = 1 \;(q), \; \ldots \quad X_p = 1 \;(r)$$

genügen muß, deren erste sich aus der Betrachtung der Gleichung (1)
für den Bereich von p ergibt, während die letzten erfüllt sein müssen,
damit X_p eine p-Komponente sei. Für die anderen Komponenten
bestehen die entsprechenden Gleichungen:

$$(2^{\mathrm{a}}) \qquad \mathfrak{A}_q X_q = \mathfrak{B}_q \;(q), \quad X_q = 1 \;(p), \; \ldots \quad X_q = 1 \;(r)$$

. . . .

Sind umgekehrt für ein System $(X_p, X_q, \ldots X_r)$ von g-adischen Zahlen
die Gleichungen (2) und (2^{a}) sämtlich erfüllt, so besteht für die
aus ihnen multiplikativ zusammengesetzte Zahl X die Gleichung (1).
Sind endlich $(X_p, X_q, \ldots X_r)$ und $(X'_p, X'_q, \ldots X'_r)$ zwei verschiedene
Lösungen von (2) und (2^{a}), so sind die ihnen entsprechenden Lösungen
X und X' ebenfalls verschieden, da eine g-adische Zahl X durch ihre
Komponenten $(X_p, X_q, \ldots X_r)$ eindeutig bestimmt ist.

Wir brauchen daher nur zu untersuchen, wie viele und welche Lösungen die Gleichungssysteme (2) und (2ª) für die verschiedenen Komponenten X_p, X_q, ... X_r haben, und dabei können wir uns auf die eine Komponente X_p und die sie bestimmenden Gleichungen (2) beschränken.

Wir wollen nun ähnlich wie vorher jede Lösung X_p der Gleichungen (2) durch

$$(3) \qquad X_p = \frac{\mathfrak{B}_p}{\mathfrak{A}_p}$$

bezeichnen, und sie einen B r u c h oder e i n e n Q u o t i e n t e n d e r b e i d e n p - K o m p o n e n t e n $\mathfrak{B}_p$ u n d $\mathfrak{A}_p$ nennen; $\mathfrak{B}_p$ heiße wieder d e r Z ä h l e r, $\mathfrak{A}_p$ d e r N e n n e r dieses Bruches. Dann ist also jeder Wert jenes Bruches durch die Bedingungen

$$(3^a) \qquad \mathfrak{A}_p \left(\frac{\mathfrak{B}_p}{\mathfrak{A}_p} \right) = \mathfrak{B}_p \ (p), \quad \frac{\mathfrak{B}_p}{\mathfrak{A}_p} = 1 \ (q), \ \dots \quad \frac{\mathfrak{B}_p}{\mathfrak{A}_p} = 1 \ (r)$$

bestimmt. Entsprechend sollen die Lösungen X_q, ... X_r der Gleichungen (2ª) bzw. durch $\dfrac{\mathfrak{B}_q}{\mathfrak{A}_q}$, ... $\dfrac{\mathfrak{B}_r}{\mathfrak{A}_r}$ bezeichnet werden. Dann besteht also der Satz:

Sind

$$A = \mathfrak{A}_p \cdot \mathfrak{A}_q \dots \mathfrak{A}_r, \quad B = \mathfrak{B}_p \cdot \mathfrak{B}_q \dots \mathfrak{B}_r$$

zwei beliebige g-adische Zahlen in der Normalform, so ist

$$(4) \qquad \frac{B}{A} = \frac{\mathfrak{B}_p}{\mathfrak{A}_p} \cdot \frac{\mathfrak{B}_q}{\mathfrak{A}_q} \dots \frac{\mathfrak{B}_r}{\mathfrak{A}_r} \ (g)$$

die Darstellung eines jeden Wertes ihres Quotienten in der Normalform, falls solche Werte überhaupt existieren.

Wir haben jetzt also zu untersuchen, ob für beliebig gegebene g-adische Zahlen A und B bzw. für beliebige p-Komponenten $\mathfrak{A}_p$ und $\mathfrak{B}_p$ die Gleichungen:

$$(5) \qquad \mathfrak{A}_p X_p = \mathfrak{B}_p \ (p), \quad X_p = 1 \ (q), \ \ldots \quad X_p = 1 \ (r)$$

Lösungen $X_p = \dfrac{\mathfrak{B}_p}{\mathfrak{A}_p}$ haben, und, falls dies der Fall ist, welches diese sind. Diese Gleichungen besitzen nun stets und nur dann Lösungen X_p, wenn die erste von ihnen allein solche hat, und jeder Lösung ξ_p dieser einen Gleichung:

$$(5^\mathrm{a}) \qquad\qquad \mathfrak{A}_p \xi_p = \mathfrak{B}_p \ (p)$$

entspricht eine eindeutig bestimmte Lösung X_p der Gleichungen (5). Ist nämlich ξ_p, eine p-adische Zahl, welche eine Lösung von (5^a) ist, so gibt es ja nach S. 107 (2) eine einzige g-adische Zahl X_p, für welche die Gleichungen

$$X_p = \xi_p \ (p), \quad X_p = 1 \ (q), \ \ldots \quad X_p = 1 \ (r)$$

sämtlich erfüllt sind, welche also eine Lösung von (5) ist.

Da nun der Bereich $K(p)$ der p-adischen Zahlen einen Körper bildet, so besitzt die Gleichung (5^a) stets eine eindeutig bestimmte Lösung, wenn $\mathfrak{A}_p \neq 0 \ (p)$, wenn also der Wert von A für den Bereich von p von Null verschieden ist, oder, was dasselbe ist, wenn A nicht den zu p gehörigen Primteiler O_p der Null enthält.

In diesem Falle ist also:

$$X_p = \frac{\mathfrak{B}_p}{\mathfrak{A}_p} \ (g)$$

eindeutig bestimmt. Gilt das entsprechende für alle Komponenten $\mathfrak{A}_q, \ldots \mathfrak{A}_r$, sind also die Werte von A für den Bereich aller in g enthaltenen Primzahlen von Null verschieden, enthält mithin A keinen einzigen Primteiler der Null, so sind hiernach alle Komponenten $\dfrac{\mathfrak{B}_p}{\mathfrak{A}_p}, \ldots \dfrac{\mathfrak{B}_r}{\mathfrak{A}_r}$ von $\dfrac{B}{A}$, also auch $\dfrac{B}{A}$ selbst, eindeutig bestimmt.

Der Quotient $\dfrac{B}{A}$ zweier g-adischen Zahlen ist also eine eindeutig bestimmte g-adische Zahl, wenn der Nenner A keinen Primteiler der Null enthält. In diesem Falle ist hiernach die Division stets unbeschränkt und eindeutig ausführbar.

Es möge jetzt

$$A = O_p \mathfrak{A}_q \ldots \mathfrak{A}_r$$

einen, etwa den zu p gehörigen Primteiler der Null enthalten, während die übrigen Komponenten beliebig sein können. Dann geht die Gleichung (5^a) zur Bestimmung der p-Komponente von X über in

$$0 \cdot \xi_p = \mathfrak{B}_p \ (p),$$

und diese besitzt dann und nur dann überhaupt eine Lösung, wenn auch $\mathfrak{B}_p = 0 \ (p)$ ist, wenn also

$$B = O_p \mathfrak{B}_q \ldots \mathfrak{B}_r$$

ebenfalls den zu p gehörigen Primfaktor der Null enthält. Ist das aber der Fall, so wird die Gleichung

$$0 \cdot \xi_p = 0 \ (p)$$

durch jede p-adische Zahl erfüllt. Daher werden die zugehörigen Gleichungen:

$$X_p = \xi_p \ (p), \quad X_p = 1 \ (q), \ \ldots \quad X_p = 1 \ (r)$$

zur Bestimmung der p-Komponente von X durch jede g-adische Zahl befriedigt, deren p-Komponente ganz beliebig ist, während sie für den Bereich von $q, \ldots r$ gleich 1 wird. In diesem Falle hat also diese p-Komponente:

$$(6) \qquad X_p = \frac{\mathfrak{B}_p}{\mathfrak{A}_p} = \frac{O_p}{O_p}$$

unendlich viele Werte, sie erscheint hier in der unbestimmten Form $\dfrac{O_p}{O_p}$ einer p-Komponente, welche für den Bereich von p jeden Wert annehmen kann. Ist dagegen $\mathfrak{A}_p = O_p$, $\mathfrak{B}_p \neq O_p$, so besitzt die Gleichung (5^{a}) innerhalb $R(g)$ keine Lösung, und das Gleiche gilt in diesem Falle von der ganzen Gleichung $AX = B$ (g), da dann X eben keine p-Komponente besitzen kann. Auch hier wollen wir die Zahlgröße

$$X_p = \frac{\mathfrak{B}_p}{O_p}$$

einführen, aber dabei bemerken, daß sie nicht im Ringe $R(g)$ der g-adischen Zahlen vorkommt. Entsprechendes gilt natürlich für die übrigen Komponenten. Wir können also das Schlußresultat unserer Untersuchung folgendermaßen aussprechen:

Der Quotient:

$$\frac{B}{A} = \frac{\mathfrak{B}_p}{\mathfrak{A}_p} \cdot \frac{\mathfrak{B}_q}{\mathfrak{A}_q} \cdots \frac{\mathfrak{B}_r}{\mathfrak{A}_r}$$

zweier g-adischen Zahlen ist stets und nur dann *eindeutig* bestimmt, wenn der Nenner keinen Primteiler der Null enthält. Besitzt dagegen der Nenner A gewisse von den Primteilern der Null, so existiert der Quotient B/A stets und nur dann, wenn der Zähler mindestens dieselben Primteiler enthält, und dann kann für die zugehörigen in unbestimmter Form erscheinenden Komponenten

$$\frac{O_p}{O_p} \quad \text{bzw.} \quad \frac{O_q}{O_q}, \ldots$$

jede beliebige p- bzw. q-Komponente gesetzt werden. Ist dagegen auch nur ein Komponentennenner ein Primteiler der Null, ohne daß für den zugehörigen Komponentenzähler dasselbe gilt, so existiert dieser Bruch $\dfrac{B}{A}$ im Bereiche der g-adischen Zahlen nicht.

So ergibt sich z. B. die vollständige Lösung der Gleichung

(7) $$AX = 0 \ (g)$$

in der Form:

$$X = \frac{0}{A} = \frac{O_p}{\mathfrak{A}_p} \cdot \frac{O_q}{\mathfrak{A}_q} \cdots \frac{O_r}{\mathfrak{A}_r}$$

und liefert stets mindestens eine g-adische Zahl X, wie auch A beschaffen sein mag. Enthält A keinen Primteiler der Null, so ist $X = 0$ die einzige Lösung der obigen Gleichung, d. h. in diesem Falle ist AX nur dann Null, wenn $X = 0$ ist. Ist dagegen z. B. $\mathfrak{A}_p = O_p$, so gibt es unendlich viele verschiedene Lösungen unserer Gleichung (7), die alle in der Form:

$$X = \frac{O_p}{O_p} \cdot \frac{O_q}{\mathfrak{A}_q} \cdots \frac{O_r}{\mathfrak{A}_r}$$

enthalten sind.

Ferner liefert die Gleichung:

$$(7^{\mathrm{a}}) \qquad\qquad AX = 1$$

für X die Lösung

$$X = \frac{1}{A} = \frac{1_p}{\mathfrak{A}_p} \cdot \frac{1_q}{\mathfrak{A}_q} \cdots \frac{1_r}{\mathfrak{A}_r}$$

und diese existiert stets und nur dann im Ringe $R(g)$ und ist dann eindeutig bestimmt, wenn A keinen Primteiler der Null enthält.

Ich bemerke endlich noch, daß z. B. die g-adischen Zahlen, welche rationalen Zahlen $\dfrac{m}{n}$ gleich sind, niemals einen Primteiler der Null enthalten können; denn eine solche Zahl müßte ja, wenn sie z. B. den Divisor O_p besäße, durch jede noch so hohe Potenz von p teilbar sein, was nur für die Zahl Null der Fall ist. Der Bereich aller derjenigen g-adischen Zahlen, welche den rationalen Zahlen gleich sind, bildet also einen Körper, da ja in ihm neben den drei anderen elementaren Rechenoperationen auch die Division unbeschränkt und eindeutig ausführbar ist.

Endlich mögen die entsprechenden Resultate für die Darstellung der g-adischen Zahlen in der additiven Normalform wenigstens kurz erwähnt werden: Sind

$$A = A_p + A_q + \cdots + A_r, \quad B = B_p + B_q + \cdots + B_r$$

zwei beliebige in der additiven Normalform dargestellte g-adische Zahlen, so sind die Summe, die Differenz, das Produkt und der

Quotient derselben durch die Gleichungen bestimmt:

$$A + B = (A_p + B_p) + (A_q + B_q) + \cdots + (A_r + B_r)$$
$$A - B = (A_p - B_p) + (A_q - B_q) + \cdots + (A_r - B_r)$$
(8)
$$AB = A_p B_p + A_q B_q + \cdots + A_r B_r$$
$$\frac{B}{A} = \frac{B_p}{A_p} + \frac{B_q}{A_q} + \cdots + \frac{B_r}{A_r}.$$

In diesen vier Gleichungen sind z. B. die p-Komponenten diejenigen g-adischen Zahlen, welche für den Bereich von p bzw. gleich

$$A + B, \quad A - B, \quad AB, \quad \frac{B}{A},$$

dagegen für den Bereich aller übrigen Primzahlen gleich Null sind. Auch hier sind diese Komponenten für $A + B$, $A - B$, AB immer eindeutig bestimmt. Für den Quotienten $\dfrac{B}{A}$ dagegen sind diese Komponenten stets und nur dann eindeutig bestimmt, wenn keine einzige der Nennerkomponenten A_p, A_q, ... A_r Null ist, wenn also der Nenner keinen einzigen Primteiler der Null besitzt. Ist dagegen z. B. $A_p = 0$, so existiert der Bruch $\dfrac{B}{A}$ stets und nur dann in $R(g)$, wenn auch $B_p = 0$ ist, und in diesem Falle stellt das Symbol $\dfrac{0_p}{0_p} = \dfrac{0}{0}$ jede g-adische Zahl dar, deren p-adischer Wert ganz beliebig sein kann, während sie für den Bereich von q, ... r gleich Null ist. Die Beweise dieser Sätze sind genau ebenso zu führen wie dies für die multiplikative Darstellung der Zahlen geschehen ist.

§ 2.   Der absolute Betrag, die Einheitswurzel und die Haupteinheit einer g-adischen Zahl.

Ich benutze nun die Darstellung der g-adischen Zahlen in der multiplikativen Normalform, um zunächst die Begriffe des absoluten Betrages einer Zahl, ihrer Einheitswurzel und ihrer Haupteinheit von den p-adischen auf die allgemeinsten g-adischen Zahlen zu übertragen. Ist

$$(1) \qquad A = \mathfrak{A}_p \mathfrak{A}_q \ldots \mathfrak{A}_r \ (g)$$

die Darstellung einer beliebigen g-adischen Zahl in der Normalform, so ist jede ihrer Komponenten, z. B. $\mathfrak{A}_p$ eindeutig durch ihren Wert für den Bereich von p bestimmt, oder also durch die p-adische Zahl a_p, welcher $\mathfrak{A}_p$ oder auch A selbst für den Bereich von p gleich ist. Jede solche p-adische Zahl a_p konnten wir nun für den Bereich von p eindeutig in der folgenden Form darstellen:

$$(2) \qquad a_p = p^{\alpha_p} w_p E_p \ (p).$$

Hier bedeutet $p^{\alpha_p} = |a_p|$ den absoluten Betrag der Zahl a_p, also α_p die Ordnungszahl derselben, w_p die ihr zugehörige $(p-1)$-te Einheitswurzel oder für $p = 2$ eine der Einheiten ± 1, und E_p die zugeordnete Haupteinheit modulo p bzw. modulo 4.

Um nun die der p-adischen Zahl a_p entsprechende g-adische p-Komponente $\mathfrak{A}_p$ in derselben Weise darzustellen bezeichne ich jetzt durch

$$\bar{p}, \quad \overline{w}_p \quad \text{und} \quad \overline{E}_p$$

diejenigen eindeutig bestimmten g-adischen Zahlen, welche für den Bereich von p bzw. gleich

$$p, \quad w_p \quad \text{und} \quad E_p$$

sind, während sie für die Bereiche von $q, \ldots r$ alle den Wert Eins haben. Dann ist offenbar die Komponente $\mathfrak{A}_p$ folgendermaßen dargestellt:

$$(2^{\mathrm{a}}) \qquad \mathfrak{A}_p = \bar{p}^{\,\alpha_p} \bar{w}_p \overline{E}_p \; (g).$$

Macht man die entsprechenden Festsetzungen für die anderen Bereiche von $q, \ldots r$ und stellt dann die Werte $a_q, \ldots a_r$ von A für diese Bereiche analog dar, wie das in (2) für a_p geschehen ist, so erhält man für $\mathfrak{A}_q, \ldots \mathfrak{A}_r$ die Gleichungen:

$$(3) \qquad \begin{aligned} \mathfrak{A}_q &= \bar{q}^{\,\alpha_q} \bar{w}_q \overline{E}_q \\ &\;\;\vdots \qquad\qquad (g), \\ \mathfrak{A}_r &= \bar{r}^{\,\alpha_r} \bar{w}_r \overline{E}_r \end{aligned}$$

und durch Multiplikation aller dieser Gleichungen ergibt sich endlich die folgende einfache Darstellung einer beliebigen g-adischen Zahl A:

$$(4) \qquad A = \mathfrak{A}_p \mathfrak{A}_q \ldots \mathfrak{A}_r = GwE,$$

wo:

$$(4^{\mathrm{a}})$$
$$G = \bar{p}^{\,\alpha_p} \bar{q}^{\,\alpha_q} \ldots \bar{r}^{\,\alpha_r}, \quad w = \bar{w}_p \bar{w}_q \ldots \bar{w}_r, \quad E = \overline{E}_p \overline{E}_q \ldots \overline{E}_r$$

gesetzt ist.

Die g-adische Zahl G ist eindeutig dadurch bestimmt, daß sie für den Bereich einer jeden Primzahl $p, q, \ldots r$ gleich dem absoluten Betrage von A für den Bereich derselben ist; und ebenso sind w und E die g-adischen Zahlen, welche für die Bereiche von $p, q, \ldots r$ gleich der zu A gehörigen zugeordneten Einheitswurzel bzw. der entsprechenden Haupteinheit sind. Aus diesem Grunde soll im folgenden

$$(5) \qquad G = |A| = \bar{p}^{\,\alpha_p} \bar{q}^{\,\alpha_q} \ldots \bar{r}^{\,\alpha_r}$$

der absolute Betrag der g-adischen Zahl heißen,
und w und E nenne ich ihre Einheitswurzel und ihre
Haupteinheit.

Die beiden letzten Bezeichnungen werden dadurch gerechtfertigt,
daß w in der Tat eine gewisse g-adische Einheitswurzel und E eine
Haupteinheit für einen gewissen leicht angebbaren Modul g_0 ist. Es
gehört nämlich in der Gleichung $w = \overline{w}_p \overline{w}_q \ldots \overline{w}_r$ jeder der Faktoren
rechts, z. B. $\overline{w}_p$, für den Bereich von g zu einem Exponenten d_p,
welcher ein Teiler von $p - 1$ oder von 2 ist, je nachdem p ungerade
oder gleich 2 ist; denn es ist ja dann und nur dann

$$\overline{w}_p^{d_p} = 1 \ (g),$$

wenn dieselbe Gleichung für den Bereich von p erfüllt ist, da sie für
die Bereiche von q, $\ldots$ r für jedes d_p besteht. Es ist also d_p einfach
der Exponent, zu dem die p-adische Einheitswurzel w_p gehört. Sind
nun d_p, d_q, $\ldots$ d_r die Exponenten, zu denen $\overline{w}_p$, $\overline{w}_q$, $\ldots$ $\overline{w}_r$ gehören,
und ist

$$d = [d_p, d_q, \ldots d_r]$$

ihr kleinstes gemeinsames Multiplum, so genügt w für den Bereich von
g der Gleichung

$$w^d = (\overline{w}_p \overline{w}_q \ldots \overline{w}_r)^d = \overline{w}_p^d \overline{w}_q^d \ldots \overline{w}_r^d = 1 \ (g),$$

weil dieselbe Gleichung für jeden der Faktoren $\overline{w}_p^d$, $\ldots$ $\overline{w}_r^d$ für sich
erfüllt ist; also ist w wirklich eine g-adische Einheitswurzel; ferner
gehört aber w auch zu diesem Exponenten d, denn eine Potenz:

$$w^{\overline{d}} = \overline{w}_p^{\overline{d}} \overline{w}_q^{\overline{d}} \ldots \overline{w}_r^{\overline{d}} \ (g)$$

kann nur dann gleich Eins sein, wenn jede der rechts stehenden
Potenzen für sich gleich Eins, wenn also $\overline{d}$ durch das kleinste
gemeinsame Vielfache d von d_p, $\ldots$ d_r teilbar ist.

Die Haupteinheit $E = \overline{E}_p \overline{E}_q \ldots \overline{E}_r$ ist dadurch bestimmt, daß sie, falls p, q, ... r ungerade sind, für jede von diesen Primzahlen, also auch für ihr Produkt als Modul, kongruent Eins sein muß; ist dagegen eine von diesen, etwa p, gleich 2, so muß E für die Moduln 4, q, ... r, also auch für das Produkt $4q \ldots r$ kongruent Eins sein. Setzen wir also in den beiden unterschiedenen Fällen

$$(6) \qquad g_0 = pq \ldots r \quad \text{bzw.} \quad g_0 = 4q \ldots r,$$

und bezeichnen wir in der Folge diese Zahl als d i e z u g g e h ö r i g e r e d u z i e r t e G r u n d z a h l, so können wir den Satz aussprechen:

Eine Zahl $E = \overline{E}_p \overline{E}_q \ldots \overline{E}_r$ ist stets und nur dann die Haupteinheit einer g-adischen Zahl, wenn sie von der Form $1 + g_0 n$, wenn sie also im gewöhnlichen Sinn eine Haupteinheit für die zu g gehörige reduzierte Grundzahl $g_0 = pq \ldots r$ bzw. $4q \ldots r$ ist.

Beachtet man endlich noch, daß die so gefundene Darstellung einer Zahl A für den Bereich von g eindeutig ist, weil diese durch die Komponenten $\mathfrak{A}_p$, $\mathfrak{A}_q$, ... $\mathfrak{A}_r$, eindeutig bestimmt wird, so ergibt sich der Satz:

Jede g-adische Zahl A läßt sich auf eine einzige Weise in der Form

$$A = |A| \cdot w \cdot E$$

darstellen, wo $|A|$ der absolute Betrag von A, w eine g-adische Einheitswurzel und E eine Haupteinheit modulo g_0 bedeutet.

Sind

$$(7) \qquad A = GwE \qquad A' = G'w'E'$$

zwei beliebige g-adische Zahlen, so ergeben sich für ihr Produkt und ihren Quotienten die Gleichungen

$$(7^{\mathrm{a}}) \qquad \begin{aligned} AA' &= (GG') \cdot (ww') \cdot (EE') \\ \frac{A}{A'} &= \left(\frac{G}{G'}\right) \cdot \left(\frac{w}{w'}\right) \cdot \left(\frac{E}{E'}\right), \end{aligned}$$

und da das Produkt und der Quotient von zwei absoluten Beträgen oder zwei Einheitswurzeln oder zwei Haupteinheiten, falls dieselben existieren, wieder ein absoluter Betrag oder eine Einheitswurzel oder eine Haupteinheit ist, wie aus den entsprechenden Resultaten für die Körper $K(p)$, ... $K(r)$ sofort folgt, so haben wir in (7^{a}) die Darstellung eines Produktes bzw. eines Quotienten von zwei Zahlen in der Normalform gewonnen. Nur der Quotient

$$\frac{|A|}{|A'|} = \frac{G}{G'} = \bar{p}^{\,\alpha_p - \alpha_p'}\,\bar{q}^{\,\alpha_q - \alpha_q'} \ldots \bar{r}^{\,\alpha_r - \alpha_r'}$$

existiert nicht immer im Ringe $R(g)$, nämlich nach S. 241 unten stets und nur dann nicht, wenn der Nenner A' einen Primteiler der Null enthält, welcher im Zähler nicht vorkommt. In diesem Falle ist z. B. $\alpha_p' = +\infty$, während α_p endlich ist; dann allein enthält $\dfrac{G}{G'}$ mindestens den Faktor $\bar{p}$ in der Potenz $-\infty$.

§ 3.   Die Ordnungszahlen der g-adischen Zahlen.

Ebenso wie dies früher bei den p-adischen Zahlen geschah, will ich nun jeder g-adischen Zahl

$$A = |A| \cdot w \cdot E$$

eine O r d n u n g s z a h l f ü r d e n B e r e i c h v o n g zuordnen. Ist nämlich

$$|A| = \bar{p}^{\,\alpha_p} \bar{q}^{\,\alpha_q} \ldots \bar{r}^{\,\alpha_r}$$

ihr absoluter Betrag, so will ich unter ihrer Ordnungszahl das System:

$$\alpha = (\alpha_p, \alpha_q, \ldots \alpha_r)$$

der in $|A|$ auftretenden Exponenten oder das System der Ordnungszahlen verstehen, welche A für die Bereiche von p, q, ... r besitzt.

Die einzelnen Exponenten α_p, ... α_r, mögen d i e E l e m e n t e v o n α heißen. Im allgemeinen sind diese Elemente endliche ganze Zahlen; nur dann ist etwa $\alpha_p = +\infty$, wenn A den zugehörigen Primteiler O_p der Null enthält. Dagegen kann kein Element von A gleich $-\infty$ sein; führt die Rechnung auf eine Ordnungszahl mit negativ unendlichem Elemente, so ist damit ausgesprochen, daß die zugehörige Zahl innerhalb $R(g)$ nicht existiert.

Jede Zahl $A = \mathfrak{A}_p \mathfrak{A}_q \ldots \mathfrak{A}_r$ besitzt eine eindeutig bestimmte Ordnungszahl $\alpha = (\alpha_p, \alpha_q, \ldots \alpha_r)$, deren Elemente eben die Ordnungszahlen der einzelnen Komponenten $\mathfrak{A}_p$, $\mathfrak{A}_q$, ... $\mathfrak{A}_r$ für den Bereich von p, q, ... r sind; und umgekehrt gehören zu jeder Ordnungszahl α g-adische Zahlen, welche gerade diese Ordnungszahl besitzen. Ist speziell $A = \dfrac{m}{n}$ eine rationale Zahl, so ist ihre Ordnungszahl einfach das Exponentensystem der in A enthaltenen Potenzen von p, q, ... r; von Null verschiedene rationale Zahlen besitzen also stets Ordnungszahlen mit lauter endlichen Elementen.

In den Ordnungszahlen der g-adischen Zahlen treten uns hier *Zahlensysteme* entgegen, mit denen wir wie mit Zahlen zu rechnen haben werden. Um dies ebenso einfach wie das Rechnen mit Zahlen ausführen zu können, will ich für beliebige Zahlsysteme gleich an dieser Stelle die vier elementaren Rechenoperationen definieren. Seien also

B_1, B_2, ... B_t beliebige Zahlbereiche, in deren jedem die elementaren Rechenoperationen wie im ersten Kapitel definiert sind. Ich betrachte dann Systeme

$$(1) \qquad b = (b_1, b_2, \ldots b_t), \quad b' = (b'_1, b'_2, \ldots b'_t), \ \ldots,$$

deren Elemente bzw. den Bereichen B_1, B_2, ... B_t angehören. Dann definiere ich, genau wie dies im ersten Kapitel a. S. 17 ff. geschah, für diese neuen Elemente $(b, b', \ldots)$ die vier elementaren Rechenoperationen durch die Gleichungen:

$$
\begin{aligned}
b + b' &= (b_1 + b'_1, b_2 + b'_2, \ldots b_t + b'_t) \\
b - b' &= (b_1 - b'_1, b_2 - b'_2, \ldots b_t - b'_t) \\
bb' &= (b_1 b'_1, \quad b_2 b'_2, \ldots b_t b'_t) \\
\frac{b}{b'} &= \left(\frac{b_1}{b'_1}, \quad \frac{b_2}{b'_2}, \ldots \frac{b_t}{b'_t} \right).
\end{aligned}
$$

(2)

Speziell ist dann $1 = (1, 1, \ldots 1)$ das Einheitselement, $0 = (0, 0, \ldots 0)$ das Nullelement für diese Zahlensysteme. Allgemein muß unter $1 + 1 + \cdots + 1 = m$ das System $(m, m, \ldots m)$ verstanden werden. Ist endlich b ein beliebiges und $m = (m, m, \ldots)$ ein System mit lauter gleichen Elementen, so ist

$$(2^{\mathrm{a}}) \qquad mb = (mb_1, mb_2, \ldots mb_t), \quad \frac{b}{m} = \left(\frac{b_1}{m}, \frac{b_2}{m}, \ldots \frac{b_t}{m} \right).$$

Wenden wir diese Definition der Summe und Differenz von zwei Zahlensystemen speziell auf die Ordnungszahlen $\alpha = (\alpha_p, \ldots \alpha_r)$, $\alpha' = (\alpha'_p, \ldots \alpha'_r)$ von zwei Zahlen A und A' an, so ergibt sich aus den beiden Gleichungen für den absoluten Betrag eines Produktes bzw.

eines Quotienten

$$|AA'| = |A||A'|, \quad \left|\frac{A}{A'}\right| = \frac{|A|}{|A'|} :$$

(3)
$$|AA'| = \bar{p}^{\,\alpha_p+\alpha_p'}\bar{q}^{\,\alpha_q+\alpha_q'}\ldots\bar{r}^{\,\alpha_r+\alpha_r'}$$

$$\left|\frac{A}{A'}\right| = \bar{p}^{\,\alpha_p-\alpha_p'}\bar{q}^{\,\alpha_q-\alpha_q'}\ldots\bar{r}^{\,\alpha_r-\alpha_r'},$$

d. h. es besteht der Satz:

Die Ordnungszahl des Produktes zweier Zahlen ist gleich der Summe der Ordnungszahlen der Faktoren, die Ordnungszahl eines Quotienten ist gleich der Differenz der Ordnungszahlen von Zähler und Nenner.

Denn sind $\alpha = (\alpha_p, \ldots \alpha_r)$, $\alpha' = (\alpha_p', \ldots \alpha_r')$ die Ordnungszahlen von A und A', so sind diejenigen von AA' und $\dfrac{A}{A'}$ bzw. gleich

$$(\alpha_p \pm \alpha_p', \alpha_q \pm \alpha_q', \ldots \alpha_r \pm \alpha_r') = \alpha \pm \alpha'.$$

Die Ordnungszahl $\alpha = (\alpha_p, \alpha_q, \ldots \alpha_r)$ soll n e g a t i v heißen, wenn auch nur einer ihrer Bestandteile eine negative ganze Zahl ist. Wir sagen α ist N u l l, wenn alle Bestandteile Null sind. Dagegen soll eine Ordnungszahl α n i c h t n e g a t i v heißen, wenn alle ihre Bestandteile positiv oder Null sind. Dann folgt aus den a. S. 119 f. bewiesenen Sätzen, daß eine g-adische Zahl dann und nur dann eine Einheit ist, wenn sie die Ordnungszahl $0 = (0, 0, \ldots 0)$ hat; denn allein dann sind ja alle ihre Komponenten $\mathfrak{A}_p, \mathfrak{A}_q, \ldots \mathfrak{A}_r$ für den Bereich von p, q, $\ldots$ r bzw. Einheiten. Alle und nur die ganzen g-adischen Zahlen sind von nicht negativer Ordnung, während alle gebrochenen

Zahlen eine negative Ordnungszahl haben. Eine Zahl enthält stets und nur dann einen Primteiler der Null, wenn ihre Ordnungszahl einen unendlich großen Bestandteil hat.

Von zwei Ordnungszahlen $\alpha = (\alpha_p, \alpha_q, \ldots \alpha_r)$ und $\alpha' = (\alpha'_p, \alpha'_q, \ldots \alpha'_r)$ soll α g l e i c h   o d e r   g r ö ß e r   a l s α' heißen, wenn jedes der Elemente von α gleich oder größer ist als das entsprechende Element von α' wenn also $\alpha - \alpha'$ nicht negativ ist. Sind alle entsprechenden Elemente von α und α' gleich, so ist $\alpha = \alpha'$. Es ist klar, daß hier zwei Ordnungszahlen im allgemeinen nicht in der Beziehung stehen müssen, daß die eine gleich oder größer ist als die andere, denn gewisse Elemente von α können ja größer und gewisse andere kleiner sein als die entsprechenden von α'.

§ 4.   Die Anordnung der g-adischen Zahlen nach ihrer Größe. Die unendlichen Reihen, speziell die Potenzreihen. Die Exponentialfunktion und der Logarithmus. Der Hauptlogarithmus der g-adischen Zahlen.

Ich will nun auch die g-adischen Zahlen ebenso wie früher die p-adischen nach ihrer Größe anordnen.

Sind A und A' zwei beliebige g-adische Zahlen, $\alpha = (\alpha_p, \alpha_q, \ldots \alpha_r)$ und $\alpha' = (\alpha'_p, \alpha'_q, \ldots \alpha'_r)$ ihre Ordnungszahlen, so wollen wir A k l e i - n e r   a l s A' b z w.   ä q u i v a l e n t A' nennen $(A \lesssim A')$, wenn die Ordnungszahl von A größer als die von A' bzw. dieser gleich ist, wenn also nach der a. S. 138 gegebenen Definition jede der Komponenten $\mathfrak{A}_p, \ldots \mathfrak{A}_r$ von A in den zugehörigen Körpern $K(p), \ldots K(r)$ kleiner als die entsprechende Komponente von A' bzw. dieser äquivalent ist. Selbstverständlich gibt es nach dieser Definition Zahlen A und A', auf welche diese Größenbeziehung nicht angewendet werden kann, da von den entsprechenden Elementen ihrer Ordnungszahlen z. B. $\alpha_p > \alpha_p'$, $\alpha_q < \alpha_q'$, ... sein kann.

Ist $A \lesssim A'$, so besteht eine Gleichung

$$A = DA',$$

wo D die nicht negative Ordnungszahl $\alpha - \alpha' = (\alpha_p - \alpha_p', \ldots \alpha_r - \alpha_r')$ hat, also eine *ganze* Zahl ist. Auch hier ist also jede g-adische Zahl A durch jede ihr äquivalente oder größere Zahl teilbar und nur durch solche Zahlen. Ganz besonders muß hervorgehoben werden, daß auch im Ringe der g-adischen Zahlen wieder der Satz gilt, daß die Summe beliebig vieler Zahlen A_1, A_2, ... A_ν, welche alle nicht größer als D sind, ebenfalls nicht größer als diese Zahl ist. Allein auf diesem Satze beruht die Möglichkeit, alle für die Konvergenz p-adischer Reihen bewiesenen Sätze unmittelbar auf die g-adischen Reihen auszudehnen.

Auch bei den g-adischen Zahlen wollen wir wieder unendliche Reihen

$$A^{(0)} + A^{(1)} + A^{(2)} + \ldots$$

in den Kreis der Betrachtung ziehen, vorausgesetzt, daß sie für den Bereich von g konvergieren, d. h. eindeutig bestimmte Zahlen darstellen. Wir stellen auch hier genau die gleiche Definition der Konvergenz auf, wie für die Reihen im Körper $K(p)$:

Eine g-adische Reihe konvergiert dann und nur dann, wenn für ein beliebig klein gegebenes aber von Null verschiedenes δ eine natürliche Zahl n so groß gewählt werden kann, daß die Summe von beliebigen und beliebig vielen Gliedern:

$$A^{(\nu_1)} + A^{(\nu_2)} + \cdots + A^{(\nu_m)},$$

deren Indizes sämtlich oberhalb n liegen, kleiner als δ ist.

Durch wörtlich dieselben Betrachtungen wie in dem früheren einfachen Falle gelangen wir auch hier zu der einen notwendigen und hinreichenden Konvergenzbedingung:

Eine g-adische Reihe $A^{(0)} + A^{(1)} + \ldots$ ist stets und nur dann konvergent, wenn die Bedingung

$$\lim_{n=\infty} A^{(n)} = 0 \; (g)$$

erfüllt ist.

Schreibt man alle Reihenglieder in der additiven Normalform:

$$A^{(n)} = A_p^{(n)} + A_q^{(n)} + \cdots + A_r^{(n)}$$

und beachtet, daß $A^{(n)}$ dann und nur dann bei genügend großem n für den Bereich von g beliebig klein wird, wenn dasselbe für ihre einzelnen Komponenten im Bereiche der zugehörigen Primzahl gilt, so können wir das allgemeine Konvergenzkriterium auch so aussprechen:

Eine Reihe

$$\sum A^{(n)} = \sum A_p^{(n)} + \sum A_q^{(n)} + \cdots + \sum A_r^{(n)}$$

konvergiert stets und nur dann, wenn die aus den Komponenten ihrer Glieder gebildeten Reihen für den Bereich der zugehörigen Primzahl konvergieren.

Alle Sätze über die Konvergenz der Reihen, speziell diejenigen für die Potenzreihen im Körper der p-adischen Zahlen, beruhten allein auf der Einteilung dieser Zahlen nach der Größe und auf dem Satze, daß die Summe beliebig vieler Zahlen, welche alle nicht größer als eine Zahl δ sind, ebenfalls nicht größer als δ ist. Da nun dieser Satz auch für die Größenanordnung der g-adischen Zahlen gilt, so folgt, daß wir alle

Betrachtungen des sechsten Kapitels Wort für Wort auf die g-adischen Reihen, insbesondere die g-adischen Potenzreihen, übertragen können. So erhalten wir also auch für diese Reihen den folgenden Satz:

Ist

$$y = a_0 + a_1 x + a_2 x^2 + \ldots$$

eine Potenzreihe mit g-adischen Koeffizienten und ist ξ ein g-adischer Wert von x, für welchen jedes Glied $a_i \xi^i$ derselben unterhalb einer endlichen Größe liegt, so konvergiert diese Reihe für jedes $x < \xi$ unbedingt und gleichmäßig und ist in diesem ganzen Bereich eine stetige und differenzierbare Funktion von x.

Ich wende dieses Ergebnis auch hier auf die Untersuchung der Exponentialreihe

$$e^\zeta = 1 + \frac{\zeta}{1} + \frac{\zeta^2}{1 \cdot 2} + \ldots$$

an unter der Voraussetzung, daß ζ eine g-adische Zahl ist. Die Konvergenzbedingung

$$\lim_{n=\infty} \frac{\zeta^n}{n!} = 0 \; (g)$$

ist dann und nur dann für den Bereich von g erfüllt, wenn sie für den Bereich von $p, q, \ldots r$ besteht, wenn also ζ bzw. durch $p, q, \ldots r$ oder falls $p = 2$ sein sollte, wenn ζ durch 4, $q, \ldots r$ teilbar ist; es muß also ζ ein Multiplum von $(pq \ldots r)$ bzw. von $(4q \ldots r)$ sein, damit die Reihe für e^ζ konvergent ist. Nach der a. S. 247 (6) eingeführten Bezeichnung können wir dieses Resultat so aussprechen:

Die Exponentialreihe e^ζ konvergiert stets und nur dann unbedingt und gleichmäßig im Bereiche der g-adischen Zahlen, wenn ζ ein Multiplum der reduzierten Grundzahl g_0 ist.

Ist dies der Fall, so stellt die Reihe

$$e^\zeta = 1 + \eta = 1 + g_0 G \ (g)$$

eine Haupteinheit modulo g_0 dar; und umgekehrt gehört zu jeder solchen Haupteinheit $1 + \eta$ ein eindeutig bestimmtes Multiplum ζ von g_0, für welches $e^\zeta = 1 + \eta$ ist, nämlich die Zahl, welche durch die Reihe

$$\zeta = \lg(1 + \eta) = \frac{\eta}{1} - \frac{\eta^2}{2} + \frac{\eta^3}{3} - \cdots$$

dargestellt ist. Dieselbe konvergiert unter genau derselben Voraussetzung über η wie die Exponentialreihe.

Dieses Resultat ermöglicht es, jede Haupteinheit e^ζ modulo g_0 in der multiplikativen Normalform zu schreiben: Stellen wir nämlich ζ in der additiven Normalform

$$\zeta = \zeta_p + \zeta_q + \cdots + \zeta_r$$

dar, so ist z. B. ζ_p für den Bereich von p durch p teilbar, für den Bereich aller übrigen Primzahlen aber gleich Null. Also ist in

$$e^\zeta = e^{\zeta_p + \zeta_q + \cdots + \zeta_r} = e^{\zeta_p} e^{\zeta_q} \ldots e^{\zeta_r}$$

z. B. $e^{\zeta_p} = 1 + \eta_p$ für den Bereich von p gleich dem p-adischen Werte von e^ζ, also eine Haupteinheit modulo p, für den Bereich von $q, \ldots r$ aber gleich Eins. Entsprechendes gilt für die übrigen Potenzen $e^{\zeta_q}, \ldots e^{\zeta_r}$.

Ich will daher für eine beliebige Haupteinheit $E = e^\zeta = e^{\zeta_p} e^{\zeta_q} \ldots e^{\zeta_r}$ die g-adische Zahl ζ i h r e n L o g a r i t h m u s, und die g-adischen Zahlen $\zeta_p, \zeta_q, \ldots \zeta_r$ die Komponenten dieses Logarithmus nennen;

diese Beziehung zwischen E und ζ bzw. dem System $(\zeta_p, \zeta_q, \ldots \zeta_r)$ will ich wieder durch die Gleichung:

$$\lg E = \zeta = (\zeta_p, \zeta_q, \ldots \zeta_r) \quad (g)$$

bezeichnen. Jede der Komponenten des $\lg E$, z. B. ζ_p, ist dann die eindeutig bestimmte g-adische Zahl, für welche:

$$\zeta_p = \lg E \ (p), \quad \zeta_p = 0 \ (q), \ \ldots \quad \zeta_p = 0 \ (r)$$

ist, und ζ_p und E_p sind durch die Gleichungen

$$E_p = e^{\zeta_p} \quad \zeta_p = \lg E_p \ (g)$$

miteinander verbunden.

Ist

$$E = e^{\gamma} = 1 + \eta$$

eine beliebige Haupteinheit modulo g_0, so besteht zwischen γ und η die Gleichung:

$$\gamma = \eta - \frac{\eta^2}{2} + \frac{\eta^3}{3} - \cdots = \eta \left(1 - \frac{\eta}{2} + \frac{\eta^2}{3} - \cdots \right),$$

und da die in der Klammer auf der rechten Seite stehende Reihe selbst eine Haupteinheit für g_0 ist, weil ja dasselbe für jeden Teiler $4, p, q, \ldots r$ von g_0 gilt, so ergibt sich auch hier ebenso wie in (11) a. S. 170 die Äquivalenz

$$\gamma \sim \eta \ (g),$$

d. h. γ ist dann und nur dann durch eine beliebige Potenz $G = p^K q^L \ldots r^M$ teilbar, wenn dasselbe für γ gilt. Es besteht also der Satz:

Eine Einheit $E = 1 + \eta$ ist stets und nur dann eine Haupteinheit für eine beliebige keine anderen Primteiler als g enthaltende Zahl $G = p^K \ldots r^L$, wenn ihr Logarithmus durch G teilbar ist.

Aus der Definitionsgleichung für den Logarithmus

$$e^{\lg E} = E$$

und aus der Fundamentaleigenschaft der Exponentialfunktion ergeben sich die Gleichungen:

$$\lg(EE') = \lg E + \lg E'$$
$$\lg\left(\frac{E}{E'}\right) = \lg E - \lg E'.$$

Ich wende dieses Resultat an auf die Darstellung

$$A = GwE \ (g)$$

einer beliebigen g-adischen Zahl, wo

$$E = 1 + \eta = 1 + g_0\bar{\eta}$$

eine Haupteinheit modulo g_0 bedeutet. Wir können nämlich jetzt

$$E = e^{\gamma}$$

setzen und erhalten so den wichtigen Satz:

Jede g-adische Zahl A läßt sich auf eine einzige Weise in der Form:

$$A = Gwe^{\gamma} \ (g)$$

schreiben, wo G der absolute Betrag, w die Einheitswurzel und e^γ die Haupteinheit von A ist. Wir wollen wie a. S. 204 oben bei den p-adischen Zahlen auch jetzt γ d e n L o g a r i t h m u s d e r H a u p t e i n h e i t o d e r d e n H a u p t l o g a r i t h m u s von A nennen.

§ 5. Die Elemente der Algebra im Ringe der g-adischen Zahlen. Die g-adischen Einheitswurzeln.

Ich betrachte endlich noch die algebraischen Gleichungen im Gebiete der g-adischen Zahlen, um die für einen Körper $K(p)$ a. S. 180 ff. gefundenen Resultate auf diese allgemeineren Bereiche zu übertragen.

Ist

$$(1) \qquad F(x) = A^{(0)}x^m + A^{(1)}x^{m-1} + \cdots + A^{(m)} = 0 \ (g)$$

eine beliebige Gleichung $m^{\text{-ten}}$ Grades, so heißt eine g-adische Zahl x e i n e W u r z e l d i e s e r G l e i c h u n g, wenn $F(x) = 0 \ (g)$ ist.

Ist nun x eine solche Wurzel, und denken wir uns diese in der additiven bezw. in der multiplikativen Normalform dargestellt, so daß

$$(2) \qquad x = x_p + x_q + \cdots + x_r = \mathfrak{x}_p\mathfrak{x}_q\ldots\mathfrak{x}_r \ (g)$$

ist, so ergibt sich, wenn man die Gleichung $F(x) = 0$ der Reihe nach für den Bereich von p, q, $\ldots$ r betrachtet,

$$0 = F(x) = F(x_p) = F(\mathfrak{x}_p) \ (p)$$

(3) ....

$$0 = F(x) = F(x_r) = F(\mathfrak{x}_r) \ (r),$$

d. h. jene Komponenten sind Wurzeln derselben Gleichung für den Bereich von p, q, ... r. Sind umgekehrt

(4) $$\xi_p, \xi_q, \ldots \xi_r$$

je eine p-adische, q-adische, ... r-adische Wurzel unserer Gleichung, und ist

$$x = x_p + x_q + \cdots + x_r = \mathfrak{x}_p\mathfrak{x}_q \ldots \mathfrak{x}_r$$

diejenige eindeutig bestimmte g-adische Zahl in der additiven oder in der multiplikativen Normalform, deren Werte für den Bereich von p, q, ... r bzw. gleich ξ_p, ξ_q, ... ξ_r sind, so ist

$$F(x) = 0 \ (g),$$

weil ja dieselbe Gleichung für den Bereich von p, q, ... r erfüllt ist. Es ergibt sich also der folgende wichtige Satz, durch den die Auflösung einer beliebigen Gleichung im Bereiche der g-adischen Zahlen auf die vollständige Auflösung derselben Gleichung im Bereiche der Körper $K(p)$, ... $K(r)$ reduziert wird:

Eine Gleichung
$$F(x) = 0 \ (g)$$

besitzt stets und nur dann mindestens eine g-adische Wurzel, wenn dieselbe Gleichung in jedem der Körper $K(p)$, $K(q)$, ... $K(r)$ mindestens eine Wurzel hat. Sind ferner m_p, m_q, ... m_r die Anzahlen der verschiedenen Wurzeln dieser Gleichung in jenen Körpern, so hat dieselbe Gleichung genau $m_p \cdot m_q \ldots m_r$ verschiedene g-adische Wurzeln.

Ich wende dieses Resultat an auf die Lösung der Frage, wie viele und welche g-adische Zahlen Einheitswurzeln sind. Die Lösungen der

Gleichung:

(5) $$x^m = 1 \ (g)$$

für den Bereich von g setzen sich nun in der vorher angegebenen Weise aus den Wurzeln derselben Gleichung für den Bereich von p, q, ... r, d. h. aus den Wurzeln der Gleichungen:

(5ª) $$x^m = 1 \ (p), \quad x^m = 1 \ (q), \ \ldots \quad x^m = 1 \ (r)$$

zusammen; und die Zahl der verschiedenen Wurzeln der Gleichung (5) ist gleich dem Produkte der entsprechenden Anzahlen für die Gleichungen (5ª). Eine Zahl w ist also stets und nur dann eine g-adische Einheitswurzel, wenn ihre Werte für den Bereich von p, q, ... r Einheitswurzeln für diese Bereiche sind. Ist also

(6) $$w = \overline{w}_p \overline{w}_q \ldots \overline{w}_r \ (g)$$

die multiplikative Zerlegung von w, so muß $\overline{w}_p$ für den Bereich von p einer der $p - 1$ bzw. 2 (für $p = 2$) p-adischen Einheitswurzeln gleich sein usw. Also ist die Zahl aller verschiedenen g-adischen Einheitswurzeln gleich

$$(p - 1)(q - 1)\ldots(r - 1) \quad \text{oder} \quad 2(q - 1)\ldots(r - 1),$$

je nachdem g ungerade ist oder auch den Primfaktor 2 enthält. Jene Anzahl ist also in beiden Fällen gleich $\varphi(g_0)$, wenn wie a. S. 247 (6) $g_0 = pq\ldots r$ bzw. gleich $4q\ldots r$ die zu g gehörige reduzierte Grundzahl bedeutet. Es gibt also wirklich nur diese $\varphi(g_0)$ g-adischen Einheitswurzeln $w = \overline{w}_p \overline{w}_q \ldots \overline{w}_r$, denen wir schon a. S. 247 begegnet waren, und von denen jede zum Exponenten

$$d = [d_p, d_q, \ldots d_r]$$

gehört, wenn d_p, d_q, $\ldots$ d_r die Exponenten sind, zu denen w für die Bereiche $K(p)$, $K(q)$, $\ldots$ $K(r)$ gehört. Da d_p ein Teiler von $p-1$ bzw. von 2 ist, je nachdem p ungerade oder $p=2$ ist, und da das entsprechende für d_q, $\ldots$ d_r gilt, so genügen alle g-adischen Einheitswurzeln der Gleichung:

$$(7) \qquad x^\mu = 1 \ (g),$$

wo in den beiden vorher unterschiedenen Fällen:

$$(7^{\mathrm{a}}) \qquad \mu = [p-1, q-1, \ldots r-1] \quad \text{bzw.} \quad [2, q-1, \ldots r-1]$$

ist; und zu diesem höchsten Exponenten selbst gehören u. a. alle diejenigen Einheitswurzeln, deren Werte für die Bereiche von p, q, $\ldots$ r *primitive* Einheitswurzeln sind.

Jede der $\varphi(g_0)$ voneinander verschiedenen g-adischen Einheitswurzeln kann also als g_0-adische Zahl:

$$(8) \qquad w^{(r)} = r + r_1 g_0 + r_2 g_0^2 + \cdots = r, r_1 r_2 \ldots \ (g_0)$$

geschrieben werden und sie ist dann einer der $\varphi(g_0)$ Einheiten r modulo g_0 kongruent und durch dieses ihr Anfangsglied r eindeutig bestimmt. Dies folgt unmittelbar daraus, daß das Entsprechende nach S. 191 (4) für ihre Komponenten $\overline{w}_p$, $\overline{w}_q$, $\ldots$ $\overline{w}_r$ und die Moduln p, q, $\ldots$ r gilt. Hieraus ergibt sich, daß eine g-adische Einheitswurzel w dann und nur dann kongruent r modulo g_0 sein kann, wenn sie gleich $w^{(r)}$ ist.

Um die g-adischen Einheitswurzeln ebenso einfach darzustellen, wie dies a. S. 194 unten im Körper der p-adischen Zahlen geschah, bezeichne ich jetzt durch w_p eine g-adische Einheitswurzel, deren Wert für den Bereich von p eine *ein für alle Male fest gewählte primitive*

p-adische Einheitswurzel ist, während sie für den Bereich von $q, \ldots\ r$ den Wert Eins hat. Haben $w_q, \ldots\ w_r$ die entsprechende Bedeutung für die Körper $K(q), \ldots\ K(r)$, so sind alle und nur die g-adischen Einheitswurzeln in der Form:

$$(9) \qquad w = w_p^{\beta_p} w_q^{\beta_q} \ldots w_r^{\beta_r}$$

eindeutig dargestellt, wenn, z. B. β_p ein vollständiges Restsystem modulo $p - 1$ bzw. modulo 2 durchläuft und entsprechendes für die andern Exponenten gilt.

Ich will auch hier das Exponentensystem:

$$(10) \qquad (\beta) = (\beta_p, \beta_q, \ldots \beta_r),$$

durch welches die Einheitswurzel w eindeutig bestimmt wird, den I n d e x v o n w nennen und diese Beziehung durch die Gleichung:

$$(11) \qquad (\beta) = \text{Ind. } w$$

ausdrücken. Zwei in dieser Form dargestellte Einheitswurzeln

$$(12) \qquad w = w_p^{\beta_p} \ldots w_r^{\beta_r} \quad \text{und} \quad w' = w_p^{\beta_p'} \ldots w_r^{\beta_r'}$$

sind dann und nur dann gleich, wenn sich die entsprechenden Exponenten nur um ganzzahlige Multipla bzw. von

$$p - 1, \ q - 1, \ \ldots \ r - 1 \quad \text{bzw.} \quad 2, \ q - 1, \ \ldots \ r - 1$$

unterscheiden.

Für das Rechnen mit diesen Indizes will ich wieder die a. S. 251 oben angegebenen Vorschriften einführen, wonach

$$(13) \qquad \begin{aligned} (\beta) \pm (\beta') &= (\beta_p \pm \beta_p', \ldots \beta_r \pm \beta_r') \\ (\beta)(\beta') &= (\beta_p \beta_p', \ldots \beta_r \beta_r') \\ \frac{(\beta)}{(\beta')} &= \left(\frac{\beta_p}{\beta_p'}, \ldots \frac{\beta_r}{\beta_r'} \right) \end{aligned}$$

sein soll. Ich nenne zwei Indizes (β) und (β') g l e i c h, wenn die zugehörigen Einheitswurzeln (12) gleich sind, wenn also:

$$(14) \quad \begin{aligned} (\beta') &= (\beta_p + k_p(p-1), \ldots \beta_r + k_r(r-1)) \\ &= (\beta) + (k)(P), \end{aligned}$$

ist, wo $(k) = (k_p, k_q, \ldots k_r)$ ein beliebiges ganzzahliges System bedeutet, und

$$(15) \quad P = (p-1, q-1, \ldots r-1), \quad \text{bzw.} \quad (2, q-1, \ldots r-1)$$

ist, je nachdem die Grundzahl g ungerade oder gerade ist. Dieser Index P soll d i e P e r i o d e d e r I n d i z e s (β) genannt werden. Dann besagt die soeben bewiesene Gleichung,

daß zwei Einheitswurzeln w und w' dann und nur dann gleich sind, wenn ihre Indizes gleich sind, wenn sie sich also um ein ganzzahliges Vielfaches (k) der Periode (P) unterscheiden, oder kürzer gesprochen, wenn ihre Indizes modulo (P) kongruent sind.

Bei dieser Definition der Kongruenz zweier Indizes besagt die Kongruenz:

$$(\beta') \equiv (\beta) \ (\text{mod.} \ (P))$$

das Bestehen der gewöhnlichen Kongruenzen

$$\beta'_p \equiv \beta_p \ (\text{mod.} \ (p-1)), \ \ldots \quad \beta'_r \equiv \beta_r \ (\text{mod.} \ (r-1)),$$

wobei, wie stets im Folgenden, im Falle $p = 2$ $p-1$ durch 2 ersetzt werden muß. Sind

$$w = w_p^{\beta_p} \ldots w_r^{\beta_r}, \quad w' = w_p^{\beta'_p} \ldots w_r^{\beta'_r}$$

zwei beliebige Einheitswurzeln, so kann der Inhalt der beiden Gleichungen

$$ww' = w_p^{\beta_p + \beta_p'} \ldots w_r^{\beta_r + \beta_r'}, \quad \frac{w}{w'} = w_p^{\beta_p - \beta_p'} \ldots w_r^{\beta_r - \beta_r'}$$

durch die Indexgleichungen:

$$
\begin{aligned}
(16) \qquad & \text{Ind.}\,(ww') = \text{Ind.}\ w + \text{Ind.}\ w' \\
& \text{Ind.}\,\left(\frac{w}{w'}\right) = \text{Ind.}\ w - \text{Ind.}\ w'
\end{aligned}
$$

ausgesprochen werden.

Zieht man aus jedem Elemente $\beta_p, \ldots \beta_r$ eines Indexsystems $(\beta) = (\beta_p, \ldots \beta_r)$ den größten gemeinsamen Teiler mit dem entsprechenden Elemente $p - 1, \ldots r - 1$ der Periode (P) heraus, so daß also

$$(17) \qquad \beta_p = \delta_p \cdot \beta_p^{(0)}, \ldots \quad \beta_r = \delta_r \cdot \beta_r^{(0)}$$

ist, so läßt sich jeder Index in der Form darstellen

$$(17^{\mathrm{a}}) \qquad\qquad (\beta) = (\delta)(\beta^{(0)}),$$

wo das System $(\delta) = (\delta_p, \ldots \delta_r)$ ein Teiler der Periode (P) ist. Ich will das System (δ) den T e i l e r   d e s   I n d e x s y s t e m s (β) nennen und das komplementäre Indexsystem (δ'), für welches:

$$(18) \qquad (\delta)(\delta') = (\delta_p\delta_p', \ldots \delta_r\delta_r') = (P)$$

ist, als d e n   k o m p l e m e n t ä r e n   T e i l e r   j e n e s   I n d e x s y - s t e m e s bezeichnen. Dann ist in (17^{a}) offenbar das System $(\beta^{(0)})$ zu dem komplementären System (δ') von (δ) in der Weise teilerfremd, daß seine entsprechenden Elemente $\beta_p^{(0)}, \ldots \beta_r^{(0)}$ bzw. zu $\delta'_p, \ldots \delta'_r$ relativ prim sind.

Hiernach kann der Exponent d, zu dem eine beliebige g-adische Einheitswurzel w gehört, sehr einfach durch den komplementären Teiler ihres Indexsystemes ausgedrückt werden. In der Tat ist ja d der kleinste positive Exponent, für welchen $w^d = 1$, für welchen also

$$d \operatorname{Ind.} w \equiv 0 \ (\text{mod.} \ (P))$$

ist. Schreibt man nun Ind. w und (P) in der Form $(\delta)(\beta^{(0)})$ und $(\delta)(\delta')$, so geht die obige Bedingung über in

$$d(\delta)(\beta^{(0)}) \equiv 0 \ (\text{mod.} \ (\delta)(\delta')),$$

oder für die einzelnen Elemente in die Kongruenz:

$$d\delta_p \beta_p^{(0)} \equiv 0 \ (\text{mod.} \ \delta_p \delta'_p), \ \ldots,$$

d. h. in die einfacheren

$$d \equiv 0 \ (\text{mod.} \ \delta'_p), \quad d \equiv 0 \ (\text{mod.} \ \delta'_q), \ \ldots,$$

oder das Indexsystem $(d) = (d, d, \ldots d)$ ist das kleinste System mit gleichen Elementen, für welches:

$$(d) \equiv 0 \ (\text{mod.} \ (\delta')),$$

welches also durch das zu (δ) komplementäre System (δ') teilbar ist. Es ist also der Exponent

$$(19) \qquad d = [(\delta')] = [\delta'_p, \delta'_q, \ldots \delta'_r]$$

das kleinste gemeinsame Multiplum der Elemente des zu (δ) komplementären Divisors (δ').

Ich löse im Anschluß an diese Darstellung der $\varphi(g_0)$ g-adischen Einheitswurzeln noch die Frage nach dem Werte des Produktes aller dieser Zahlen. Aus dem letzten a. S. 189 bewiesenen Satze folgt für $m = p - 1$, daß das Produkt $w_1 w_2 \ldots w_{p-1}$ aller p-adischen Einheitswurzeln immer gleich -1 ist, und dasselbe gilt auch für das Produkt $(+1)(-1)$ der beiden dyadischen Einheitswurzeln. Ich beweise jetzt den allgemeinen Satz:

> Das Produkt aller $\varphi(g_0)$ g-adischen Einheitswurzeln ist gleich -1 oder gleich $+1$, je nachdem g eine Primzahlpotenz ist oder mindestens zwei verschiedene Primfaktoren enthält.

Ist nämlich:

$$w = w_p^{\beta_p} w_q^{\beta_q} \ldots w_r^{\beta_r}$$

die Darstellung aller $\varphi(g_0)$ g-adischen Einheitswurzeln, so kommt unter ihnen jeder Faktor, etwa $w = w_p^{\beta_p}$, genau so oft vor, als es verschiedene Exponentenkombinationen $(\beta_q, \ldots \beta_r)$ gibt, d. h. genau $\varphi\left(\dfrac{g_0}{p}\right)$- bzw. $\varphi\left(\dfrac{g_0}{4}\right)$-mal, je nachdem p ungerade oder gerade ist. Setzen wir also in den beiden unterschiedenen Fällen $g_0 = pP$ bzw. $4P$ und entsprechend für die anderen Primfaktoren:

$$g_0 = qQ = \cdots = rR,$$

so ergibt sich für das Produkt aller g-adischen Einheitswurzeln offenbar die Gleichung:

$$\prod w = (\prod_{(\beta_p)} w_p^{\beta_p})^{\varphi(P)} (\prod_{(\beta_q)} w_q^{\beta_q})^{\varphi(Q)} \cdots (\prod_{(\beta_r)} w_r^{\beta_r})^{\varphi(R)} \; (g)$$
$$= (-1)_p^{\varphi(P)} (-1)_q^{\varphi(Q)} \cdots (-1)_r^{\varphi(R)} \; (g),$$

wo z. B. $(-1)_p$ für den Bereich von p gleich -1, für die Bereiche von $q, \ldots r$ aber gleich $+1$ ist; in der Tat ist ja z. B. das Produkt aller $p-1$ Einheiten $w_p^{\beta_p}$ nach dem früheren speziellen Satze für den Bereich von p gleich -1. Da nun endlich jeder der Exponenten $\varphi(P), \ldots \varphi(R)$ nach S. 121 Mitte eine gerade Zahl ist, sobald nur $P, \ldots R$ größer als Eins ist (der einzige Fall $P = 2$, wofür $\varphi(P)$ sonst noch ungerade ist, tritt ja hier nie auf), so ist jenes Produkt in der Tat stets gleich $+1$, sobald g_0 mehr als eine Primzahl enthält, da dasselbe für den Bereich von allen in g enthaltenen Primzahlen $p, q, \ldots r$ gilt.

§ 6. Die Logarithmen der g-adischen Zahlen.

Mit Hilfe der nun vollständig durchgeführten Exponentendarstellung des absoluten Betrages, der Einheitswurzel und der Haupteinheit einer beliebigen g-adischen Zahl

$$A = GwE = (\bar{p}^{\,\alpha_p}\bar{q}^{\,\alpha_q} \ldots \bar{r}^{\,\alpha_r})(w_p^{\beta_p} w_q^{\beta_q} \ldots w_r^{\beta_r})(e^{\gamma_p} e^{\gamma_q} \ldots e^{\gamma_r})$$

können wir nun den Logarithmus einer solchen Zahl genau so einfach definieren, wie dies vorher für die p-adischen Zahlen möglich war. Ich will nämlich jetzt von den drei Zahlensystemen:

$$(\alpha) = (\alpha_p, \alpha_q, \ldots \alpha_r), \quad (\beta) = (\beta_p, \beta_q, \ldots \beta_r), \quad (\gamma) = (\gamma_p, \gamma_q, \ldots \gamma_r)$$

das erste, wie bereits auf S. 250 oben erwähnt wurde, d i e O r d n u n g s z a h l, das zweite System d e n I n d e x und das dritte d e n H a u p t l o g a r i t h m u s der g-adischen Zahl A nennen und ich will jetzt als L o g a r i t h m u s v o n A das aus diesen drei Systemen gebildete neue System:

$$(1) \quad \lg A = ((\alpha), (\beta), (\gamma)) = ((\alpha_p, \ldots \alpha_r), (\beta_p, \ldots \beta_r), (\gamma_p, \ldots \gamma_r)) \ (g)$$

bezeichnen. Auch hier will ich als d i e S u m m e und d i e
D i f f e r e n z z w e i e r L o g a r i t h m e n die Systeme:

$$(2)\quad ((\alpha),(\beta),(\gamma)) \pm ((\alpha'),(\beta'),(\gamma')) = ((\alpha\pm\alpha'),(\beta\pm\beta'),(\gamma\pm\gamma'))$$

bezeichnen.

Eine Zahl A enthält stets und nur dann einen Teiler der Null,
etwa O_p, wenn das entsprechende Element α_p ihrer Ordnungszahl
gleich $+\infty$ ist, während die zugehörigen Elemente β_p und γ_p des
Index und des Hauptlogarithmus beliebig sein können; denn dann
sind ja in der p-Komponente $\mathfrak{A} = \bar{p}^\infty w_p E_p$ w_p und E_p ganz beliebig.
Abgesehen von diesem Falle gehört zu jeder Zahl A ein *eindeutig*
bestimmter Logarithmus $((\alpha),(\beta),(\gamma))$, und umgekehrt entspricht
jedem Logarithmus eine eindeutig bestimmte g-adische Zahl, s e i n
N u m e r u s.

Sind A und A' zwei beliebige g-adische Zahlen, und ist

$$((\alpha),(\beta),(\gamma)) = \lg A, \quad ((\alpha'),(\beta'),(\gamma')) = \lg A',$$

so bestehen für die Logarithmen ihres Produktes und ihres Quotienten,
falls dieser existiert, die Gleichungen:

$$\lg(AA') = ((\alpha+\alpha'),(\beta+\beta'),(\gamma+\gamma')) = ((\alpha),(\beta),(\gamma)) + ((\alpha'),(\beta'),(\gamma'))$$
$$\lg\frac{A}{A'} = ((\alpha-\alpha'),(\beta-\beta'),(\gamma-\gamma')) = ((\alpha),(\beta),(\gamma)) - ((\alpha'),(\beta'),(\gamma')),$$

d. h. es gelten auch hier die Fundamentalformeln für das Rechnen mit
Logarithmen:

$$(3)\qquad \begin{aligned}\lg(AA') &= \lg A + \lg A' \\ \lg\frac{A}{A'} &= \lg A - \lg A'.\end{aligned}$$

Die Richtigkeit dieser Gleichungen folgt sofort aus den Formeln (7^a)

$$AA' = (GG')(ww')(EE'), \quad \frac{A}{A'} = \frac{G}{G'} \cdot \frac{w}{w'} \cdot \frac{E}{E'},$$

welche a. S. 248 hergeleitet wurden.

Allein in dem Falle ist die Division durch A' nicht möglich, wenn A' gewisse Teiler der Null enthält, die nicht auch im Zähler A vorkommen. Allein dann besitzt die Ordnungszahl $(\alpha - \alpha')$ im Logarithmus von $\frac{A}{A'}$ gewisse Elemente, die $-\infty$ sind, denen also keine g-adische Zahl entspricht. Haben dagegen A und A' beide etwa den Nullteiler O_p, so ist das entsprechende Element $\alpha_p - \alpha'_p$ der Ordnungszahl $(\alpha - \alpha')$ gleich $\infty - \infty$, kann also jeden ganzzahligen Wert besitzen, und das Gleiche gilt von den Elementen $\beta_p - \beta'_p$ und $\gamma_p - \gamma'_p$, da in ihnen sowohl der Minuendus wie der Subtrahendus beliebig angenommen werden dürfen. Es geht also auch aus dem $\lg \frac{A}{A'}$ hervor, daß in diesem Falle der p-adische Wert von $\frac{A}{A'}$ eine ganz beliebige p-adische Zahl sein kann.

Im folgenden werde ich häufig das System $(\gamma) = (\gamma_p, \gamma_q, \ldots \gamma_r)$ durch die eine zugehörige Zahl

$$\gamma = \gamma_p + \gamma_q + \cdots + \gamma_r$$

ersetzen, so daß dann

$$(1^a) \qquad\qquad \lg A = ((\alpha), (\beta), \gamma)$$

wird.

Es sei ferner wieder $(\delta) = (\delta_p, \delta_q, \ldots \delta_r)$ der Teiler des Index (β), so daß

$$(\beta) = (\delta)(\beta^{(0)})$$

ist, wo (δ) einen Teiler der Periode $P = (p - 1, \ldots r - 1)$ bzw. $= (2, \ldots r - 1)$ bedeutet und $(\beta^{(0)})$ zu dem komplementären Periodenteiler (δ') relativ prim ist. Ebenso sei

$$\overline{g} = \overline{p}^{\,\overline{k}} \overline{q}^{\,\overline{l}} \ldots \overline{r}^{\,\overline{m}} = |\gamma|$$

der absolute Betrag des Hauptlogarithmus γ, so daß:

$$\gamma = \overline{g} \cdot \gamma_0$$

ist, wo γ_0 eine g-adische Einheit bedeutet und wo sicher $\overline{g} \lesssim g_0$ ist. Dann können wir also den Logarithmus einer g-adischen Zahl genau so wie denjenigen einer p-adischen Zahl in der Form:

$$\lg A = ((\alpha), (\delta)(\beta^{(0)}), \overline{g}\,\gamma_0)$$

darstellen; und auch hier will ich das System (δ) den I n d e x t e i - l e r und die Zahl $\overline{g}$ den T e i l e r d e s H a u p t l o g a r i t h m u s v o n A nennen.

§ 7.   Untersuchung der Zahlen für einen beliebigen zusammengesetzten Modul g.

Ich wende die Ergebnisse des vorigen Abschnittes an auf die genauere Untersuchung der Zahlen A für eine beliebige zusammengesetzte Zahl

$$g = p^k q^l \ldots r^m$$

als Modul. Auch hier kann ich wie a. S. 209 Mitte von vornherein die zu untersuchende Zahl als Einheit, ihre Ordnungszahl $(\alpha) = (\alpha_p, \alpha_q, \ldots \alpha_r)$ also gleich Null voraussetzen.

Jede g-adische Einheit ist nun eindeutig in der Form

$$E = we^\gamma = w_d e^{\bar{g}\,\gamma_0}$$

darstellbar, wo

$$w = w_d = w_p^{\beta_p} w_q^{\beta_q} \ldots w_r^{\beta_r}$$

eine Einheitswurzel bedeutet, welche zum Exponenten d gehören möge, so daß also w_d^d die kleinste Potenz von w_d mit positivem Exponenten ist, welche gleich 1 wird; ferner möge

$$\bar{g} = p^{\bar{k}}\, q^{\bar{l}} \ldots r^{\overline{m}}$$

den Teiler des Hauptlogarithmus von E bedeuten, welcher stets ein Vielfaches von g_0 sein muß.

Ich untersuche jetzt alle diese Einheiten modulo g und nehme der Einfachheit wegen auch g als ein Vielfaches der reduzierten Grundzahl g_0 an, d. h. ich setze voraus, daß, falls der Modul g gerade sein sollte, dieser mindestens durch 4 teilbar ist. Die entsprechenden Resultate für einen Modul $g = 2q^l \ldots r^m$ können leicht gesondert ausgesprochen werden.

Eine Einheit $E = we^\gamma$ ist stets und nur dann kongruent 1 modulo g, d. h. eine Haupteinheit modulo g, wenn ihre Einheitswurzel w gleich Eins und ihr Hauptlogarithmus γ durch g teilbar ist.

Betrachtet man nämlich die Kongruenz:

$$E = we^\gamma \equiv 1 \ (\text{mod. } g)$$

zuerst modulo g_0 und beachtet, daß für diesen Modul $e^\gamma \equiv 1$ ist, so folgt als notwendige Bedingung $w \equiv 1 \ (\text{mod. } g_0)$ und sie ist nach

S. 262 unten nur dann erfüllt, wenn $w = 1$ ist. Die dann übrigbleibende Kongruenz

$$e^\gamma \equiv 1 \ (\text{mod. } g)$$

ist aber nach S. 258 oben allein dann erfüllt, wenn γ durch g teilbar ist; und damit ist unsere Behauptung bewiesen.

Zwei Einheiten

$$E = we^\gamma \quad E' = w'e^{\gamma'}$$

sind also dann und nur dann modulo g kongruent, wenn

$$w = w' \quad \text{und} \quad \gamma \equiv \gamma' \ (\text{mod. } g)$$

ist, wenn also ihre Einheitswurzeln gleich und ihre Hauptlogarithmen modulo g kongruent sind; denn allein dann ist ja ihr Quotient

$$\frac{E}{E'} = \frac{w}{w'} e^{\gamma - \gamma'}$$

modulo g kongruent 1. Also sind in der Form:

$$E = w^{(r)} e^{g_0 s}$$

alle modulo g inkongruenten Einheiten enthalten, wenn w alle $\varphi(g_0)$ Einheitswurzeln und s alle $\frac{g}{g_0}$ Zahlen 0, 1, ... $\left(\frac{g}{g_0} - 1\right)$ durchläuft. Die Anzahl aller dieser inkongruenten Einheiten ist also gleich $\frac{g}{g_0}\varphi(g_0)$, d. h. gleich $\varphi(g)$, wie eine leichte Rechnung zeigt.

Jede der $\varphi(g)$ modulo g inkongruenten Einheiten:

$$E = w_d e^{\bar{g}\,\gamma_0}$$

gehört nun für diesen Modul zu einem Exponenten δ, und zwar ist dieser die kleinste positive Zahl, für welche:

$$E^\delta = w_d^\delta e^{\bar{g}\,\delta\gamma_0} \pmod{g}$$

ist. Hiernach ist δ die kleinste positive Zahl, welche erstens selbst durch d und für welche zweitens $\bar{g}\,\delta$ durch g teilbar ist, d. h. es ist

$$(1) \qquad \delta = \left[d, \frac{g}{\bar{g}}\right].$$

Den größten Exponenten $\bar{\delta}$, zu dem eine Einheit $E = we^\gamma$ überhaupt modulo g gehören kann, erhält man, wenn man für w eine primitive Wurzel w_μ wählt, welche zu dem höchsten Exponenten

$$\mu = [p-1, q-1, \ldots r-1] \quad \text{bzw.} \quad [2, q-1, \ldots r-1]$$

gehört, und wenn man zugleich den Teiler $\bar{g}$ des Hauptlogarithmus möglichst klein, also gleich g_0 wählt, so daß also

$$(1^{\text{a}}) \qquad \bar{\delta} = \left[\mu, \frac{g}{g_0}\right]$$

wird. Alle anderen Exponenten $\delta = \left[d, \dfrac{g}{\bar{g}}\right]$ sind nämlich Teiler von $\bar{\delta}$, weil nach S. 262 (7) d ein Teiler von μ und $\dfrac{g}{\bar{g}}$ ein Teiler von $\dfrac{g}{g_0}$ ist. Es ergibt sich also der Satz:

> Jede Einheit gehört modulo g zu einem Exponenten δ, welche ihrerseits sämtlich Teiler des größten unter ihnen $\bar{\delta}$ sind. Jede Einheit genügt also modulo g der Kongruenz:

$$(2) \qquad x^{\bar{\delta}} \equiv 1 \pmod{g},$$

wo $\overline{\delta} = \left[\mu, \dfrac{g}{g_0} \right]$ ist, und dies ist die Kongruenz niedrigsten Grades, der alle $\varphi(g)$ Einheiten modulo g genügen.

Am einfachsten können die modulo $g = p^k q^l \ldots r^m$ inkongruenten Einheiten ohne jede Voraussetzung über g mit Hilfe der primitiven Wurzeln modulo p^k, q^l, $\ldots$ r^m additiv oder multiplikativ dargestellt werden, welche wir a. S. 216 in die Rechnung eingeführt haben. Jede Einheit E konnte eindeutig als Summe bzw. als Produkt ihrer Komponenten für den Bereich von p, q, $\ldots$ r in einer der Formen dargestellt werden:

$$(3) \qquad E = E_p + E_q + \cdots + E_r \ (g) \quad E = \mathfrak{E}_p \mathfrak{E}_q \ldots \mathfrak{E}_r \ (g),$$

wo z. B. E_p und $\mathfrak{E}_p$ die eindeutig bestimmten g-adischen Zahlen waren, welche für den Bereich von p gleich E, für die Bereiche von q, $\ldots$ r aber gleich Null bzw. gleich Eins sind. Betrachtet man nun diese Gleichungen als Kongruenzen modulo g, so ergeben sich die Kongruenzen:

$$E \equiv E_p^{(0)} + E_q^{(0)} + \cdots + E_r^{(0)} \ (\text{mod. } g), \quad E \equiv \mathfrak{E}_p^{(0)} \mathfrak{E}_q^{(0)} \ldots \mathfrak{E}_r^{(0)} \ (\text{mod. } g),$$

wo z. B. die ganzen rationalen Zahlen $E_p^{(0)}$ bzw. $\mathfrak{E}_p^{(0)}$ die Anfangsglieder von E_p und $\mathfrak{E}_p$ sind, welche modulo p^k kongruent E, dagegen modulo q^l, $\ldots$ r^m kongruent Null bzw. kongruent Eins sind. Es sei nun c_p bzw. $\mathfrak{c}_p$ je eine rationale Zahl, welche für die als ungerade vorausgesetzte Primzahlpotenz p^k als Modul eine primitive Wurzel, dagegen modulo q^l, $\ldots$ r^m kongruent 0 bzw. kongruent Eins ist, und es mögen c_q bzw. $\mathfrak{c}_q$, $\ldots$ c_r bzw. $\mathfrak{c}_r$ die entsprechende Bedeutung für die ungeraden Primzahlpotenzen q^l, $\ldots$ r^m haben. Ist dann $g = p^k \ldots r^m$ ungerade, so ergeben sich für alle $\varphi(g)$ modulo g inkongruenten Einheiten die beiden folgenden additiven und multiplikativen Darstellungen:

$$E \equiv c_p^{b_p} + c_q^{b_q} + \cdots + c_r^{b_r} \equiv \mathfrak{c}_p^{b_p} \mathfrak{c}_q^{b_q} \ldots \mathfrak{c}_r^{b_r} \pmod{g}$$

(4)

$$\small (b_p = 0, 1, \ldots \varphi(p^k) - 1;\ \ldots).$$

Sollte dagegen $g = 2^k q^l \ldots r^m$ gerade sein, so konnten wir ja alle $\varphi(2^k) = 2^{k-1}$ modulo 2^k inkongruenten dyadischen Einheiten eindeutig in der Form darstellen

$$(-1)^\alpha 5^\beta \quad \begin{pmatrix} \alpha = 0, 1 \\ \beta = 0, 1, \ldots \varphi(2^{k-1}) - 1 \end{pmatrix}.$$

Bezeichnen wir also hier durch $(\overline{-1})$ und $\overline{5}$ bzw. durch $(\underline{-1})$ und $\underline{5}$ zwei rationale Zahlen, welche modulo 2^k kongruent -1 und 5, aber modulo $q^l, \ldots r^m$ bzw. kongruent 0 oder 1 sind, so ergibt sich hier die Darstellung:

$$E \equiv (\overline{-1})^\alpha \overline{5}^{\,\beta} + c_q^{b_q} + \cdots + c_r^{b_r} \equiv (\underline{-1})^\alpha \underline{5}^{\,\beta} \mathfrak{c}_q^{b_q} \ldots \mathfrak{c}_r^{b_r} \pmod{g}.$$

Hierbei ist zu bemerken, daß, falls $p^k = 2^1$ ist, $\alpha = \beta = 0$, für $p^k = 2^2$ $\alpha = 0, 1$, aber $\beta = 0$ zu setzen ist.

Im folgenden wollen wir immer von der Darstellung (4) der Einheiten modulo g ausgehen, aber dabei bemerken, daß falls p gerade sein sollte, die Potenz $c_p^{b_p}$ durch das Potenzprodukt $(\overline{-1})^\alpha \overline{5}^{\,\beta}$, also der Exponent b_p durch das Exponentensystem (α, β) zu ersetzen ist. Ich nenne nun das Exponentensystem $(b_p, b_q, \ldots b_r)$, durch das dann jede der $\varphi(g)$ modulo g inkongruenten Einheiten E eindeutig bestimmt wird, d e n I n d e x v o n E m o d u l o g und setze:

$$\text{Ind.}\ E = (b_p, b_q, \ldots b_r) \pmod{g},$$

wo die einzelnen Exponenten $b_p, \ldots b_r$ bzw. nur modulo $\varphi(p^k), \ldots \varphi(r^m)$ gerechnet werden oder wo wieder wie a. S. 264 unten zwei Indizes

$(b_p, \ldots b_r)$ und $(b'_p, \ldots b'_r)$ als gleich betrachtet werden, wenn ihre entsprechenden Elemente b_p und b'_p modulo $\varphi(p_r^k)$, $\ldots$ b_r und b'_r modulo $\varphi(r^m)$ kongruent sind.

Speziell ist dann

$$\text{Ind. } 1 = (0, 0, \ldots 0),$$

und es bestehen wieder die Gleichungen:

$$\text{Ind. } (EE') = \text{Ind. } E + \text{Ind. } E'$$
$$\text{Ind. } \left(\frac{E}{E'} \right) = \text{Ind. } E - \text{Ind. } E',$$

wenn wieder die Summe und die Differenz zweier Indizes wie a. S. 264 (13) definiert werden.

Gehört E modulo g zum Exponenten δ, so ist δ die kleinste positive Zahl, für welche $E^\delta \equiv 1$ (mod. g), wofür also

$$\text{Ind. } (E^\delta) = (\delta b_p, \delta b_q, \ldots \delta b_r) = (0, 0, \ldots 0),$$

d. h. für ungerades g:

$$\delta b_p \equiv 0 \text{ (mod. } \varphi(p^k)), \quad \ldots \quad \delta b_r \equiv 0 \text{ (mod. } \varphi(r^m)),$$

für gerades g aber:

$$\delta \alpha \equiv 0 \text{ (mod. } 2), \quad \delta \beta \equiv 0 \text{ (mod. } 2^{k-2}), \quad \ldots \quad \delta b_r \equiv 0 \text{ (mod. } \varphi(r^m))$$

ist. Den größten Wert $\bar{\delta}$ von δ erhält man, wenn man alle Exponenten $b_p, \ldots b_r$ teilerfremd bzw. zu $\varphi(p^k)$, $\ldots \varphi(r^m)$ annimmt, wenn man also z. B. speziell alle gleich 1 voraussetzt. Also gehören in den vier unterschiedenen Fällen:

$$g = p^k q^l \ldots r^m, \quad 2^k q^l \ldots r^m, \quad 2^2 q^l \ldots r^m, \quad 2 q^l \ldots r^m$$

z. B. die Einheiten:

(5) $\quad \overline{E} = \mathfrak{c}_p \mathfrak{c}_q \ldots \mathfrak{c}_r, \quad (-1)\underline{5}\,\mathfrak{c}_q \ldots \mathfrak{c}_r, \quad (-1)\mathfrak{c}_q \ldots \mathfrak{c}_r, \quad \mathfrak{c}_q \ldots \mathfrak{c}_r$

modulo g zum höchsten Exponenten $\overline{\delta}$, wo $\overline{\delta}$ offenbar das kleinste gemeinsame Vielfache der Exponenten ist, zu denen die Komponenten von $\overline{E}$ in (5) gehören. In den vier unterschiedenen Fällen ist also

$$
\begin{aligned}
\overline{\delta} &= [\varphi(p^k), \varphi(q^l), \ldots \varphi(r^m)] \\
&= [2, 2^{k-2}, \varphi(q^l), \ldots \varphi(r^m)] \\
&= \quad\;\; [2, \varphi(q^l), \ldots \varphi(r^m)] \\
&= \quad\quad\;\; [\varphi(q^l), \ldots \varphi(r^m)].
\end{aligned}
$$

(6)

Hieraus folgt zunächst, daß dieser höchste Exponent $\overline{\delta}$ ein Teiler von $\varphi(g)$ ist; denn in allen vier soeben unterschiedenen Fällen ist ja das Produkt der in der eckigen Klammer stehenden Zahlen genau gleich $\varphi(g)$ und dieses ist ja stets durch das kleinste gemeinsame Vielfache derselben teilbar.

Nur in dem Falle ist nun das kleinste gemeinsame Vielfache $\overline{\delta}$ der in den eckigen Klammern stehenden Zahlen *gleich* ihrem Produkte $\varphi(g)$, wenn alle jene Zahlen teilerfremd sind. Allein in diesem Falle sind also die $\varphi(g)$ Potenzen

$$1, \; \overline{E}, \; \overline{E}^{\,2}, \; \ldots \; \overline{E}^{\,\varphi(g)-1}$$

modulo g inkongruent; für diese Moduln g allein sind also alle Einheiten modulo g als Potenzen einer einzigen primitiven Einheit darstellbar. Dies ist, wie schon früher bewiesen worden war, sicher der Fall, falls $g = 2, \; 4, \; p^k$ ist, wenn p irgendeine ungerade Primzahl bedeutet. Enthält nun im ersten der vier in (6) unterschiedenen Fälle g auch nur zwei ungerade Primfaktoren p und q, so sind $\varphi(p^k) = (p-1)p^{k-1}$ und

$\varphi(q^l) = (q-1)q^{l-1}$ sicher nicht teilerfremd, da sie beide durch 2 teilbar sind. Im zweiten Falle haben, da $k \geqq 3$ ist, die beiden ersten Elemente 2 und 2^{k-2} den gemeinsamen Teiler 2; dasselbe gilt im dritten Falle für 2 und $\varphi(q^l)$; nur dann, wenn $g = 2^2$ ist, ist also hier die Bedingung für die Existenz einer solchen primitiven Wurzel erfüllt. Ebenso ist im vierten Falle $g = 2q^l \ldots r^m$ diese Bedingung dann und nur dann erfüllt, wenn g außer 2 keinen oder nur einen ungeraden Primfaktor enthält. So ergibt sich jetzt also der allgemeine Satz:

> Alle modulo g inkongruenten Einheiten lassen sich dann und nur dann für diesen Modul als Potenzen einer primitiven Einheit darstellen, wenn
> $$g = 2,\ 4,\ p^k \quad \text{oder} \quad 2p^k$$
> ist, wo p eine ungerade Primzahl bedeutet.

§ 8. Der Wilsonsche Satz für einen beliebigen Modul g. — Die Auflösung der allgemeinen linearen Kongruenz modulo g.

Als erste Anwendung beweise ich jetzt den Wilsonschen Satz für eine beliebige zusammengesetzte Zahl

$$g = p^k q^l \ldots r^m \quad \text{bezw.} \quad g = 2^k q^l \ldots r^m,$$

und zwar kann ich voraussetzen, daß g mindestens zwei verschiedene Primfaktoren p, q bzw. 2, q enthält, da der Fall einer einzigen Primzahlpotenz bereits vorher vollständig behandelt worden ist. Dann kann der Wilsonsche Satz folgendermaßen ausgesprochen werden:

> Das Produkt aller $\varphi(g)$ modulo g inkongruenten Einheiten ist modulo g stets kongruent $+1$; nur dann ist es kongruent -1, wenn $g = 2q^l$ das Doppelte einer ungeraden Primzahlpotenz ist.

Denkt man sich jede der modulo g inkongruenten Einheiten in der multiplikativen Normalform dargestellt:

$$E = \mathfrak{E}_p \mathfrak{E}_q \ldots \mathfrak{E}_r,$$

so durchläuft z. B. der Wert von $\mathfrak{E}_p$ modulo p^k ein vollständiges System inkongruenter Einheiten usw.; bildet man ferner das über alle $\varphi(g)$ inkongruenten Einheiten E erstreckte Produkt, so kommt jede Komponente $\mathfrak{E}_p$ so oft vor, als es modulo $P = q^l \ldots r^m$ inkongruente Produkte $E_q, \ldots E_r$ gibt, d. h. jedes E_p kommt genau $\varphi(P)$ mal in jenem Produkte vor. Hieraus ergibt sich für das Produkt aller Einheiten E die folgende Darstellung:

$$\prod E = \left(\prod \mathfrak{E}_p\right)^{\varphi(P)} \cdot \left(\prod \mathfrak{E}_q\right)^{\varphi(Q)} \ldots \left(\prod \mathfrak{E}_r\right)^{\varphi(R)},$$

wenn wieder P, Q, $\ldots$ R die zu p^k, q^l, $\ldots$ r^m komplementären Faktoren von g sind. Nach dem a. S. 226 ff. bewiesenen Satze ist aber jedes der rechts stehenden Partialprodukte $\prod \mathfrak{E}_p$, $\ldots$ modulo p^k, $\ldots$ kongruent -1, und jeder der Exponenten, z. B. $\varphi(P)$, ist nach S. 121 Mitte gerade, außer wenn $P = 2$, wenn also $g = 2q^l$ ist; und da hier $\prod \mathfrak{E}_q \equiv -1$ ist, so ergibt sich in der Tat die Richtigkeit des oben aufgestellten Satzes. Zusammenfassend können wir also den allgemeinen Wilsonschen Satz in der folgenden Form aussprechen:

> Das Produkt aller $\varphi(g)$ modulo g inkongruenten Einheiten ist modulo g stets kongruent ± 1, und zwar ist es allein in den Fällen kongruent -1, wenn
>
> $$g = 4,\ p^k,\ 2p^k$$
>
> ist, in allen anderen Fällen aber kongruent $+1$.

Nur kurz möchte ich die Ausdehnung des a. S. 226 für eine Primzahlpotenz p^k geführten direkten Beweises des Wilsonschen Satzes auf den Fall eines beliebigen zusammengesetzten Moduls angeben, um einen interessanten Satz zu beweisen, der die Verallgemeinerung desjenigen a. S. 228 ist. Denken wir uns wieder die $\varphi(g)$ modulo g inkongruenten Einheiten in der Form gegeben:

$$E_{rs} = w_r e^{g_0 s},$$

wo w_r diejenige eindeutig bestimmte Einheitswurzel sein soll, welche kongruent r modulo g_0 ist, so sind für ein festes r die Einheiten E_{rs} für $s = 0,\ 1,\ \ldots\ \left(\dfrac{g}{g_0} - 1\right)$ alle und nur diejenigen modulo g inkongruenten Einheiten, welche modulo g_0 kongruent r, welche also in der arithmetischen Reihe $r + g_0 h$ enthalten sind. Das Produkt dieser $\dfrac{g}{g_0}$ Einheiten wird also:

$$(1) \qquad \prod_{s=0}^{\frac{g}{g_0}-1} E_{rs} = w_r^{\frac{g}{g_0}} e^{g_0 \left(1+2+\cdots+\left(\frac{g}{g_0}-1\right)\right)} = w_r^{\frac{g}{g_0}} e^{g_0 \cdot \frac{1}{2}\left(\frac{g}{g_0}-1\right)}.$$

Ist nun $\dfrac{g}{g_0}$ ungerade, also g höchstens durch 4 teilbar, so ist $\dfrac{1}{2}\left(\dfrac{g}{g_0} - 1\right)$ ganz, also der Exponentialfaktor kongruent 1 modulo g. Ist dagegen $\dfrac{g}{g_0}$ gerade, also g mindestens durch 8 teilbar, so ist der Exponent von e nur durch $\dfrac{g}{2}$ teilbar, also der Exponentialfaktor nur kongruent 1 modulo $\dfrac{g}{2}$. Also ergibt sich der Satz:

Das Produkt aller modulo g inkongruenten Einheiten, welche in einer arithmetischen Reihe der Form $r + g_0 h$ enthalten sind, ist stets kongruent der $\left(\dfrac{g}{g_0}\right)$-ten Potenz der zugehörigen Einheitswurzel w_r für den Modul g oder den Modul $\dfrac{g}{2}$, je nachdem g höchstens durch 4 oder mindestens durch 8 teilbar ist.

Multipliziert man noch (1) über alle $\varphi(g_0)$ Werte von r, so erhält man wieder den Wilsonschen Satz.

Als Abschluß dieser Untersuchungen werde jetzt die Auflösung der allgemeinen linearen ganzzahligen Kongruenz für eine beliebige zusammengesetzte Zahl $g = p^k q^l \ldots r^m$ als Modul auf den schon a. S. 228 behandelten Fall reduziert, daß dieser Modul eine Primzahlpotenz ist. Hier gilt, wie jetzt bewiesen werden soll, der folgende einfache Satz:

Die ganzzahlige Kongruenz:

$$(2) \qquad AX \equiv A' \ (\text{mod. } g)$$

besitzt stets und nur dann eine ganzzahlige Lösung, wenn A' durch den größten gemeinsamen Teiler:

$$(3) \qquad d = (A, g) = p^{k_0} q^{l_0} \ldots r^{m_0}$$

von A und g ebenfalls teilbar ist, und in diesem Falle ist die Anzahl aller modulo g inkongruenten ganzzahligen Lösungen dieser Kongruenz genau gleich d.

Schreibt man nämlich die Zahlen A, A' und X modulo g in ihrer multiplikativen Normalform, so geht die vorgelegte Kongruenz in die folgende über:

$$(\mathfrak{A}_p X_p)(\mathfrak{A}_q X_q) \ldots (\mathfrak{A}_r X_r) \equiv \mathfrak{A}'_p \mathfrak{A}'_q \ldots \mathfrak{A}'_r \ (\text{mod. } g),$$

welche dann und nur dann erfüllt ist, wenn die Kongruenzen

$$(4) \qquad \mathfrak{A}_p X_p \equiv \mathfrak{A}'_p \ (\text{mod. } p^k), \ \ldots \ \ \mathfrak{A}_r X_r \equiv \mathfrak{A}'_r \ (\text{mod. } r^m)$$

jede für sich bestehen, und aus jedem Lösungssystem derselben ergibt sich dann je eine eindeutig bestimmte Lösung der vorgelegten Kongruenz. Nun bewies ich aber a. a. O., daß z. B. die erste der Kongruenzen (4) dann und nur dann eine ganzzahlige Lösung hat, wenn $\mathfrak{A}'_p$ durch den größten gemeinsamen Teiler von $(\mathfrak{A}_p, p^k) = d_p$ teilbar ist, und daß dann die Anzahl aller inkongruenten Lösungen gleich d_p ist, und das entsprechende gilt für die anderen Kongruenzen in (4). Ferner ist offenbar

$$(\mathfrak{A}_p, p^k) = (A, p^k) = p^{k_0},$$

wo p^{k_0} die in $d = (A, g) = (A, p^k q^l \ldots r^m)$ enthaltene Potenz von p bedeutet usw. Also besitzt die Kongruenz (2) überhaupt nur dann eine ganzzahlige Lösung, wenn $\mathfrak{A}'_p$ durch p^{k_0}, $\mathfrak{A}'_q$ durch q^{l_0}, $\ldots$ $\mathfrak{A}'_r$ durch r^{m_0}, wenn also A' durch d teilbar ist. Ist dies der Fall, so ist die Anzahl aller modulo p^k, q^l, $\ldots r^m$ inkongruenten Systeme von Lösungen X_p, $\ldots X_r$ in (4) gleich $p^{k_0} q^{l_0} \ldots r^{m_0} = d$, und somit besitzt in der Tat die Kongruenz (2) genau d inkongruente Lösungen, unsere Behauptung ist also vollständig bewiesen.

Zehntes Kapitel.

Die Auflösung der reinen Gleichungen und der reinen Kongruenzen. Die quadratischen Gleichungen und Kongruenzen.

§ 1. Die Auflösung der reinen Gleichungen im Ringe der g-adischen Zahlen.

Ich wende mich nun zur Untersuchung der Frage, wann eine beliebige reine Gleichung

$$(1) \qquad x^\mu = A \ (g)$$

im Bereiche der g-adischen Zahlen Wurzeln besitzt, und, falls dies der Fall sein sollte, wie groß die Anzahl dieser Wurzeln ist. Wir setzen dabei zunächst voraus, daß A keinen Nullteiler enthält.

Die zweite Frage kann nun zunächst sehr leicht vollständig gelöst werden: Hat nämlich die Gleichung (1) überhaupt *eine* Lösung x_0, so daß also:

$$(1^{\mathrm{a}}) \qquad x_0^\mu = A \ (g)$$

ist, und ist x irgendeine andere Lösung derselben Gleichung, so enthalten beide ebenfalls keinen Teiler der Null, und für ihren Quotienten $\left(\dfrac{x}{x_0}\right) = w$ erhalten wir aus (1) und (1ª) die Gleichung:

$$(1^{\mathrm{b}}) \qquad \left(\frac{x}{x_0}\right)^\mu = w^\mu = 1 \ (g).$$

Jede Lösung unserer Gleichung hängt also mit irgendeiner unter ihnen durch eine Gleichung

$$(1^c) \qquad\qquad x = x_0 w \ (g)$$

zusammen, in der w eine μ-te Einheitswurzel ist, und umgekehrt ist jede solche Zahl (1^c) auch wirklich eine Lösung von (1).

Wir haben also nur die Anzahl aller μ-ten Einheitswurzeln

$$(2) \qquad\qquad w = w_p^{\beta_p} w_q^{\beta_q} \ldots w_r^{\beta_r} \ (g)$$

im Ringe $R(g)$ zu bestimmen. Eine solche Zahl genügt nun stets und nur dann der Gleichung $w^\mu = 1$, wenn

$$\mu \operatorname{Ind.} w = \mu(\beta_p, \beta_q, \ldots \beta_r) = 0,$$

wenn also

$$(2^a) \qquad\qquad (\mu)(\beta) \equiv 0 \ (\text{mod.} \ (P))$$

ist, wo $(\mu) = (\mu, \mu, \ldots \mu)$ das zu μ gehörige Indexsystem und $(P) = (p - 1, \ldots r - 1)$ bzw. $(2, \ldots r - 1)$ die Periode für die Indexsysteme ist. Ist nun

$$(3) \qquad\qquad (\mu) = (\delta)(\mu^{(0)}),$$

ist also (δ) der Indexteiler von (μ), so daß

$$(\delta) = ((\mu), (P)) = ((\mu, p - 1), (\mu, q - 1), \ldots (\mu, r - 1))$$

ist, und bedeutet (δ') den komplementären Teiler zu (δ), für den also $(P) = (\delta)(\delta')$ ist, dann folgt aus (2^a)

$$(\delta)(\mu^{(0)})(\beta) \equiv 0 \ (\text{mod.} \ (\delta)(\delta')),$$

also, da $(\mu^{(0)})$ zu (δ') teilerfremd ist:

$$(\beta) \equiv 0 \ (\text{mod. } (\delta')),$$

d. h. es muß

$$(4) \qquad (\beta) = (\delta')(\beta^{(0)})$$

sein, wo das System $(\beta^{(0)}) = (\beta_p^{(0)}, \beta_q^{(0)}, \ldots \beta_r^{(0)})$ ganz beliebig angenommen werden kann. Ist umgekehrt das Indexsystem (β) durch (δ') teilbar, so ist in der Tat:

$$(\mu)(\beta) = (\delta)(\delta')(\mu^{(0)})(\beta^{(0)})$$

durch $(P) = (\delta)(\delta')$ teilbar, also die Zahl w in (2) eine $\mu^{\text{-te}}$ Einheitswurzel. Man erhält also alle verschiedenen, d. h. modulo $(P) = (\delta)(\delta')$ inkongruenten $\mu^{\text{-ten}}$ Einheitswurzeln, wenn man in dem Indexsystem

$$(\delta')(\beta^{(0)}) = (\delta_p' \beta_p^{(0)}, \ldots \delta_r' \beta_r^{(0)})$$

die Elemente von $(\beta^{(0)})$ ein vollständiges Restsystem modulo (δ) durchlaufen läßt; denn dann durchlaufen die Elemente von $(\delta')(\beta^{(0)})$ alle modulo $(P) = (\delta')(\delta)$ inkongruenten durch (δ') teilbaren Indizes. Also ist die Anzahl aller verschiedenen $\mu^{\text{-ten}}$ Einheitswurzeln gleich

$$(5) \qquad n((\delta)) = \delta_p \cdot \delta_q \ldots \delta_r = \prod (\mu, p - 1),$$

wenn hier wie stets im Folgenden $n((\delta))$ das Produkt aller Elemente eines Systems (δ) bedeuten. Wir erhalten also den folgenden Satz:

Die Anzahl aller g-adischen Wurzeln der Gleichung

$$x^\mu = A \ (g)$$

ist entweder gleich Null oder gleich

$$(5) \qquad n((\mu),(P)) = \prod_{p/g}(\mu, p-1).$$

wo das Produkt über alle verschiedenen Primteiler von g zu erstrecken ist. Alle Wurzeln dieser Gleichung gehen aus einer von ihnen durch Multiplikation mit einer μ-ten Einheitswurzel hervor.

Es ist hierbei zu bemerken, daß, falls g den Primfaktor 2 enthält, im ersten Faktor des obigen Produktes (5) $p-1$ durch 2 zu ersetzen ist.

Ich untersuche nun, wann die Gleichung (1) überhaupt eine g-adische Wurzel x besitzt. Ist (ξ) die Ordnungszahl, (η) der Index, ζ der Hauptlogarithmus von x, ist also

$$\lg x = ((\xi),(\eta),\zeta),$$

so folgt aus jener Gleichung, daß

$$\mu \lg x = (\mu \cdot (\xi), \mu \cdot (\eta), \mu \cdot \zeta) = \lg A$$

sein muß. Ist also:

$$\lg A = ((\alpha),(\beta),\gamma)$$

der Logarithmus von A, so besitzt die Gleichung (1) stets und nur dann eine Lösung, wenn man Systeme (ξ), (η) und einen Hauptlogarithmus ζ so bestimmen kann, daß die drei Gleichungen

$$(6) \qquad \mu \cdot (\xi) = (\alpha), \quad \mu \cdot (\eta) = (\beta), \quad \mu \cdot \zeta = \gamma$$

erfüllt sind.

Aus der ersten Gleichung bestimmt sich das System (ξ) von x eindeutig durch die Gleichung:

$$(7) \qquad (\xi) = \left(\frac{\alpha}{\mu}\right)$$

und sie liefert dann und nur dann ein eindeutig bestimmtes ganzzahliges System, wenn $\left(\dfrac{\alpha}{\mu}\right)$ ganz,

wenn also in $(\alpha) = (\alpha_p, \alpha_q, \ldots \alpha_r)$ alle Exponenten durch μ teilbar sind.

Um zunächst die dritte Gleichung (6) aufzulösen, seien:

$$\mu = g_\mu \cdot \varepsilon_\mu, \quad \gamma = g_\gamma \cdot \varepsilon_\gamma,$$

wo

$$g_\mu = |\mu| = \bar{p}^{\,k_\mu} \bar{q}^{\,l_\mu} \ldots \bar{r}^{\,m_\mu}, \quad g_\gamma = |\gamma| = \bar{p}^{\,k_\gamma} \bar{q}^{\,l_\gamma} \ldots \bar{r}^{\,m_\gamma},$$

die absoluten Beträge von μ und γ, also ε_μ und ε_γ g-adische Einheiten sind. Dann liefert die Auflösung

$$(7^{\mathrm{a}}) \qquad \zeta = \frac{\gamma}{\mu} = \frac{g_\gamma}{g_\mu} \cdot \frac{\varepsilon_\gamma}{\varepsilon_\mu} = \frac{g_\gamma}{g_\mu} \varepsilon$$

dieser dritten Gleichung nur dann einen Hauptlogarithmus, wenn der absolute Betrag $\dfrac{g_\gamma}{g_\mu}$ von ζ mindestens durch g_0,

wenn also γ mindestens durch $|\mu g_0|$ teilbar ist,

wo $g_0 = pq \ldots r$ bzw. $4q \ldots r$ wieder die reduzierte Grundzahl bedeutet. Ist das der Fall, so ist auch der Hauptlogarithmus $\zeta = \dfrac{\gamma}{\mu}$ eindeutig bestimmt.

Endlich besitzt die zweite Gleichung (6) stets und nur dann mindestens eine Lösung (η), wenn diese die Systemgleichung

$$(\mu)(\eta) = (\beta)$$

erfüllt, oder wegen der a. S. 264 gegebenen Definition der Gleichheit zweier Indexsysteme, wenn dieselbe der Kongruenz:

$$(8) \qquad (\mu)(\eta) \equiv (\beta) \ (\text{mod.} \ (P))$$

genügt, wo wieder $(P) = (p - 1, \ldots r - 1)$ bzw. $(2, \ldots r - 1)$ die Indexperiode bedeutet. Diese Kongruenz für jene Systeme vertritt dann einfach die entsprechenden gewöhnlichen Kongruenzen:

$$\mu\eta_p \equiv \beta_p \ (\text{mod.} \ (p - 1)), \ \ldots \quad \mu\eta_r \equiv \beta_r \ (\text{mod.} \ (r - 1)),$$

von denen sie nur eine Zusammenfassung ist.

Es sei nun wieder (δ) der Teiler des zum Exponenten μ gehörigen Indexsystemes (μ), so daß also:

$$(9) \qquad (\delta) = ((\mu), (P)) = ((\mu, p - 1), (\mu, q - 1), \ldots (\mu, r - 1))$$

ist, und (δ') der zu (δ) komplementäre Divisor der Periode; dann ist

$$(10) \qquad (\mu) = (\delta)(\mu^{(0)}) \quad (P) = (\delta)(\delta'),$$

und das System $(\mu^{(0)})$ ist zu (δ') teilerfremd. Schreibt man dann die Kongruenz (8) in der Form:

$$(\delta)(\mu^{(0)})(\eta) \equiv (\beta) \ (\text{mod.} \ (\delta)(\delta')),$$

so erkennt man, daß diese nur dann erfüllt sein kann, wenn:

$$(\beta) = (\delta)(\beta^{(0)})$$

ebenfalls durch (δ) teilbar ist. Ist dies der Fall, so geht unsere Kongruenz in die einfachere:

$$(11) \qquad (\mu^{(0)})(\eta) \equiv (\beta^{(0)}) \ (\text{mod.} \ (\delta'))$$

über, und diese besitzt, da $(\mu^{(0)})$ modulo (δ') ein Einheitssystem ist, die modulo (δ') eindeutig bestimmte Lösung:

$$(11^{\mathrm{a}}) \qquad (\eta_0) \equiv \left(\frac{\beta^{(0)}}{\mu^{(0)}} \right) \ (\mathrm{mod.}\ (\delta')).$$

Dieses ganzzahlige System genügt der Kongruenz (11) und ist mithin *eine* Lösung der Kongruenz (11). Ist (η) irgendeine andere Lösung derselben, so ergibt sich aus den beiden Kongruenzen:

$$(\mu)(\eta) \equiv (\beta) \quad (\mu)(\eta_0) \equiv (\beta) \ (\mathrm{mod.}\ (P))$$

für die Differenz

$$(\overline{\beta}) = (\eta - \eta_0)$$

jener beiden Systeme die Kongruenz

$$(12) \qquad (\mu)(\overline{\beta}) \equiv 0 \ (\mathrm{mod.}\ (P)).$$

Dies ist aber genau diejenige Kongruenz (2^{a}), deren vollständige Auflösung uns die Indexsysteme $(\overline{\beta})$ aller $\mu^{\text{-ten}}$ Einheitswurzeln w lieferte. Besitzt also die Gleichung (1) überhaupt eine Wurzel x_0, für welche

$$(13) \qquad \lg x_0 = ((\xi), (\eta_0), \zeta)$$

ist, so wird der Logarithmus jeder anderen Lösung x durch die Gleichung:

$$(13^{\mathrm{a}}) \qquad \lg x = ((\xi), (\eta_0 + \overline{\beta}), \zeta) = ((\xi), (\eta_0), \zeta) + ((0), (\overline{\beta}), 0)$$
$$= \lg x_0 + \lg w = \lg(w x_0)$$

gegeben, in welcher w wiederum eine der $n((\delta))$ verschiedenen $\mu^{\text{-ten}}$ Einheitswurzeln ist; aus dieser Gleichung folgt endlich durch Übergang zum Numerus, genau wie in (1^c),

$$(14) \qquad\qquad x = x_0 w.$$

Fassen wir alle Ergebnisse zusammen, so ergibt sich der folgende Satz, durch den die Frage nach den Wurzeln von beliebigen reinen Gleichungen vollständig gelöst wird:

Die Gleichung

$$x^\mu = A \ (g)$$

besitzt im Ringe der g-adischen Zahlen stets und nur dann eine Wurzel, wenn

1) die Ordnungszahl (α) von A durch μ,

2) ihr Index (β) durch den Indexteiler (δ) des Index (μ),

3) ihr Hauptlogarithmus γ durch das Produkt $g_0|\mu|$ teilbar ist.

Sind diese drei Bedingungen erfüllt, so besitzt diese Gleichung genau $n((\delta))$ Wurzeln, welche sich nur um $\mu^{\text{-te}}$ Einheitswurzeln unterscheiden.

Der zweiten auf den Index von A bezüglichen Bedingung kann eine andere einfache Form auf Grund des folgenden Satzes gegeben werden:

Der Index (β) ist stets und nur dann durch den Indexteiler (δ) des Index (μ) teilbar, wenn für dessen komplementären Teiler (δ') die Indexgleichung:

$$(15) \qquad\qquad (\delta')(\beta) = 0$$

erfüllt ist.

In der Tat folgt ja aus der Kongruenz:

(16) $$(\beta) \equiv 0 \ (\text{mod. } (\delta))$$

durch Multiplikation mit dem System (δ')

(16ª) $$(\delta')(\beta) \equiv 0 \ (\text{mod. } (P)),$$

da $(\delta)(\delta') = (P)$ ist, und daraus also die Gleichung (15); und umgekehrt ergibt sich aus dem Bestehen der zweiten Kongruenz (16ª) die Richtigkeit der ersten (16).

§ 2. Die Auflösung der reinen Gleichungen im Körper der p-adischen Zahlen.

Ich spezialisiere das soeben gewonnene allgemeinste Resultat zunächst für den Fall, daß die Grundzahl eine *ungerade* Primzahl ist. Dann kann dasselbe in dem folgenden Satze ausgesprochen werden:

Die Gleichung

$$x^{\mu} = A = p^{\alpha} w^{\beta} e^{\gamma} \ (p)$$

besitzt im Körper der p-adischen Zahlen dann und nur dann mindestens eine Wurzel, wenn

1) die Ordnungszahl α ein Vielfaches von μ ist,

2) der Index β durch den größten gemeinsamen Teiler δ von μ und $p - 1$ teilbar, oder, was dasselbe ist, wenn $\beta \cdot \dfrac{p - 1}{\delta}$ durch $p - 1$ teilbar ist.

3) der Hauptlogarithmus γ mindestens durch p^{m+1} teilbar ist, wenn p^m die in μ enthaltene Potenz von p bedeutet.

Sind diese drei Bedingungen erfüllt, und ist

$$x_0 = p^{\frac{\alpha}{\mu}} \cdot w^{\frac{\beta}{\mu}} \cdot e^{\frac{\gamma}{\mu}} \ (p)$$

eine Wurzel der obigen Gleichung, so hat dieselbe genau δ verschiedene p-adische Wurzeln, und zwar sind diese gleich

$$x_0, \quad w_\delta x_0, \quad w_\delta^2 x_0, \ \ldots \ w_\delta^{\delta-1} x_0,$$

wenn w_δ eine primitive δ-te Einheitswurzel bedeutet.

Für den Bereich der dyadischen Zahlen ergibt sich das folgende Resultat:

Die Gleichung:

$$x^\mu = 2^\alpha (-1)^\beta e^\gamma \ (2)$$

besitzt im Körper der dyadischen Zahlen stets und nur dann wenigstens eine Lösung, wenn

1) die Ordnungszahl α durch μ teilbar ist,

2) der Index β durch $\delta = (\mu, 2)$ teilbar ist, d. h. wenn für ein gerades μ $\beta = 0$ ist,

3) γ mindestens durch 2^{m+2} teilbar ist, falls wieder m die Ordnungszahl von μ bedeutet.

Sind diese Bedingungen erfüllt, so hat die obige Gleichung eine Wurzel x_0 oder zwei Wurzeln $\pm x_0$, je nachdem μ ungerade oder gerade ist.

Ist speziell $A = 0$, so besitzt in den beiden hier betrachteten Fällen die Gleichung $x^\mu = 0$ (p) nur die eine, aber μ-fache Wurzel $x = 0$ (p).

Natürlich kann man auch umgekehrt die allgemeine Lösung der Gleichung

$$(1) \qquad\qquad x^\mu = A \ (g)$$

im Ringe $R(g)$ aus den soeben abgeleiteten Sätzen für die zugehörigen Körper $K(p)$, ... $K(r)$ ableiten. Denn die Anwendung der a. S. 261 bewiesenen allgemeinen Theoreme auf die vorliegende Gleichung (1) ergibt sofort den Satz:

> Die Gleichung (1) besitzt für den Bereich der zusammenge-setzten Zahl g stets und nur dann überhaupt eine Wurzel, wenn dieselbe Gleichung in jedem der Körper $K(p)$, $K(q)$, ... $K(r)$ mindestens eine Wurzel hat, wenn also die Gleichungen:

$$(2) \qquad x^\mu = A \ (p), \quad x^\mu = A \ (q), \ \ldots \quad x^\mu = A \ (r)$$

sämtlich lösbar sind. Ist dies der Fall, und sind, wie aus dem oben bewiesenen Satze hervorgeht,

$$(3) \qquad \delta_p = (\mu, p - 1), \quad \delta_q = (\mu, q - 1), \ \ldots \quad \delta_r = (\mu, r - 1)$$

die Anzahlen der verschiedenen Wurzeln jener Gleichungen (2), so besitzt die Gleichung (1) genau $\delta_p \cdot \delta_q \ldots \delta_r$, verschiedene Wurzeln.

Enthält A einen oder mehrere Teiler der Null, ist also z. B. $A = 0$ (p), so hat die erste der Gleichungen (2) nur die eine p-adische Lösung $x = 0$ (p). In diesem Falle ist also das zugehörige δ_p gleich 1 anzunehmen, und die Anzahl aller verschiedenen g-adischen Wurzeln der Gleichung (1) ist gleich $\delta_q \ldots \delta_r$.

§ 3.   Die reinen Kongruenzen für einen beliebigen Modul g.

Ich benutze die im § 1 durchgeführte Untersuchung zur Lösung der folgenden wichtigen Aufgabe:

Wieviele und welche Lösungen besitzt die Kongruenz:

$$(1) \qquad x^{\mu} \equiv A \ (\text{mod. } g)$$

für eine beliebige ganze Zahl

$$(1^{\text{a}}) \qquad g = p^{k} q^{l} \ldots r^{m}$$

als Modul?

Um diese Aufgabe völlig allgemein und doch einfach lösen zu können, beweise ich zuerst den folgenden Fundamentalsatz über allgemeine Kongruenzen, welcher bei allen ähnlichen Fragen angewendet wird:

Es sei:

$$(2) \qquad F(x) \equiv 0 \ (\text{mod. } g)$$

eine beliebige ganzzahlige Kongruenz, und

$$g = g_1 g_2 \quad (g_1, g_2) = 1$$

irgendeine Zerlegung ihres Moduls in zwei teilerfremde Faktoren. Sind dann:

$$(2^{\text{a}}) \qquad F(x) \equiv 0 \ (\text{mod. } g_1) \quad \text{und} \quad F(x) \equiv 0 \ (\text{mod. } g_2)$$

dieselbe Kongruenz für je einen dieser Faktoren als Modul, so ist die Anzahl der modulo g inkongruenten Wurzeln von (2) gleich dem Produkte der modulo g_1 bzw. modulo g_2 inkongruenten Lösungen der beiden Kongruenzen (2^{a}).

Ist nämlich x irgendeine Lösung von (2), so befriedigt dasselbe x offenbar jede der beiden Kongruenzen (2^a), da g_1 und g_2 Teiler von g sind, und sind x und x' zwei modulo g inkongruente Wurzeln von (2), so können sie auch nicht sowohl für g_1 als auch für g_2 als Moduln kongruent sein. Sind umgekehrt x_1 und x_2 je eine Wurzel der beiden Kongruenzen (2^a), so gibt es nach S. 116 eine modulo g eindeutig bestimmte Zahl x, für welche:

$$x \equiv x_1 \ (\text{mod. } g_1), \quad x \equiv x_2 \ (\text{mod. } g_2)$$

wird, und da für sie:

$$F(x) \equiv F(x_1) \equiv 0 \ (\text{mod. } g_1), \quad F(x) \equiv F(x_2) \equiv 0 \ (\text{mod. } g_2)$$

ist, so gilt, wegen $(g_1, g_2) = 1$, dieselbe Kongruenz auch modulo $g_1 g_2 = g$, d. h. diese Zahl ist in der Tat eine Wurzel von (2), w. z. b. w.

Es sei nun in der zu untersuchenden Kongruenz (1)

$$(\alpha) = (\alpha_p, \alpha_q, \ldots \alpha_r)$$

die Ordnungszahl von A im Ringe $R(g)$, während wegen (1^a)

$$(\varkappa) = (k, l, \ldots m)$$

diejenige des Moduls g ist. Dann wird nach der a. S. 252 unten gegebenen Größenanordnung im allgemeinen weder $A \lesssim g \ (g)$ noch $A > g \ (g)$ sein, da ja für je zwei entsprechende Ordnungszahlen z. B. $\alpha_p \geqq k$ und $\alpha_q < l$ sein kann. Dagegen kann man, wenn keiner jener beiden Fälle vorliegt, offenbar g stets und nur auf eine Weise so in ein Produkt $g_1 g_2$ von zwei teilerfremden Faktoren zerlegen, daß im Ringe $R(g_1)$ $A \lesssim g_1$, dagegen im Ringe $R(g_2)$ $A > g_2$ ist. Bezeichnet man dann durch $\psi(A, g)$ die Anzahl der modulo g

inkongruenten Wurzeln der Kongruenz (1), während $\psi(A, g_1)$ und $\psi(A, g_2)$ dieselbe Bedeutung für die entsprechenden Kongruenzen besitzen, deren Moduln bzw. g_1 und g_2 sind, so ist nach dem soeben bewiesenen Satze:

$$\psi(A, g) = \psi(A, g_1) \cdot \psi(A, g_2).$$

Damit ist also die vollständige Auflösung der allgemeinen Kongruenz (1) reduziert auf die beiden Fälle, daß das eine Mal $A \lesssim g\ (g)$, daß also A durch g teilbar ist, während das andere Mal $A > g\ (g)$, und zwar *jede* Ordnungszahl α_p, α_q, ... im gewöhnlichen Sinne kleiner ist als die entsprechende k, l, ... von g. Ich brauche daher nur die beiden Fälle zu untersuchen, daß in der ursprünglichen Kongruenz A entweder durch g teilbar ist, oder daß $A > g\ (g)$ ist.

Im ersten Falle nun genügt eine Zahl x dann und nur dann der Kongruenz:

$$(4) \qquad x^\mu \equiv A \equiv 0\ (\text{mod. } g),$$

wenn $x^\mu \lesssim g\ (g)$, wenn also

$$x \lesssim g^{\frac{1}{\mu}} = p^{\frac{k}{\mu}} q^{\frac{l}{\mu}} \ldots r^{\frac{m}{\mu}}\ (g)$$

ist. Ich bezeichne nun durch

$$(5) \qquad \left\{ g^{\frac{1}{\mu}} \right\} = p^{\left\{ \frac{k}{\mu} \right\}} q^{\left\{ \frac{l}{\mu} \right\}} \ldots r^{\left\{ \frac{m}{\mu} \right\}}\ (g)$$

die im gewöhnlichen Sinne kleinste positive ganze Zahl, für welche

$$(5^{\text{a}}) \qquad g^{\frac{1}{\mu}} \gtrsim \left\{ g^{\frac{1}{\mu}} \right\}\ (g)$$

ist; das ist dasjenige Produkt (5), dessen Exponenten $\left\{\dfrac{k}{\mu}\right\}, \ldots \left\{\dfrac{m}{\mu}\right\}$ die kleinsten ganzen Zahlen sind, welche im gewöhnlichen Sinne größer oder gleich den Brüchen $\dfrac{k}{\mu}, \ldots \dfrac{m}{\mu}$ sind. Dann ist also eine Zahl x eine Wurzel von (4), wenn $x \lesssim \left\{g^{\frac{1}{\mu}}\right\}$, wenn also:

$$x = \left\{g^{\frac{1}{\mu}}\right\}\xi$$

ist, wo ξ eine beliebige ganze Zahl bedeutet; und zwei solche Lösungen

$$\left\{g^{\frac{1}{\mu}}\right\}\xi \quad \text{und} \quad \left\{g^{\frac{1}{\mu}}\right\}\xi'$$

sind dann und nur dann modulo g kongruent, wenn

$$\xi \equiv \xi' \left(\text{mod.} \ \frac{g}{\left\{g^{\frac{1}{\mu}}\right\}}\right)$$

ist. Man erhält also alle und nur die modulo g inkongruenten Lösungen von (4) in der Form:

$$x = \left\{g^{\frac{1}{\mu}}\right\}\xi,$$

wo ξ ein vollständiges Restsystem modulo $\dfrac{g}{\left\{g^{\frac{1}{\mu}}\right\}}$ durchläuft; und da die Anzahl der Glieder eines Restsystemes für einen beliebigen absolut ganzzahligen Modul M gleich M ist, so erhalten wir das erste Resultat:

Die Anzahl aller modulo g inkongruenten Wurzeln der Kongruenz:

$$x^{\mu} \equiv 0 \ (\text{mod.} \ g)$$

ist stets

$$(6) \qquad \psi(0, g) = \frac{g}{\left\{ g^{\frac{1}{\mu}} \right\}} = p^{k - \left\{ \frac{k}{\mu} \right\}} q^{l - \left\{ \frac{l}{\mu} \right\}} \ldots r^{m - \left\{ \frac{m}{\mu} \right\}},$$

und sie sind alle in der Form:

$$(7) \qquad x = \left\{ g^{\frac{1}{\mu}} \right\} \xi,$$

enthalten, wo ξ ein vollständiges Restsystem für den obigen Divisor $\psi(0, g)$ durchläuft.

Ich betrachte jetzt zweitens die Kongruenz:

$$(8) \qquad x^{\mu} \equiv A \ (\text{mod. } g),$$

wo jetzt $|A|$ jeden der Primfaktoren p, q, ... r weniger oft enthält als g, so daß $\dfrac{g}{|A|}$ mindestens durch $(pq \ldots r)$, d. h. durch g_0 oder $\dfrac{g_0}{2}$ teilbar ist, je nachdem g ungerade oder gerade ist. Der Einfachheit wegen will ich vorläufig voraussetzen, daß $\dfrac{g}{|A|}$ in beiden Fällen durch g_0 teilbar ist. Soll dann x die obige Kongruenz erfüllen, so muß, wenn wieder $\lg x = ((\xi), (\eta), \zeta)$ ist,

$$|x|^{\mu} = |A|,$$

also

$$(9) \qquad (\mu \xi) = (\alpha) \qquad (\xi) = \left(\frac{\alpha}{\mu} \right),$$

d. h. es muß wieder die Ordnungszahl (α) von A durch μ teilbar sein. Setzt man dann also in (8)

$$x = |A^{\frac{1}{\mu}}|\overline{x}\,,$$

dividiert jene Kongruenz durch $|A|$ und beachtet, daß dann $\dfrac{A}{|A|} = E = we^{\gamma}$ die zu A gehörige Einheit ist, so ergibt sich für die unbekannte Einheit $\overline{x} = \overline{w}\,e^{\overline{\gamma}}$ die Kongruenz:

$$\overline{x}^{\,\mu} \equiv E \pmod{\overline{g}}\,,$$

wo $\overline{g} = \dfrac{g}{|A|}$ n. d. V. eine mindestens durch g_0 teilbare Zahl bedeutet. Betrachtet man nun diese Kongruenz:

$$\overline{w}^{\,\mu}e^{\mu\overline{\gamma}} \equiv we^{\gamma} \pmod{\overline{g}}$$

zunächst nur modulo g_0 und beachtet, daß für diesen Modul e^{γ} und $e^{\mu\overline{\gamma}}$ beide kongruent 1 sind, so ergibt sich zunächst genau wie a. S. 272

$$\overline{w}^{\,\mu} \equiv w \pmod{g_0},$$

und diese Kongruenz ist, da alle Einheitswurzeln modulo g_0 inkongruent sind, nur möglich, wenn

$$\overline{w}^{\,\mu} = w \;(g)$$

ist; d. h. jede zu einer Kongruenzwurzel x gehörige Einheitswurzel wird durch dieselbe Gleichung definiert, wie diejenigen, welche vorher zu den Gleichungswurzeln gehörten. Nur dann besitzt also auch die Kongruenz (8) eine Wurzel, wenn der Index (β) von w durch den Indexteiler (δ) $= ((\mu), (P))$ des Index (μ) teilbar ist, und dann hat die zu einer Lösung gehörige Einheitswurzel genau $n((\delta)) = \prod(\mu, p-1)$ verschiedene Werte.

Betrachtet man nun die nach dem Wegheben mit $\bar{w}^{\mu} = w$ übrigbleibende Kongruenz

(10) $$e^{\mu\bar{\gamma}} \equiv e^{\gamma} \pmod{\bar{g}},$$

so ist sie nach S. 257 flgde. stets und nur dann erfüllt, wenn die Exponenten auf beiden Seiten modulo $\bar{g}$ kongruent sind, wenn also:

(10^{a}) $$\mu\bar{\gamma} \equiv \gamma \pmod{\bar{g}}$$

ist, und wenn außerdem γ und $\bar{\gamma}$ beide durch g_0 teilbar sind. Setzt man also:

$$\gamma = g_0\gamma_0 \qquad \bar{\gamma} = g_0\bar{\gamma}_0$$

so ist $\bar{\gamma}_0$ als ganze Zahl so zu bestimmen, daß:

(10^{b}) $$\mu\bar{\gamma}_0 \equiv \gamma_0 \left(\text{mod. } \frac{\bar{g}}{g_0}\right),$$

ist. Nach S. 283 besitzt diese Kongruenz stets und nur dann eine Lösung, wenn γ_0 durch

$$\delta = \left(\mu, \frac{\bar{g}}{g_0}\right),$$

wenn also γ durch:

$$g_0\delta = (\mu g_0, \bar{g}) = \left(\mu g_0, \frac{g}{|A|}\right)$$

teilbar ist. Ist diese letzte Bedingung erfüllt, so folgt aus (10^{b}) durch Division mit μ, wobei der Modul nur durch δ dividiert zu werden braucht,

$$\bar{\gamma}_0 \equiv \frac{\gamma_0}{\mu} \left(\text{mod. } \frac{\bar{g}}{g_0\delta}\right),$$

oder nach Multiplikation mit g_0

$$\overline{\gamma} \equiv \frac{\gamma}{\mu} \left(\text{mod.}\ \frac{\overline{g}}{\delta} \right).$$

Alle und nur die Lösungen $\overline{\gamma}$, $\overline{\gamma}'$, ... von (10ª) sind also in der Reihe:

$$\frac{\gamma}{\mu} + t\frac{\overline{g}}{\delta}, \quad \frac{\gamma}{\mu} + t'\frac{\overline{g}}{\delta}, \quad \ldots$$

enthalten, wo t, t', ... beliebige ganze Zahlen bedeuten, und zwei solche Lösungen $\overline{\gamma}$, $\overline{\gamma}'$ sind allein dann modulo g kongruent, wenn

$$(t' - t)\frac{\overline{g}}{\delta} \equiv 0 \ (\text{mod.}\ g),$$

wenn also

$$t' \equiv t \left(\text{mod.}\ \frac{g\delta}{\overline{g}} \right)$$

ist. Also ist die Anzahl aller modulo g inkongruenten Hauptlogarithmen γ der Wurzeln x gleich:

$$\frac{g\delta}{\overline{g}} = \frac{g\left(\mu, \dfrac{g}{g_0|A|} \right) \cdot |A|}{g} = \left(\mu|A|, \frac{g}{g_0} \right).$$

Fassen wir also das Ergebnis dieser Untersuchung zusammen, so ergibt sich der Satz:

Die Kongruenz

$$x^\mu \equiv A \ (\text{mod.}\ g),$$

in welcher g durch $g_0|A|$ teilbar ist, besitzt stets und nur dann Wurzeln, wenn

1) die Ordnungszahl (α) von A durch μ,

2) der Index (β) von A durch den Indexteiler $(\delta) = ((\mu), (P))$ des Index (μ),

3) der Hauptlogarithmus γ von A durch $\left(\mu g_0, \dfrac{g}{|A|}\right)$ teilbar ist.

Sind diese drei Bedingungen erfüllt, so besitzt die obige Kongruenz genau

$$\left(\mu|A|, \frac{g}{g_0}\right) n((\delta)) = \left(\mu|A|, \frac{g}{g_0}\right) \prod(\mu, p - 1)$$

modulo g inkongruente Lösungen.

Diese Bedingungen stimmen genau mit den für die Auflösbarkeit der binomischen Gleichung gefundenen überein; nur tritt in der dritten an die Stelle des Divisors $g_0|\mu|$ sein größter gemeinsamer Teiler mit $\dfrac{g}{|A|}$, und die Anzahl der Kongruenzlösungen ist das $\left(\mu|A|, \dfrac{g}{g_0}\right)$-fache der entsprechenden Anzahl für die zugehörige Gleichung.

Ist speziell der Modul g im Verhältnis zu $|A|$ von so hoher Ordnung, daß g durch $|g_0\mu A|$ teilbar ist, so sind die drei Bedingungen für die Auflösbarkeit unserer Kongruenz mit denjenigen für die Auflösbarkeit der entsprechenden Gleichung identisch, weil ja dann $\left(\mu g_0, \dfrac{g}{|A|}\right) = \mu g_0$ ist; und da der in dem Ausdruck für die Anzahl der Kongruenzwurzeln auftretende Teiler $\left(|\mu A|, \dfrac{g}{g_0}\right)$ gleich $|\mu A|$ wird, so ergibt sich hier der einfache Satz:

Die Kongruenz

(11) $$x^\mu \equiv A \;(\text{mod.}\; g)$$

besitzt, falls g durch $|g_0\mu A|$ teilbar ist, dann und nur dann eine Lösung, wenn die entsprechende Gleichung

(11ᵃ) $$x^\mu = A \;(g)$$

eine solche hat, und die Anzahl der modulo g inkongruenten Kongruenzwurzeln ist dann genau das $|\mu A|$-fache von der Anzahl der Gleichungswurzeln.

Solange g also noch nicht durch $|\mu g_0 A|$ teilbar ist, braucht die *Gleichung* (11ᵃ) nicht auflösbar zu sein, obwohl die *Kongruenz* (11) eine Lösung hat, d. h. es kann sehr wohl A modulo g einer $\mu^{\text{-ten}}$ Potenz kongruent sein, ohne daß diese Zahl für den Bereich von g eine $\mu^{\text{-te}}$ Potenz ist. Ist dagegen g ein Vielfaches von $|\mu g_0 A|$, so ist A dann und nur dann für den Bereich von g eine $\mu^{\text{-te}}$ Potenz, wenn dasselbe modulo g der Fall ist, und während bei den zuerst erwähnten irregulären Moduln g die Anzahl der Kongruenzwurzeln modulo g mit wachsendem g ebenfalls zunimmt, bleibt sie von der Grenze $|\mu g_0 A|$ ab unverändert gleich dem $|\mu A|$-fachen der Anzahl der Gleichungswurzeln.

Ist speziell $A = E$ eine Einheit, und enthält μ ebenfalls keinen der Primteiler, von g, so ergibt sich das einfachere Resultat:

Die Gleichung

(12) $$x^\mu = E \;(g),$$

deren Grad zu g teilerfremd ist, besitzt stets und nur dann eine Lösung, wenn die entsprechende Kongruenz

(12ᵃ) $$x^\mu \equiv E \;(\text{mod.}\; g_0)$$

für die reduzierte Grundzahl als Modul auflösbar ist, wenn also
für die einfacheren Kongruenzen:

(12$^\mathrm{b}$) $x^\mu \equiv E \pmod{p}$ $x^\mu \equiv E \pmod{q}, \ldots$ $x^\mu \equiv E \pmod{r}$

sämtlich das Gleiche gilt; (hier ist für ein gerades g der
Modul p durch 4 zu ersetzen). Unter dieser Voraussetzung hat
die Gleichung (12) und die Kongruenz (12$^\mathrm{a}$) gleich viele, nämlich
genau $\prod(\mu, p - 1)$ verschiedene Lösungen.

Ich nehme ferner speziell an, daß nur der Wurzelexponent μ
zum Modul g teilerfremd ist. Dann fällt die dritte Bedingung für die
Lösbarkeit der Kongruenz (1) fort, da jetzt nach der Voraussetzung
a. S. 300 oben

$$\left(\mu g_0, \frac{g}{|A|}\right) = \left(g_0, \frac{g}{|A|}\right) = g_0$$

und γ stets durch g_0 teilbar ist; das Gleiche gilt in diesem Falle nach
S. 291 unten für die entsprechende Gleichung. Ferner wird in diesem
Falle die Anzahl der Lösungen wegen derselben Voraussetzung gleich
$|A|n((\delta))$. Es ergibt sich also der einfache Satz:

Die Kongruenz

$$x^\mu \equiv A \pmod{g}$$

besitzt, falls ihr Grad zum Modul teilerfremd ist, stets und nur
dann eine Lösung, wenn die Ordnungszahl von A durch μ und ihr
Index durch $(\delta) = ((\mu), (P))$ teilbar ist. Die Anzahl der modulo g
inkongruenten Lösungen ist in diesem Falle gleich $|A| \cdot n((\delta))$.

Ich spezialisiere endlich das allgemeine Resultat auch hier für den
Fall, daß der Modul g unserer Kongruenz eine beliebige Potenz p^k
einer Primzahl p ist, bemerke aber dabei, daß hier mitunter der

Fall einer ungeraden Primzahl p von dem der geraden Primzahl 2 geschieden werden muß.

Zuerst behandle ich besonders den einfachsten Fall, daß $p = 2$ und daß die Ordnungszahl α von A gleich $k - 1$ ist, d. h. die Kongruenz:

$$(13) \qquad x^\mu \equiv 2^{k-1} u \ (\text{mod. } 2^k),$$

wo $u = (-1)^\beta e^\gamma$ eine beliebige ungerade Zahl bedeutet; nur dieser Fall folgt nämlich nicht aus unserem allgemeinen Satze, da hier $\dfrac{g}{|A|} = 2$, also nicht durch $g_0 = 2^2$ teilbar ist. Hier bietet aber die direkte Auflösung der Kongruenz nicht die geringste Schwierigkeit dar.

Zunächst muß ja auch hier $k - 1$ durch μ teilbar sein, und dies ist die einzige Bedingung dafür, daß die obige Kongruenz eine Lösung hat. Ist sie nämlich erfüllt, und setzt man:

$$x = 2^{\frac{k-1}{\mu}} \cdot \bar{u},$$

so muß $\bar{u}$ ungerade sein und der Kongruenz:

$$\bar{u}^\mu \equiv u \ (\text{mod. } 2)$$

genügen, welche für jede beliebige ungerade Zahl $\bar{u}$ erfüllt ist. Dann besitzt die Kongruenz (13) alle Lösungen:

$$2^{\frac{k-1}{\mu}} \bar{u}, \quad 2^{\frac{k-1}{\mu}} \bar{u}', \ \ldots$$

wo $\bar{u}, \ \bar{u}', \ \ldots$ beliebige ungerade Zahlen bedeuten. Zwei solche Lösungen sind allem dann modulo 2^k kongruent, wenn für die zugehörigen Zahlen $\bar{u}$ und $\bar{u}'$ die Kongruenz:

$$\bar{u} \equiv \bar{u}' \ \left(\text{mod. } 2^{k - \frac{k-1}{\mu}}\right)$$

besteht, und da die Anzahl aller modulo $2^{k-\frac{k-1}{\mu}}$ inkongruenten ungeraden Zahlen oder Einheiten gleich

$$\varphi\left(2^{k-\frac{k-1}{\mu}}\right) = 2^{k-1-\frac{k-1}{\mu}} = 2^{\alpha-\frac{\alpha}{\mu}}$$

ist, weil hier die Ordnungszahl $\alpha = k - 1$ ist, so ergibt sich das folgende einfache Resultat:

Im Falle $\alpha = k - 1$ besitzt die Kongruenz:

(14) $$x^\mu \equiv A \pmod{2^k}$$

stets und nur dann überhaupt eine Lösung, wenn die Ordnungszahl α von A durch μ teilbar ist, und zwar hat sie dann genau

(14ª) $$\psi(A, 2^k) = 2^{\alpha-\frac{\alpha}{\mu}}$$

modulo 2^k inkongruente Wurzeln.

Man erkennt, daß in diesem einzigen Ausnahmefalle $\alpha = k - 1$ die Anzahl $2^{\alpha-\frac{\alpha}{\mu}} = 2^{\alpha-\left\{\frac{\alpha}{\mu}\right\}}$ mit derjenigen $2^{k-\left\{\frac{k}{\mu}\right\}}$ übereinstimmt, welche für den nächst höheren Fall $\alpha = k$ aus der Spezialisierung von (6) a. S. 299 für $g = 2^k$ folgt.

In allen anderen Fällen ergibt sich aus den beiden Sätzen a. S. 299 und 242 unmittelbar das folgende Resultat:

Die Kongruenz:

(15) $$x^\mu \equiv A = p^\alpha w^\beta e^\gamma \pmod{p^k}$$

besitzt, falls $\alpha \geqq k$, also $A \equiv 0 \pmod{p^k}$ ist, stets genau:

(15ª) $$\psi(A, p^k) = p^{k-\left\{\frac{k}{\mu}\right\}}$$

modulo p^k inkongruente Wurzeln.

Ist dagegen $\alpha < k$, also A nicht durch p^k teilbar, so besitzt sie stets und nur dann Lösungen, wenn:

1) α durch μ,

2) β durch $(\mu, p-1)$ bzw. durch $(\mu, 2)$,

3) γ durch $p(|\mu|, p^{k-\alpha-1})$ bzw. durch $4(|\mu|, 2^{k-\alpha-2})$ teilbar ist.

Sind diese drei Bedingungen sämtlich erfüllt, so hat diese Kongruenz:

$$(15^{\mathrm{b}}) \qquad \begin{aligned} \psi(A, p^k) &= (p^\alpha |\mu|, p^{k-1})(\mu, p-1) \\ &= p^\alpha(|\mu|, p^{k-\alpha-1})(\mu, p-1) \end{aligned}$$

beziehungsweise:

$$(15^{\mathrm{c}}) \qquad \begin{aligned} \psi(A, 2^k) &= (2^\alpha |\mu|, 2^{k-2})(\mu, 2) \\ &= 2^\alpha(|\mu|, 2^{k-\alpha-2})(\mu, 2) \end{aligned}$$

inkongruente Lösungen, je nachdem der Modul eine ungerade Primzahlpotenz oder eine Potenz von 2 ist.

Aus diesen speziellen Resultaten folgt jetzt auch unmittelbar eine andere einfache Lösung der allgemeinen Kongruenz, und zwar ohne jede beschränkende Voraussetzung. Aus dem allgemeinen Theorem auf S. 295 unten erhält man nämlich offenbar den Satz:

Die Kongruenz

$$x^\mu \equiv A \pmod{g}$$

für einen beliebigen zusammengesetzten Modul $g = p^k q^l \ldots r^m$ besitzt stets und nur dann überhaupt eine Lösung, wenn das Gleiche für jede der Kongruenzen:

$$x^\mu \equiv A \pmod{p^k}, \quad \ldots \quad x^\mu \equiv A \pmod{r^m}$$

gilt, und für die Anzahl $\psi(A, g)$ ihrer inkongruenten Lösungen besteht die Gleichung:

$$\psi(A, g) = \psi(A, p^k) \ldots \psi(A, r^m).$$

§ 4. Die Auflösung der reinen quadratischen Gleichungen.

Ich wende die in diesem Kapitel durchgeführten allgemeinen Untersuchungen an auf die Auflösung der reinen quadratischen Gleichung:

$$(1) \qquad\qquad x^2 = A \ (g),$$

eine Gleichung, auf die sich, wie am Schluß dieses Paragraphen gezeigt werden wird, die Auflösung jeder beliebigen quadratischen Gleichung vollständig reduzieren läßt. Zur Behandlung unserer Gleichung brauchen wir nur in dem allgemeinen auf S. 291 ausgesprochenen Satze $\mu = 2$ zu setzen. Zunächst nehme ich an, daß A keinen Teiler der Null enthält. Dann ergibt sich aus jenem Satze, daß die obige Gleichung nur dann eine Wurzel im Ringe $R(g)$ besitzt, wenn ihre Ordnungszahl $(\alpha) = (\alpha_p, \alpha_q, \ldots \alpha_r)$ durch 2 teilbar ist. Wir wollen in der Folge ein ganzzahliges System g e r a d e nennen, wenn alle seine Elemente gerade Zahlen sind. Dann läßt sich unsere erste Bedingung dahin formulieren, daß die Ordnungszahl $(\alpha) = (2\alpha^{(0)})$ von A ein gerades System sein muß.

Zweitens wird im Falle $\mu = 2$ der Indexteiler (δ) des zugehörigen Systemes $(\mu) = (2)$

$$(\delta) = ((2),(P)) = ((2,2),(2,q-1),\ldots(2,r-1)) = (2),$$

weil jedes System $(P) = (p-1,\ldots r-1)$ bezw. $(2,q-1,\ldots r-1)$ offenbar gerade, also durch das System (2) teilbar ist. Also ist die zweite Bedingung, daß der Index (β) von A durch den Indexteiler (δ) des Systems (2) teilbar ist, dann und nur dann erfüllt, wenn auch dieser Index $(\beta) = (2\beta^{(0)})$ ein gerades System ist.

Endlich ist der absolute Betrag $|\mu|$ für den Bereich von g im Falle $\mu = 2$ offenbar gleich 1, wenn g ungerade, aber gleich 2, sobald g eine gerade Zahl ist. Also besagt die dritte Bedingung in unserem Falle, daß der Hauptlogarithmus γ von A durch g_0 oder durch $2g_0$ teilbar sein muß, je nachdem g ungerade oder gerade ist. Für ein ungerades g ist also diese Bedingung von selbst erfüllt, für ein gerades g dann und nur dann, wenn der Hauptlogarithmus nicht bloß durch 4, sondern mindestens durch 8 teilbar, oder, was dasselbe ist, wenn die zu A gehörige Haupteinheit von der Form $8n + 1$ ist.

Sind diese Bedingungen erfüllt, so besitzt die Gleichung (1) eine Lösung, die g-adische Zahl A ist also eine g-adische Quadratzahl. Eine dieser Lösungen ist dann offenbar die folgende eindeutig bestimmte g-adische Zahl:

$$x_0 = \sqrt{A} = \overline{p}^{\frac{\alpha_p}{2}} \cdot \overline{q}^{\frac{\alpha_q}{2}} \ldots \overline{r}^{\frac{\alpha_r}{2}} \cdot \overline{w}_p^{\frac{\beta_p}{2}} \cdot \overline{w}_q^{\frac{\beta_q}{2}} \ldots \overline{w}_r^{\frac{\beta_r}{2}} \cdot e^{\frac{\gamma}{2}},$$

deren Exponenten $\dfrac{\alpha_p}{2} \ldots \dfrac{\beta_p}{2},\ldots$ absolut ganz sind, während $\dfrac{\gamma}{2}$ wieder durch g_0 teilbar, also ein Hauptlogarithmus ist. Nach dem Satze a. S. 291 unten ist dann die Anzahl aller verschiedenen Wurzeln dieser Gleichung gleich

$$n((\delta)) = n(2, 2, \ldots 2) = 2^\varrho,$$

wenn ϱ die Anzahl aller verschiedenen Primfaktoren $(p, q \ldots r)$ bzw. $(2, q, \ldots r)$ von g bedeutet, und sie unterscheiden sich von x_0 um je eine der 2^ϱ zweiten Einheitswurzeln, d. h. um je eine Wurzel ε der reinen Gleichung

$$(2) \qquad\qquad \varepsilon^2 = 1 \ (g).$$

Alle und nur diese 2^ϱ zweiten Einheitswurzeln sind in der Formel:

$$(2^{\mathrm{a}}) \qquad\qquad \varepsilon = (-1)_p^{\varepsilon_p} (-1)_q^{\varepsilon_q} \ldots (-1)_r^{\varepsilon_r}$$

enthalten, wo z. B. $(-1)_p$ für den Bereich von p gleich -1, für diejenigen von $q, \ldots r$ gleich $+1$ ist, usw., und wo jeder der ϱ Exponenten $\varepsilon_p, \ldots$ gleich Null oder Eins sein kann. Wir erhalten also das folgende allgemeine Resultat:

Die Gleichung
$$x^2 = A \ (g)$$

besitzt im Ringe der g-adischen Zahlen stets und nur dann Wurzeln, wenn die Ordnungszahl (α) und der Index (β) von A gerade Systeme sind und wenn, falls g gerade ist, der Hauptlogarithmus γ von A durch 8 teilbar ist. Sind diese Bedingungen erfüllt, so besitzt diese Gleichung 2^ϱ verschiedene Wurzeln, wenn g ϱ verschiedene Primfaktoren hat, und diese unterscheiden sich nur um je eine der 2^ϱ zweiten Einheitswurzeln.

Ich spezialisiere dieses Resultat jetzt für den Fall, daß der Bereich $R(g)$ ein p-adischer Zahlkörper ist, dessen Grundzahl eine beliebige ungerade Primzahl oder 2 sein kann, schließe jetzt aber den Fall nicht aus, daß die zu untersuchende Zahl A gleich Null ist. Dann ergibt sich der Satz:

Die Gleichung

(3) $$x^2 = A = p^\alpha w^\beta e^\gamma \ (p)$$

besitzt, falls $A \neq 0$ ist, stets und nur dann eine Lösung, d. h. A ist stets und nur dann eine p-adische Quadratzahl, wenn α und β gerade Zahlen sind, und wenn außerdem, falls $p = 2$ ist, γ durch 8 teilbar ist. Sind diese Bedingungen erfüllt, so hat diese Gleichung die beiden verschiedenen Werte

$$\pm\sqrt{A}, \quad \text{wo} \quad \sqrt{A} = p^{\frac{\alpha}{2}} w^{\frac{\beta}{2}} e^{\frac{\gamma}{2}}$$

ist. Ist $A = 0$, so hat die obige Gleichung nur die eine, allerdings doppelt zu zählende Wurzel $x = 0$.

Wir wollen in wesentlicher Verallgemeinerung einer von *Legendre* gegebenen Bezeichnung unter dem Symbole $\left(\dfrac{A}{p}\right)$ die Zahlen $+1$, -1 oder 0 verstehen, je nachdem A entweder eine von Null verschiedene p-adische Quadratzahl oder keine Quadratzahl oder endlich $A = 0$ ist. Dann ist also

(4)
$$\left(\frac{A}{p}\right) = +1, \quad \text{wenn } A \neq 0, \text{ wenn } \alpha \text{ und } \beta \text{ gerade und wenn (für } p = 2) \ \gamma \text{ durch 8 teilbar ist,}$$

$$\left(\frac{A}{p}\right) = -1, \quad \text{wenn } A \neq 0 \text{ und mindestens eine der vorigen Bedingungen nicht erfüllt ist,}$$

$$\left(\frac{A}{p}\right) = 0 \quad \text{wenn } A = 0 \text{ ist,}$$

und der obige Satz kann dann kürzer folgendermaßen ausgesprochen werden:

Die Anzahl der p-adischen Wurzeln der quadratischen Gleichung

$$x^2 = A \ (p)$$

ist stets gleich

$$1 + \left(\frac{A}{p} \right);$$

denn sie ist in den drei unterschiedenen Fällen gleich 2, 0 oder 1.

Wendet man dieses Resultat an auf die Lösung der allgemeinen Gleichung (1) in einem beliebigen Zahlenringe $R(g)$, so ergibt der Satz a. S. 261 in diesem Falle das folgende einfache Resultat:

Die Anzahl der verschiedenen g-adischen Wurzeln, welche die Gleichung

(5) $$x^2 = A \ (g)$$

besitzt, ist stets gleich

(5ª) $$\prod_{p/g} \left(1 + \left(\frac{A}{p} \right) \right)$$

wo die Multiplikation auf alle verschiedenen Primteiler von g zu erstrecken ist.

Hieraus ergibt sich endlich noch der Satz:

Besitzt die obige Gleichung überhaupt eine Lösung, so hat sie genau $2^{\varrho - \sigma}$ verschiedene Wurzeln, wenn ϱ die Anzahl der verschiedenen Primfaktoren von g, σ die Anzahl der Nullteiler von A bedeutet.

In der Tat sind ja unter dieser Voraussetzung von den ϱ Faktoren in dem Produkte (5ᵃ) genau σ gleich 1, die übrigen $\varrho - \sigma$ gleich 2.

Zieht man in der Gleichung (5) aus der Zahl A die größte in ihr enthaltene Quadratzahl heraus, so läßt sie sich stets eindeutig in der Form schreiben:

$$A = A_0 A_1^2 \quad (g)$$

wo A_0, der sog. r e d u z i e r t e B e s t a n d t e i l v o n A, die folgende Form hat:

$$A_0 = \bar{p}^{\,\alpha_p^{(0)}} \ldots \bar{r}^{\,\alpha_r^{(0)}} \cdot w_p^{\beta_p^{(0)}} \ldots w_r^{\beta_r^{(0)}} \cdot e^{4\gamma^{(0)}}.$$

Hier sind die Systeme $(\alpha^{(0)})$ und $(\beta^{(0)})$ offenbar die kleinsten nicht negativen Reste, welche die Ordnungszahl (α) und der Index (β) von A modulo (2) besitzen, ihre Bestandteile $(\alpha_p^{(0)}, \ldots)(\beta_p^{(0)} \ldots)$ sind also alle gleich 0 oder 1; der Hauptlogarithmus $4\gamma^{(0)}$ dagegen ist stets gleich Null, wenn g ungerade ist, und gleich 0 oder 4, wenn g gerade ist, es ist nämlich $4\gamma^{(0)}$ der kleinste nicht negative Rest des Hauptlogarithmus 4γ von A modulo 8; $\gamma^{(0)}$ selbst ist also ebenfalls gleich Null oder 1. Enthält A einen Teiler des Null, ist also etwa $\alpha_p = +\infty$, so muß dieser mit A_1 verbunden werden; alsdann sind also $\alpha_p^{(0)}$, $\beta_p^{(0)}$ und, falls $p = 2$ ist, auch $\gamma^{(0)}$ gleich Null.

Die Gleichung

$$x^2 = A = A_0 A_1^2 \quad (g)$$

besitzt nach dem soeben bewiesenen Satze stets und nur dann eine Lösung, d. h. A ist allein dann eine g-adische Quadratzahl, wenn ihr reduzierter Bestandteil $A_0 = 1$, wenn also:

$$\lg A_0 = ((\alpha^{(0)}), (\beta^{(0)}), 4\gamma^{(0)}) = 0$$

ist.

Rechnen wir alle g-adischen Zahlen A in eine und dieselbe Klasse, welche sich nur um eine Quadratzahl unterscheiden, so gehören zwei solche Zahlen A und A' stets und nur dann in dieselbe Klasse, wenn ihre reduzierten Zahlen A_0 und A_0' gleich sind. Die Anzahl dieser Klassen ist daher gleich der Anzahl aller verschiedenen reduzierten Zahlen. Ist ϱ wieder die Anzahl der verschiedenen Primfaktoren von g, so gibt es genau $2^{2\varrho}$ oder $2^{2\varrho+1}$ verschiedene Indexsysteme $((\alpha^{(0)}), (\beta^{(0)}), 4\gamma^{(0)})$, je nachdem g ungerade oder gerade ist, weil jeder der 2ϱ Indizes $\alpha_p^{(0)}, \ldots \beta_p^{(0)}, \ldots$ und für ein gerades g auch $\gamma^{(0)}$ gleich Null oder Eins sein kann.

Auf die jetzt vollständig durchgeführte Auflösung der reinen Gleichung (1) läßt sich, wie bereits oben erwähnt wurde, die Lösung der allgemeinen quadratischen Gleichung

$$(6) \qquad ax^2 + bx + c = 0 \ (g)$$

reduzieren. Dabei können und wollen wir voraussetzen, daß der Koeffizient a der höchsten Potenz von x keinen Nullteiler enthält. Besäße nämlich a etwa den Nullteiler O_p, so würde sich ja (6) für den Bereich von p auf die lineare Gleichung:

$$bx + c = 0 \ (p)$$

reduzieren, d. h. es würde $x = -\dfrac{c}{b} \ (p)$ sein, und die quadratische Gleichung wäre nur noch für den Bereich der übrigen Primfaktoren von g aufzulösen. Hat aber a keinen Nullteiler, so ergibt die Auflösung von (6) in der gewöhnlichen Weise für x die Gleichung:

$$(6^{\mathrm{a}}) \qquad x = \frac{-b + \sqrt{A}}{2a},$$

wo $A = b^2 - 4ac$ die Diskriminante unserer Gleichung ist, und jedem der verschiedenen Werte von $\sqrt{A}$ entspricht eine Wurzel unserer Gleichung.

Die Anzahl aller verschiedenen g-adischen Wurzeln der Gleichung (6) ist also stets gleich

$$\prod_{p/g} \left(1 + \left(\frac{A}{p} \right) \right),$$

wenn $A = b^2 - 4ac$ die Gleichungsdiskriminante bedeutet.

Genau ebenso läßt sich die vollständige Auflösung der allgemeinen kubischen und biquadratischen Gleichung in einem beliebigen Zahlenringe $R(g)$ durchführen.

§ 5.   Die Auflösung der reinen quadratischen Kongruenzen.

Ich wende jetzt die Ergebnisse des § 3 an, um die allgemeine reine quadratische Kongruenz:

(1) $x^2 \equiv A \pmod{g}$

für einen beliebigen Modul und ein beliebiges ganzzahliges A vollständig aufzulösen.

Setzen wir in dem ersten der beiden a. S. 297 unterschiedenen Fälle ($A \equiv 0 \pmod{g}$) $\mu = 2$, so ergibt sich für die Anzahl $\psi(0, g)$ der modulo g inkongruenten Wurzeln die Gleichung:

$$\psi(0, g) = \frac{g}{\left\{ g^{\frac{1}{2}} \right\}} = \prod p^{k - \left\{ \frac{k}{2} \right\}} = \prod p^{\left[\frac{k}{2} \right]} = [\sqrt{g}],$$

wo $\left[\dfrac{k}{2}\right]$ wieder die größte in dem Bruche $\dfrac{k}{2}$ enthaltene und entsprechend $[\sqrt{g}]$ die größte in $\sqrt{g}$ enthaltene ganze Zahl bedeutet.

Die Anzahl aller modulo g inkongruenten Wurzeln der Kongruenz:

(2) $$x^2 \equiv 0 \ (\text{mod. } g)$$

ist also stets gleich:

(2^{a}) $$\psi(0, g) = [\sqrt{g}]$$

So hat z. B. die Kongruenz

$$x^2 \equiv 0 \ (\text{mod. } 360)$$

genau $[\sqrt{360}] = [2^{\frac{3}{2}} \cdot 3 \cdot 5^{\frac{1}{2}}] = 6$ Wurzeln, nämlich die sechs modulo 360 inkongruenten Multipla von

$$2^{\left\{\frac{3}{2}\right\}} \cdot 3^{\{1\}} \cdot 5^{\left\{\frac{1}{2}\right\}} = 60.$$

Der zweite der a. a. O. unterschiedenen Fälle wird nun im wesentlichen durch den Satz vollständig erledigt, welcher aus dem S. 304 bewiesenen Theorem für $\mu = 2$ hervorgeht:

Die Kongruenz

$$x^2 \equiv A \ (\text{mod. } g),$$

in welcher $\dfrac{g}{g_0}$ durch $|A|$ teilbar ist, besitzt, falls $\dfrac{g}{g_0}$ auch durch $|2A|$ teilbar ist, stets und nur dann eine Lösung, wenn die entsprechende Gleichung eine solche hat, und zwar ist die Anzahl der inkongruenten Lösungen derselben das $|2A|$-fache der a. S. 312 bestimmten Anzahl der Gleichungswurzeln.

Hierdurch wird die Frage der Auflösbarkeit der reinen quadratischen Kongruenz für einen ungeraden Modul g_u vollkommen und für einen geraden Modul $g = 2^k g_u$ in allen Fällen außer den beiden entschieden, wo A durch 2^{k-2} und 2^{k-1} genau teilbar ist, wo also $\left|\dfrac{g}{A}\right|_2$ gleich 2 oder 2^2 ist; denn für einen ungeraden Modul ist ja $|2A| = |A|$, für einen geraden $|2A| = 2|A|$, und abgesehen von jenen beiden Fällen ist $\dfrac{g}{g_0}$ durch $|2A|$ teilbar, wenn diese Zahl durch $|A|$ teilbar ist. So ergibt sich der folgende allgemeine Satz:

Die Kongruenz

$$x^2 \equiv A \ (\text{mod. } g),$$

in welcher g durch $|A|$ teilbar ist, besitzt stets genau

$$(3) \qquad \psi(A, g) = |2A| \cdot \prod_{p/g} \left(1 + \left(\frac{A}{p}\right)\right)$$

modulo g inkongruente Wurzeln. Eine Ausnahme bilden nur die beiden Fälle, wo $\left|\dfrac{g}{A}\right|_2$ gleich 2 oder 4 ist.

Jene Anzahl ist also $|2A| \cdot 2^\varrho$ oder 0, je nachdem alle ϱ Symbole $\left(\dfrac{A}{p}\right) = 1$ oder auch nur eines gleich -1 ist. Die hier ausgeschlossenen Fälle endlich ergeben sich höchst einfach aus dem a. S. 297 oben bewiesenen Satze, daß für $g = 2^k g_u$

$$\psi(A, g) = \psi(A, 2^k)\psi(A, g_u)$$
$$(4) \qquad \quad = \psi(A, 2^k)|2A|_{g_u} \prod_{p/g_u} \left(1 + \left(\frac{A}{p}\right)\right)$$

ist. Es ist also für jene beiden Fälle nur noch $\psi(A, 2^k)$ zu berechnen.

Ist nun $A = 2^\alpha(-1)^\beta e^{4\gamma_0}$ und zuerst $\alpha = k - 2$, so muß nach S. 308 α und β gerade sein, während der Hauptlogarithmus $4\gamma_0$ durch $(4|2|, 2^2) = 2^2$ teilbar sein muß, was also hier keine neue Bedingung ergibt. Alsdann erhalten wir nach (15^c) a. S. 309

$$\psi(A, 2^k) = 2^{k-2}(2, 1)(2, 2) = 2^{k-1} = 2 \cdot 2^\alpha,$$

und aus (4) folgt endlich:

$$(5) \qquad \psi(A, g) = |2A| \prod_{p/g_u} \left(1 + \left(\frac{A}{p}\right)\right),$$

wo aber hier das Produkt nur über die ungeraden Primfaktoren von g zu erstrecken ist.

Ist endlich $\alpha = k - 1$, so folgt aus S. 308 oben, daß hier nur die Ordnungszahl a gerade zu sein braucht, während Index und Hauptlogarithmus beliebig sein können; alsdann ist $\psi(A, 2^k) = 2^{\frac{k-1}{2}} = 2^{\frac{\alpha}{2}}$, also

$$(5^a) \qquad \psi(A, g) = 2^{\frac{\alpha}{2}} \cdot |2A|_{g_u} \prod_{p/g_u} \left(1 + \left(\frac{A}{p}\right)\right).$$

So erhalten wir das folgende höchst einfache Resultat:

Die Kongruenz

$$x^2 \equiv A \pmod{g}$$

besitzt, falls $|A|$ durch g teilbar ist, genau $[\sqrt{g}]$, falls $\frac{g}{g_0}$ durch $|2A|$ teilbar ist, genau:

$$(6) \qquad |2A| \cdot \prod_{p/g} \left(1 + \left(\frac{A}{p}\right)\right)$$

modulo g inkongruente Lösungen. In den beiden allein ausgeschlossenen Fällen $A = 2^{k-2}A_u$ bzw. $A = 2^{k-1}A_u$ gelten die Gleichungen (5) und (5^a).

Der für die Anwendungen wichtigste Fall ist der, daß

$$A = E = we^{\gamma} \; (g)$$

eine Einheit für den Bereich von g ist; dann ergibt sich aus dem letzten Satze jetzt das folgende Theorem:

Die Kongruenz

(7) $$x^2 \equiv E \; (\text{mod. } g)$$

besitzt, falls $\dfrac{g}{g_0}$ durch $|2|$ teilbar ist, genau:

(7^a) $$|2| \cdot \prod_{p/g} \left(1 + \left(\frac{E}{p} \right) \right)$$

modulo g inkongruente Lösungen.

Nur dann ist $\dfrac{g}{g_0}$ nicht durch $|2|$ teilbar, wenn g gerade und die in g enthaltene Potenz von 2 gleich 2^1 oder 2^2, wenn also $g = 2g_u$ bzw. $g = 4g_u$ ist. In diesen beiden Fällen folgt aus (5) und (5^a)

(7^b)
$$\psi(E, 4g_u) = 2 \prod_{p/g_u} \left(1 + \left(\frac{E}{p} \right) \right)$$
$$\psi(E, 2g_u) = \prod_{p/g_u} \left(1 + \left(\frac{E}{p} \right) \right).$$

Fassen wir diese Ergebnisse übersichtlich zusammen, so ergibt sich der folgende Satz:

Eine Kongruenz

$$x^2 \equiv E \ (\text{mod. } g_u)$$

besitzt stets und nur dann eine Wurzel, wenn für jede der ϱ in dem ungeraden Modul enthaltenen Primzahlen p

$$\left(\frac{E}{p}\right) = +1$$

ist, und dann ist die Anzahl ihrer inkongruenten Wurzeln gleich 2^ϱ.

Dasselbe ist der Fall, wenn der Modul $g = 2g_u$ das Doppelte einer ungeraden Zahl ist. Ist aber $g = 4g_u$ das Vierfache einer ungeraden Zahl, so ist außer den vorigen ϱ Bedingungen noch erforderlich, daß E von der Form $4n + 1$ ist, und dann ist die Anzahl der Wurzeln gleich $2^{\varrho+1}$, wenn ϱ wie vorher die Anzahl der verschiedenen u n g e r a d e n Primfaktoren von q bedeutet. Ist endlich g durch 8 teilbar, so muß E außerdem von der Form $8n + 1$ sein, und dann hat dieselbe Kongruenz genau $2^{\varrho+2}$ modulo g inkongruente Wurzeln.

Sind x_0 und x zwei beliebige Lösungen der Kongruenz (7), so ist $\frac{x}{x_0} = \varepsilon$ eine Wurzel der Kongruenz

$$(8) \qquad\qquad \varepsilon^2 \equiv 1 \ (\text{mod. } g),$$

also eine zweite Einheitswurzel modulo g, und umgekehrt liefert jedes Produkt $x = x_0\varepsilon$ eine der Wurzeln von (7). Alle Wurzeln dieser Kongruenz gehen also aus einer von ihnen durch Multiplikation mit je einer zweiten Einheitswurzel modulo g hervor. Für einen beliebigen Modul besitzt die Kongruenz (8) stets Lösungen, z. B. $\delta = +1$;

nach dem soeben bewiesenen Satze ist also die Anzahl $\psi(1, g)$ aller zweiten Einheitswurzeln ε modulo g in den vorher unterschiedenen Fällen gleich 2^ϱ, 2^ϱ, $2^{\varrho+1}$, $2^{\varrho+2}$. Diese Anzahl ist stets ein Multiplum von 4, außer in dem Falle, daß g eine ungerade Primzahlpotenz oder das Doppelte einer solchen oder gleich 4 ist, denn allein dann ist $\psi(1, g) = 2^\varrho$ und $\varrho = 1$, bzw. $\psi(1, 4) = 2$.

Zu jeder dieser zweiten Einheitswurzeln ε gehört eine andere $-\varepsilon$, und ihr Produkt ist $-\varepsilon^2 = -1$. Hieraus ergibt sich sofort der Satz:

Das Produkt $\prod \varepsilon$ aller zweiten Einheitswurzeln modulo g ist für diesen Modul kongruent $(-1)^{\frac{1}{2}\psi(1,g)}$; es ist also dann und nur dann kongruent -1, wenn g gleich 4 oder p^k oder $2p^k$ ist, in allen anderen Fällen aber kongruent $+1$.

Aus diesem Theorem ergibt sich sofort ein neuer und sehr einfacher Beweis des Wilsonschen Satzes. Betrachtet man nämlich alle $\varphi(g)$ modulo g inkongruenten Einheiten E und trennt die $\psi(1, g)$ unter ihnen vorkommenden zweiten Einheitswurzeln ε von den übrigen $\overline{E}$, so ist

$$\prod E = \prod \overline{E} \prod \varepsilon = (-1)^{\psi(1,g)} \prod \overline{E} \pmod{g}.$$

Das rechtsstehende Produkt $\prod \overline{E}$ aller inkongruenten Einheiten, welche keine zweiten Einheitswurzeln sind, ist aber kongruent $+1$, da zu jedem solchen $\overline{E}$ eine *andere* Einheit $\overline{E}'$ gehört, für welche $\overline{E}\,\overline{E}' \equiv 1 \pmod{g}$ ist. Wäre nämlich für eine solche Einheit $\overline{E} = \overline{E}'$, so müßte ja $\overline{E}^2 \equiv 1$, also $\overline{E}$ eine zweite Einheitswurzel sein. Also ist in der Tat $\prod \overline{E} = \prod(\overline{E}\,\overline{E}') \equiv +1$, d. h. es ist

$$\prod E \equiv (-1)^{\psi(1,g)} \pmod{g}$$

und damit ist der Wilsonsche Satz aufs neue bewiesen.

Elftes Kapitel.

Das Reziprozitätsgesetz für die quadratischen Reste.

§ 1.   Die quadratischen Reste für einen Primzahlmodul. Das Eulersche Kriterium und das Gausssche Lemma.

Durch die Untersuchungen des zehnten Kapitels ist die Frage, ob eine Zahl A eine g-adische Quadratzahl ist oder nicht, theoretisch vollständig gelöst. Praktisch ist aber diese Lösung noch nicht recht brauchbar, weil sie die Exponentialdarstellung von A voraussetzt, welche in jedem speziellen Falle nicht ohne einige Rechnung gegeben werden kann. Allerdings kann ja die Frage, ob die Ordnungszahl $(\alpha) = (\alpha_p, \ldots \alpha_r)$ von A gerade ist oder nicht, stets unabhängig von dieser Darstellung entschieden werden. Deshalb können und wollen wir im folgenden A stets als g-adische Einheit, also $(\alpha) = (0)$ voraussetzen. Setzen wir nun in dem Theorem a. S. 304 $A = E$, $\mu = 2$, also $|g_0 \mu A| = |2 g_0|$, so erhalten wir den folgenden einfachen Satz:

Eine Einheit E ist stets und nur dann eine g-adische Quadratzahl, wenn die zugehörige Kongruenz:

(1) $$x^2 \equiv E \;(\text{mod. } |2 g_0|)$$

eine Lösung besitzt.

Nehmen wir also der Allgemeinheit wegen

$$g = 2^h p^k \ldots r^l$$

gleich als gerade an, so ist die Zahl E dann und nur dann eine g-adische Quadratzahl, wenn für sie die folgenden einfachen Kongruenzen:

$$(1^{\mathrm{a}}) \quad x^2 \equiv E \ (\text{mod. } 8), \quad x^2 \equiv E \ (\text{mod. } p), \ \ldots \ \ x^2 \equiv E \ (\text{mod. } r)$$

sämtlich eine Lösung besitzen. Nur diese sind also im folgenden weiter zu untersuchen.

Die erste von diesen Kongruenzen ist nach S. 322 oben stets und nur dann erfüllt, wenn E von der Form $8n + 1$ ist. Ist ferner p eine beliebige ungerade Primzahl, und setzt man a. S. 303 unten $A = E$, $\mu = 2$, so erkennt man, daß die Kongruenz:

$$x^2 \equiv E = w^\beta e^\gamma \equiv w^\beta \ (\text{mod. } p)$$

stets und nur dann eine Wurzel hat, wenn $\beta = \text{Ind. } E$ gerade ist. Ist

$$w = g + g_1 p + \ldots \ (p)$$

die p-adische Entwicklung der primitiven Einheitswurzel w, so ist ihr Anfangsglied g eine primitive Kongruenzwurzel modulo p und es ist stets:

$$E \equiv w^\beta \equiv g^\beta \ (\text{mod. } p).$$

Man kann also das Ergebnis dieser Untersuchung in dem folgenden Satze aussprechen:

> Eine Einheit E ist für den Bereich von 2 stets und nur dann eine Quadratzahl, wenn sie von der Form $8n + 1$ ist; für den Bereich einer ungeraden Primzahl p ist sie eine Quadratzahl, wenn ihr Index *für den Bereich von p*, oder, was dasselbe ist, wenn ihr Index *modulo p* gerade ist.

Besitzt die Kongruenz

$$x^2 \equiv E \ (\text{mod. } 8) \quad \text{bzw.} \quad x^2 \equiv E \ (\text{mod. } p)$$

eine Wurzel, so wollen wir E e i n e n   q u a d r a t i s c h e n   R e s t
m o d u l o 2 bzw. m o d u l o p nennen; dagegen soll E e i n   N i c h t -
r e s t   f ü r 2 b z w. p heißen, wenn jene Kongruenzen keine Wurzel
haben. Hiernach ist E ein quadratischer Rest oder Nichtrest, je
nachdem $\left(\dfrac{E}{2}\right)$ bzw. $\left(\dfrac{E}{p}\right)$ gleich $+1$ oder -1, je nachdem also E für
den Bereich von 2 bzw. von p eine Quadratzahl ist oder nicht.

Im Falle $p = 2$ besitzt die Gleichung:

$$(2) \qquad\qquad x^2 = E = (-1)^{\beta} e^{4\gamma} \ (2)$$

nach S. 312 unten stets und nur dann eine Lösung, wenn *sowohl β
als auch* γ gerade sind, oder, was auf dasselbe herauskommt, wenn E
von der Form $8n + 1$ ist. Da also hier sowohl der Index als auch der
Hauptlogarithmus von E je eine Bedingung erfüllen müssen, so wollen
wir das Symbol $\left(\dfrac{E}{2}\right)$ gleich dem System:

$$(3) \qquad\qquad \left(\frac{E}{2}\right) = ((-1)^{\beta}, (-1)^{\gamma})$$

setzen, welches die vier Werte $(+1, +1)$, $(-1, -1)$, $(+1, -1)$, $(-1, +1)$
haben kann; dann ist E stets und nur dann eine Quadratzahl, also
$\left(\dfrac{E}{2}\right) = +1$, wenn das ihm gleiche System auf der rechten Seite gleich
$(+1, +1)$ ist.

Betrachtet man die Gleichung $E = (-1)^{\beta} \cdot e^{4\gamma}$ zuerst modulo 4,
und hierauf die aus ihr folgende $E^2 = e^{8\gamma}$ für den Modul 16, so ergeben

sich, da $e^{4\gamma} \equiv 1 \pmod{4}$, $e^{8\gamma} \equiv 1 + 8\gamma \pmod{16}$ ist, die Kongruenzen:

$$E \equiv (-1)^{\beta} \equiv (1 - 2)^{\beta} \equiv 1 - 2\beta \pmod{4}$$

(4) $$\frac{E-1}{2} \equiv \beta, \quad \frac{E^2-1}{8} \equiv \gamma \pmod{2}.$$

Dadurch erhält man also aus (3) auch die folgende Darstellung des Legendreschen Zeichens in diesem Falle:

(5) $$\left(\frac{E}{2}\right) = \left((-1)^{\frac{E-1}{2}}, (-1)^{\frac{E^2-1}{8}}\right).$$

Zwei Einheiten

(6) $$E = (-1)^{\beta} e^{4\gamma} \quad \text{und} \quad E' = (-1)^{\beta'} e^{4\gamma'}$$

sind stets und nur dann modulo 8 kongruent, wenn $\beta \equiv \beta'$ und $\gamma \equiv \gamma' \pmod{2}$ sind. Sind also E und E' modulo 8 kongruent, so ist

(6ª) $$\left(\frac{E}{2}\right) = \left(\frac{E'}{2}\right).$$

ist also $E = 8n + \varepsilon$, wo $\varepsilon = 1, 3, 5, 7$ sein kann, so ergibt sich:

(7) $$\left(\frac{E}{2}\right) = \left((-1)^{\frac{\varepsilon-1}{2}}, (-1)^{\frac{\varepsilon^2-1}{8}}\right),$$

und da in den vier unterschiedenen Fällen das rechts stehende Symbol bzw. gleich $(++)$, $(--)$, $(+-)$, $(-+)$ ist, so ergibt sich der Satz:

Das Symbol $\left(\dfrac{E}{2}\right)$ ist $(++)$, $(--)$, $(+-)$, $(-+)$, je nachdem $E = 8n + 1, 3, 5, 7$ ist.

Da ferner für das Produkt der beiden Einheiten (6)

$$EE' = (-1)^{\beta+\beta'} e^{4(\gamma+\gamma')}$$

ist, so besteht die folgende allgemeine Gleichung:

$$(8) \qquad \left(\frac{EE'}{2}\right) = \left(\frac{E}{2}\right)\left(\frac{E'}{2}\right);$$

denn der gemeinsame Wert beider Seiten ist ja: $((-1)^{\beta+\beta'}, (-1)^{\gamma+\gamma'})$, wenn das Produkt zweier Systeme wie a. S. 251 oben definiert wird.

Ist zweitens p eine ungerade Primzahl und $E = w^\beta e^\gamma$ eine beliebige Einheit modulo p, so ist nach dem Satze a. S. 325:

$$\left(\frac{E}{p}\right) = (-1)^\beta,$$

oder, da $-1 = w^{\frac{p-1}{2}}$ und $E \equiv w^\beta$ (mod. p) ist,

$$(9) \qquad \left(\frac{E}{p}\right) = w^{\beta \cdot \frac{p-1}{2}} \equiv E^{\frac{p-1}{2}} \text{ (mod. } p\text{)};$$

es besteht also der folgende Satz, das sog. E u l e r s c h e   K r i t e r i - u m :

Eine Einheit E ist quadratischer Rest oder Nichtrest für eine ungerade Primzahl p, je nachdem $E^{\frac{p-1}{2}}$ modulo p kongruent $+1$ oder -1 ist. Das Symbol $\left(\frac{E}{p}\right)$ ist also gleich dem absolut kleinsten Reste von $E^{\frac{p-1}{2}}$ modulo p.

Hieraus ergeben sich sofort die beiden Folgerungen:

Sind E und E' modulo p kongruent, so ist

(10)
$$\left(\frac{E}{p}\right) = \left(\frac{E'}{p}\right).$$

Sind E und E' beliebige Einheiten, so ist stets

(11)
$$\left(\frac{EE'}{p}\right) = \left(\frac{E}{p}\right)\left(\frac{E'}{p}\right);$$

denn im ersten Falle ist ja $E^{\frac{p-1}{2}} \equiv E'^{\frac{p-1}{2}}$ (mod. p), im zweiten ist der gemeinsame Wert beider Symbole kongruent $(EE')^{\frac{p-1}{2}}$. Speziell ergibt sich für $E' = E$ die selbstverständliche Folgerung, daß für jede Einheit E

(11ª)
$$\left(\frac{E^2}{p}\right) = +1$$

ist.

Es brauchen hiernach nur die modulo p inkongruenten Einheiten $1, 2, \ldots p-1$ oder die ihnen modulo p abgesehen von der Reihenfolge kongruenten $(p-1)$-ten Einheitswurzeln

$$1, w, w^2, \ldots w^{p-2}$$

auf ihren quadratischen Charakter untersucht zu werden. Unter den letzteren sind nun offenbar genau die Hälfte, nämlich die geraden Potenzen

(12)
$$1, w^2, w^4, \ldots w^{p-3}$$

Reste, während die $\dfrac{p-1}{2}$ ungeraden Potenzen

(12^{a}) \qquad\qquad $w,\ w^3,\ \ldots\ w^{p-2}$

Nichtreste sind. Es ist leicht, die beiden Gleichungen des $\left(\dfrac{p-1}{2}\right)$-ten Grades aufzustellen, denen die Reste bzw. die Nichtreste genügen. Ist nämlich

$$\overline{w} = w^{2\alpha+\varepsilon},$$

wo $\varepsilon = 0$ oder 1 ist, je nachdem $\overline{w}$ ein Rest oder Nichtrest ist, so ist ja

$$\overline{w}^{\frac{p-1}{2}} = (-1)^{\varepsilon},$$

d. h. gleich $+1$ oder -1, je nachdem ε Null oder Eins ist. Setzen wir also ein für alle Male

$$\pi = \frac{p-1}{2}$$

so ergibt sich der folgende einfache Satz:

> Unter den $p-1 = 2\pi$ verschiedenen Einheitswurzeln gibt es genau π quadratische Reste und ebensoviele Nichtreste, und sie sind die sämtlichen Wurzeln der beiden Gleichungen π-ten Grades:

(13) \qquad\qquad $x^\pi - 1 = 0$ \quad und \quad $x^\pi + 1 = 0,$

deren linke Seiten die beiden Faktoren sind, in welche die Funktion

$$x^{p-1} - 1 = (x^\pi - 1)(x^\pi + 1)$$

zerfällt.

Aus den beiden Zerlegungsgleichungen

(13ᵃ) $\qquad x^\pi - 1 = \prod(x - w^{2\alpha}), \quad x^\pi + 1 = \prod(x - w^{2\alpha+1})$

ergibt sich für $x = 0$:

(14) $\qquad \prod w^{2\alpha} = (-1)^{\pi-1}, \quad \prod w^{2\alpha+1} = (-1)^\pi,$

und für jedes $p > 3$ liefert die Vergleichung der Koeffizienten von $x^{\pi-1}$ in (13ᵃ) die Gleichungen:

(14ᵃ) $\qquad \sum w^{2\alpha} = 0, \quad \sum w^{2\alpha+1} = 0.$

Es sei

(15) $\qquad w^{(1)^2}, \; w^{(2)^2}, \; \ldots \; w^{(\pi)^2}$

das vollständige System aller π verschiedenen quadratischen Reste unter den $p - 1$ Einheitswurzeln; dann sind die $2\pi = p - 1$ Einheitswurzeln

(15ᵃ) $\qquad \pm w^{(1)}, \; \pm w^{(2)}, \; \ldots \; \pm w^{(\pi)}$

alle voneinander verschieden; denn nur dann könnte ja $\pm w^{(i)} = \pm w^{(k)}$ sein, wenn $w^{(i)^2} = w^{(k)^2}$, wenn also $k = i$ wäre, und die beiden Zahlen $+w^{(i)}$ und $-w^{(i)}$ sind ja stets voneinander verschieden. Also bilden die $p - 1$ Zahlen (15ᵃ) ein vollständiges System aller verschiedenen $(p - 1)$-ten Einheitswurzeln. Da man jede der beiden Quadratwurzeln aus $w^{(i)^2}$ durch $+w^{(i)}$ bezeichnen kann, so erhält man 2^π verschiedene solche Systeme $(w^{(1)}, w^{(2)}, \ldots w^{(\pi)})$, die ich H a l b s y s t e m e nennen will. Jedes der 2^π Halbsysteme geht aus einem unter ihnen durch Veränderung seiner Vorzeichen hervor. Speziell ist $(1, w, w^2, \ldots w^{\pi-1})$ ein solches Halbsystem, da ja die Quadrate $(1, w^2, w^4, \ldots w^{p-3})$ alle verschieden sind; aber auch die Einheitswurzeln $(w_1, w_2, \ldots w_\pi)$, welche modulo p den $\frac{p-1}{2}$ ersten Zahlen $(1, 2, \ldots \pi)$ kongruent sind, bilden ein Halbsystem, weil für zwei solche Einheitswurzeln niemals $w_i = -w_k$ oder $w_i + w_k = 0$ sein kann, da ja sonst für ihre Anfangsglieder $i + k$ durch p teilbar sein müßte, während doch beide positiv und kleiner als $\frac{p}{2}$ sind.

Mit Hilfe dieser Halbsysteme kann man einen neuen Ausdruck für den quadratischen Charakter $\left(\dfrac{\overline{w}}{p}\right)$ einer beliebigen Einheitswurzel herleiten, welcher für die weiteren Betrachtungen von fundamentaler Bedeutung ist. Ist nämlich $(w^{(1)}, w^{(2)}, \ldots w^{(\pi)})$ ein beliebiges Halbsystem und $\overline{w}$ irgendeine Einheitswurzel, so ist auch $(\overline{w}\,w^{(1)}, \overline{w}\,w^{(2)}, \ldots \overline{w}\,w^{(\pi)})$ ein Halbsystem, da ja aus jeder Gleichung $\overline{w}\,w^{(i)} = \pm \overline{w}\,w^{(k)}$ sich $w^{(i)} = \pm w^{(k)}$ ergeben würde; und da sich dieses Halbsystem von dem vorigen nur durch die Vorzeichen und die Reihenfolge unterscheiden kann, so bestehen die folgenden Gleichungen:

$$(16) \qquad \begin{aligned} \overline{w}\,w^{(1)} &= \varepsilon_1 w^{(1')} \\ \overline{w}\,w^{(2)} &= \varepsilon_2 w^{(2')} \\ &\cdots\cdots\cdots\cdots \\ \overline{w}\,w^{(\pi)} &= \varepsilon_\pi w^{(\pi')}, \end{aligned}$$

wo die $\varepsilon = \pm 1$ und die Indizes $(1', 2', \ldots \pi')$ die Zahlen $(1, 2, \ldots \pi)$ in anderer Reihenfolge bedeuten. Multipliziert man diese Gleichungen miteinander und hebt mit dem Faktor $(w^{(1)} \ldots w^{(n)})$, so ergibt sich die Gleichung:

$$\overline{w}^{\,\pi} = \left(\dfrac{\overline{w}}{p}\right) = \varepsilon_1 \varepsilon_2 \ldots \varepsilon_\pi.$$

Ist also μ die Anzahl der Vorzeichen -1 auf der rechten Seite, so folgt:

$$\left(\frac{\overline{w}}{p}\right) = (-1)^{\mu}.$$

So ergibt sich der folgende Satz, welcher d a s G a u s s s c h e L e m m a genannt werden soll, weil dasselbe zuerst von Gauss in seinem wichtigsten Spezialfall bewiesen worden ist:

Ist $(w^{(i)})$ ein ganz beliebiges Halbsystem und w irgendeine Einheitswurzel, so ist stets

$$(17) \qquad \left(\frac{\overline{w}}{p}\right) = (-1)^{\mu},$$

wenn μ die Anzahl der Zeichenwechsel ist, um welche sich das Halbsystem $(\overline{w}\, w^{(i)})$ von dem Halbsysteme $(w^{(i)})$ unterscheidet.

Da jede durch p nicht teilbare Zahl c ihrer Einheitswurzel w_c modulo p kongruent ist, so gelten alle soeben für die Einheitswurzeln bewiesenen Sätze auch für alle Einheiten modulo p. Diese brauchen daher hier nur ausgesprochen zu werden:

Eine Zahl $c \equiv g^{\beta}$ (mod. p) ist stets und nur dann quadratischer Rest modulo p, wenn ihr Index β modulo p gerade ist; daher ist c Rest oder Nichtrest, je nachdem

$$(18) \qquad c^{\frac{p-1}{2}} \equiv +1 \quad \text{oder} \quad -1 \ (\text{mod. } p)$$

ist. (Eulersches Kriterium.) Unter den modulo p inkongruenten Zahlen $1, 2, \ldots p-1$ gibt es also stets gleich viele Reste und Nichtreste, welche im folgenden immer durch:

$$a_1, a_2, \ldots a_{\pi} \quad \text{bzw.} \quad b_1, b_2, \ldots b_{\pi}$$

bezeichnet werden sollen. Dieselben sind die sämtlichen inkongruenten Wurzeln, welche die Kongruenzen:

$$(19) \quad \begin{aligned} x^\pi - 1 &\equiv (x - a_1)(x - a_2)\ldots(x - a_\pi) \equiv 0 \\ x^\pi + 1 &\equiv (x - b_1)(x - b_2)\ldots(x - b_\pi) \equiv 0 \end{aligned} \quad (\text{mod. } p)$$

besitzen.

Sowohl die Summe aller Reste als auch die Summe aller Nichtreste ist durch p teilbar, sobald $p > 3$ ist, für ihre Produkte bestehen die Kongruenzen:

$$a_1 a_2 \ldots a_\pi \equiv (-1)^{\frac{p+1}{2}}, \quad b_1 b_2 \ldots b_\pi \equiv (-1)^{\frac{p-1}{2}} \ (\text{mod. } p).$$

So sind z. B. für den Modul $p = 7$, wie eine leichte Rechnung zeigt,

$$(1, 2, 4) \quad \text{alle Reste}, \qquad (3, 5, 6) \quad \text{alle Nichtreste.}$$

Ebenso sind modulo 11,

$$(1, 3, 4, 5, 9) \quad \text{die Reste}, \qquad (2, 6, 7, 8, 10) \quad \text{die Nichtreste;}$$

für den Modul 13 ergibt sich

$$(a_i) = (1, 3, 4, 9, 10, 12), \qquad (b_i) = (2, 5, 6, 7, 8, 11),$$

und für die Primzahl 17

$$(a_i) = (1, 2, 4, 8, 9, 13, 15, 16), \quad (b_i) = (3, 5, 6, 7, 10, 11, 12, 14).$$

Für den Modul 11 genügen z. B. die Reste und die Nichtreste den beiden Kongruenzen:

$$\begin{aligned} x^5 - 1 &\equiv (x - 1)(x - 3)(x - 4)(x - 5)(x - 9) \\ x^5 + 1 &\equiv (x - 2)(x - 6)(x - 7)(x - 8)(x - 10) \end{aligned} \quad (\text{mod. } 11).$$

In den angeführten Beispielen überzeugt man sich sofort, daß die Summe der Reste bzw. der Nichtreste jedesmal durch die betreffende Primzahl teilbar ist, und für die entsprechenden Produkte erhält man z. B. für die Moduln 7, 11 und 13 die Kongruenzen:

$$\prod a_i = 1 \cdot 2 \cdot 4 \equiv +1 \qquad \prod b_i = 3 \cdot 5 \cdot 6 \equiv -1 \qquad \text{(mod. 7)},$$
$$\prod a_i = 1 \cdot 3 \cdot 4 \cdot 5 \cdot 9 \equiv +1 \qquad \prod b_i = 2 \cdot 6 \cdot 7 \cdot 8 \cdot 10 \equiv -1 \quad \text{(mod. 11)},$$
$$\prod a_i = 1 \cdot 3 \cdot 4 \cdot 9 \cdot 10 \cdot 12 \equiv -1 \quad \prod b_i = 2 \cdot 5 \cdot 6 \cdot 7 \cdot 8 \cdot 11 \equiv +1 \text{ (mod. 13)}.$$

Man kann aus der Reihe $(1, 2, \ldots p - 1)$ auf 2^π verschiedene Arten ein Halbsystem $(c^{(1)}, c^{(2)}, \ldots c^{(\pi)})$ so auswählen, daß die $p - 1$ Zahlen $(\pm c^{(i)})$ ein vollständiges System inkongruenter Einheiten bilden. So sind z. B. die π Zahlen $(1, g, g^2, \ldots g^\pi)$, aber auch die π ersten Zahlen $(1, 2, \ldots \pi)$ ein solches Halbsystem, und speziell für dieses letztere hat Gauss sein Lemma aufgestellt und bewiesen. Ist nämlich c irgendeine Einheit modulo p, und reduziert man die π Produkte $(1 \cdot c, 2 \cdot c, \ldots \pi \cdot c)$ modulo p auf ihre absolut kleinsten Reste $(\varepsilon_1 \cdot 1', \varepsilon_2 \cdot 2', \ldots \varepsilon_\pi \pi')$ modulo p, so folgt aus dem a. S. 331 allgemein bewiesenen Gaussschen Lemma, daß:

$$(20) \qquad\qquad \left(\frac{c}{p}\right) = \varepsilon_1 \varepsilon_2 \ldots \varepsilon_\pi = (-1)^\mu$$

ist, wenn μ die Anzahl derjenigen Produkte ic angibt, deren absolut kleinster Rest $\varepsilon_i i'$ negativ, für welche also $\varepsilon_i = -1$ ist.

Wählt man statt der *absolut* kleinsten Reste der Produkte ic jedesmal ihre kleinsten *positiven* Reste, so entsprechen allen und nur den Produkten, deren absolut kleinste Reste vorher negativ waren, jetzt positive Reste, welche größer als π, d. h. größer als $\dfrac{p - 1}{2}$ sind. Wir können also das Gausssche Lemma auch folgendermaßen aussprechen:

Reduziert man die π Produkte $(c, 2c, \ldots \pi c)$ auf ihre kleinsten positiven Reste modulo p, so ist $\left(\dfrac{c}{p}\right)$ gleich $+1$ oder gleich -1, je nachdem die Anzahl der über $\dfrac{p-1}{2}$ liegenden Reste gerade oder ungerade ist.

Es sei z. B. $p = 17$, also $\pi = 8$ und $c = 5$; bildet man dann die kleinsten positiven Reste der acht ersten Multipla von 5, indem man sukzessive 5 addiert und nach Bedarf 17 abzieht, so erhält man die Reihe:

$$5, \ 10, \ 15, \ 3, \ 8, \ 13, \ 1, \ 6;$$

und da in ihr drei Zahlen größer als 8 sind, so ergibt sich $\left(\dfrac{5}{17}\right) = -1$.

Ist $p = 13$, $\pi = 6$, $c = 10$, so folgt aus der entsprechend gebildeten Reihe:

$$10, \ 7, \ 4, \ 1, \ 11, \ 8,$$

da sie vier oberhalb 6 liegende Zahlen enthält, daß $\left(\dfrac{10}{13}\right) = +1$ ist, und in der Tat ergibt sich sofort

$$6^2 \equiv 10 \ (\text{mod. } 13).$$

Man erkennt so, wie einfach sich für ein nicht zu großes p die Bestimmung des quadratischen Charakters mittels des Gaussschen Lemmas gestaltet.

§ 2.   Die beiden Ergänzungssätze und das quadratische Reziprozitätsgesetz.

Es sei jetzt E eine beliebige absolut ganze rationale Zahl, welche durch p nicht teilbar ist. Dann reduziert sich die Bestimmung des

Legendreschen Symboles $\left(\dfrac{E}{p}\right)$ vollständig auf die drei speziellen Fälle, daß $E = -1$, 2, oder q ist, wo q irgendeine ungerade Primzahl bedeutet, d. h. auf die drei einfachsten Symbole:

(1) $$\left(\frac{-1}{p}\right), \quad \left(\frac{2}{p}\right), \quad \left(\frac{q}{p}\right).$$

Setzt man nämlich

$$E = PQ^2,$$

wo Q^2 die größte in E enthaltene rationale Quadratzahl ist, also

$$P = \pm qr \ldots s$$

lauter einfache Primfaktoren enthält, unter denen auch 2 vorkommen kann, so besteht wegen (11) und (11ᵃ) a. S. 328 die Gleichung:

$$\left(\frac{E}{p}\right) = \left(\frac{P}{p}\right) = \left(\frac{\pm 1}{p}\right)\left(\frac{q}{p}\right)\cdots\left(\frac{r}{p}\right),$$

es sind also in der Tat nur jene drei einfachen Symbole (1) genauer zu untersuchen.

Der Wert der beiden ersten Symbole $\left(\dfrac{-1}{p}\right)$ und $\left(\dfrac{2}{p}\right)$ kann für eine beliebige Primzahl p leicht bestimmt werden: Da nämlich zunächst

$$-1 = w^{\frac{p-1}{2}}$$

ist, also den Index $\dfrac{p-1}{2}$ hat, so ist -1 eine p-adische Quadratzahl oder nicht, je nachdem $\dfrac{p-1}{2}$ gerade oder ungerade, je nachdem also p von der Form $4n+1$ oder $4n+3$ ist. Es ergibt sich also der folgende sog. e r s t e E r g ä n z u n g s s a t z:

Die Zahl -1 ist quadratischer Rest aller Primzahlen 5, 13, 17, 29, 37, ... von der Form $4n+1$, quadratischer Nichtrest aller Primzahlen 3, 7, 11, 19, 23, ... von der Form $4n+3$.

Auch aus dem Gaussschen Lemma folgt dieser Ergänzungssatz unmittelbar: Ist nämlich $(w^{(1)}, w^{(2)}, \ldots w^{(n)})$ ein beliebiges Halbsystem, und $\overline{w} = -1$, so enthält das Halbsystem

$$(\overline{w}\, w^{(i)}) = (-w^{(1)}, -w^{(2)}, \cdots - w^{(\pi)})$$

gegen das vorige genau π Zeichenwechsel, d. h. es ist

$$(2) \qquad \left(\frac{-1}{p}\right) = (-1)^{\pi} = (-1)^{\frac{p-1}{2}}.$$

Auch den zweiten Ergänzungssatz, d. h. den Wert des Symboles $\left(\dfrac{2}{p}\right)$ liefert das Gausssche Lemma ohne weiteres. Setzt man nämlich in dem Satze a. S. 335 $c = 2$, so sind alle π Produkte $(2, 4, \ldots 2\pi)$ kleiner als p, also ihre eigenen kleinsten positiven Reste modulo p. Von ihnen sind die $\left[\dfrac{\pi}{2}\right]$ ersten 2, 4, ... $2\left[\dfrac{\pi}{2}\right]$ offenbar nicht größer als π, während die $\pi - \left[\dfrac{\pi}{2}\right]$ folgenden sämtlich über π liegen. Bezeichnet man also wieder wie a. S. 297 (5) durch $\left\{\dfrac{\pi}{2}\right\}$ die kleinste ganze Zahl, welche $\geqq \dfrac{\pi}{2}$ ist, und beachtet, daß dann offenbar stets

$$\left[\frac{\pi}{2}\right] + \left\{\frac{\pi}{2}\right\} = \pi \quad \text{also} \quad \left\{\frac{\pi}{2}\right\} = \pi - \left[\frac{\pi}{2}\right]$$

ist, so ergibt sich für das zu untersuchende Legendresche Zeichen die folgende allgemeine Bestimmung:

$$\left(\frac{2}{p}\right) = (-1)^{\left\{\frac{\pi}{2}\right\}} = (-1)^{\left\{\frac{p-1}{4}\right\}}.$$

Setzt man $p = 8n + \varepsilon$, wo $\varepsilon = 1, 3, 5, 7$ sein kann, so ist

$$\left\{\frac{p-1}{4}\right\} = 2n + \left\{\frac{\varepsilon-1}{4}\right\} \equiv \left\{\frac{\varepsilon-1}{4}\right\} \pmod{2},$$

und da in den vier unterschiedenen Fällen $\dfrac{\varepsilon-1}{4}$ gleich $0, \dfrac{1}{2}, 1, \dfrac{3}{2}$, also $\left\{\dfrac{\varepsilon-1}{4}\right\} = 0, 1, 1, 2$ wird, so kann jener zweite Ergänzungssatz folgendermaßen ausgesprochen werden:

> Die gerade Primzahl 2 ist quadratischer Rest aller Primzahlen von der Form $8n \pm 1$ und quadratischer Nichtrest aller Primzahlen von der Form $8n \pm 5$.

Benützt man endlich noch die Tatsache, daß offenbar stets:

$$\left\{\frac{p-1}{4}\right\} \equiv \frac{p^2-1}{8} = \frac{(p-1)(p+1)}{8} \pmod{2}$$

ist, da diese Kongruenz in den vier hier allein zu unterscheidenden Fällen $p \equiv \pm 1$ bzw. $p \equiv \pm 5 \pmod 8$ richtig ist, so kann derselbe Ergänzungssatz auch in der Form:

$$(3) \qquad\qquad \left(\frac{2}{p}\right) = (-1)^{\frac{p^2-1}{8}}$$

ausgesprochen werden.

Schreibt man die Primzahl p für den Bereich von 2 in der Form:

$$p = (-1)^\beta e^{4\gamma} \; (2),$$

wo nach (4) a. S. 326:

$$\frac{p-1}{2} \equiv \beta, \quad \frac{p^2-1}{8} \equiv \gamma \pmod{2}$$

ist, so ergibt sich aus der Darstellung des Symboles $\left(\dfrac{p}{2}\right)$ in (5) a. S. 326 jetzt die folgende Gleichung:

$$(4) \qquad \left(\frac{p}{2}\right) = \left(\left(\frac{-1}{p}\right), \left(\frac{2}{p}\right)\right).$$

Es gilt also der allgemeine Satz:

> Eine Primzahl p ist stets und nur dann quadratischer Rest, zu 2, wenn sowohl -1 als 2 quadratische Reste zu p sind.

Ich wende mich nun zur Untersuchung der dritten Frage, nach dem Werte des Symboles $\left(\dfrac{q}{p}\right)$, wenn q und p zwei beliebige ungerade Primzahlen sind. Die vollständige Antwort darauf wird durch einen der wichtigsten Sätze der Zahlentheorie gegeben, welcher wegen seiner Symmetrie in bezug auf die beiden in ihm auftretenden Primzahlen p und q den Namen des R e z i p r o z i t ä t s g e s e t z e s erhalten hat. Er läßt sich folgendermaßen aussprechen:

> Sind p und q zwei positive ungerade Primzahlen, von denen wenigstens eine die Form $4n + 1$ hat, so ist stets

$$(5) \qquad \left(\frac{p}{q}\right) = \left(\frac{q}{p}\right),$$

d. h. p ist Rest (Nichtrest) von q, wenn q Rest (Nichtrest) von p ist. Haben aber beide Primzahlen die Form $4n + 3$, so ist

$$(5^{\text{a}}) \qquad \left(\frac{p}{q}\right) = -\left(\frac{q}{p}\right),$$

d. h. p ist Rest (Nichtrest) von q, wenn q Nichtrest (Rest) von p ist.

Offenbar kann dieser Satz in der für beide Fälle gültigen symmetrischen Form:

$$(5^{\text{b}}) \qquad \left(\frac{p}{q}\right)\left(\frac{q}{p}\right) = (-1)^{\frac{p-1}{2}\cdot\frac{q-1}{2}}$$

ausgesprochen werden, denn der Exponent $\dfrac{p-1}{2}\cdot\dfrac{q-1}{2}$ von (-1) ist dann und nur dann ungerade, wenn p und q beide die Form $4n+3$ haben; nur in diesem Falle ist also das Produkt links gleich -1, anderenfalls aber stets $+1$.

Nach diesem Satze ist z. B.:

$$\left(\frac{3}{7}\right) = -\left(\frac{7}{3}\right), \quad \left(\frac{13}{7}\right) = \left(\frac{7}{13}\right), \quad \left(\frac{17}{29}\right) = \left(\frac{29}{17}\right),$$

weil im ersten Falle beide Primzahlen die Form $4n+3$ haben, während in den beiden anderen eine bzw. beide von der Form $4n+1$ sind.

§ 3. Erster Beweis des quadratischen Reziprozitätsgesetzes.

Der Beweis des Reziprozitätsgesetzes ist zuerst von Gauss vollständig und streng geführt worden. Im Laufe seines Lebens gelang es ihm, acht verschiedene Beweise für dieses „theorema fundamentale" zu geben, und dieser merkwürdige Satz hat seit Gauss so stark die Geister gefesselt, daß die Zahl der Beweise jetzt auf über fünfzig gestiegen ist; indessen lassen sich fast alle in die fünf durch jene Gaussschen Beweise charakterisierten Klassen einordnen. Ich will hier nur zwei im wesentlichen von Kronecker herrührende Beweise dieses Gesetzes geben, welche beide auf dem Gaussschen Lemma beruhen und in naher Beziehung zum dritten Gaussschen Beweise stehen.

Jede rationale Zahl α, welche nicht selbst ganz ist, liegt stets zwischen zwei aufeinanderfolgenden ganzen Zahlen, nämlich zwischen der nächst kleineren $[\alpha]$ und der nächst größeren $\{\alpha\}$, und zwar liegt sie, wenn sie nicht ein ganzzahliges Multiplum von $\frac{1}{2}$ ist, entweder der ersten oder der zweiten von ihnen näher. Hiernach können wir alle reellen Zahlen α, welche nicht ganzzahlige Vielfache von $\frac{1}{2}$ sind, in zwei Klassen $K^{(+)}$ und $K^{(-)}$ teilen, je nachdem α näher an $[\alpha]$ oder näher an $\{\alpha\}$ liegt, je nachdem also der absolute Wert von

$$\alpha - [\alpha] \quad \text{oder von} \quad \alpha - \{\alpha\}$$

kleiner als $\frac{1}{2}$ ist. Wir könnten endlich alle ganzzahligen Multipla von $\frac{1}{2}$ in eine dritte Klasse $K^{(0)}$ rechnen; jedoch werden diese Zahlen in der folgenden Untersuchung niemals vorkommen. Wir wollen das Symbol

$$(1) \qquad ((\alpha)) \quad \text{gleich} \quad +1 \quad \text{oder gleich} \quad -1$$

setzen, je nachdem α der Klasse $K^{(+)}$ oder $K^{(-)}$ angehört. Dann besteht für den Wert dieses Symbols immer die Gleichung:

$$(2) \qquad\qquad ((\alpha)) = (-1)^{[2a]}.$$

Gehört nämlich α der ersten bzw. der zweiten Klasse an, so ist ja

$$\alpha = [\alpha] + \frac{\delta}{2} \quad \text{bzw.} \quad \alpha = \{\alpha\} - \frac{\delta}{2},$$

wo beide Male $0 < \delta < 1$ ist, und hieraus folgt:

$$2\alpha = 2[\alpha] + \delta \quad \text{bzw.} \quad 2\alpha = 2\{\alpha\} - \delta,$$

d. h. man erhält in den beiden unterschiedenen Fällen für die nächst kleinere ganze Zahl an 2α

$$[2\alpha] = 2[\alpha] \quad \text{bzw.} \quad [2\alpha] = 2\{\alpha\} - 1;$$

dieselbe ist also gerade oder ungerade, je nachdem α zur ersten oder zur zweiten Klasse gehört, und hieraus folgt die Richtigkeit der Gleichung (2).

Es sei nun α ein positiver Bruch; bezeichnen wir dann für eine beliebige von Null verschiedene Zahl a durch

$$(3) \qquad \text{sgn}(a) \quad \text{die Einheit} \quad +1 \quad \text{oder} \quad -1,$$

je nachdem a positiv oder negativ ist, so können wir den Wert unseres Symboles $((\alpha))$ auch folgendermaßen ausdrücken:

$$(4) \qquad \begin{aligned} ((\alpha)) &= \text{sgn}(1 - 2\alpha)(2 - 2\alpha)\ldots \\ &= \text{sgn}\prod_g (g - 2\alpha), \end{aligned}$$

wo das Produkt soweit zu erstrecken ist, als die Faktoren $g - 2\alpha$ noch negativ werden, d. h. offenbar auf die Werte $g = 1, 2, \ldots [2\alpha]$. Da dann nämlich rechts genau $[2\alpha]$ negative Faktoren stehen, so ist das Vorzeichen dieser Produkte gleich $(-1)^{[2\alpha]}$, also wirklich gleich $((\alpha))$. Es werde aber bemerkt, daß in (4) die Multiplikation auch über $g = [2\alpha]$ hinaus beliebig weit erstreckt werden kann, da ja alle späteren Faktoren positiv sind. Dividiert man endlich jeden der rechtsstehenden Faktoren durch die *positive* Zahl 2, so wird das Vorzeichen ja nicht geändert, und wir können die Gleichung (4) folgendermaßen schreiben:

$$(4^{\text{a}}) \qquad ((\alpha)) = \text{sgn}\prod_{g=1}^{g \geq [2\alpha]} \left(\frac{g}{2} - \alpha\right).$$

Setzen wir für alle Zahlen $\alpha = g \cdot \dfrac{1}{2}$ der dritten Klasse $K^{(0)}$ $((\alpha)) = 0$, und ist entsprechend $\operatorname{sgn}(0) = 0$, so gilt die Gleichung (4ᵃ) offenbar auch für die Zahlen von $K^{(0)}$ da für sie die linke Seite und ein Faktor der rechten gleich Null wird. Jedoch wird dieser Fall, wie oben erwähnt wurde, im Folgenden nicht gebraucht.

Mit Hilfe dieses Satzes wird nun das Reziprozitätsgesetz leicht folgendermaßen bewiesen: Es seien p und q zwei beliebige ungerade Primzahlen, und

$$(5) \qquad \pi = \frac{p-1}{2}, \quad \varkappa = \frac{q-1}{2};$$

ist dann $(1, 2, \ldots \pi)$ ein zu p gehöriges Halbsystem, und reduziert man die π Produkte $(q, 2q, \ldots \pi q)$ modulo p auf ihre absolut kleinsten Reste, so erhält man das neue Halbsystem $(\varepsilon_1 1', \varepsilon_2 2', \ldots \varepsilon_\pi \pi')$, und dann ist nach dem Gaussschen Lemma S. 335

$$(6) \qquad \left(\frac{q}{p}\right) = \varepsilon_1 \varepsilon_2 \ldots \varepsilon_\pi = \prod_1^\pi \varepsilon_h.$$

Dieser erste Beweis besteht nun in einer Umformung des rechts stehenden Vorzeichenproduktes in ein anderes, aus dessen Form unmittelbar hervorgeht, daß es sich bei Vertauschung von p mit q nur mit $(-1)^{\pi\varkappa}$ multipliziert, so daß also in der Tat $\left(\dfrac{p}{q}\right) = (-1)^{\pi\varkappa} \left(\dfrac{q}{p}\right)$ folgt.

Schreibt man nämlich irgendeine der π Kongruenzen

$$(7) \qquad qh \equiv \varepsilon_h h' \pmod{p},$$

in welcher h und h' beide der Reihe 1, 2, ... π angehören, als Gleichung in der Form:

$$(7ᵃ) \qquad qh = \varepsilon_h h' + pk,$$

so folgt aus ihr

$$(7^{\mathrm{b}}) \qquad\qquad \frac{qh}{p} = \varepsilon_h \cdot \frac{h'}{p} + k;$$

da nun $\dfrac{h'}{p}$ positiv und kleiner als $\dfrac{1}{2}$ ist, so gehört der Bruch $\dfrac{qh}{p}$ zur Klasse $K^{(+)}$ oder $K^{(-)}$ je nachdem ε_h gleich $+1$ oder -1 ist, d. h. es ist für jede der π Einheiten ε_h

$$(8) \qquad\qquad \varepsilon_h = \left(\left(\frac{qh}{p}\right)\right).$$

Ersetzt man nun in (4^{a}) α durch $\dfrac{qh}{p}$ und dividiert dann, was ja erlaubt ist, jeden der Faktoren durch das positive q, so ergibt sich für ε_h die folgende Darstellung:

$$(9) \qquad \varepsilon_h = \operatorname{sgn} \prod_{g=1}^{g \geq \left[\frac{2qh}{p}\right]} \left(\frac{g}{2} - \frac{qh}{p}\right) = \operatorname{sgn} \prod_{g=1}^{2\varkappa} \left(\frac{g}{2q} - \frac{h}{p}\right),$$

weil ja für jedes h $2q \cdot \dfrac{h}{p} < 2q \cdot \dfrac{1}{2}$, also $\left[\dfrac{2qh}{p}\right] \leqq q - 1 = 2\varkappa$ ist. Läßt man in diesem Produkte g zuerst alle geraden und dann alle ungeraden Zahlen

$$g = 2k = 2, \ 4, \ \dots \ 2\varkappa \quad \text{bzw.} \quad g = q - 2k = q - 2, \ q - 4, \ \dots \ 1$$

durchlaufen, so zerlegt sich dasselbe folgendermaßen in zwei andere Produkte

$$(9^{\mathrm{a}}) \qquad \varepsilon_h = \operatorname{sgn} \prod_{k=1}^{\varkappa} \left(\frac{k}{q} - \frac{h}{p}\right) \cdot \prod_{k=1}^{\varkappa} \left(\frac{1}{2} - \frac{k}{q} - \frac{h}{p}\right),$$

und aus (6) ergibt sich für $\left(\dfrac{q}{p}\right)$ die Darstellung:

$$(10) \quad \left(\frac{q}{p}\right) = \prod_{h=1}^{\pi} \varepsilon_h = \operatorname{sgn} \prod_{h=1}^{\pi} \prod_{k=1}^{\varkappa} \left(\frac{k}{q} - \frac{h}{p}\right) \cdot \operatorname{sgn} \prod_{h=1}^{\pi} \prod_{k=1}^{\varkappa} \left(\frac{1}{2} - \frac{k}{q} - \frac{h}{p}\right),$$

in welcher jedes dieser zwei Produkte aus $\pi\varkappa$ Faktoren besteht. Vertauscht man aber in dieser Gleichung q und p miteinander, so bleibt das zweite Produkt offenbar ungeändert, während jedes der $\pi\varkappa$ ersten Faktoren in $\left(\dfrac{h}{p} - \dfrac{k}{q}\right)$ übergeht, sich also mit -1 multipliziert. Hieraus ergibt sich, daß in der Tat

$$\left(\frac{p}{q}\right) = (-1)^{\pi\varkappa}\left(\frac{q}{p}\right)$$

ist; also ist das Reziprozitätsgesetz vollständig bewiesen.

§ 4. Zweiter Beweis für das Reziprozitätsgesetz.

In (10) des vorigen Paragraphen ist das Legendresche Symbol $\left(\dfrac{q}{p}\right)$ durch zwei Produkte dargestellt, von denen das zweite symmetrisch in bezug auf p und q ist, also beim Übergange zu dem inversen Symbole $\left(\dfrac{p}{q}\right)$ ungeändert bleibt. Man kann sich nun leicht überzeugen, daß dieses Symbol schon allein durch das Vorzeichen jenes ersten Produktes dargestellt wird, so daß in (10) das zweite Produkt einfach fortgelassen werden kann, da es immer positiv ist. Hierzu führt der folgende neue Beweis für das Reziprozitätsgesetz:

Auch hier gehe ich aus von der Kongruenz (7) a. S. 343:

$$(1) \qquad qh \equiv \varepsilon_h h' \pmod{p} \quad {\scriptstyle (h,h'=1,2,\ldots\pi),}$$

wo wieder $\varepsilon_h h'$ den absolut kleinsten Rest von qh modulo p bedeutet. Je nachdem hier ε_h gleich 1 oder gleich -1 ist, läßt sich diese Kongruenz als Gleichung in der Form:

$$(2) \qquad qh = q_h p + h' \quad \text{bzw.} \quad qh = q_h p + p - h'$$

schreiben, wo in beiden Fällen

$$(3) \qquad\qquad q_h = \left[\frac{qh}{p} \right]$$

die größte in $\dfrac{qh}{p}$ enthaltene ganze Zahl bedeutet, wie aus (2) durch Division mit p unmittelbar folgt.

Es sei nun p eine beliebige ungerade Primzahl, während $q = 2$ oder ungerade sein kann. Betrachten wir dann die Gleichungen (2) als Kongruenzen modulo 2, so gehen sie über in:

$$(4) \qquad qh \equiv q_h + h' \quad \text{bzw.} \quad qh \equiv q_h + h' + 1 \ (\text{mod. } 2)$$

und sie können also gemeinsam in der Form:

$$(4^{\mathrm{a}}) \qquad\qquad qh \equiv q_h + h' + \delta_h \ (\text{mod. } 2)$$

geschrieben werden, wo $\delta_h = 0$ oder 1 ist, je nachdem ε_h gleich $+1$ oder -1 ist. Hiernach ist $\sum\limits_{1}^{\pi} \delta_h = \mu$, wenn wieder μ die Anzahl der negativen absolut kleinsten Reste modulo p in dem Systeme $(q, 2q, \ldots \pi q)$ bedeutet. Den Kongruenzwert von μ modulo 2, auf den es ja allein ankommt, kann man nun in den beiden unterschiedenen Fällen leicht bestimmen.

Nehmen wir nämlich zuerst $q = 2$ an, so sind in (4ª) alle $q_h = \left[\dfrac{2h}{p}\right] = 0$, weil stets $2h < p$ ist, und aus den so sich ergebenden π Kongruenzen:

$$0 \equiv h' + \delta_h \pmod{2} \qquad (h'=1,2,\ldots\pi)$$

folgt durch Addition derselben:

$$\mu + \sum h' = \mu + \frac{\pi(\pi + 1)}{2} \equiv 0 \pmod{2}$$

$$\mu \equiv \frac{p^2 - 1}{8} \pmod{2};$$

es ist also in diesem Falle:

$$(5) \qquad \left(\frac{2}{p}\right) = (-1)^\mu = (-1)^{\frac{p^2-1}{8}},$$

womit der zweite Ergänzungssatz nochmals bewiesen ist.

Ist dagegen auch q ungerade, so geht die Kongruenz (4ª) über in:

$$(6) \qquad h \equiv q_h + h' + \delta_h \pmod{2} \qquad (h,h'=1,2,\ldots\pi),$$

und durch Summation folgt, da $\sum h = \sum h'$ ist:

$$(6^{\text{a}}) \qquad \mu = \sum \delta_h \equiv \sum q_h = \sum_1^\pi \left[\frac{qh}{p}\right].$$

Die Auswertung der rechts stehenden Summe bereitete Gauss noch wesentliche Schwierigkeiten. Wir können jetzt aber sofort zeigen, daß für das durch (6ª) bestimmte μ die Gleichung:

$$(7) \qquad (-1)^\mu = \operatorname{sgn} \prod_1^\varkappa \prod_1^\pi \left(\frac{k}{q} - \frac{h}{p}\right)$$

besteht, so daß sich nach dem Gaussschen Lemma:

$$(8) \qquad \left(\frac{q}{p}\right) = \operatorname{sgn} \prod_1^{\varkappa} \prod_1^{\pi} \left(\frac{k}{q} - \frac{h}{p}\right)$$

ergibt. Multipliziert man nämlich jeden Faktor des in (7) rechts stehenden Doppelproduktes mit dem positiven q, so geht es über in:

$$\operatorname{sgn} \prod_h \prod_k \left(k - \frac{hq}{p}\right),$$

und hier erkennt man, daß für ein festes h alle und nur die $\left[\dfrac{hq}{p}\right]$ Faktoren negativ sind, für welche $k = 1,\ 2,\ \ldots \left[\dfrac{hq}{p}\right]$ ist. Also hat in der Tat das Produkt in (7) genau μ negative Faktoren, d. h. die Richtigkeit der Gleichung (8) ist erwiesen. Vertauscht man endlich in dieser Gleichung (8) q mit p, so ergibt sich

$$(8^{\mathrm{a}}) \qquad \left(\frac{p}{q}\right) = \operatorname{sgn} \prod_1^{\varkappa} \prod_1^{\pi} \left(\frac{h}{p} - \frac{k}{q}\right) = (-1)^{\frac{p-1}{2} \cdot \frac{q-1}{2}} \left(\frac{q}{p}\right),$$

und damit ist das Reziprozitätsgesetz zum zweiten Male bewiesen.

Durch die drei Grundgesetze (10), (11) und (11^{a}) a. S. 328 für das Legendresche Zeichen, sowie durch die beiden Ergänzungssätze und das Reziprozitätsgesetz wird die Entscheidung der Frage, ob eine Zahl A quadratischer Rest, für eine beliebige Primzahl p, oder, was dasselbe ist, ob sie eine p-adische Quadratzahl ist oder nicht, auch für große Primzahlen p zu einer sehr leichten Aufgabe. So zeigt man z. B. leicht, daß von den beiden Kongruenzen:

$$x^2 \equiv 501 \ (\text{mod. } 827), \quad x^2 \equiv 693 \ (\text{mod. } 839)$$

die erste zwei, die zweite aber keine Lösung besitzt. In der Tat ergeben die obengenannten Sätze leicht:

$$\left(\frac{501}{827}\right) = \left(\frac{3}{827}\right)\left(\frac{167}{827}\right) = \left(-\left(\frac{827}{3}\right)\right)\left(-\left(\frac{827}{167}\right)\right) = \left(\frac{-1}{3}\right)\left(\frac{-8}{167}\right)$$

$$= (-1)\left(\frac{-1}{167}\right)\left(\frac{2}{167}\right)^3 = (-1)(-1)(+1) = +1$$

$$\left(\frac{693}{839}\right) = \left(\frac{3}{839}\right)^2\left(\frac{7}{839}\right)\left(\frac{11}{839}\right) = \left(\frac{7}{839}\right)\left(\frac{11}{839}\right) = +\left(\frac{839}{7}\right)\left(\frac{839}{11}\right)$$

$$= \left(\frac{-1}{7}\right)\left(\frac{3}{11}\right) = (-1)(-1)\left(\frac{11}{3}\right) = \left(\frac{-1}{3}\right) = -1,$$

und unter Benutzung des Canon arithmeticus überzeugt man sich wirklich, daß die erste Kongruenz die beiden Wurzeln ±486 hat.

Mit Hilfe des Reziprozitätsgesetzes können wir für den quadratischen Charakter der kleineren Primzahlen ±q, z. B. −2, 3, −3, 5, −5, in bezug auf eine beliebige ungerade Primzahl p ähnlich einfache Gesetze aussprechen, wie dies in den beiden Ergänzungssätzen für −1 und 2 geschehen ist. So ist z. B.:

$$\left(\frac{-2}{p}\right) = \left(\frac{-1}{p}\right)\left(\frac{2}{p}\right) = (-1)^{\frac{p-1}{2}+\frac{p^2-1}{8}} = (-1)^{\frac{(p-1)(p+5)}{8}},$$

es gilt also der Satz:

I) Die Zahl −2 ist Rest aller Primzahlen $8n+1$, 3, Nichtrest aller Primzahlen $8n+5$, 7.

$$\left(\frac{-3}{p}\right) = (-1)^{\frac{p-1}{2}}\left(\frac{3}{p}\right) = +\left(\frac{p}{3}\right).$$

Alle ungeraden Primzahlen außer 3 sind nun von der Form $6n \pm 1$, und da $\left(\dfrac{6n \pm 1}{3}\right) = \pm 1$ ist, so ergibt sich der Satz:

II) Die Zahl -3 ist Rest aller Primzahlen $6n + 1$, Nichtrest aller Primzahlen $6n - 1$.

$$\left(\frac{3}{p}\right) = \left(\frac{-1}{p}\right)\left(\frac{-3}{p}\right) = (-1)^{\frac{p-1}{2}}\left(\frac{p}{3}\right).$$

Alle ungeraden Primzahlen außer 3 sind entweder von der Form $12n \pm 1$ oder 12 ± 5. Nach der obigen Gleichung ist für die Primzahlen der ersten Art

$$\left(\frac{3}{p}\right) = (+1)(+1) \quad \text{bzw.} \quad (-1)(-1)$$

also stets $+1$; für die Primzahlen $12n \pm 5$ dagegen ist dasselbe Symbol gleich $(-1)(+1)$ bzw. $(+1)(-1)$, also stets -1.

III) Die Zahl 3 ist also Rest aller Primzahlen $12n \pm 1$, Nichtrest aller Primzahlen $12n \pm 5$.

Ebenso folgt aus der Gleichung:

$$\left(\frac{5}{p}\right) = \left(\frac{p}{5}\right),$$

wenn man $p = 10n \pm 1$ bzw. $10n \pm 3$ annimmt:

IV) Die Zahl 5 ist Rest aller Primzahlen $10n \pm 1$, Nichtrest aller Primzahlen $10n \pm 3$.

Und ganz analog ergibt sich leicht aus

$$\left(\frac{-5}{p}\right) = (-1)^{\frac{p-1}{2}}\left(\frac{p}{5}\right):$$

V) Die Zahl -5 ist Rest aller Primzahlen von der Form $20n + 1$, 3, 7, 9, dagegen Nichtrest aller Primzahlen $20n - 1$, -3, -7, -9.

§ 5. Das Jacobi-Legendresche Symbol $\left(\dfrac{Q}{P}\right)$.

Aus den im vorigen Abschnitte ausgeführten Zahlenbeispielen geht hervor, daß die Berechnung des Legendreschen Symboles mit den bisher gegebenen Hilfsmitteln dadurch erschwert wird, daß alle im Verlaufe des Verfahrens auftretenden Zahlen in ihre Primfaktoren zerlegt werden müssen, was bei etwas größeren Zahlen unbequem ist. Um dies zu vermeiden, hat Jacobi das Legendresche Zeichen in höchst glücklicher Weise so verallgemeinert, daß die Bestimmung des quadratischen Charakters einer Zahl ohne jede Faktorenzerlegung ausgeführt werden kann.

Es seien nämlich Q und P zwei teilerfremde ganze Zahlen, von denen die zweite $P = pp'p'' \ldots$ nur positiv und ungerade, d. h. aus lauter gleichen oder verschiedenen ungeraden Primfaktoren p, p', $\ldots$ bestehend vorausgesetzt wird; dann definiert Jacobi das Symbol $\left(\dfrac{Q}{P}\right)$ durch die Gleichung:

$$(1) \qquad \left(\frac{Q}{P}\right) = \left(\frac{Q}{p}\right)\left(\frac{Q}{p'}\right)\cdots = \prod_{(p)}\left(\frac{Q}{p}\right),$$

in welcher die $\left(\dfrac{Q}{p}\right)$, $\left(\dfrac{Q}{p'}\right)$, $\ldots$ die gewöhnlichen Legendreschen Zeichen bedeuten. Ist also $P = p$ selbst eine Primzahl, so fällt das Jacobische mit dem Legendreschen Zeichen zusammen. Das allgemeine Jacobische Symbol hat ebenfalls immer den Wert ± 1; dasselbe hat aber zunächst für die quadratischen Kongruenzen keine Bedeutung, denn die Gleichung $\left(\dfrac{Q}{P}\right) = \left(\dfrac{Q}{p}\right)\left(\dfrac{Q}{p'}\right)\cdots = +1$ würde nur dann aussagen, daß die Kongruenz $x^2 \equiv Q \pmod{P}$ Wurzeln besitzt, wenn alle Faktoren $\left(\dfrac{Q}{p}\right) = +1$ wären, während doch $\left(\dfrac{Q}{P}\right)$ stets und nur dann gleich $+1$ ist, wenn die Anzahl der Faktoren $\left(\dfrac{Q}{p}\right) = -1$ gerade ist.

Dies Jacobi-Legendresche Symbol besitzt genau dieselben Eigenschaften wie das Legendresche Zeichen, und alle für dieses geltenden Sätze können aus den vorher für das speziellere Symbol bewiesenen leicht hergeleitet werden: Allein aus der Definitionsgleichung (1) folgt, daß stets

(I)
$$\left(\frac{Q}{PP'}\right) = \left(\frac{Q}{P}\right)\left(\frac{Q}{P'}\right)$$

ist. Fast ebenso einfach ergibt sich die Richtigkeit der entsprechenden Gleichung für die Zerlegung des „Zählers":

(II)
$$\left(\frac{QQ'}{P'}\right) = \left(\frac{Q}{P}\right)\left(\frac{Q'}{P}\right);$$

denn nach der Grundregel (11) a. S. 328 für das Legendresche Zeichen ist ja:

$$\left(\frac{QQ'}{P'}\right) = \prod_{(p)} \left(\frac{QQ'}{p^{(i)}}\right) = \prod \left(\frac{Q}{p^{(i)}}\right) \prod \left(\frac{Q'}{p^{(i)}}\right) = \left(\frac{Q}{P}\right)\left(\frac{Q'}{P}\right).$$

Zerlegt man in $\left(\dfrac{Q}{P}\right)$ sowohl Q als auch P in seine Primfaktoren, so ergibt die Anwendung von (I) und (II) die Gleichung:

$$(2) \qquad \left(\frac{Q}{P}\right) = \prod_{(q_i)} \prod_{(p_k)} \left(\frac{q_i}{p_k}\right),$$

wo sich die Multiplikation auf alle gleichen oder verschiedenen Primfaktoren sowohl von Q als von P erstreckt.

Drittens besteht genau wie für das Legendresche Zeichen der Satz:

$$(III) \qquad \text{Ist} \quad Q \equiv Q' \;(\text{mod. } P), \quad \text{so ist} \quad \left(\frac{Q}{P}\right) = \left(\frac{Q'}{P}\right).$$

Denn aus dem Bestehen dieser Kongruenz folgt, daß auch für jeden Primfaktor $p^{(i)}$ von P $Q \equiv Q' \;(\text{mod. } p^{(i)})$, also $\left(\dfrac{Q}{p^{(i)}}\right) = \left(\dfrac{Q'}{p^{(i)}}\right)$ ist, und hieraus ergibt sich, daß in der Tat

$$\left(\frac{Q}{P}\right) = \prod \left(\frac{Q}{p^{(i)}}\right) = \prod \left(\frac{Q'}{p^{(i)}}\right) = \left(\frac{Q'}{P}\right)$$

ist.

Ferner gelten für das allgemeine Symbol die beiden Ergänzungssätze und das Reziprozitätsgesetz. Zunächst besteht auch hier die Gleichung:

$$(IV) \qquad \left(\frac{-1}{P}\right) = (-1)^{\frac{P-1}{2}},$$

d. h. jenes Symbol ist $+1$ oder -1, je nachdem P von der Form $4n+1$ oder $4n+3$ ist. In der Tat ist ja nach (1)

$$\left(\frac{-1}{P}\right) = \prod \left(\frac{-1}{p}\right) = (-1)^{\sum \frac{p-1}{2}},$$

und da

$$P = pp' \cdots = (1 + (p - 1))(1 + (p' - 1)) \cdots \equiv 1 + \sum(p - 1) \ (\text{mod. } 4)$$

ist, weil alle weiteren Produkte $(p - 1)(p' - 1) \ldots$ mindestens durch 4 teilbar sind, so ergibt sich die Kongruenz:

$$(3) \qquad \frac{P - 1}{2} \equiv \sum_{(p)} \frac{p - 1}{2} \ (\text{mod. } 2)$$

und damit die Richtigkeit der Gleichung (IV). Ebenso einfach beweist man den zweiten Ergänzungssatz:

$$(V) \qquad \left(\frac{2}{P}\right) = (-1)^{\frac{P^2 - 1}{8}},$$

nach dem $\left(\dfrac{2}{P}\right)$ gleich $+1$ oder -1 ist, je nachdem P gleich $8n \pm 1$ oder $8n \pm 3$ ist. Auch hier folgt nämlich aus (1)

$$\left(\frac{2}{P}\right) = \prod\left(\frac{2}{p}\right) = (-1)^{\sum \frac{p^2 - 1}{8}},$$

und da hier

$$P^2 = p^2 p'^2 \cdots = (1 + (p^2 - 1))(1 + (p'^2 - 1)) \ldots$$
$$\equiv 1 + \sum(p^2 - 1) \ (\text{mod. } 16)$$

ist, weil alle weiteren Produkte $(p^2 - 1)(p'^2 - 1) \ldots$ sogar mindestens durch $8^2 = 64$ teilbar sind, so ist hier

$$(4) \qquad \frac{P^2 - 1}{8} = \sum \frac{p^2 - 1}{8} \ (\text{mod. } 2),$$

und damit ist der zweite Ergänzungssatz bewiesen.

Noch einfacher folgen beide Ergänzungssätze zugleich daraus, daß nach (8) auf S. 327

$$\left(\frac{PP'}{2}\right) = \left(\frac{P}{2}\right)\left(\frac{P'}{2}\right)$$

ist; denn hieraus folgt:

$$\left(\frac{P}{2}\right) = \Pi\left(\frac{p}{2}\right) = \Pi\left(\left(\frac{-1}{p}\right),\left(\frac{2}{p}\right)\right)$$
$$= \left(\Pi\left(\frac{-1}{p}\right),\Pi\left(\frac{2}{p}\right)\right) = \left(\left(\frac{-1}{P}\right),\left(\frac{2}{P}\right)\right);$$

und da andererseits nach (5) auf S. 326

$$\left(\frac{P}{2}\right) = \left((-1)^{\frac{P-1}{2}}(-1)^{\frac{P^2-1}{2}}\right)$$

ist, so ergeben sich durch Vergleichung dieser beiden Darstellungen von $\left(\dfrac{P}{2}\right)$ in der Tat die beiden Ergänzungssätze zugleich.

Sind endlich P und Q beide positiv und ungerade, so besteht auch für das Jacobische Zeichen das Reziprozitätsgesetz:

(VI) $$\left(\frac{P}{Q}\right)\left(\frac{Q}{P}\right) = (-1)^{\frac{P-1}{2}\cdot\frac{Q-1}{2}}.$$

Wendet man nämlich auf die beiden links stehenden Symbole die vollständige Zerlegung (2) an, so ergibt sich bei Anwendung des Reziprozitätsgesetzes für das Legendresche Zeichen die Gleichung:

$$\left(\frac{P}{Q}\right)\left(\frac{Q}{P}\right) = \prod_{p_i}\prod_{q_k}\left(\left(\frac{p_i}{q_k}\right)\left(\frac{q_k}{p_i}\right)\right) = (-1)^{\Sigma\Sigma\frac{p_i-1}{2}\cdot\frac{q_k-1}{2}}.$$

Nun ist aber

$$\sum_{p_i}\sum_{q_k} \frac{p_i - 1}{2} \cdot \frac{q_k - 1}{2} = \left(\sum \frac{p_i - 1}{2}\right) \cdot \left(\sum \frac{q_k - 1}{2}\right) \equiv \frac{P - 1}{2} \cdot \frac{Q - 1}{2} \pmod{2},$$

da nach (3) $\sum \frac{p_i - 1}{2} \equiv \frac{P - 1}{2}$, $\sum \frac{q_k - 1}{2} \equiv \frac{Q - 1}{2}$ (mod. 2) ist; also gilt für das Jacobische Zeichen das Reziprozitätsgesetz.

Beispiele:

$$\left(\frac{425}{907}\right) = \left(\frac{907}{425}\right) = \left(\frac{57}{425}\right) = \left(\frac{425}{57}\right) = \left(\frac{26}{57}\right)$$

$$= \left(\frac{2}{57}\right)\left(\frac{13}{57}\right) = +\left(\frac{13}{57}\right) = \left(\frac{57}{13}\right) = \left(\frac{5}{13}\right) = \left(\frac{3}{5}\right) = -1,$$

$$\left(\frac{427}{997}\right) = -\left(\frac{997}{427}\right) = -\left(\frac{143}{427}\right) = +\left(\frac{427}{143}\right) = \left(\frac{2}{143}\right) = +1.$$

Die zu Anfang dieses Paragraphen aufgestellte Definition des Jacobischen Zeichens ergibt dasselbe als eine nicht ganz naturgemäß erscheinende Verallgemeinerung des Legendreschen Symboles. Eine andere und begrifflich höchst einfache Definition desselben Zeichens haben Kronecker und Schering gefunden, nach welcher dasselbe genau wie das Legendresche durch das Gausssche Lemma definiert wird.

Sind nämlich Q und P zwei beliebige positive teilerfremde ungerade Zahlen, und reduziert man wieder die $\pi = \dfrac{P - 1}{2}$ Produkte

$$Q, 2Q, 3Q, \ldots \pi Q$$

modulo P auf ihre absolut kleinsten Reste:

$$\varepsilon_1 1', \ \varepsilon_2 2', \ \varepsilon_3 3', \ \ldots \varepsilon_\pi \pi',$$

wo die ε_i wieder gleich ± 1 sind und $1'$, $2'$, $\ldots$ π' offenbar die Zahlen 1, 2, $\ldots$ π in veränderter Reihenfolge bedeuten, so besteht auch für das Jacobische Symbol die Gleichung

$$(5) \qquad \left(\frac{Q}{P}\right) = \varepsilon_1 \varepsilon_2 \ldots \varepsilon_\pi = (-1)^\mu,$$

wenn wieder μ die Anzahl der negativen absolut kleinsten Reste ist.

Um die Richtigkeit dieses Satzes zu beweisen, bezeichnen wir jenes Vorzeichenprodukt (5) vorläufig durch $\left\{\dfrac{Q}{P}\right\}$ und weisen nach, daß dasselbe stets gleich $\left(\dfrac{Q}{P}\right)$ ist. Ist zunächst $P = p$ eine Primzahl, so ist, da das Gausssche Lemma in diesem Falle gilt, sicher

$$(6) \qquad \left\{\frac{Q}{P}\right\} = \left(\frac{Q}{P}\right).$$

Um die Identität von $\left\{\dfrac{Q}{P}\right\}$ und $\left(\dfrac{Q}{P}\right)$ und die Richtigkeit des Reziprozitätsgesetzes allgemein nachzuweisen, genügt es, für das neue Symbol die Richtigkeit der drei folgenden Gleichungen zu zeigen:

$$(\mathrm{I}) \qquad \left\{\frac{Q'}{P}\right\} \left\{\frac{Q''}{P}\right\} = \left\{\frac{Q'Q''}{P}\right\}$$

$$(\mathrm{II}) \qquad \left\{\frac{Q}{P'}\right\} \left\{\frac{Q}{P''}\right\} = \left\{\frac{Q}{P'P''}\right\}$$

$$(\mathrm{III}) \qquad \left\{\frac{Q}{P}\right\} = (-1)^{\frac{P-1}{2} \cdot \frac{Q-1}{2}} \left\{\frac{P}{Q}\right\}.$$

In der Tat folgt ja durch die Anwendung von (II) für das allgemeine Symbol die Gleichung:

$$\left\{\frac{Q}{P}\right\} = \Pi\left\{\frac{Q}{p_k}\right\} = \Pi\left(\frac{Q}{p_k}\right) = \left(\frac{Q}{P}\right).$$

Ist hiernach die Identität jener beiden Symbole nachgewiesen, so braucht man das Reziprozitätsgesetz (III) nicht mehr als richtig zu erweisen, wenn der entsprechende Beweis für das Jacobische Zeichen bereits geführt ist.

Beweist man aber jene drei Gleichungen direkt für $\left\{\dfrac{Q}{P}\right\}$, so erhält man damit einen neuen Beweis für das Jacobische Symbol $\left(\dfrac{Q}{P}\right)$, und dies soll noch kurz angegeben werden. Dabei kann man sich auf den Beweis von (I) und (III) beschränken, da hieraus der Satz (II) unmittelbar folgt. In der Tat bestehen ja dann offenbar die Gleichungen:

$$\left\{\frac{Q}{P'}\right\}\left\{\frac{Q}{P''}\right\} = (-1)^{\frac{Q-1}{2}\left(\frac{P'-1}{2}+\frac{P''-1}{2}\right)}\left\{\frac{P'}{Q}\right\}\left\{\frac{P''}{Q}\right\}$$

$$= (-1)^{\frac{Q-1}{2}\cdot\frac{P'P''-1}{2}}\left\{\frac{P'P''}{Q}\right\}$$

$$= (-1)^{\frac{Q-1}{2}\cdot\frac{P'P''-1}{2}}(-1)^{\frac{Q-1}{2}\cdot\frac{P'P''-1}{2}}\left\{\frac{Q}{P'P''}\right\}$$

$$= \left\{\frac{Q}{P'P''}\right\}$$

und damit ist Satz (II) mit Hilfe von (I) und (III) bewiesen.

Zum Beweise von (III) läßt sich nun jede der π Kongruenzen

$$Qh \equiv \varepsilon_h h' \pmod{P}$$

genau ebenso, wie dies in (7^{a}) und (7^{b}) a. S. 343 für den Fall einer Primzahl P geschah, in den beiden Formen schreiben:

$$Qh = \varepsilon_h h' + sP, \quad \frac{Qh}{P} = \varepsilon_h \cdot \frac{h'}{P} + s,$$

d. h. es ist wieder wie a. a. O.

$$\varepsilon_h = \left(\left(\frac{Qh}{P}\right)\right)$$

oder

(7) $$Qh \equiv \left(\left(\frac{Qh}{P}\right)\right) h' \ (\text{mod. } P),$$

weil ja wieder $\varepsilon_h = \pm 1$ ist, je nachdem der Bruch $\dfrac{Qh}{P}$ zur ersten Klasse $K^{(+)}$ oder zur zweiten $K^{(-)}$ gehört. Es ist also auch für das Scheringsche Zeichen:

(8) $$\left\{\frac{Q}{P}\right\} = \prod_{h=1}^{h=\pi} \left(\left(\frac{Qh}{P}\right)\right).$$

Durch genau dieselben Umformungen, wie sie a. S. 345 auf dasselbe Produkt angewendet wurden, in welchem P eine Primzahl war, ergibt sich, daß auch in diesem allgemeineren Falle:

(9) $$\left\{\frac{Q}{P}\right\} = \text{sgn} \prod\prod \left(\frac{k}{Q} - \frac{h}{P}\right) \cdot \prod\prod \left(\frac{1}{2} - \frac{k}{Q} - \frac{h}{P}\right)$$

sein muß; denn bei allen jenen Umformungen wurde ja davon, daß P eine Primzahl sein sollte, niemals Gebrauch gemacht. Aus dieser

Darstellung des Scheringschen Zeichens folgt aber genau wie a. a. O. auch für dieses das Bestehen des Reziprozitätsgesetzes (III).

Es ist also nur noch nötig, die Gültigkeit des Gesetzes (I)

$$\left\{\frac{Q'}{P}\right\}\left\{\frac{Q''}{P}\right\} = \left\{\frac{Q'Q''}{P}\right\}$$

zu beweisen. Ersetzt man in dieser Gleichung jedes der drei Symbole durch das ihm gleiche Vorzeichenprodukt (8), so ist zu zeigen, daß stets:

$$(10) \qquad \prod_{h'=1}^{\pi}\left(\left(\frac{h'Q'}{P}\right)\right) \cdot \prod_{h''=1}^{\pi}\left(\left(\frac{h''Q''}{P}\right)\right) = \prod_{h=1}^{\pi}\left(\left(\frac{h(Q'Q'')}{P}\right)\right)$$

ist. Ich führe diesen Beweis dadurch, daß ich zeige, wie jeder der rechts stehenden π Faktoren gleich dem Produkte von je einem eindeutig bestimmten Faktor des ersten und zweiten Produktes links ist. In der Tat, ist h' irgendeine der Zahlen 1, 2, ... π, so ist:

$$h'(Q'Q'') = (h'Q')Q'' \equiv h''Q'' \left(\left(\frac{h'Q'}{P}\right)\right) \ (\text{mod. } P),$$

wo h'' durch h' eindeutig in derselben Zahlenreihe bestimmt ist, und da genau ebenso

$$h''Q'' \equiv h \left(\left(\frac{h''Q''}{P}\right)\right) \ (\text{mod. } P)$$

ist, so ergibt sich aus der obigen Kongruenz:

$$h'Q'Q'' \equiv h \cdot \left(\left(\frac{h'Q'}{P}\right)\right)\left(\left(\frac{h''Q''}{P}\right)\right) \ (\text{mod. } P).$$

Andererseits besteht aber für dasselbe Produkt $h'Q'Q''$ die Kongruenz:

$$h'(Q'Q'') \equiv \overline{h} \cdot \left(\left(\frac{h'Q'Q''}{P}\right)\right) \quad (\text{mod. } P);$$

die beiden rechten Seiten müssen also modulo P kongruent sein; und, da h und $\overline{h}$ beide positiv und kleiner als $\dfrac{P}{2}$ sind, während die beiden anderen Faktoren nur ± 1 sein können, so muß $h = \overline{h}$ und außerdem

$$\left(\left(\frac{h'Q'}{P}\right)\right)\left(\left(\frac{h''Q''}{P}\right)\right) = \left(\left(\frac{h'Q'Q''}{P}\right)\right)$$

sein. Da endlich h'' zugleich mit h' die Reihe 1, 2, ... π durchläuft, so folgt aus diesen π Gleichungen wirklich das Bestehen von (10), d. h. die Richtigkeit von (I).

§ 6. Der Algorithmus zur Bestimmung von $\sqrt{E}$ (p).

Ist $\left(\dfrac{E}{p}\right) = +1$ (p), also E eine Quadratzahl innerhalb $K(p)$, so wird die wirkliche Bestimmung von $\sqrt{E}$ im wesentlichen genau so ausgeführt, wie die Quadratwurzelausziehung aus einem gewöhnlichen Dezimalbruche in der elementaren Algebra. Man bestimmt nämlich bei der zu untersuchenden p-adischen Einheit

$$E = e_0, e_1\, e_2\, e_3\, e_4 \ldots \quad (p)$$

zuerst, am einfachsten durch Probieren, falls p nicht zu groß ist, sonst mit Hilfe der Indextafeln auf eine der beiden möglichen Weisen die erste Ziffer x_0, von

$$\sqrt{E} = x_0, x_1\, x_2\, x_3\, x_4 \ldots \quad (p)$$

so, daß $x_0^2 \equiv e_0$ (mod. p) ist; dann subtrahiere man x_0^2 von E. Bei der so sich ergebenden Differenz:

$$
\begin{array}{l}
e_0, e_1\, e_2 \ldots \\
- x_0^2 \\
\hline
2x_0|\;0,\ e_1'\, e_2' \ldots
\end{array}
$$

dividiere man, um die zweite Ziffer x_1 zu erhalten, mit $2x_0$ in e_1', suche also die modulo p eindeutig bestimmte Zahl x_1, für welche $2x_0x_1 \equiv e_1'$ (mod. p) ist und subtrahiere dann $2x_0x_1p + x_1^2p^2$ von $0, e_1'\, e_2' \ldots$, subtrahiere also $2x_0x_1$ von e_1', aber x_1^2 von e_2'. Die sich so ergebende Differenz:

$$
\begin{array}{l}
0,\ e_1'\quad e_2'\, e_3'\, e_4' \ldots \\
-\ \ 2x_0\, x_1\, x_1^2 \\
\hline
 e_2''\, e_3''\, e_4'' \ldots
\end{array}
$$

behandle man jetzt in genau derselben Weise weiter und setze diese Operationen so weit fort, als es der Zweck der Aufgabe nötig macht. Die Methode stimmt also wirklich im wesentlichen mit derjenigen für die gewöhnliche Quadratwurzelausziehung überein. Ist der eine der beiden Werte von $\sqrt{E}$ gefunden, so ergibt sich der andere $-\sqrt{E}$ ohne weitere Rechnung.

Wie einfach diese Regel ist, mag das folgende Beispiel lehren: Nach dem ersten Ergänzungssatz enthält ein Körper $K(p)$ dann und nur dann die beiden Wurzeln $\pm i = \pm\sqrt{-1}$ der Gleichung

$$
x^2 = -1 \ (p),
$$

wenn $\left(\dfrac{-1}{p}\right) = +1$, wenn also p von der Form $4n+1$ ist. Wir wollen den einen der beiden Werte von i für den Bereich von 5 berechnen und zur Bestimmung der letzten Stellen von der natürlich auch hier anwendbaren sog. *abgekürzten Division* Gebrauch machen, die aber, wie man leicht erkennt, hier viel einfacher anzuwenden ist als bei Dezimalbrüchen. So ergibt sich das folgende an sich verständliche Schema:

$$i = \sqrt{-1} = \sqrt{4{,}4\,4\,4\,4\ldots} = 2{,}1\,2\,1\,3\,4\,2\,3\,0\,3\ldots \quad (5)$$

$$
\begin{array}{r}
4 \\
4\,\overline{|\,4\,4\,4\,4\ldots} \\
4\,1 \\
42\,\overline{|\,3\,4\,4\,4\,4\ldots} \\
3\,0\,0\,1 \\
424\,\overline{|\,4\,4\,3\,4\,4\,4\ldots} \\
4\,2\,4\,1 \\
4242\,\overline{|\,2\,4\,2\,4\,4\,4\ldots} \\
2\,3\,3\,3\,0\,2 \\
42421\,\overline{|\,1\,4\,0\,4\,2\ldots} \\
1\,1\,3\,1\,1\ldots \\
4242\,\overline{|\,3\,2\,2\,1\ldots} \\
3\,0\,4\,0\ldots \\
424\,\overline{|\,2\,3\,0\ldots} \\
2\,3\,3\ldots \\
4\,\overline{|\,0\,2\ldots} \\
0\,2\ldots \\
\overline{0\ldots}
\end{array}
$$

Durch einfaches Quadrieren überzeugt man sich, daß der hier gefundene Wert von i wirklich bis zur neunten Stelle nach dem Komma genau ist. Endlich ist

$$-i = 3{,}3\,2\,3\,1\,0\,2\,1\,4\,1\ldots \quad (5).$$

Zwölftes Kapitel.

Die quadratischen Formen.

§ 1. Der Körper $K(p_\infty)$ aller reellen Zahlen.

Um die arithmetischen oder Teilbarkeitseigenschaften aller rationalen Zahlen zu untersuchen, stellten wir sie als p-adische Zahlen dar, d. h. wir betrachteten sie als Elemente derjenigen Zahlkörper $K(p)$, welche den einzelnen Primzahlen 2, 3, 5, ... entsprechen. Wollen wir dagegen ihre Größenbeziehungen zueinander ergründen, so müssen wir sie in dem Bereiche aller reellen (positiven und negativen, rationalen und irrationalen) Zahlen betrachten. Auch dieser Bereich bildet einen Körper, wenn wir die Addition und die Multiplikation im gewöhnlichen Sinne definieren, weil dann die elementaren Rechenoperationen unbeschränkt und eindeutig anwendbar sind und immer wieder auf reelle Zahlen führen.

Jede reelle Zahl A läßt sich stets nach fallenden Potenzen einer beliebigen Grundzahl $g \geqq 2$, z. B. $g = 10$, entwickeln; so ist z. B. für die Ludolphsche Zahl π und für die Basis e der natürlichen Logarithmen:

$$\pi = 3,1415\cdots = 3 + \frac{1}{10} + \frac{4}{10^2} + \frac{1}{10^3} + \frac{5}{10^4} + \cdots$$
$$e = 2,7182\cdots = 2 + \frac{7}{10} + \frac{1}{10^2} + \frac{8}{10^3} + \frac{2}{10^4} + \cdots$$

ganz ebenso, wie die Entwicklung einer analytischen Funktion von z in der Umgebung der unendlich fernen Stelle ($z = \infty$) nach fallenden Potenzen von z oder eines beliebigen Linearfaktors $z - \alpha$ fortschreitet.

Wegen dieser Analogie will ich den Körper aller reellen Größen durch $K(p_\infty)$ bezeichnen, und die Darstellung dieser reellen Größen

durch die zugehörigen positiven oder negativen Dezimalbrüche i h r e
D a r s t e l l u n g   f ü r   d e n   B e r e i c h   v o n p_∞ nennen.

Jede reelle von Null verschiedene Zahl A läßt sich dann auf eine
einzige Weise in der Form

$$(1) \qquad\qquad A = (-1)^\beta e^\gamma \quad (p_\infty)$$

darstellen, in welcher $\beta = 0$ oder 1 ist, je nachdem A positiv oder negativ
ist, und wo γ ebenfalls eine eindeutig bestimmte reelle Zahl bedeutet.
Auch hier soll β d e r   I n d e x , γ d e r   H a u p t l o g a r i t h m u s
v o n A heißen, und das System

$$(2) \qquad\qquad \lg A = (\beta, \gamma) \quad (p_\infty)$$

d e r   L o g a r i t h m u s   v o n A f ü r   d e n   B e r e i c h   v o n p_∞
genannt werden.

Eine Zahl A heißt $\mu^{\text{-ter}}$ P o t e n z r e s t   f ü r   d e n   B e r e i c h
v o n p_∞, wenn die Gleichung:

$$(3) \qquad\qquad x^\mu = A = (-1)^\beta e^\gamma \quad (p_\infty)$$

wenigstens eine reelle Wurzel hat. Ist μ ungerade, so besitzt jene
Gleichung stets eine einzige reelle Lösung; ist dagegen μ gerade, so
hat sie dann und nur dann und zwar zwei reelle Lösungen, wenn β
gerade, wenn also A positiv ist.

Wir nennen speziell A einen   q u a d r a t i s c h e n   R e s t   f ü r
d e n   B e r e i c h   v o n p_∞, wenn die Gleichung

$$(4) \qquad\qquad x^2 = A \quad (p_\infty)$$

reelle Wurzeln besitzt, wenn also $\sqrt{A}$ reell ist; ich will auch hier das
Symbol $\left(\dfrac{A}{p_\infty}\right)$ gleich $+1$, -1 oder 0 setzen, je nachdem $A \neq 0$ ist

und jene Gleichung innerhalb $K(p_\infty)$ lösbar bzw. nicht lösbar ist, oder $A = 0$ ist. Dann besteht also auch für diesen Bereich, falls $A \neq 0$ ist, die Gleichung:

$$(5) \qquad \left(\frac{A}{p_\infty}\right) = (-1)^\beta,$$

d. h. eine reelle Zahl A ist für den Bereich von p_∞ quadratischer Rest oder quadratischer Nichtrest, je nachdem ihr Index gerade oder ungerade ist; und auch hier ist die Anzahl aller Wurzeln von (4) stets gleich

$$1 + \left(\frac{A}{p_\infty}\right).$$

§ 2.   Die quadratischen Formen und ihre Teiler.

Ich wende nun die im vorigen Kapitel gegebene Theorie der quadratischen Reste an auf eine kurze Untersuchung der quadratischen Formen für den Bereich einer Primzahl p bzw. von p_∞.

Unter einer q u a d r a t i s c h e n   F o r m versteht man jede ganze homogene Funktion zweiten Grades von mehreren Variablen,

$$(1) \quad f(x_1, x_2, \ldots x_n) = a_{11}x_1^2 + 2a_{12}x_1x_2 + a_{22}x_2^2 + \cdots + a_{nn}x_n^2,$$

deren Koeffizienten gewöhnliche rationale Zahlen sind. Nach der Anzahl n dieser Variablen unterscheidet man b i n ä r e , t e r n ä r e , ... quadratische Formen, je nachdem $n = 2$, 3, ... ist. Wir werden im folgenden fast nur binäre oder ternäre Formen zu betrachten haben.

Eine Primzahl p heißt e i n   T e i l e r   d e r   F o r m $f(x_i)$, wenn man den Variablen x_i solche nicht sämtlich verschwindende p-adische Zahlwerte $x_i = \xi_i$ beilegen kann, daß

$$f(\xi_1, \xi_2, \ldots \xi_n) = 0 \ (p)$$

ist. Ebenso heiße p_∞ e i n   T e i l e r   d e r   F o r m $f(x_i)$, wenn die Gleichung $f(\xi_1, \ldots \xi_n) = 0$ (p_∞) durch n nicht sämtlich verschwindende reelle Zahlen $\xi_1, \ldots \xi_n$ befriedigt werden kann. Wir wollen das Symbol:

$$\left(\frac{f(x_i)}{p}\right) \quad \text{bzw.} \quad \left(\frac{f(x_i)}{p_\infty}\right) \quad \text{gleich } +1 \text{ oder gleich } -1$$

setzen, je nachdem p bzw. p_∞ ein Teiler der quadratischen Form $f(x_1, \ldots x_n)$ ist oder nicht. Die Frage, unter welchen Bedingungen eine gegebene Primzahl p ein Teiler einer gegebenen Form ist, bildet den Hauptgegenstand für die folgenden Untersuchungen.

Wir betrachten die zu untersuchende Form $f(x_i)$ jetzt für einen der Körper $K(p)$ bzw. $K(p_\infty)$.

Transformiert man die Variablen x_i in andere y_k durch die Substitutionen:

$$(2) \qquad \begin{aligned} x_1 &= \alpha_{11}y_1 + \alpha_{12}y_2 + \cdots + \alpha_{1n}y_n \\ x_2 &= \alpha_{21}y_1 + \alpha_{22}y_2 + \cdots + \alpha_{2n}y_n \\ &\;\;\vdots \\ x_n &= \alpha_{n1}y_1 + \alpha_{n2}y_2 + \cdots + \alpha_{nn}y_n, \end{aligned}$$

in denen die α_{ik} dem betrachteten Körper angehören, so geht $f(x_1, \ldots x_n)$ in eine neue Form

$$(3) \qquad g(y_1, y_2, \ldots y_n) = b_{11}y_1^2 + 2b_{12}y_1y_2 + \cdots + b_{nn}y_n^2$$

über, welche d i e a u s $f(x_i)$ d u r c h d i e S u b s t i t u t i o n (α_{ik}) t r a n s f o r m i e r t e q u a d r a t i s c h e F o r m genannt wird. Kann man die Gleichungen (2) nach $y_1, \ldots y_n$ auflösen, so stellen sich auch die y_i durch die x_k in der Form dar:

$$
\begin{aligned}
y_1 &= \alpha'_{11}x_1 + \alpha'_{12}x_2 + \cdots + \alpha'_{1n}x_n \\
y_2 &= \alpha'_{21}x_1 + \alpha'_{22}x_2 + \cdots + \alpha'_{2n}x_n \\
&\vdots \\
y_n &= \alpha'_{n1}x_1 + \alpha'_{n2}x_2 + \cdots + \alpha'_{nn}x_n.
\end{aligned}
$$

(2ᵃ)

Alsdann geht nicht nur $f(x_i)$ in $g(y_i)$ durch die Substitution (α_{ik}), sondern auch umgekehrt $g(y_i)$ in $f(x_i)$ durch die sog. i n v e r s e S u b - s t i t u t i o n (a'_{ik}) über. Zwei solche Formen sollen ä q u i v a l e n t genannt werden.

Jedem Wertsysteme $(\xi_1, \ldots \xi_n)$ entspricht durch die Gleichungen (2) und (2ᵃ) ein einziges System $(\eta_1, \ldots \eta_n)$ und umgekehrt; speziell entspricht dem „Nullsystem" $(0, 0, \ldots 0)$ der x_i das Nullsystem $(0, 0, \ldots 0)$ der y_i und umgekehrt.

Sind $f(x_i)$ und $g(y_i)$ äquivalente Formen, so ist p dann und nur dann ein Teiler der ersten, wenn p auch ein Teiler der zweiten ist und umgekehrt; denn ist $(\xi_1, \xi_2, \ldots \xi_n)$ eine von Null verschiedene Lösung der Gleichung $f(\xi_i) = 0$, so ist für die transformierte Form und das zugeordnete, von Null verschiedene System $(\eta_1, \eta_2, \ldots \eta_n)$ $g(\eta_i) = 0$ und umgekehrt.

Für die Untersuchung, ob eine Form $f(x_i)$ einen Teiler p besitzt, kann man also statt dieser eine beliebige äquivalente Form zugrunde legen. Ebenso kann man natürlich die Form mit einer beliebigen, von Null verschiedenen Zahl a multiplizieren oder dividieren, da ja $af(\xi_i)$ dann und nur dann Null ist, wenn $f(\xi_i)$ verschwindet.

Unter den umkehrbaren Transformationen, durch welche $f(x_i)$ in eine äquivalente Form $g(y_i)$ übergeht, hebe ich die nachstehenden einfachsten hervor, welche im folgenden allein angewendet werden:

$$\text{(I)} \qquad x_i = \alpha_i y_i, \quad y_i = \frac{1}{\alpha_i} x_i, \qquad {\scriptstyle (i=1,2,\dots n)}$$

wo α_1, α_2, ... α_n beliebige von Null verschiedene Zahlen sind;

$$\text{(II)} \qquad x_1 = y_{1'}, \quad x_2 = y_{2'}, \quad \dots \quad x_n = y_{n'},$$

wo die Zahlen $1'$, $2'$, ... n' irgendeine Permutation der Zahlen 1, 2, ... n bedeuten. Durch diese Transformation wird nur die Reihenfolge der Variablen geändert.

$$\text{(III)} \qquad \begin{array}{ll} x_1 = y_1 + ty_2 & y_1 = x_1 - tx_2 \\ x_i = \qquad y_i & y_i = \qquad x_i. \end{array} \qquad {\scriptstyle (i=2,3,\dots n)}$$

Hierdurch geht $f(x_i)$ über in:

$$\text{(4)} \qquad \begin{aligned} g(y_1, \dots y_n) &= a_{11}(y_1 + ty_2)^2 + 2a_{12}(y_1 + ty_2)y_2 + a_{22}y_2^2 + \dots \\ &= a_{11}y_1^2 + 2(a_{12} + ta_{11})y_1y_2 + (t^2 a_{11} + 2ta_{12} + a_{22})y_2^2 + \dots. \end{aligned}$$

$$\text{(IV)} \qquad \begin{array}{ll} x_1 = y_1 + \alpha y_2 & y_1 = \dfrac{x_1 + x_2}{2} \\[2ex] x_2 = y_1 - \alpha y_2 & y_2 = \dfrac{x_1 - x_2}{2\alpha} \\[2ex] x_i = \qquad y_i & y_i = \qquad x_i. \end{array} \qquad {\scriptstyle (i=3,\dots n).}$$

Mit Hilfe dieser umkehrbaren Elementartransformationen ist es nun stets möglich, die gegebene Form $f(x_i)$ durch eine Substitution mit gewöhnlichen rationalen Zahlkoeffizienten in eine äquivalente Form

$$\text{(5)} \qquad g(y_i) = \alpha_1 y_1^2 + \alpha_2 y_2^2 + \dots + \alpha_n y_n^2$$

mit rationalen Koeffizienten zu transformieren, welche nur die Quadrate der Unbestimmten enthält. Zunächst kann man nämlich a_{11} von Null verschieden voraussetzen. Denn wäre $a_{11} = 0$, aber etwa der Koeffizient a_{ii} von x_i^2 nicht Null, so führt die Substitution

$$x_1 = y_i, \quad x_i = y_1, \quad x_k = y_k \qquad (k=2,...n;\ k\neq i)$$

unsere Form in eine äquivalente:

$$g(y_1, \ldots y_n) = a_{ii}y_1^2 + \ldots$$

über, deren erstes Element nicht Null ist. Sind aber alle Elemente $a_{11} = a_{22} = \cdots = a_{nn} = 0$, und ist etwa $a_{12} \neq 0$, so liefert die Substitution:

$$x_1 = y_1 + y_2, \quad x_2 = y_1 - y_2, \quad x_i = y_i \qquad (i=3,4,...n)$$

eine äquivalente Form

$$g(y_1, \ldots y_n) = 2a_{12}x_1x_2 + \cdots = 2a_{12}y_1^2 - \ldots,$$

welche die verlangte Eigenschaft hat. Wir können somit von vornherein a_{11} von Null verschieden voraussetzen. Dann können wir aber zunächst alle Elemente $a_{12}, a_{13}, \ldots a_{1n}$ zu Null machen. Ist nämlich a_{12} etwa von Null verschieden, so liefert die Substitution (III) für $t = -\dfrac{a_{12}}{a_{11}}$ nach (4) eine äquivalente Form

$$g(y_1, y_2, \ldots y_n) = a_{11}y_1^2 + 0 \cdot y_1y_2 + \ldots,$$

und durch entsprechende Substitutionen (III)

$$y_1 = y_1' + \tau y_3'$$

$$\ldots\ldots\ldots\ldots$$

können der Reihe nach die anderen Koeffizienten $a_{13}, \ldots a_{1n}$ zu Null gemacht werden.

In der so umgeänderten Form:

$$h(z_1, \ldots z_n) = a'_{11} z_1^2 + \sum_2^n \sum_2^n a'_{ik} z_i z_k$$

kann nun die nach Abspaltung des ersten Gliedes übrig bleibende quadratische Form von z_2, z_3, $\ldots z_n$ in genau derselben Weise so transformiert werden, daß auch hier nur das Quadrat der zweiten Variablen übrig bleibt, vorausgesetzt, daß auch nur eine der Zahlen $a'_{ik} \neq 0$ ist. In derselben Weise kann man fortfahren, bis die transformierte Form überhaupt nur die Quadrate der n Variablen enthält. Wir können und wollen daher die Form $f(x_i)$ gleich in dieser Gestalt:

$$(5) \qquad f(x_i) = \alpha_1 x_1^2 + \alpha_2 x_2^2 + \cdots + \alpha_n x_n^2$$

gegeben voraussetzen, in welcher die Koeffizienten α_i gewöhnliche rationale Zahlen sind.

Wir betrachten die Form (5) jetzt für einen der Körper $K(p)$ bzw. $K(p_\infty)$ und untersuchen, wann der betreffende Divisor p oder p_∞ ein Teiler jener Form ist. Dabei setzen wir der Einfachheit wegen ein für allemal voraus, daß keine der Zahlen α_i gleich Null ist. Zunächst können wir von vornherein $\alpha_1 = 1$ annehmen, da man ja sonst f durch die von Null verschiedene Konstante α_1 dividieren kann. Es sei nun:

$$\alpha_i = \varepsilon_i a_i^2 \; (p), \qquad \text{\scriptsize(i=2,3,\ldots n)}$$

wo a_i^2 die größte in α_i enthaltene Quadratzahl des betreffenden Körpers $K(p)$ bedeutet, so führt die Transformation:

$$a_i x_i = y_i$$

die Form $f(x_i)$ über in die äquivalente

$$(5^a) \qquad \begin{aligned} g(y_i) &= \sum \alpha_i x_i^2 = \sum \varepsilon_i (a_i x_i)^2 \\ &= y_1^2 + \varepsilon_2 y_2^2 + \cdots + \varepsilon_n y_n^2, \end{aligned}$$

und wir können daher von vornherein alle Koeffizienten α_i als befreit von ihren quadratischen Faktoren voraussetzen.

Je nachdem nun der betrachtete Bereich $K(p)$, $K(2)$ oder $K(p_\infty)$ ist, kann jede von Null verschiedene Zahl α in einer der drei Formen:

$$(6) \qquad \begin{aligned} \alpha &= p^{2a+\delta} w^{2b+\varepsilon} e^{2c} = p^\delta w^\varepsilon (p^a w^b e^c)^2 & (p) \\ \alpha &= 2^{2a+\delta}(-1)^\varepsilon e^{4\zeta+8c} = 2^\delta (-1)^\varepsilon e^{4\zeta}(2^a e^{4c})^2 & (2) \\ \alpha &= (-1)^\varepsilon (e^c)^2 & (p_\infty) \end{aligned}$$

dargestellt werden, wo δ, ε, ζ Null oder Eins sein können und wo für den Bereich von 2 $e^{4\zeta}$ auch durch 5^ζ ersetzt werden kann, da sich beide Zahlen um eine dyadische Quadratzahl unterscheiden. Es ergibt sich also der Satz:

Jede quadratische Form mit rationalen Koeffizienten ist für den Bereich $K(p)$, $K(2)$, $K(p_\infty)$ einer sog. r e d u z i e r t e n F o r m:

$$f(x_i) = x_1^2 + \varepsilon_2 x_2^2 + \varepsilon_3 x_3^2 + \cdots + \varepsilon_n x_n^2$$

äquivalent, wo die reduzierten Koeffizienten ε in den drei unterschiedlichen Fällen bzw.

$$(7) \qquad p^\delta w^\varepsilon, \quad 2^\delta (-1)^\varepsilon 5^\zeta, \quad (-1)^\varepsilon$$

sein können, wenn δ, ε, ζ Null oder Eins sind. Nur diese reduzierten Formen sind also auf ihre Teiler p, 2, p_∞ zu untersuchen.

Zunächst erkennt man, daß eine Form $f(x_i)$ dann und nur dann den Teiler p_∞ besitzt, wenn mindestens einer der Koeffizienten $\varepsilon_i = -1$ ist. Ist nämlich z. B. $\varepsilon_2 = -1$, so besitzt ja die Gleichung

$$x_1^2 - x_2^2 + \varepsilon_3 x_3^3 + \cdots + \varepsilon_n x_n^2 = 0 \ (p_\infty)$$

die von Null verschiedene Lösung $(1, 1, 0, \ldots 0)$. Sind dagegen alle $\varepsilon_i = +1$, so hat die Summe:

$$x_1^2 + x_2^2 + \ldots x_n^2 = 0$$

im Bereiche der reellen Zahlen offenbar nur die Lösung $(0, 0, \ldots 0)$. Die beiden anderen Fälle, wo der Teiler p oder 2 ist, sollen in den beiden nächsten Abschnitten für die binären und ternären Formen genau untersucht werden. Hier werde nur noch eine für das Folgende wichtige allgemeine Bemerkung angefügt.

Soll die Gleichung:

$$f(x_i) = x_1^2 + \varepsilon_2 x_2^2 + \cdots + \varepsilon_n x_n^2 = 0 \ (p)$$

im Körper $K(p)$ eine Lösung $(\xi_1, \xi_2, \ldots \xi_n)$ haben, so kann man sie stets als ganz und mindestens eine der Größen ξ_i als Einheit voraussetzen, denn anderenfalls kann man ja die ganze Gleichung $f(\xi_i) = 0$ durch das Quadrat des größten gemeinsamen Teilers d von $\xi_1, \ \xi_2, \ \ldots \ \xi_n$ dividieren, wodurch man eine neue Lösung $\dfrac{\xi_1}{d}, \dfrac{\xi_2}{d}, \ \ldots \ \dfrac{\xi_n}{d}$ erhält, die der obigen Forderung entspricht.

Ich wende die bisher gefundenen Resultate noch an auf die Untersuchung der Frage, welche Primfaktoren die durch eine *ganzzahlige* quadratische Form darstellbaren ganzen rationalen Zahlen

$$m = a_{11}\xi_1^2 + 2a_{12}\xi_1\xi_2 + \cdots + a_{nn}\xi_n^2 = f(\xi_i)$$

enthalten können und welche nicht. Ich brauche hier nur die sog. e i g e n t l i c h e n, d. h. diejenigen ganzzahligen Darstellungen von m zu betrachten, bei denen $(\xi_1, \xi_2, \ldots \xi_n)$ keinen gemeinsamen Teiler haben. Haben diese Zahlen nämlich den größten gemeinsamen Teiler d, ist also allgemein $\xi_1 = d\xi_1^{(0)}$ so muß ja $m = d^2 \cdot m_0$ durch d^2 teilbar sein, und hier ergibt sich dann die eigentliche Darstellung:

$$m_0 = a_{11}\xi_1^{(0)2} + 2a_{12}\xi_1^{(0)}\xi_2^{(0)} + \cdots + a_{nn}\xi_n^{(0)2}$$

von m_0 durch dieselbe Form.

Eine Primzahl p heiße in einer quadratischen Form $f(x_1, x_2, \ldots x_n)$ e n t h a l t e n, wenn diese für ein durch p nicht teilbares Wertsystem $(\xi_1, \xi_2, \ldots \xi_n)$ einen durch p teilbaren Wert m besitzt.

Nennen wir auch hier zwei Formen $f(x_i)$ und $g(y_i)$ m o d u l o p ä q u i v a l e n t, wenn jede in die andere durch eine modulo p ganze Substitution und durch Multiplikation mit einer durch p nicht teilbaren ganzen Zahl übergeht, so erkennt man genau, wie a. S. 369 unten, daß äquivalente Formen dieselben Primzahlen enthalten.

§ 3. Die binären quadratischen Formen und ihre Teiler.

Auf Grund der vereinfachenden Voraussetzungen über die zu untersuchende Form, welche wir im vorigen Abschnitte gefunden haben, können wir nun leicht entscheiden, ob eine binäre oder eine ternäre quadratische Form einen bestimmten Teiler p, 2 oder p_∞ enthält. Ist f zunächst eine binäre Form, so können wir sie stets folgendermaßen gegeben voraussetzen:

$$(1) \qquad f(x,y) = x^2 + \varepsilon y^2,$$

wo ε für ein ungerades p nur die 4 Werte:

$$(2) \qquad 1, \quad w, \quad p, \quad pw,$$

für $p = 2$ aber einen der 8 Werte:

(2ª) $\pm 1, \quad \pm 5, \quad \pm 2, \quad \pm 2 \cdot 5$

haben kann, während für $p = p_\infty$ $\varepsilon = \pm 1$ ist. Die Gleichung:

$$x^2 + \varepsilon y^2 = 0 \; (p)$$

ist nun stets und nur dann erfüllt, wenn

(3) $\left(\dfrac{x}{y}\right)^2 = -\varepsilon \; (p)$

d. h. $\left(\dfrac{-\varepsilon}{p}\right) = +1$, wenn also $-\varepsilon$ eine p-adische Quadratzahl ist. Daraus folgt sofort, daß p sicher kein Teiler der Form $f(x, y)$ sein kann, wenn ε, also auch $-\varepsilon$, durch p teilbar, d. h. keine Einheit ist. Ist aber ε eine Einheit, so muß für ein ungerades p:

$$\left(\frac{-\varepsilon}{p}\right) = \left(\frac{-1}{p}\right)\left(\frac{\varepsilon}{p}\right) = (-1)^{\frac{p-1}{2}}\left(\frac{\varepsilon}{p}\right) = +1,$$

also $\left(\dfrac{\varepsilon}{p}\right) = (-1)^{\frac{p-1}{2}}$ sein. Da nun für ε gleich 1 bzw. w $\left(\dfrac{\varepsilon}{p}\right)$ gleich $+1$ bzw. -1 ist, so besitzt von den beiden Formen $x^2 + y^2$ und $x^2 + wy^2$ die erste oder die zweite den Teiler p, je nachdem $p = 4n + 1$ oder $4n + 3$ ist, die andere aber nicht.

Für $p = 2$ ist nach dem Satze a. S. 325 von den acht Werten (2ª) von $-\varepsilon$ allein $-\varepsilon = +1$ quadratischer Rest zu 2; nur die Form $x^2 - y^2$ besitzt also den Teiler 2. Endlich hat allein die Form $x^2 - y^2$ den Teiler p_∞.

Wir erhalten also den folgenden Satz:

Von den für den Bereich p, 2, p_∞ reduzierten vier, acht, zwei binären quadratischen Formen besitzt jedesmal eine einzige den zugehörigen Teiler, nämlich für ein ungerades p die Form $x^2 + y^2$ oder $x^2 + wy^2$, je nachdem $p = 4n + 1$ oder $4n + 3$ ist, für $p = 2$ und für $p = p_\infty$ jedesmal die Form $x^2 - y^2$.

Jede binäre quadratische Form [1])

$$f(x, y) = ax^2 + bxy + cy^2$$

kann, falls nicht beide äußeren Koeffizienten a und c Null sind, wenn also z. B. $a \neq 0$ ist, folgendermaßen geschrieben werden:

$$(4) \qquad 4af(x, y) = (2ax + by)^2 - (b^2 - 4ac)y^2 = \xi^2 - D\eta^2,$$

wo

$$(4^a) \qquad D = b^2 - 4ac$$

d i e D i s k r i m i n a n t e d e r F o r m f genannt wird. Sie geht also durch die umkehrbare Substitution:

$$(5) \qquad \begin{aligned} \xi &= 2ax + by, & x &= \frac{1}{2a}\xi - \frac{b}{2a}\eta \\ \eta &= y, & y &= \phantom{\frac{1}{2a}\xi - \frac{b}{2a}}\eta \end{aligned}$$

und durch Multiplikation mit der von Null verschiedenen Zahl $4a$ in die Form $\xi^2 - D\eta^2$ über. Führt man diese in die reduzierte Form $\bar{\xi}^2 + \varepsilon\bar{\eta}^2$ über und beachtet, daß sich dann $+\varepsilon$ von $-D$ nur um eine Quadratzahl für den betreffenden Bereich unterscheidet, daß also

---

[1]) Bei den binären Formen ist es zweckmäßig, den mittleren Koeffizienten durch b zu bezeichnen.

$\left(\dfrac{-\varepsilon}{p}\right) = \left(\dfrac{D}{p}\right)$ ist, so folgt, daß die ursprüngliche Form dann und nur dann den Divisor p, 2 oder p_∞ enthält, wenn das zugehörige Symbol $\left(\dfrac{D}{p}\right) = +1$ ist. In dem vorher ausgeschlossenen Falle $a = c = 0$ gilt genau dasselbe, denn dann enthält die Form $f(x, y) = bxy$ jede Primzahl p als Teiler, da sie für $x = 0$, $y \neq 0$ verschwindet; und da in diesem Falle auch

$$\left(\frac{D}{p}\right) = \left(\frac{b^2}{p}\right) = +1$$

ist, so bildet dieser Fall keine Ausnahme für unser allgemeines Resultat. Es gilt also der Satz:

> Für die quadratische Form $f(x, y) = ax^2 + bxy + cy^2$ besteht stets die Gleichung:

(6)
$$\left(\frac{f(x, y)}{p}\right) = \left(\frac{D}{p}\right),$$

wenn $D = b^2 - 4ac$ ihre Diskriminante ist.

Es sei nun

$$f(x, y) = ax^2 + bxy + cy^2$$

eine binäre quadratische Form, und p eine ungerade Primzahl, welche weder in ihrer Diskriminante $D = b^2 - 4ac$ noch zugleich in beiden äußeren Koeffizienten a und c enthalten ist. Dann folgt aus den Gleichungen (5), daß auch modulo p $f(x, y)$ äquivalent der reduzierten Form $\xi^2 - D\eta^2$ ist; und da die Kongruenz

$$\xi^2 - D\eta^2 \equiv 0 \ (\text{mod. } p)$$

dann und nur dann eine Lösung außer der selbstverständlichen $\xi \equiv \eta \equiv 0$ besitzt, wenn $\left(\dfrac{\xi}{\eta}\right)^2 \equiv D$ (mod. p), wenn also $\left(\dfrac{D}{p}\right) = +1$ ist, und da genau dasselbe gilt, wenn $a \equiv c \equiv 0$ (mod. p) also $D \equiv bxy$ (mod. p) ist, wie ganz ebenso wie a. vor. S. bewiesen wird, so ergibt sich der Satz:

Alle durch eine binäre quadratische Form eigentlich darstellbaren Zahlen:

$$m = ax^2 + bxy + cy^2$$

enthalten außer ev. den Teilern der Diskriminante $D = b^2 - 4ac$ nur solche ungerade Primzahlen p, für welche $\left(\dfrac{D}{p}\right) = +1$, aber keine einzige, für welche $\left(\dfrac{D}{p}\right) = -1$ ist.

Eine ganze Zahl m kann daher nur dann durch eine quadratische Form $f(x, y)$ eigentlich darstellbar sein, wenn sie keine einzige ungerade Primzahl enthält, zu der D Nichtrest ist.

Beispiele: Ist speziell $b = 0$, so sind in der Form $ax^2 + cy^2$ nur solche ungerade Primzahlen p enthalten, für welche $\left(\dfrac{-4ac}{p}\right) = \left(\dfrac{-ac}{p}\right) = +1$ ist. So sind z. B. durch die Form $x^2 + y^2$ nur solche Zahlen eigentlich darstellbar, für deren ungerade Primfaktoren $\left(\dfrac{-1}{p}\right) = +1$ ist, welche also nur Primfaktoren von der Form $4n + 1$ enthalten. In der Form $x^2 + 2y^2$ sind außer 2 nur Primzahlen p enthalten, für welche $\left(\dfrac{-2}{p}\right) = +1$ ist, welche also nach S. 350 (I) von der Form $8n + 1$ oder $8n + 3$ sind. Die Form $x^2 - 2y^2$ enthält außer 2 nur Primteiler, für welche $\left(\dfrac{2}{p}\right) = +1$ ist, welche also von der Form $8n \pm 1$ sind. Die Form $x^2 + 3y^2$ stellt nur Zahlen m eigentlich dar, für deren ungerade Primfaktoren außer 3 $\left(\dfrac{-3}{p}\right) = +1$ ist, welche also alle von der Form $6n + 1$ sind, usw.

Diese Sätze geben uns die Möglichkeit, in manchen Fällen den bereits auf S. 39 erwähnten Satz wunderbar einfach zu beweisen, daß in jeder arithmetischen Reihe $ax + b$, wenn $(a, b) = 1$ ist, unendlich viele Primzahlen enthalten sind; in diesen Fällen kann nämlich der Beweis dieses allgemeinen Satzes genau ebenso geführt werden, wie in dem auf S. 36 angegebenen Euklidischen Beweise dafür, daß die Anzahl *aller* Primzahlen unendlich groß ist. Zunächst gebe ich zwei Fälle dieses Satzes, welche die Theorie der quadratischen Formen noch nicht voraussetzen:

1) Es gibt unendlich viele Primzahlen von der Form $4n - 1$.

Angenommen nämlich, die Anzahl dieser Primzahlen 3, 7, 11, 19, ... p sei endlich, und p sei die letzte unter ihnen, so ist die aus ihnen gebildete Zahl

$$m = 4(3 \cdot 7 \cdot 11 \cdot \ldots p) - 1$$

ungerade und von der Form $4n - 1$; sie muß also mindestens einen Primfaktor von derselben Form haben, und da sie durch 3, 7, ... p geteilt stets den Rest -1 läßt, so gibt es außer diesen sicher noch weitere Primzahlen dieser Form; unsere Behauptung ist also bewiesen.

2) Es gibt unendlich viele Primzahlen der Form $6n - 1$.

Alle Primzahlen außer 3 haben entweder die Form $6n + 1$ oder $6n - 1$. Wäre nun die Anzahl der letzteren endlich und p die letzte unter ihnen, so wäre wieder die aus ihnen gebildete Zahl

$$m = 6(5 \cdot 11 \cdot 17 \cdot 23 \ldots p) - 1$$

von derselben Form; sie müßte also mindestens einen Primfaktor $6n - 1$ haben, und daraus schließen wir genau wie vorher, daß es zum mindesten eine Primzahl $q = 6n - 1$ geben muß, welche größer als p ist.

3) Es gibt unendlich viele Primzahlen $p = 4n + 1$.

Wäre nämlich die Anzahl 5, 13, 17, 29, ... p dieser Primzahlen endlich, und p die letzte, so hätte die Zahl

$$m = (2 \cdot 5 \cdot 13 \ldots p)^2 + 1^2,$$

da sie von der Form $x^2 + y^2$ ist, nur Teiler von der Form $4n + 1$, und da sie durch die vorher angegebenen nicht teilbar ist, so muß es außer diesen sicher noch andere geben.

4) Es gibt unendlich viele Primzahlen der Form $8n + 5$.

Der Beweis wird genau ebenso wie in (3) geführt: Angenommen, die Anzahl dieser Primzahlen 5, 13, ... p wäre endlich, und p ihre letzte; die aus ihnen gebildete Zahl

$$m = (2 \cdot 5 \cdot 13 \ldots p)^2 + 1 = x^2 + y^2$$

hat nur Teiler von der Form $4n + 1$; alle ihre Primfaktoren haben also die Form $8n + 1$ oder $8n + 5$. Da sie selbst aber offenbar die Form $8n + 5$ hat, so muß wenigstens einer ihrer Primfaktoren dieselbe Form besitzen und von den vorher aufgeführten verschieden sein.

Ganz ebenso folgt aus der Betrachtung der Zahl

$$m = (7 \cdot 13 \cdot 19 \ldots p)^2 + 3 \cdot 1^2,$$

welche nach S. 379 unten außer 2 nur Primteiler von der Form $6n + 1$ hat, daß die Anzahl aller dieser Primzahlen unendlich groß sein muß. Ist $m = (11 \cdot 19 \cdot 43 \ldots p)^2 + 2 \cdot 1^2$, wo in der Klammer alle Primzahlen der Form $8n + 3$ bis zu einer gewissen p hin stehen, so hat m nach S. 379 nur Primteiler der Formen $8n + 1$ und $8n + 3$; da sie aber selbst von der letzteren Form ist, so muß auch mindestens einer ihrer Primfaktoren dieselbe Form haben. Also ist die Anzahl aller Primzahlen von der Form $8n + 3$ unendlich groß.

Dasselbe folgt für die Primzahlen $8n - 1$ aus der Betrachtung der Zahl $m = (7 \cdot 23 \ldots p)^2 - 2 \cdot 1^2$, welche selbst von der Form $8n - 1$ ist und nach S. 379 lauter Primteiler der Form $8n \pm 1$ besitzt. Ebenso zeigt man, daß in der arithmetischen Reihe $12n - 1$ unendlich viele Primzahlen vorkommen, weil die Zahl $m = (11 \cdot 23 \cdot 47 \cdot 59 \ldots p)^2 - 3 \cdot 1^2$ nach S. 351 III außer 2 nur Primfaktoren $12n \pm 1$ besitzt, und zwar mindestens einen der zweiten Form haben muß, weil sie offenbar kongruent -2 modulo 24, also von der Form $2(12n - 1)$ ist.

Es gibt unendlich viele Primzahlen $10n - 1$, weil

$$m = (19 \cdot 29 \cdot 59 \ldots p)^2 - 5 \cdot 1^2,$$

wie man nach S. 351 IV leicht erkennt, außer 2 nur Primfaktoren $10n \pm 1$ hat; und da m selbst von der Form $20n + 1 - 5 = 4(5n - 1)$ ist, so muß m mindestens einen Primfaktor $q = 10n - 1$ besitzen.

Wie bereits a. S. 36 erwähnt wurde, ist es bis jetzt nicht gelungen, den soeben in speziellen Fällen behandelten Dirichletschen Satz über die arithmetische Reihe auf rein arithmetischem Wege ohne analytische Hilfsmittel zu beweisen. Jedoch läßt sich ein solcher Beweis auch für die speziellen Reihen $ax + 1$ und $ax - 1$ erbringen, wie Genocchi Annali di matematica, Ser. 2, Bd. 2, S. 256 zuerst vollständig bewiesen hat. Neuerdings hat Herr I. Schur (Sitzungsber. d. Berl. math. Ges. 1912,

S. 40) für unendlich viele weitere arithmetische Reihen den gleichen Beweis elementar geführt, z. B. für die Reihen:

$$2^n x + (2^{n-1} \pm 1), \quad 8ax + (2a + 1), \quad 8ax + (4a + 1), \quad 8ax + (6a + 1),$$

wo a eine beliebige quadratfreie ungerade Zahl bedeuten kann. Allgemein beweist er den folgenden Satz:

> Ist $b^2 \equiv 1 \pmod{a}$, und kennt man mindestens eine Primzahl der Reihe $ax + b$, die größer als $\dfrac{\varphi(a)}{2}$ ist, so kann man elementar schließen, daß in der Reihe $ax + b$ unendlich viele Primzahlen enthalten sind.

Wir wollen eine binäre Form $f(x, y) = ax^2 + bxy + cy^2$ für den Bereich einer Primzahl p d e f i n i t nennen, wenn sie nur Quadratzahlen oder nur Nichtquadratzahlen darstellt; sie soll i n d e f i n i t heißen, wenn sie sowohl Quadrate wie Nichtquadrate darstellt. Auch diese Eigenschaft bleibt offenbar bei einer beliebigen Transformation und bei der Multiplikation mit irgendeiner Einheit modulo p ungeändert. Wir betrachten aber nur den Fall einer *ungeraden* Primzahl p, welche kein Teiler der Diskriminante D ist. Dann besteht der Satz:

> Eine ganzzahlige Form $f(x, y)$ enthält eine beliebige, nicht in D aufgehende Primzahl p entweder als Teiler, oder sie ist für den Bereich von p indefinit.

Ich brauche also nur zu zeigen, daß, falls $\left(\dfrac{D}{p}\right) = -1$ ist, $f(x, y)$ sowohl Quadrate als Nichtquadrate darstellt, und zwar kann dieser Beweis für die zu $f(x, y)$ äquivalente Form $\xi^2 - D\eta^2$ geführt werden. Nehmen wir etwa an, diese Form stellte z. B. lauter Nichtreste dar, so erhielte man auch lauter Nichtreste, wenn man $\xi = 1, 2, \ldots \dfrac{p-1}{2}$

und η jedesmal gleich 1 wählt. Da dann ξ^2 alle inkongruenten Reste $a_1, \ldots a_{\frac{p-1}{2}}$ durchläuft, und da alle $\dfrac{p-1}{2}$ Zahlen $(a_i - D)$ offenbar modulo p inkongruent sind, so ergeben sich hiernach die $\dfrac{p-1}{2}$ Kongruenzen:

$$a_i - D \equiv b_i; \ (\text{mod. } p), \qquad {\scriptstyle (i=1,2,\ldots \frac{p-1}{2})}$$

wo die a_i alle Reste, die b_i alle Nichtreste sind. Addiert man aber alle diese Kongruenzen und beachtet, daß nach S. 334 oben $\sum a_i \equiv \sum b_i \equiv 0 \ (\text{mod. } p)$ ist, so würde sich $-D \cdot \dfrac{p-1}{2} \equiv 0 \ (\text{mod. } p)$ ergeben, was mit unserer Voraussetzung über D im Widerspruch steht. Da die Annahme, die Form stellte lauter Reste dar, genau ebenso als unrichtig erwiesen wird, so ist unser Satz vollständig bewiesen. Auch für $p = 3$, wo dieser Beweis nicht gilt, stellt die Form $\xi^2 + \eta^2$ sowohl 1 als 2 dar, ist also indefinit.

§ 4. Die ternären quadratischen Formen und ihre Teiler.

Ich wende mich jetzt zur Untersuchung der ternären quadratischen Formen und ihrer Teiler. Nach S. 373 (5) kann ich sie von vornherein in der Form:

$$f(x, y, z) = ax^2 + by^2 + cz^2$$

gegeben voraussetzen, wo a, b, c beliebige von Null verschiedene rationale Zahlen sind. Ich will das a. S. 368 allgemein definierte Symbol jetzt auch in der folgenden Form schreiben:

$$(1) \qquad \left(\frac{f}{p} \right) = \left(\frac{a, b, c}{p} \right):$$

dasselbe ist also ± 1, je nachdem die Gleichung $ax^2 + by^2 + cz^2 = 0$ (p) eine von Null verschiedene Lösung hat oder nicht.

Wir wollen und können dasselbe Symbol auch gleich ± 1 annehmen, je nachdem die Gleichung $f = 0$ eine Lösung (ξ, η, ζ) hat, in welcher *alle drei* Zahlen von Null verschieden sind oder nicht. Zwei von ihnen können offenbar nicht Null sein, ohne daß auch die dritte verschwindet. Besitzt aber jene Gleichung eine Lösung $(0, \eta, \zeta)$, in welcher eine Unbekannte, z. B. $x = 0$ ist, so kann man aus ihr stets eine solche herleiten, in welcher alle drei Unbekannten von Null verschieden sind.

In der Tat, ist (η, ζ) eine von Null verschiedene Lösung der Gleichung

$$b\eta^2 + c\zeta^2 = 0,$$

so müssen offenbar beide Größen η und ζ von Null verschieden sein. Sollen nun x, y, z so gewählt werden, daß

$$ax^2 + by^2 + cz^2 = 0 \ (p)$$

ist, so folgt durch Subtraktion der vorigen Gleichung:

$$ax^2 + b(y^2 - \eta^2) + c(z^2 - \zeta^2) = 0.$$

Wir setzen nun $z = \zeta$ und suchen dann x und y so zu bestimmen, daß

$$ax^2 + b(y^2 - \eta^2) = 0,$$

daß also:

$$ax^2 = b(\eta - y)(\eta + y)$$

wird. Zu dem Zwecke zerlegen wir b irgendwie in das Produkt $b = b_1 b_2$ von zwei ganzen oder gebrochenen Faktoren und wählen x und y so, daß

$$ax = b_1(\eta - y), \quad x = b_2(\eta + y)$$

ist. Aus diesen beiden Gleichungen folgt durch Division:

$$a = \frac{b_1}{b_2} \cdot \frac{\eta - y}{\eta + y}, \quad \text{also} \quad \frac{\eta - y}{\eta + y} = \gamma,$$

wo

$$\gamma = \frac{ab_2}{b_1} = \frac{ab}{b_1^2}$$

gesetzt ist. Wir wählen nun den bis jetzt ganz beliebigen Teiler b_1 von b nur so, daß $\gamma \neq \pm 1$ ist. Dann wird $y = \eta \dfrac{1 - \gamma}{1 + \gamma}$ weder Null noch unendlich, und aus der obigen Gleichung ergeben sich also die Werte

$$x = 2b_2\eta \cdot \frac{1}{1 + \gamma}, \quad y = \eta \cdot \frac{1 - \gamma}{1 + \gamma}, \quad z = \zeta,$$

welche alle von Null verschieden sind.

Um nun ebenso wie für die binären Formen zu entscheiden, welche ternären Formeln eine gegebene Primzahl p enthalten, schreiben wir auch sie in der reduzierten Form:

$$(1^{\text{a}}) \qquad\qquad f = x^2 + \varepsilon_1 y^2 + \varepsilon_2 z^2,$$

wo ε_1 und ε_2 reduzierte Zahlen sind. Hier unterscheiden wir nun die beiden Fälle, daß entweder ε_1 und ε_2 Einheiten sind, oder daß wenigstens eine von ihnen durch p teilbar ist. Dann beweise ich zuerst den folgenden Satz:

Sind ε_1 und ε_2 beide Einheiten, so besitzt die Form f, falls p ungerade ist, stets den Teiler p, d. h. in diesem Falle ist stets $\left(\dfrac{1, \varepsilon_1, \varepsilon_2}{p}\right) = +1.$

Löst man nämlich die Gleichung $f = 0$ nach x^2 auf, so folgt aus ihr:

$$x^2 = (-\varepsilon_1)y^2 + (-\varepsilon_2)z^2,$$

wo auch $(-\varepsilon_1, -\varepsilon_2)$ Einheiten sind. Nach dem a. S. 383 bewiesenen Satze besitzt nun die rechts stehende binäre Form entweder den Teiler p, oder sie ist indefinit, d. h. sie stellt sowohl Quadrate als auch Nichtquadrate dar. In jedem Falle kann man also zwei von Null verschiedene Zahlen η und ζ so finden, daß:

$$(-\varepsilon_1)\eta^2 + (-\varepsilon_2)\zeta^2 = \xi^2$$

wird, wo ξ eine p-adische Zahl ist, welche auch Null sein kann. Hiernach ist aber

$$x = \xi, \quad y = \eta, \quad z = \zeta$$

eine Lösung unserer Gleichung; die obige Behauptung ist also bewiesen.

Da die Koeffizienten a, b, c sich von den reduzierten 1, ε_1, ε_2 nur um Quadratzahlen und einen allen gemeinsamen Faktor unterscheiden, so kann man den soeben bewiesenen Satz auch in der folgenden allgemeineren Form aussprechen:

Ist p eine ungerade Primzahl, so ist

$$(2) \qquad \left(\frac{a, b, c}{p}\right) = +1,$$

wenn die Koeffizienten alle von gerader oder alle von ungerader Ordnung sind.

Fast ebenso einfach kann dieselbe Frage für den Fall $p = 2$ entschieden werden. Sind auch hier ε_1 und ε_2 Einheiten, so haben sie die Form $(-1)^{\gamma_i} 5^{\delta_i}$, wo die γ_i und δ_i gleich Null oder Eins sein können.

Sind beide Indizes $\gamma_1 = \gamma_2 = 0$, so ist $\varepsilon_1 \equiv \varepsilon_2 \equiv 1$ (mod. 4), und für diesen Modul genügt also f in (1ᵃ) der Kongruenz:

$$f(x, y, z) = x^2 + \varepsilon_1 y^2 + \varepsilon_2 z^2 \equiv x^2 + y^2 + z^2 \equiv 0 \ (\text{mod. } 4).$$

Da aber ein Quadrat x^2 kongruent Null oder Eins modulo 4 wird, je nachdem x gerade oder ungerade ist, so kann nur dann $f(x, y, z)$ durch 4 teilbar sein, wenn x, y und z alle gerade sind, weil andernfalls $x^2 + y^2 + z^2$ kongruent 1, 2, oder 3 sein würde. Weil jedoch eine dieser Zahlen nach S. 374 immer als Einheit modulo 2, also als ungerade vorausgesetzt werden kann, so ist bewiesen, daß die Form f nicht den Teiler 2 hat, wenn die Indizes von ε_1 und ε_2 beide Null sind. Hieraus folgt wie vorher, daß die allgemeine Form

$$f = ax^2 + by^2 + cz^2$$

den Teiler 2 nicht enthält, wenn a, b, c alle gerade oder alle ungerade Ordnungszahlen und außerdem alle den gleichen Index haben.

Haben dagegen ε_1 und ε_2 nicht beide den Index Null, haben also a, b, c nicht alle denselben Index, aber alle gerade oder alle ungerade Ordnungszahlen, so ist 2 stets ein Teiler der Form f. In der Tat kann man dann immer voraussetzen, daß die Koeffizienten ε_1 und ε_2 weder *beide* die Einheitswurzel (-1) noch auch *beide* den Faktor 5 enthalten; denn wäre dies der Fall, so könnte man f mit -1 bzw. mit 5 multiplizieren, und man erhielte so eine äquivalente Form, welche unserer letzten Forderung genügte. Dann können aber die reduzierten Formen eventuell durch Vertauschung der Variablen und durch Multiplikation mit -1 auf eine der drei Formen:

$$x^2 + y^2 - 5z^2$$
$$x^2 - y^2 + 5z^2$$
$$x^2 - y^2 + z^2$$

gebracht werden, welche alle den Teiler 2 enthalten, da die erste durch das Wertsystem $(1, 2, 1)$, die beiden letzten durch $(1, 1, 0)$ zu Null gemacht werden. Geht man wieder von der reduzierten zur ursprünglichen Form über, so kann man dieses Resultat in dem folgenden Satz aussprechen:

Sind die Koeffizienten a, b, c alle von gerader oder alle von ungerader Ordnung, so ist stets und nur dann:

$$(3) \qquad \left(\frac{a, b, c}{2} \right) = -1,$$

wenn diese drei Zahlen gleiche Indizes besitzen, wenn also ihre ungeraden Bestandteile a_0, b_0, c_0 modulo 4 kongruent sind.

Sind zweitens für eine beliebige Primzahl p nicht alle Koeffizienten a, b, c von gerader bzw. von ungerader Ordnung, so kann man stets voraussetzen, daß einer von ihnen, etwa c, von ungerader, die beiden anderen, a und b, von gerader Ordnung sind, da ja im entgegengesetzten Falle die Form pf dieser Forderung genügen würde. Daher kann man in diesem Falle die zugehörige reduzierte Form f in der Gestalt

$$f(x, y, z) = x^2 + \varepsilon_1 y^2 + p\varepsilon_2 z^2$$

voraussetzen, wo ε_1 und ε_2 wieder Einheiten sind. Besitzt dann die Gleichung $f = 0$ (p) überhaupt eine von Null verschiedene Lösung, so hat sie, wie S. 374 bewiesen wurde, auch eine solche ξ, η, ζ, bei welcher diese Zahlen ganz sind und wenigstens eine von ihnen eine Einheit ist. Hier sehen wir, daß dann ξ und η beide Einheiten sein müssen, denn enthielte etwa ξ die Primzahl p, so würde aus der Gleichung:

$$\xi^2 + \varepsilon_1 \eta^2 + p\varepsilon_2 \zeta^2 = 0 \ (p)$$

folgen, daß auch η durch p teilbar wäre, und dann müßte dasselbe für ζ gelten, da die beiden ersten Summanden durch p^2 teilbar wären. Nimmt man nun zunächst p als irgendeine ungerade Primzahl an und betrachtet unter dieser Voraussetzung die obige Gleichung als Kongruenz modulo p, so ergibt sich:

$$\xi^2 + \varepsilon_1 \eta^2 \equiv 0 \;(\text{mod. } p)$$

$$\left(\frac{\xi}{\eta}\right)^2 \equiv -\varepsilon_1 \;(\text{mod. } p),$$

d. h. es muß dann notwendig $\left(\dfrac{-\varepsilon_1}{p}\right) = +1$ sein. Ist aber diese Bedingung erfüllt, so ist nach dem a. S. 377 bewiesenen Satze p ein Teiler der Form $x^2 + \varepsilon_1 y^2$, also auch der Form $x^2 + \varepsilon_1 y^2 + p\varepsilon_2 z^2$; denn besitzt die erste die Lösung (ξ, η), so hat ja die letzte die Lösung $(\xi, \eta, 0)$.

Die reduzierte quadratische Form $x^2 + \varepsilon_1 y^2 + p\varepsilon_2 z^2$ besitzt also stets und nur dann den Teiler p, wenn $\left(\dfrac{-\varepsilon_1}{p}\right) = +1$ ist.

Hieraus folgt genau wie vorher der allgemeine Satz:

Sind die Koeffizienten der Form $ax^2 + by^2 + cz^2$ nicht alle von gerader oder nicht alle von ungerader Ordnung in bezug auf die ungerade Primzahl p, so besitzt diese dann und nur dann den Teiler p, wenn

$$(4) \qquad\qquad \left(\frac{-ab}{p}\right) = +1$$

ist, falls a und b die beiden Elemente sind, welche modulo 2 kongruente Ordnungszahlen haben.

Haben etwa a und c modulo 2 inkongruente Ordnungszahlen, so ist ja sicher $-ac$ Nichtquadratzahl, weil dieses Produkt von ungerader Ordnung ist. Man kann daher dasselbe Resultat in der folgenden symmetrischen Form aussprechen:

Sind a, b, c nicht alle von gerader bzw. nicht alle von ungerader Ordnung, so ist die ungerade Primzahl p dann und nur dann ein Teiler von f, wenn wenigstens eines der drei Symbole:

$$(4^a) \qquad \left(\frac{-ab}{p}\right), \quad \left(\frac{-bc}{p}\right), \quad \left(\frac{-ca}{p}\right)$$

gleich $+1$ ist.

Ich untersuche endlich, unter welchen Bedingungen die entsprechende für den Bereich von 2 reduzierte Form den Teiler 2 hat, wann also die Gleichung

$$f = x^2 + \varepsilon_1 y^2 + 2\varepsilon_2 z^2 = 0 \quad (2)$$

eine Lösung besitzt. Dann muß sie auch hier eine Lösung (ξ, η, ζ) haben, in welcher ξ und η beide ungerade sind. Da dann aber

$$-(\varepsilon_1 \eta^2 + 2\varepsilon_2 \zeta^2) = \xi^2$$

sein muß, so besitzt f dann und nur dann den Teiler 2, wenn eine Einheit η und eine gerade oder ungerade Zahl ζ so gewählt werden können, daß $-(\varepsilon_1 \eta^2 + 2\varepsilon_2 \zeta^2)$ von der Form $8n+1$ ist. Dann ist jedoch

$$\eta^2 \equiv 1, \quad 2\zeta^2 \equiv 2 \text{ oder } 0 \pmod{8},$$

je nachdem ζ ungerade oder gerade ist; also ist unsere Bedingung dann und nur dann erfüllt, wenn entweder $1 + \varepsilon_1$ oder $1 + \varepsilon_1 + 2\varepsilon_2$

durch 8 teilbar ist. Diese beiden Bedingungen können wir auch in die eine zusammenziehen, daß

$$\frac{(1 + \varepsilon_1)(1 + \varepsilon_1 + 2\varepsilon_2)}{8}$$

eine gerade Zahl sein muß. In der Tat ist jener Quotient stets eine ganze Zahl, da sich die beiden geraden Faktoren des Zählers um das Doppelte $2\varepsilon_2$ einer *ungeraden* Zahl unterscheiden. Daher muß einer dieser beiden Faktoren durch eine höhere als die erste Potenz von 2 teilbar sein; der andere ist dann genau durch 2 teilbar. Ist also jener eine Faktor genau durch 4 teilbar, so enthält der ganze Zähler genau 8, der Bruch ist also ungerade, ist dagegen jener Faktor mindestens durch 8 teilbar, so ist der Bruch gerade; unsere Behauptung ist also bewiesen.

Hiernach können wir das Ergebnis unserer Untersuchung in der Gleichung:

$$(5) \qquad \left(\frac{1, \varepsilon_1, 2\varepsilon_2}{2} \right) = (-1)^{\frac{(1+\varepsilon_1)(1+\varepsilon_1+2\varepsilon_2)}{8}}$$

aussprechen oder auch in dem Satze:

Die Form $x^2 + \varepsilon_1 y^2 + 2\varepsilon_2 z^2$ enthält dann und nur dann den Teiler 2, wenn ε_1 oder $\varepsilon_1 + 2\varepsilon_2$ von der Form $8n - 1$ ist.

Betrachten wir auch hier den allgemeinsten Fall, daß in der Form

$$f = ax^2 + by^2 + cz^2 \quad (2)$$

die Ordnungszahlen von a, b, c nicht alle modulo 2 kongruent sind, so können wir event. durch Multiplikation mit 2 und Vertauschung der Variablen erreichen, daß a und b von gerader, c von ungerader

Ordnung in bezug auf 2 ist. Sind dann a_0, b_0, c_0 die zu a, b, c gehörigen Einheiten, so ist f äquivalent $a_0x^2 + b_0y^2 + 2c_0z^2$, also auch äquivalent

$$x^2 + \frac{b_0}{a_0}y^2 + 2\frac{c_0}{a_0}z^2;$$

ersetzt man also in (5) ε_1 und ε_2 durch $\dfrac{b_0}{a_0}$ und $\dfrac{c_0}{a_0}$ und multipliziert im Exponenten von -1 mit der ungeraden Zahl a_0^2, so ergibt sich die allgemeine Gleichung:

$$(5^{\mathrm{a}}) \qquad \left(\frac{a,b,c}{2}\right) = (-1)^{\frac{(a_0+b_0)(a_0+b_0+2c_0)}{8}},$$

d. h. es gilt hier der Satz:

Sind in der ternären Form $f = ax^2 + by^2 + cz^2$ (2) die Ordnungszahlen der drei Koeffizienten nicht alle kongruent modulo 2, und sind a_0, b_0, c_0 die zu a, b, c gehörigen Einheiten, so besitzt f stets und nur dann den Teiler 2, wenn entweder $a_0 + b_0$ oder $a_0 + b_0 + 2c_0$ durch 8 teilbar ist, falls a und b die beiden Koeffizienten bedeuten, deren Ordnungszahlen modulo 2 kongruent sind.

§ 5.   Die Darstellung der p-adischen Zahlen durch die binären Hauptformen. Das Hilbertsche Symbol. Der allgemeine Dekompositionssatz.

Ich benutze die für die ternären Formen hergeleiteten Sätze jetzt, um die Frage nach der Darstellbarkeit einer gegebenen p-adischen Zahl e durch die s. g. binäre H a u p t f o r m einer gegebenen Determinante d

$$x^2 - dy^2$$

vollständig zu lösen. Ersetzt man in der Gleichung:

$$(1) \qquad e = x^2 - dy^2 \; (p)$$

x und y durch $\dfrac{x}{z}$ und $\dfrac{y}{z}$, so erkennt man ohne weiteres, daß diese Gleichung dann und nur dann eine Lösung hat, wenn dasselbe für die homogene Gleichung:

$$(1^{\mathrm{a}}) \qquad f(x, y, z) = -x^2 + dy^2 + ez^2 = 0 \; (p)$$

gilt, wenn also die ternäre quadratische Form $f(x, y, z)$ den Teiler p besitzt oder $\left(\dfrac{-1, d, e}{p}\right) = +1$ ist.

Indem wir eine von Hilbert herrührende Bezeichnung erweitern, wollen wir das Symbol

$$(2) \qquad \left(\frac{d, e}{p}\right) \quad \text{gleich} \quad +1 \text{ oder } -1$$

setzen, je nachdem e durch die Hauptform $x^2 - dy^2$ für den Bereich von p darstellbar ist, oder nicht, und zwar soll diese Bezeichnung gelten, sowohl wenn p eine Primzahl, als auch wenn $p = p_\infty$ ist. Dann ergibt sich aus der soeben durchgeführten Betrachtung für dieses Symbol die Gleichung:

$$(2^{\mathrm{a}}) \qquad \left(\frac{d, e}{p}\right) = \left(\frac{-1, d, e}{p}\right),$$

und da wir dieses letztere in jedem Falle zu finden gelernt haben, so ist das Hilbertsche Symbol damit auch vollständig bestimmt.

Ist zunächst $p = p_\infty$, so ist nach S. 374:

$$(3) \qquad \left(\frac{d, e}{p_\infty}\right) = \left(\frac{-1, d, e}{p_\infty}\right) = +1 \text{ oder } -1,$$

je nachdem wenigstens eine der beiden Zahlen d und e positiv ist, oder beide negativ sind. Im ersten Falle ist, wie man auch direkt sieht, die Gleichung $e = x^2 - dy^2$ in reellen Zahlen lösbar, im letzten nicht. Also besteht hier die einfache Gleichung:

$$(3^{\mathrm{a}}) \qquad \left(\frac{d, e}{p_\infty}\right) = -1^{\frac{\operatorname{sgn} d - 1}{2} \cdot \frac{\operatorname{sgn} e - 1}{2}};$$

denn der rechts stehende Exponent ist ja stets und nur dann gleich 1, wenn d und e beide negativ sind, sonst aber immer gleich Null.

Hieraus folgt sofort, daß für den Bereich von p_∞ stets die Dekompositionsgleichung gilt:

$$(4) \qquad \left(\frac{d, ee_1}{p_\infty}\right) = \left(\frac{d, e}{p_\infty}\right)\left(\frac{d, e_1}{p_\infty}\right);$$

denn nach (3^{a}) entspricht sie der Gleichung:

$$(-1)^{\frac{\operatorname{sgn} d - 1}{2} \cdot \frac{\operatorname{sgn}(ee_1) - 1}{2}} = (-1)^{\left(\frac{\operatorname{sgn} e - 1}{2} + \frac{\operatorname{sgn} e_1 - 1}{2}\right)\frac{\operatorname{sgn} d - 1}{2}},$$

welche ja nach S. 354 (3) richtig ist.

Ist ferner p eine *ungerade* Primzahl, so ergeben sich durch Anwendung der Resultate des vorigen Paragraphen sofort die folgenden Sätze:

Sind d und e beide durch eine gerade Potenz der ungeraden Primzahl p teilbar, so ist stets:

$$(5) \qquad \left(\frac{d, e}{p}\right) = \left(\frac{d_0, e_0}{p}\right) = +1,$$

wenn d_0 und e_0 hier wie stets im folgenden die zu d und e gehörigen Einheiten bedeuten, d. h. in diesem Falle ist e immer durch die Hauptform $x^2 - dy^2$ darstellbar.

In der Tat ist ja unter diesen Voraussetzungen das Symbol $\left(\dfrac{-1,d,e}{p}\right)$ nach dem Satze (2) a. S. 387 gleich $+1$.

Es seien jetzt zweitens d und e nicht beide von gerader Ordnung. Dann kann eine dieser Zahlen oder auch beide von ungerader Ordnung sein. Wegen der stets bestehenden Gleichung:

$$(6) \qquad \left(\frac{e,d}{p}\right) = \left(\frac{d,e}{p}\right)$$

ist es gleichgültig, welche von beiden Zahlen von ungerader, welche von gerader Ordnung angenommen wird; wir wollen im folgenden immer voraussetzen, daß, falls nur eine der beiden Zahlen von ungerader Ordnung ist, dieses e sein soll.

Ist nun erstens nur e von ungerader Ordnung, so ist nach dem a. S. 391 (4) bewiesenen Satze:

$$(7) \qquad \left(\frac{d,e}{p}\right) = \left(\frac{-1,d,e}{p}\right) = \left(\frac{-1,d_0,pe_0}{p}\right) = \left(\frac{d_0}{p}\right).$$

Sind dagegen d und e beide von ungerader Ordnung, so folgt nach demselben Satze:

$$(8) \qquad \left(\frac{d,e}{p}\right) = \left(\frac{-1,d,e}{p}\right) = \left(\frac{-1,pd_0,pe_0}{p}\right) = \left(\frac{-d_0e_0}{p}\right).$$

Wir können das bisher gefundene Ergebnis in dem folgenden Satze zusammenfassen:

Ist p eine ungerade Primzahl, so ist das Symbol $\left(\dfrac{d,e}{p}\right)$ gleich 1, $\left(\dfrac{d_0}{p}\right)$, $\left(\dfrac{-d_0e_0}{p}\right)$, je nachdem von den beiden Zahlen d

und e keine, eine, nämlich e, oder jede von ungerader Ordnung in bezug auf p ist.

Ist endlich $p = 2$, und sind zuerst d und e beide durch eine gerade Potenz von 2 teilbar, so ist nach dem Satze (3) a. S. 390

$$\left(\frac{d,e}{2}\right) = \left(\frac{-1,d,e}{2}\right) = \left(\frac{-1,d_0,e_0}{2}\right)$$

dann und nur dann gleich -1, wenn -1, d_0, e_0 modulo 4 kongruent, wenn also d_0 und e_0 beide von der Form $4n-1$ sind. Hieraus ergibt sich der Satz:

Sind d und e modulo 2 beide von gerader Ordnung, so ist stets

(9) $$\left(\frac{d,e}{2}\right) = \left(\frac{d_0,e_0}{2}\right) = (-1)^{\frac{d_0-1}{2}\cdot\frac{e_0-1}{2}},$$

denn der rechts stehende Exponent ist ja dann und nur dann ungerade, wenn d_0 und e_0 beide von der Form $4n+3$ sind.

Ist zweitens e von ungerader, d aber von gerader Ordnung, so ist nach (5ª) a. S. 394:

(10)
$$\left(\frac{d,e}{2}\right) = \left(\frac{d_0,2e_0}{2}\right) = \left(\frac{-1,d_0,2e_0}{2}\right)$$
$$= (-1)^{\frac{(d_0-1)(d_0+2e_0-1)}{8}} = (-1)^{\frac{d_0^2-1}{8}+\frac{(d_0-1)(e_0-1)}{4}}$$
$$= \left(\frac{d_0,e_0}{2}\right)\left(\frac{2}{d_0}\right).$$

Sind endlich d_0 und e_0 beide von ungerader Ordnung, so folgt nach demselben Satze und nach (4) a. S. 355:

(11)
$$\left(\frac{d,e}{2}\right) = \left(\frac{2d_0, 2e_0}{2}\right) = \left(\frac{-1, 2d_0, 2e_0}{2}\right)$$
$$= (-1)^{\frac{(d_0+e_0)(d_0+e_0-2)}{8}} = (-1)^{\frac{d_0^2-1}{8}+\frac{e_0^2-1}{8}+\frac{(d_0-1)(e_0-1)}{4}}$$
$$= \left(\frac{d_0, e_0}{2}\right)\left(\frac{2}{d_0 e_0}\right).$$

Wir können das Ergebnis dieser letzten Betrachtung in dem folgenden einfachen Satze aussprechen:

Das Symbol $\left(\dfrac{d,e}{2}\right)$ ist gleich

(11ª)
$$\left(\frac{d_0, e_0}{2}\right), \quad \left(\frac{d_0, e_0}{2}\right)\left(\frac{2}{d_0}\right), \quad \left(\frac{d_0, e_0}{2}\right)\left(\frac{2}{d_0 e_0}\right)$$

je nachdem von den beiden Zahlen d und e keine, eine, nämlich e oder jede von ungerader Ordnung in bezug auf 2 ist; und hier ist

(11ᵇ)
$$\left(\frac{d_0, e_0}{2}\right) = (-1)^{\frac{d_0-1}{2}\cdot\frac{e_0-1}{2}}.$$

Mit Hilfe dieser Sätze beweise ich nun sehr leicht den folgenden Hauptsatz über die Zerlegung des Hilbertschen Symboles:

Wie auch die Zahlen d, e, e' beschaffen sein mögen, immer besteht für jeden Bereich $K(p)$ die Gleichung:

(12)
$$\left(\frac{d, ee'}{p}\right) = \left(\frac{d,e}{p}\right)\left(\frac{d,e'}{p}\right),$$

neben welcher, wegen der Symmetrie jenes Symboles, dann
natürlich auch die andere gilt:

(12ª)
$$\left(\frac{dd', e}{p}\right) = \left(\frac{d, e}{p}\right)\left(\frac{d', e}{p}\right).$$

Diese Sätze sind nur ein anderer Ausdruck des folgenden schönen
und einfachen Theorems:

Sind e, e', e'' drei beliebige Zahlen, für welche

$$ee'e'' = 1 \ (p)$$

ist, so besteht immer die Gleichung:

(13)
$$\left(\frac{d, e}{p}\right)\left(\frac{d, e'}{p}\right)\left(\frac{d, e''}{p}\right) = 1.$$

In der Tat folgt ja aus dieser Gleichung durch Multiplikation mit
$\left(\dfrac{d, e''}{p}\right)$:

$$\left(\frac{d, e}{p}\right)\left(\frac{d, e'}{p}\right) = \left(\frac{d, e''}{p}\right) = \left(\frac{d, \dfrac{1}{ee'}}{p}\right) = \left(\frac{d, \dfrac{(ee')^2}{ee'}}{p}\right) = \left(\frac{d, ee'}{p}\right).$$

Umgekehrt folgt durch zweimalige Anwendung von (12)

$$\left(\frac{d, e}{p}\right)\left(\frac{d, e'}{p}\right)\left(\frac{d, e''}{p}\right) = \left(\frac{d, ee'e''}{p}\right) = \left(\frac{d, 1}{p}\right) = +1;$$

denn das letzte Symbol ist $+1$, da die Gleichung $-x^2 + dy^2 + z^2 = 0$
immer die Lösung $(1, 0, 1)$ hat.

Nur die Richtigkeit von (13) brauchen wir also zu beweisen. Dabei müssen wir die Fälle unterscheiden, daß d und e, e', e'' von gerader oder von ungerader Ordnung in bezug auf p sind. Ich bemerke nun zunächst, daß von den drei Faktoren e, e', e'' entweder keiner oder zwei von ungerader Ordnung sind, da ihr Produkt gleich 1 ist.

Es sei nun p zuerst eine *ungerade* Primzahl; ist dann d von gerader Ordnung, und nehmen wir zunächst e, e', e'' alle ebenfalls von gerader Ordnung an, so ist unsere Gleichung richtig, denn nach (5) geht sie dann über in

$$(14) \qquad\qquad (+1)(+1)(+1) = +1;$$

ist dagegen unter der gleichen Voraussetzung über d e von gerader, aber e' und e'' beide von ungerader Ordnung, so wird in unserer Gleichung das zweite und dritte Symbol nach (7) a. S. 396 gleich $\left(\dfrac{d_0}{p}\right)$, dieselbe wird hier also:

$$(14^{\mathrm{a}}) \qquad\qquad (+1)\left(\frac{d_0}{p}\right)\left(\frac{d_0}{p}\right) = \left(\frac{d_0^2}{p}\right) = +1.$$

Ist ferner d von ungerader, e, e', e'' aber von gerader Ordnung, so geht (13) nach demselben Satze über in

$$(14^{\mathrm{b}}) \qquad \left(\frac{e_0}{p}\right)\left(\frac{e'_0}{p}\right)\left(\frac{e''_0}{p}\right) = \left(\frac{e_0 e'_0 e''_0}{p}\right) = \left(\frac{1}{p}\right) = 1;$$

und wenn endlich d wieder von ungerader Ordnung ist, während e von gerader, e' und e'' von ungerader Ordnung vorausgesetzt werden, so ergibt die Anwendung von (8) a. S. 396 auf die zu untersuchende Gleichung:

$$(14^{\mathrm{c}}) \qquad \left(\frac{e_0}{p}\right)\left(\frac{-e'_0 d_0}{p}\right)\left(\frac{-e''_0 d_0}{p}\right) = \left(\frac{e_0 e'_0 e''_0 \cdot d_0^2}{p}\right) = +1,$$

und damit ist unsere Behauptung für eine beliebige ungerade Primzahl p vollständig bewiesen.

Zweitens sei $p = 2$. Dann enthält nach (11ᵃ) und (11ᵇ) die linke Seite von (13) als ersten Bestandteil das Produkt:

$$\left(\frac{d_0, e_0}{2}\right)\left(\frac{d_0, e_0'}{2}\right)\left(\frac{d_0, e_0''}{2}\right) = (-1)^{\frac{d_0-1}{2}\left(\frac{e_0-1}{2}+\frac{e_0'-1}{2}+\frac{e_0''-1}{2}\right)}$$

$$= (-1)^{\frac{d_0-1}{2}\frac{e_0 e_0' e_0''-1}{2}} = +1,$$

da ja auch das Produkt der zu e, e', e'' gehörigen Einheiten gleich 1 ist. Wir haben also nur zu zeigen, daß das Produkt der in (13) noch hinzutretenden Zusatzfaktoren:

$$(15) \qquad\qquad 1, \quad \left(\frac{2}{d_0}\right), \quad \left(\frac{2}{d_0 e_0}\right)$$

für sich ebenfalls gleich $+1$ ist. Dieser letzte Beweis stimmt aber wörtlich mit dem vorher für ein ungerades p geführten überein, denn hier waren die Werte der in (13) überhaupt auftretenden Symbole in denselben Fällen:

$$(15ᵃ) \qquad\qquad 1, \quad \left(\frac{d_0}{p}\right), \quad \left(\frac{-d_0 e_0}{p}\right),$$

und da für die Multiplikation der in (15ᵃ) stehenden Symbole genau dieselben Sätze bestehen wie für die in (15) aufgeführten, so ergibt sich auch hier die Richtigkeit unserer Gleichung in den vier unterschiedenen Fällen. Wir erhalten nämlich als das Produkt der Zusatzfaktoren, genau wie in (14), (14ᵃ), (14ᵇ) und (14ᶜ), für:

1. d von gerader und e, e', e'' von gerader Ordnung:

$$(16) \qquad\qquad (+1)(+1)(+1) = +1.$$

2. d von gerader, e von gerader, e', e'' von ungerader Ordnung:

$$(16^{\mathrm{a}}) \qquad (+1)\left(\frac{2}{d_0}\right)\left(\frac{2}{d_0}\right) = +1.$$

3. d von ungerader, e, e', e'' von gerader Ordnung:

$$(16^{\mathrm{b}}) \qquad \left(\frac{2}{e_0}\right)\left(\frac{2}{e_0'}\right)\left(\frac{2}{e_0''}\right) = +1.$$

4. d von ungerader, e von gerader, e' und e'' aber von ungerader Ordnung:

$$\left(\frac{2}{e_0}\right)\left(\frac{2}{e_0'd_0}\right)\left(\frac{2}{e_0''d_0}\right) = +1.$$

Da wir die Richtigkeit von (12) für den Bereich von p_∞ schon a. S. 395 in (4) bewiesen hatten, so ist die Gültigkeit der Dekompositionsgleichung (13) für die Bereiche von p, 2, p_∞ vollständig dargetan.

§ 6. Ein Fundamentalsatz für die Theorie der ternären quadratischen Formen.

Wir sind jetzt imstande, einen Fundamentalsatz in der Theorie der ternären quadratischen Formen zu beweisen, welcher das Reziprozitätsgesetz nebst seinen Ergänzungssätzen als speziellen Fall enthält, und der für die Theorie der quadratischen Zahlkörper eine der wichtigsten Grundlagen bildet. Außerdem zeigt er den engen Zusammenhang zwischen den Bereichen $K(2)$, $K(p)$, $K(p_\infty)$, welche hier zum ersten Male in die Arithmetik eingeführt worden sind. Dieser Satz läßt sich folgendermaßen aussprechen:

Jede ternäre quadratische Form:

$$f(x_1, x_2, x_3) = a_{11}x_1^2 + 2a_{12}x_1x_2 + \cdots + a_{33}x_3^2$$

mit rationalen Zahlkoeffizienten besitzt stets eine endliche, und zwar eine gerade Anzahl von Nichtteilern. Oder, was dasselbe ist: das auf alle Stellen p, 2, p_∞ erstreckte Produkt

$$\prod_{(p)} \left(\frac{f(x_1, x_2, x_3)}{p} \right)$$

ist stets gleich $+1$.

Beim Beweise dieses Satzes können wir die Form f durch eine umkehrbare Transformation und durch Multiplikation mit einer von Null verschiedenen rationalen Zahl auf die Form

$$f = -x^2 + dy^2 + ez^2$$

transformiert annehmen, deren Koeffizienten d und e ganze rationale Zahlen sind. Dann ist also nur zu zeigen, daß das Produkt:

$$\prod_{(p)} \left(\frac{d, e}{p} \right) = +1$$

ist. Dabei bemerke ich zunächst, daß in diesem Produkte sicher alle diejenigen Faktoren gleich $+1$ sind, also fortgelassen werden können, in welchen p ungerade und weder in d noch in e enthalten ist. Es kommen also jedesmal nur endlich viele Faktoren überhaupt in Betracht, nämlich die ungeraden Primfaktoren von d oder e und außerdem eventuell 2 und p_∞.

Der Beweis dieses Satzes beruht allein auf dem vorher behandelten Zerlegungssatze für das Symbol $\left(\dfrac{d, e}{p} \right)$. Ist nämlich $d = d_1 d_2$ irgendeine

Zerlegung von d in zwei ganzzahlige Faktoren, von denen einer auch -1 sein kann, so ist ja:

$$\prod_{(p)} \left(\frac{d_1 d_2, e}{p} \right) = \prod_{(p)} \left(\frac{d_1, e}{p} \right) \cdot \prod_{(p)} \left(\frac{d_2, e}{p} \right).$$

Unser Satz ist also für $d = d_1 d_2$ bewiesen, wenn seine Richtigkeit für $d = d_1$ und $d = d_2$ feststeht. Da man nun sowohl d als auch e so lange zerlegen kann, bis alle Faktoren entweder Primzahlen oder -1 geworden sind, so erkennt man, daß der Satz für jedes System (d, e) bewiesen sein wird, wenn gezeigt ist, daß die folgenden sieben einfachsten Produkte:

$$\prod_{(p)} \left(\frac{-1, -1}{p} \right), \quad \prod_{(p)} \left(\frac{-1, 2}{p} \right), \quad \prod_{(p)} \left(\frac{-1, q}{p} \right),$$

$$\prod_{(p)} \left(\frac{2, 2}{p} \right), \quad \prod_{(p)} \left(\frac{2, q}{p} \right),$$

$$\prod_{(p)} \left(\frac{q, q}{p} \right), \quad \prod_{(p)} \left(\frac{q, r}{p} \right)$$

sämtlich gleich $+1$ sind, in denen q und r beliebige ungerade Primzahlen bedeuten. Jene sieben Spezialfälle können aber mit Hilfe der Ergänzungssätze und des Reziprozitätsgesetzes ohne weiteres bewiesen werden, wenn man beachtet, daß in jenen Produkten außer den zum „Nenner" 2 und p_∞ gehörigen Symbolen immer nur diejenigen beachtet zu werden brauchen, für welche p in d oder e enthalten ist. Nur beim ersten Produkte ist p_∞ zu berücksichtigen, denn hier ist wegen (3ᵃ) a. S. 395 $\left(\dfrac{-1, -1}{p_\infty} \right) = -1$; für alle anderen ist der bezügliche Faktor $+1$, da hier stets mindestens eine der beiden Zahlen d und e positiv ist. Ferner werde noch einmal daran erinnert, daß für zwei ungerade Zahlen a und b das Symbol $\left(\dfrac{a,b}{2}\right)$ gleich $+1$ ist, wenn wenigstens eine dieser Zahlen die Form $4n+1$ hat, im entgegengesetzten Falle aber gleich -1 ist. So ergeben sich mit Hilfe der Formeln a. S. 397 leicht die Gleichungen:

(1) $\quad \displaystyle\prod\left(\frac{-1,-1}{p}\right) = \left(\frac{-1,-1}{p_\infty}\right)\left(\frac{-1,-1}{2}\right) = (-1)(-1) = +1$

(2) $\quad \displaystyle\prod\left(\frac{-1,2}{p}\right) \ = \left(\frac{-1,2}{2}\right) = \left(\frac{-1,+1}{2}\right)\left(\frac{2}{-1}\right) = (+1)(+1) = +1$

(3) $\quad \displaystyle\prod\left(\frac{-1,q}{p}\right) \ = \left(\frac{-1,q}{2}\right)\left(\frac{-1,q}{q}\right) = (-1)^{\frac{q-1}{2}}\left(\frac{-1}{q}\right) = +1$

(4) $\quad \displaystyle\prod\left(\frac{2,2}{p}\right) \ \ = \left(\frac{2,2}{2}\right) = \left(\frac{1,1}{2}\right)\left(\frac{2}{1}\right) = +1$

(5) $\quad \displaystyle\prod\left(\frac{2,q}{p}\right) \ \ = \left(\frac{2,q}{2}\right)\left(\frac{2,q}{q}\right) = \left(\frac{1,q}{2}\right)\left(\frac{2}{q}\right)\left(\frac{2}{q}\right) = +1$

(6) $\quad \displaystyle\prod\left(\frac{q,q}{p}\right) \ \ = \left(\frac{q,q}{2}\right)\left(\frac{q,q}{q}\right) = (-1)^{\left(\frac{q-1}{2}\right)^2}\left(\frac{-1}{q}\right) = +1$

(7) $\quad \displaystyle\prod\left(\frac{q,r}{p}\right) \ \ = \left(\frac{q,r}{2}\right)\left(\frac{q,r}{q}\right)\left(\frac{q,r}{r}\right) = (-1)^{\frac{q-1}{2}\cdot\frac{r-1}{2}}\left(\frac{r}{q}\right)\left(\frac{q}{r}\right) = +1.$

Damit ist dieser Fundamentalsatz vollständig bewiesen. Man erkennt, daß er außer dem Dekompositionssatze für das Symbol $\left(\dfrac{d,e}{p}\right)$ vollständig die Ergänzungssätze und das Reziprozitätsgesetz voraussetzt.

Dagegen ergibt sich aus diesem Satze ein neuer Beweis der beiden Ergänzungssätze und des Reziprozitätsgesetzes für das Jacobi-Legendresche Symbol. Wir wollen dasselbe noch in der Weise verallgemeinern, daß wir auch den „Nenner" ebenso wie den „Zähler" als positiv oder negativ voraussetzen; und zwar soll dann immer

$$(8) \qquad \left(\frac{Q}{-P}\right) = \left(\frac{Q}{P}\right) = \left(\frac{Q}{|P|}\right)$$

sein, so daß allgemein, wenn $P = \pm pp' \ldots$ ist,

$$\left(\frac{Q}{P}\right) = \prod_p \left(\frac{Q}{p}\right)$$

wird.

Sind nun

$$P = \pm pp' \ldots, \quad Q = \pm qq' \ldots$$

zwei beliebige ungerade teilerfremde Zahlen, so ergibt die Anwendung unseres Fundamentalsatzes auf die drei quadratischen Formen:

$$-x^2 - \ \ y^2 + Pz^2$$
$$-x^2 + 2y^2 + Pz^2$$
$$-x^2 + Qy^2 + Pz^2$$

die drei Gleichungen:

$$1 = \prod_{(p)} \left(\frac{-1,P}{p}\right) = \left(\frac{-1,P}{p_\infty}\right)\left(\frac{-1,P}{2}\right) = \prod_{p/P} \left(\frac{-1,P}{p}\right)$$

$$= (-1)^{\frac{\operatorname{sgn} P-1}{2}+\frac{P-1}{2}} \cdot \prod_{p/P} \left(\frac{-1}{p}\right) = (-1)^{\frac{|P|-1}{2}} \left(\frac{-1}{P}\right),$$

$$1 = \prod_{(p)} \left(\frac{2,P}{p}\right) = \left(\frac{2,P}{2}\right) \prod_{p/P} \left(\frac{2,P}{p}\right) = (-1)^{\frac{P^2-1}{8}} \left(\frac{2}{P}\right),$$

$$1 = \prod_{(p)} \left(\frac{Q,P}{p}\right) = \left(\frac{Q,P}{p_\infty}\right) \left(\frac{Q,P}{2}\right) \prod_{p/P} \left(\frac{Q,P}{p}\right) \prod_{q/Q} \left(\frac{Q,P}{q}\right)$$

$$= (-1)^{\frac{\operatorname{sgn} P - 1}{2} \cdot \frac{\operatorname{sgn} Q - 1}{2} + \frac{P-1}{2} \cdot \frac{Q-1}{2}} \left(\frac{Q}{P}\right) \left(\frac{P}{Q}\right),$$

d. h. es bestehen für dieses verallgemeinerte Jacobi-Legendresche Zeichen die Gleichungen

$$\left(\frac{-1}{P}\right) = (-1)^{\frac{|P|-1}{2}}$$

(9) $$\left(\frac{2}{P}\right) = (-1)^{\frac{P^2-1}{8}}$$

$$\left(\frac{Q}{P}\right) = (-1)^{\frac{\operatorname{sgn} P - 1}{2} \cdot \frac{\operatorname{sgn} Q - 1}{2} + \frac{P-1}{2} \cdot \frac{Q-1}{2}} \left(\frac{P}{Q}\right).$$

Für dieses allgemeine Symbol gilt also das gewöhnliche Reziprozitätsgesetz, wenn wenigstens eine der beiden Zahlen P und Q positiv ist. Sind aber beide negativ, so ist das sonst geltende Vorzeichen noch mit -1 zu multiplizieren. So ist z. B.

$$\left(\frac{-13}{-7}\right) = -\left(\frac{-7}{-13}\right), \quad \left(\frac{13}{-7}\right) = +\left(\frac{-7}{13}\right),$$

weil (-7) von der Form $4n+1$ ist.

§ 7. Über die Darstellung der rationalen Zahlen durch binäre Formen.

Ich wende den im vorigen Paragraphen bewiesenen Fundamentalsatz an auf die Untersuchung der Frage nach der Darstellbarkeit einer rationalen Zahl m durch eine beliebige binäre Form

$$f(x, y) = ax^2 + bxy + cy^2$$

von nicht verschwindender Diskriminante $D = b^2 - 4ac$ für einen beliebigen Bereich $K(p)$.

Nun besitzt die Gleichung

$$(1) \qquad m = f(x, y) = ax^2 + bxy + cy^2 \ (p)$$

stets und nur dann eine Lösung, wenn die zugehörige Gleichung:

$$(1^a) \qquad f(x, y, z) = ax^2 + bxy + cy^2 - mz^2 = 0 \ (p)$$

eine solche hat, wenn also die ternäre Form $f(x, y, z)$ den Teiler p enthält; denn jeder Lösung (ξ, η) von (1) entspricht ja eine solche $(\xi, \eta, 1)$ von (1^a), und umgekehrt liefert jedes Wertsystem (ξ, η, ζ), welches (1^a) befriedigt, und in dem nach dem Satze a. S. 386 $\zeta \neq 0$ angenommen werden kann, eine Lösung $x = \dfrac{\xi}{\zeta}$, $y = \dfrac{\eta}{\zeta}$ von (1).

Wenden wir nun unser Fundamentaltheorem a. S. 403 auf die ternäre Form (1^a) an, so ergibt sich der folgende einfache Satz:

Die Anzahl der Körper $K(p)$, innerhalb deren eine gegebene rationale Zahl m nicht durch eine gegebene binäre Form von nichtverschwindender Diskriminante dargestellt werden kann, ist endlich und stets eine gerade Zahl.

Die Bedingung

$$(2) \qquad \left(\frac{f(x, y, z)}{p} \right) = +1$$

für die Darstellbarkeit von m durch $f(x, y)$ läßt sich nun leicht durch das Hilbertsche Symbol ausdrücken. Dabei können wir von vornherein voraussetzen, daß wenigstens einer der beiden äußeren Koeffizienten a und c von $f(x, y)$ nicht Null ist; denn anderenfalls könnte ja

$f(x, y) = bxy$ durch die Substitution (IV) a. S. 370: $x = \xi + \eta$, $y = \xi - \eta$ in die äquivalente Form $b\xi^2 - b\eta^2$ transformiert werden. Ist aber etwa $a \neq 0$, so ist

$$-4af(x, y, z) = -(2ax + by)^2 + (b^2 - 4ac)y^2 + 4amz^2$$
$$= -\xi^2 + D\eta^2 + 4am\zeta^2,$$

wenn:

$$2ax + by = \xi, \quad y = \eta, \quad z = \zeta$$

gesetzt wird. Also liefert (2) als notwendige und hinreichende Bedingung für die Darstellbarkeit von m durch $f(x, y)$ für den Bereich von p:

(2ª)
$$\left(\frac{D, 4am}{p}\right) = \left(\frac{D, am}{p}\right) = +1$$

oder:

(2ᵇ)
$$\left(\frac{D, m}{p}\right) = \left(\frac{D, a}{p}\right).$$

Alle durch eine bestimmte Form $f(x, y)$ für einen gegebenen Bereich $K(p)$ darstellbaren rationalen ganzen oder gebrochenen Zahlen m bilden einen in sich abgeschlossenen Bereich $(m, m', \dots)$. Für alle und nur diese Zahlen hat also nach (2ᵇ) das Symbol $\left(\dfrac{D, m}{p}\right)$ einen und denselben Wert, welcher ± 1 sein kann. Ich bezeichne ihn durch C_p und nenne ihn den Charakter der Form $f(x, y)$ in bezug auf p. Jede Form f besitzt für p_∞, 2 und für jede ungerade Primzahl p je einen eindeutig bestimmten Charakter, welcher in jedem Falle leicht dadurch bestimmt werden kann, daß man für eine geeignet gewählte durch f darstellbare Zahl $\overline{m}$ das Symbol $\left(\dfrac{D,\overline{m}}{p}\right)$ berechnet. Insbesondere kann z. B. $\overline{m}$ gleich einer der drei folgenden Zahlen:

$$(3) \qquad a = f(1,0), \quad a+b+c = f(1,1), \quad c = f(0,1)$$

gewählt werden.

Nur für eine endliche und zwar für eine gerade Anzahl von Bereichen $K(p)$ sind die Charaktere einer beliebig gegebenen Form $f(x,y)$ gleich -1. Ist nämlich m irgendeine durch $f(x,y)$ darstellbare rationale Zahl, so ist ja für jeden Bereich $\left(\dfrac{D,m}{p}\right) = C_p$, und aus dem Fundamentalsatz für das Hilbertsche Symbol ergibt sich also die Gleichung:

$$(4) \qquad \prod_p \left(\frac{D,m}{p}\right) = \prod C_p = +1,$$

womit unsere Behauptung bewiesen ist.

Da der Wert des Symboles $\left(\dfrac{D,m}{p}\right)$ ungeändert bleibt, wenn D bzw. m mit einer p-adischen Quadratzahl multipliziert oder dividiert wird, so können in demselben D und m durch die zugehörigen reduzierten Werte (7) a. S. 374 ersetzt werden. Setzt man nämlich, je nachdem der betrachtete Bereich $K(p_\infty)$, $K(p)$ oder $K(2)$ ist:

$$
(5) \qquad
\begin{aligned}
D &= (-1)^\beta D_0^2, & m &= (-1)^{\beta'} m_0^2 & (p_\infty)\\
D &= p^\alpha w^\beta D_0^2, & m &= p^{\alpha'} w^{\beta'} m_0^2 & (p)\\
D &= 2^\alpha (-1)^\beta 5^\gamma D_0^2, & m &= 2^{\alpha'} (-1)^{\beta'} 5^{\gamma'} m_0^2 & (2),
\end{aligned}
$$

wo jedesmal α, β, γ sowie α', β', γ' gleich 0 oder 1 sein können, so ergeben sich in den unterschiedenen Fällen die Gleichungen:

$$(6) \quad \begin{aligned}
\left(\frac{D, m}{p_\infty}\right) &= \left(\frac{(-1)^\beta, (-1)^{\beta'}}{p_\infty}\right) \\
\left(\frac{D, m}{p}\right) &= \left(\frac{p^\alpha w^\beta, p^{\alpha'} w^{\beta'}}{p}\right) \\
\left(\frac{D, m}{2}\right) &= \left(\frac{2^\alpha (-1)^\beta 5^\gamma, 2^{\alpha'} (-1)^{\beta'} 5^{\gamma'}}{2}\right).
\end{aligned}$$

Wendet man endlich auf diese Symbole den Dekompositionssatz an, und beachtet, daß nach den Formeln a. S. 397 die folgenden Gleichungen bestehen:

$$(7) \quad \begin{aligned}
&\left(\frac{-1, -1}{p_\infty}\right) = -1, \quad \left(\frac{p, p}{p}\right) = \left(\frac{-1}{p}\right), \quad \left(\frac{p, w}{p}\right) = -1, \quad \left(\frac{w, w}{p}\right) = +1, \\
&\left(\frac{2, 2}{2}\right) = +1, \quad \left(\frac{2, -1}{2}\right) = +1, \quad \left(\frac{-1, -1}{2}\right) = -1, \\
&\left(\frac{-1, 5}{2}\right) = +1, \quad \left(\frac{2, 5}{2}\right) = -1, \quad \left(\frac{5, 5}{2}\right) = +1,
\end{aligned}$$

so ergeben sich aus (6) die folgenden Gleichungen:

$$\left(\frac{D,m}{p_\infty}\right) = \left(\frac{-1,-1}{p_\infty}\right)^{\beta\beta'} = (-1)^{\beta\beta'}$$

$$\left(\frac{D,m}{p}\right) = \left(\frac{p,p}{p}\right)^{\alpha\alpha'} \left(\frac{p,w}{p}\right)^{\alpha\beta'+\alpha'\beta} \left(\frac{w,w}{p}\right)^{\beta\beta'}$$

$$(8) \qquad = \left(\frac{-1}{p}\right)^{\alpha\alpha'} (-1)^{\alpha\beta'+\beta\alpha'} = (-1)^{\frac{p-1}{2}\alpha\alpha'+\alpha\beta'+\beta\alpha'}$$

$$\left(\frac{D,m}{p}\right) = \left(\frac{2,2}{2}\right)^{\alpha\alpha'} \cdot \left(\frac{2,-1}{2}\right)^{\alpha\beta'+\beta\alpha'} \left(\frac{-1,-1}{2}\right)^{\beta\beta'} \cdot \left(\frac{2,5}{2}\right)^{\alpha\gamma'+\alpha'\gamma}$$

$$\cdot \left(\frac{-1,5}{2}\right)^{\beta\gamma'+\beta'\gamma} \left(\frac{5,5}{2}\right)^{\gamma\gamma'} = (-1)^{\beta\beta'+\alpha\gamma'+\gamma\alpha'}.$$

Aus diesen Gleichungen folgt sofort, daß unser Symbol in allen drei unterschiedenen Fällen stets und nur dann für j e d e s m, d. h. für jedes Exponentensystem (β') oder (α', β'), oder $(\alpha', \beta', \gamma')$ gleich $+1$ ist, wenn die zu D gehörigen Exponenten (β) oder (α, β) oder (α, β, γ) sämtlich gleich Null sind, wenn also $D = D_0^2$ für den betreffenden Bereich eine Quadratzahl ist.

Ist dagegen auch nur einer von den Exponenten der zu D gehörigen Systeme (β), (α, β), (α, β, γ) nicht Null, also gleich 1, so erkennt man leicht, daß bei allen möglichen Wertsystemen (β'), (α', β'), $(\alpha', \beta', \gamma')$ von m genau für die Hälfte die Potenzen

$$(-1)^{\beta\beta'}, \quad (-1)^{\frac{p-1}{2}\alpha\alpha'+\alpha\beta'+\beta\alpha'}, \quad (-1)^{\beta\beta'+\alpha\gamma'+\gamma\alpha'}$$

gleich $+1$, für die andere Hälfte aber -1 werden. Ist nämlich z. B. für den Bereich $K(2)$ einer der Exponenten von D, etwa γ, gleich 1, während α und β beliebig sein können, und soll

$$\left(\frac{D,m}{2}\right) = (-1)^{\beta\beta'+\alpha\gamma'+\alpha'} = (-1)^\varepsilon$$

sein, wo $\varepsilon = 0$ oder 1 sein kann, so bestimmt sich aus der Kongruenz:

$$\beta\beta' + \alpha\gamma' + \alpha' \equiv \varepsilon \pmod{2}$$

α' eindeutig durch β' und γ', da ja aus ihr:

$$\alpha' \equiv \varepsilon + \beta\beta' + \alpha\gamma' \pmod{2},$$

folgt. Alle und nur die Exponentensysteme $(\alpha', \beta', \gamma')$, welche je einem der beiden Werte 0 und 1 von ε entsprechen, sind also:

$$(\alpha', \beta', \gamma') = (\varepsilon + \beta\beta' + \alpha\gamma', \beta', \gamma'),$$

wo β' und γ' gleich 0 oder 1 sein können, und das gibt sowohl für $\varepsilon = 0$ als für $\varepsilon = 1$ wirklich je vier verschiedene Exponentensysteme.

Nach dem soeben in (2^{b}) a. S. 409 bewiesenen Satze hat nun das Symbol $\left(\dfrac{D, m}{p}\right)$ für alle und nur die durch $f(x, y)$ innerhalb $K(p)$ darstellbaren Zahlen m einen und denselben Wert C_p. Ist also $D = D_0^2$ für $K(p)$ eine Quadratzahl, so ist jenes Symbol für jede Zahl m gleich $+1$; also ist in diesem Falle sicher $C_p = +1$, und jede rationale Zahl m ist für $K(p)$ durch $f(x, y)$ darstellbar. Ist dagegen D innerhalb $K(p)$ keine Quadratzahl, so ist nach dem soeben bewiesenen Satze für die eine Hälfte aller Zahlklassen das Symbol $\left(\dfrac{D, m}{p}\right)$ gleich $+1$, für die andere gleich -1; je nachdem hier also das zugehörige C_p den einen oder den anderen Wert hat, ist nur die eine oder nur die andere Hälfte aller rationalen Zahlen m durch die Form $f(x, y)$ darstellbar. Den Wert von C_p findet man in jedem Falle, indem man für irgendeine durch $f(x, y)$ darstellbare Zahl $\overline{m}$, etwa für a, c oder $a + b + c$, das zugehörige Exponentensystem $(\overline{\beta})$, $(\overline{\alpha}, \overline{\beta})$, oder $(\overline{\alpha}, \overline{\beta}, \overline{\gamma})$ bestimmt und dann aus (8) den Wert von

$$C_p = \left(\frac{D, \overline{m}}{p} \right)$$

entnimmt.

Ich will eine Form $f(x,y)$ für einen Bereich $K(p)$ i n d e f i n i t nennen, wenn durch sie alle rationalen Zahlen innerhalb $K(p)$ rational dargestellt werden können; dagegen soll $f(x,y)$ für $K(p)$ d e f i n i t heißen, wenn nur die Hälfte aller rationalen Zahlen durch sie dargestellt werden kann. Dann kann das Resultat unserer letzten Untersuchung in dem einfachen Satze ausgesprochen werden:

Eine Form $f(x,y)$ ist stets und nur dann für $K(p)$ indefinit, wenn ihre Diskriminante $D = b^2 - 4ac$ für jenen Bereich eine Quadratzahl ist. Sie ist also für $K(p_\infty)$ indefinit, wenn D positiv, sie ist für $K(p)$ bzw. für $K(2)$ indefinit, wenn $\left(\dfrac{D}{p} \right)$ bzw. $\left(\dfrac{D}{2} \right)$ gleich $+1$ ist. Ist diese Bedingung nicht erfüllt, so ist $f(x,y)$ definit, d. h. es werden von den in allen 2, 4, 8 Zahlklassen enthaltenen Zahlen m immer nur die Hälfte, nämlich die in je 1, 2, 4 Zahlklassen enthaltenen Zahlen durch $f(x,y)$ dargestellt.

Wir wollen sagen, daß eine Zahl D oder m für den Bereich $K(p_\infty)$, $K(p)$ oder $K(2)$ zur Zahlklasse (β), (α, β) oder (α, β, γ) bzw. (β'), (α', β'), oder $(\alpha', \beta', \gamma')$ gehört, wenn sie für diesen Bereich das entsprechende Exponentensystem besitzt, und wir wollen diese Beziehung jedesmal durch eine Gleichung, z. B. durch

$$(9) \qquad D = (\alpha, \beta, \gamma) \quad \text{oder} \quad m = (\alpha', \beta', \gamma') \quad (2)$$

ausdrücken. Dann können die drei allgemeinen Gleichungen a. S. 412:

$$(10) \qquad
\begin{aligned}
\left(\frac{D, m}{p_\infty}\right) &= (-1)^{\beta\beta'} \\[4pt]
\left(\frac{D, m}{p}\right) &= (-1)^{\frac{p-1}{2}\alpha\alpha'+\alpha\beta'+\beta\alpha'} \\[4pt]
\left(\frac{D, m}{2}\right) &= (-1)^{\beta\beta'+\alpha\gamma'+\gamma\alpha'}
\end{aligned}$$

folgendermaßen spezialisiert werden:

I) Für den Bereich $K(p_\infty)$ ist, falls

$$
\begin{aligned}
D = (0) \text{ ist,} \quad \left(\frac{D, m}{p_\infty}\right) &= +1 \\
= (1), \qquad\qquad &= (-1)^{\beta'},
\end{aligned}
$$

wenn $m = (\beta')$ beliebig gegeben ist.

II) Für einen Bereich $K(p)$ ist, falls

$$
\begin{aligned}
D = (0,0) \text{ ist,} \quad \left(\frac{D, m}{p}\right) &= +1 \\
= (0,1), \qquad\qquad &= (-1)^{\alpha'} \\
= (1,0), \qquad\qquad &= (-1)^{\frac{p-1}{2}\alpha'+\beta'} \\
= (1,1), \qquad\qquad &= (-1)^{\frac{p+1}{2}\alpha'+\beta'},
\end{aligned}
$$

wenn $m = (\alpha', \beta')$ ist.

III) Für den Bereich $K(2)$ ist, falls

$$D = (0,0,0) \text{ ist,} \quad \left(\frac{D,m}{2}\right) = +1$$

$$= (0,0,1), \qquad\qquad = (-1)^{\alpha'}$$

$$= (0,1,0), \qquad\qquad = (-1)^{\beta'}$$

$$= (1,0,0), \qquad\qquad = (-1)^{\gamma'}$$

$$= (0,1,1), \qquad\qquad = (-1)^{\alpha'+\beta'}$$

$$= (1,0,1), \qquad\qquad = (-1)^{\alpha'+\gamma'}$$

$$= (1,1,0), \qquad\qquad = (-1)^{\beta'+\gamma'}$$

$$= (1,1,1), \qquad\qquad = (-1)^{\alpha'+\beta'+\gamma'},$$

wenn $m = (\alpha', \beta', \gamma')$ beliebig gegeben ist.

Wählt man in diesen Gleichungen für m irgendeine *durch $f(x,y)$ darstellbare Zahl* $\overline{m}$, so bestimmt diese den Wert des betreffenden Charakters C_p, und alle und nur die Zahlen m sind durch $f(x,y)$ darstellbar, für welche

$$\left(\frac{D,m}{p}\right) = C_p$$

ist.

Bei der Bestimmung dieser einzelnen Charaktere können und wollen wir uns auf den einfachsten Fall beschränken, daß $f(x,y)$ eine sogen. p r i m i t i v e F o r m ist. Ist nämlich zunächst

$$f(x,y) = ax^2 + bxy + cy^2$$

eine beliebige Form mit rationalen Koeffizienten, so sei:

$$\delta = (a,b,c)$$

der größte gemeinsame Teiler derselben, welcher dann und nur dann das negative Vorzeichen erhalten soll, wenn a und c und $a + b + c$ sämtlich negativ sind. Ist dann:

(11)
$$a = \delta a_0, \quad b = \delta b_0, \quad c = \delta c_0,$$
$$f(x, y) = \delta f_0(x, y) = \delta(a_0 x^2 + b_0 xy + c_0 y^2),$$

so ist $f_0(x, y)$ eine ganzzahlige Form mit teilerfremden Koeffizienten, in welcher von den drei Zahlen a_0, c_0, $a_0 + b_0 + c_0$ mindestens eine positiv ist. Eine solche Form soll p r i m i t i v genannt werden. Ist $D^{(0)} = b_0^2 - 4a_0 c_0$ ihre Diskriminante, so wird

$$D = D^{(0)} \delta^2.$$

Es sei nun $m = f(\xi, \eta)$ eine für irgendeinen Bereich $K(p)$ durch $f(x, y)$ darstellbare Zahl; dann folgt aus der obigen Gleichung (11) durch die Substitution $(x = \xi, y = \eta)$

$$m = f(\xi, \eta) = \delta f_0(\xi, \eta) = \delta m_0,$$

wo $m_0 = f_0(\xi, \eta)$ eine durch die zugehörige primitive Form darstellbare Zahl ist. Sind also C_p und $C_p^{(0)}$ die Charaktere von $f(x, y)$ und $f_0(x, y)$ für den Bereich $K(p)$, so besteht zwischen ihnen immer die Beziehung:

(12)
$$C_p = \left(\frac{D, m}{p} \right) = \left(\frac{D^{(0)} \delta^2, m_0 \delta}{p} \right)$$
$$= \left(\frac{D^{(0)}, \delta}{p} \right) \left(\frac{D^{(0)}, m^{(0)}}{p} \right) = \left(\frac{D^{(0)}, \delta}{p} \right) C_p^{(0)}.$$

Es brauchen somit wirklich im Folgenden nur die Charaktere beliebiger primitiver Formen untersucht zu werden, da diejenigen für Formen vom Teiler δ aus ihnen durch die Multiplikation mit $\left(\dfrac{D^{(0)},\delta}{p}\right)$ hervorgehen.

Es sei jetzt also $f(x,y)$ eine primitive Form; dann kann unter den durch sie darstellbaren Zahlen m stets eine Zahl $\overline{m}$ so ausgewählt werden, daß sie positiv ist, falls der Bereich $K(p_\infty)$ ist, oder daß sie für einen der anderen Bereiche $K(p)$ bzw. $K(2)$ die betreffende Primzahl nicht enthält. In der Tat ist ja von den drei durch $f(x,y)$ darstellbaren ganzen Zahlen

$$(f(1,0), f(1,1), f(0,1)) = (a, a+b+c, c)$$

nach der Definition der primitiven Formen mindestens eine positiv, aber auch mindestens eine durch eine beliebig gegebene Primzahl p nicht teilbar, da der größte gemeinsame Teiler $(a, a+b+c, c) = (a, b, c) = 1$ ist. Wählt man also für den betreffenden Bereich $K(p_\infty)$, $K(p)$ oder $K(2)$ für $\overline{m}$ jedesmal diejenige Zahl oder eine von den Zahlen $a, a+b+c, c$ aus, welche positiv ist bzw. welche p oder 2 nicht enthält, so ist unserer Forderung in jedem Falle genügt. Für die so gewählte durch $f(x,y)$ darstellbare Zahl $\overline{m}$ ist also in den drei unterschiedenen Fällen:

$$\overline{m} = (0) \quad (p_\infty), \qquad \overline{m} = (0, \overline{\beta}) \quad (p), \qquad \overline{m} = (0, \overline{\beta}, \overline{\gamma}) \quad (2),$$

wo $\overline{\beta}$ bzw. $\overline{\beta}, \overline{\gamma}$ durch dieses spezielle $\overline{m}$ bestimmt sind. Setzt man nun dieses $\overline{m}$ für m in I), II), III) ein und beachtet man zugleich, daß für ein ungerades p

$$(-1)^{\overline{\beta}} = \left(\frac{\overline{m}}{p}\right),$$

für $p = 2$ aber nach S. 339 unten

$$(-1)^{\overline{\beta}} = (-1)^{\frac{\overline{m}-1}{2}} = \left(\frac{-1}{\overline{m}}\right), \quad (-1)^{\overline{\gamma}} = (-1)^{\frac{\overline{m}^2-1}{8}} = \left(\frac{2}{\overline{m}}\right)$$

ist, so ergeben sich für die gesuchten Charaktere C_{p_∞}, C_p, C_2 die folgenden Werte:

I') Für den Bereich $K(p_\infty)$ ist, wenn

$$D = (\beta) \text{ ist,} \quad C_{p_\infty} = \left(\frac{D, \overline{m}}{p_\infty}\right) = +1.$$

II') Für einen Bereich $K(p)$ ist, wenn

$$D = (0, \beta) \quad \text{ist,} \quad C_p = \left(\frac{D, \overline{m}}{p}\right) = +1,$$

$$= (1, \beta) \quad \text{„ ,} \quad C_p = (-1)^{\bar{\beta}} = \left(\frac{\overline{m}}{p}\right).$$

III') Für den Bereich $K(2)$ ist für:

$$
\begin{aligned}
D = (0, 0, \gamma) \quad & C_2 = +1 \\
= (0, 1, \gamma) \quad & = (-1)^{\bar{\beta}} \quad = \left(\frac{-1}{\overline{m}}\right) = (-1)^{\frac{\overline{m}-1}{2}} \\
= (1, 0, \gamma) \quad & = (-1)^{\bar{\gamma}} \quad = \left(\frac{2}{\overline{m}}\right) = (-1)^{\frac{\overline{m}^2-1}{8}} \\
= (1, 1, \gamma) \quad & = (-1)^{\bar{\beta}+\bar{\gamma}} = \left(\frac{-2}{\overline{m}}\right) = (-1)^{\frac{(\overline{m}-1)(\overline{m}-3)}{8}},
\end{aligned}
$$

wobei in den unterschiedenen Fällen jedesmal β bzw. γ beliebig gewählt werden kann.

Zusammenfassend kann man alle diese Resultate über primitive Formen in dem folgenden einfachen Satze aussprechen:

Für eine beliebige primitive Form $f(x, y)$ ist stets $C_{p_\infty} = +1$; ferner ist für jede ungerade Primzahl p

$$(13) \qquad C_p = \left(\frac{m}{p^\alpha} \right), \qquad \text{wenn} \quad D = p^\alpha w^\beta D_0^2 \qquad (p),$$

und

$$(13^\text{a}) \qquad C_2 = \left(\frac{2^\alpha (-1)^\beta}{m} \right), \quad \text{wenn} \quad D = 2^\alpha (-1)^\beta 5^\gamma D_0^2 \quad (2)$$

ist, und wenn jedesmal $\overline{m}$ irgendeine durch f darstellbare Einheit bedeutet.

Nur für eine endliche Anzahl von Bereichen $K(p)$ kann $C_p = -1$ ein. Um diese Bereiche deutlicher charakterisieren zu können, setze ich

$$(14) \qquad\qquad D = \overline{D} Q^2,$$

wo Q^2 die größte in D enthaltene rationale Quadratzahl ist, wo also die ganze Zahl $\overline{D}$ lauter einfache Primfaktoren enthält. Dann soll $\overline{D}$ d e r   K e r n   d e r   D i s k r i m i n a n t e D genannt werden. Da sich D und $\overline{D}$ um eine Quadratzahl unterscheiden, so besitzt $\overline{D}$ für jeden Bereich $K(p)$ dasselbe Exponentensystem (β), (α, β) oder (α, β, γ) wie D, und für alle und nur die Primteiler des Kernes $\overline{D}$ ist $\alpha = 1$, für alle anderen $\alpha = 0$.

Aus den Gleichungen I'), II'), III') folgt nun, daß bei einer primitiven Form C_p, überhaupt nur dann gleich -1 sein *kann*, wenn $\alpha = 1$, wenn also p oder 2 eine der im Kern $\overline{D}$ enthaltenen Primzahlen ist; außerdem noch für $p = 2$, wenn $\alpha = 0$, $\beta = 1$, wenn also $\overline{D} = (-1)5^\gamma D_0^2 \equiv -1 \pmod{4}$ ist. In allen anderen Fällen ist ja $C_p = +1$, wie aus (13) und (13$^\text{a}$) unmittelbar hervorgeht.

Es ist nun leicht anzugeben, welche Zahlklassen rationaler Zahlen m jedesmal durch eine gegebene primitive Form $f(x, y)$ von der Diskriminante D, oder, was ja ganz dasselbe ist, vom Diskriminantenkern $\overline{D}$ darstellbar sind. Soll nämlich eine Zahl m, welche wir wieder je nach dem gerade betrachteten Körper $K(p_\infty)$, $K(p)$ oder $K(2)$ in der Form schreiben:

$$m = (-1)^{\beta'} m_0^2 \qquad (p_\infty),$$
$$m = p^{\alpha'} w^{\beta'} m_0^2 \qquad (p),$$
$$m = 2^{\alpha'} (-1)^{\beta'} 5^{\gamma'} m_0^2 \quad (2),$$

durch $f(x, y)$ darstellbar sein, so muß ja:

$$\left(\frac{D, m}{p} \right) = C_p,$$

d. h. es muß in den drei unterschiedenen Fällen:

$$(-1)^{\beta\beta'}, \quad (-1)^{\frac{p-1}{2}\alpha\alpha' + \alpha\beta' + \beta\alpha'}, \quad (-1)^{\beta\beta' + \alpha\gamma' + \gamma\alpha'}$$

gleich dem Werte $(-1)^\varepsilon$ von C_p sein, wie er in I'), II'), III') durch die Exponenten 0, $\overline{\beta}$, $\overline{\gamma}$ einer durch $f(x, y)$ darstellbaren Einheit $\overline{m}$ ausgedrückt wurde. Löst man also die so sich ergebenden Kongruenzen modulo 2:

$$\beta\beta' \equiv 0, \qquad \frac{p-1}{2}\alpha\alpha' + \alpha\beta' + \beta\alpha' \equiv \alpha\overline{\beta},$$
$$\beta\beta' + \alpha\gamma' + \gamma\alpha' \equiv \beta\overline{\beta} + \alpha\overline{\gamma},$$

wie a. S. 413 auf, so ergibt sich leicht die folgende vollständige Tabelle aller durch $f(x, y)$ für den Bereich $K(p_\infty)$, $K(p)$ oder $K(2)$ darstellbaren rationalen Zahlen:

I″) für den Bereich $K(p_\infty)$: Ist

$$D = (0), \quad \text{so ist} \quad m = (\beta')$$
$$= (1), \quad „ \quad „ \quad m = (0).$$

II″) für einen Bereich $K(p)$: Ist

$$D = (0,0), \quad \text{so ist} \quad m = (\alpha', \beta')$$
$$= (0,1), \quad „ \quad „ \quad = (0, \beta')$$
$$= (1,0), \quad „ \quad „ \quad = (\alpha', \frac{p-1}{2}\alpha' + \overline{\beta})$$
$$= (1,1), \quad „ \quad „ \quad = (\alpha', \frac{p+1}{2}\alpha' + \overline{\beta}).$$

III″) für den Bereich $K(2)$: Ist

$$D = (0,0,0), \quad \text{so ist} \quad m = (\alpha', \beta', \gamma')$$
$$= (0,0,1), \quad „ \quad „ \quad = (0, \beta', \gamma')$$
$$= (0,1,0), \quad „ \quad „ \quad = (\alpha', \overline{\beta}, \gamma')$$
$$= (1,0,0), \quad „ \quad „ \quad = (\alpha', \beta', \overline{\gamma})$$
$$= (0,1,1), \quad „ \quad „ \quad = (\beta' + \overline{\beta}, \beta', \gamma')$$
$$= (1,0,1), \quad „ \quad „ \quad = (\gamma' + \overline{\gamma}, \beta', \gamma')$$
$$= (1,1,0), \quad „ \quad „ \quad = (\alpha', \gamma' + \overline{\beta} + \overline{\gamma}, \gamma')$$
$$= (1,1,1), \quad „ \quad „ \quad = (\alpha', \alpha' + \gamma' + \overline{\beta} + \overline{\gamma}, \gamma'),$$

wo $\overline{\beta}$, $\overline{\gamma}$ jedesmal die Exponenten der fest gewählten Einheit $\overline{m}$ sind, während α', β', γ' unabhängig voneinander die Werte Null und Eins annehmen können. Man sieht hier direkt, daß wirklich jede indefinite Form, für welche also D bzw. gleich (0), $(0,0)$, $(0,0,0)$ ist, alle möglichen 2, 4, 8 Zahlklassen für die Bereiche $K(p_\infty)$, $K(p)$, $K(2)$ darstellt, daß aber jede definite primitive Form nur die Hälfte, nämlich bzw. 1, 2, 4 solche Zahlklassen darstellen kann.

Ich wende mich nun zur Lösung der Frage, wann eine vorgelegte rationale Zahl m überall, d. h. für jeden der unendlich vielen Bereiche $K(p)$, $K(2)$ und $K(p_\infty)$ durch eine gegebene primitive Form $f(x,y)$ darstellbar ist. Ist wieder D ihre Diskriminante, und

$$\overline{D} = \pm 2^\alpha p_1 p_2 \ldots p_\mu \qquad (\alpha=0 \text{ oder } 1)$$

ihr Diskriminantenkern, so ist m stets und nur dann überall durch $f(x,y)$ darstellbar, wenn die unendlich vielen Gleichungen:

$$\left(\frac{\overline{D},m}{p}\right) = C_p$$

für jeden Bereich $K(p)$ erfüllt sind. Setzen wir entsprechend wie für D

$$m = \overline{m}\,k^2, \quad \text{wo} \quad \overline{m} = \pm 2^{\alpha'}\overline{p}_1\overline{p}_2\ldots\overline{p}_\nu,$$

der Kern von m, auch nur einfache Primfaktoren enthält, so reduzieren sich jene Bedingungen auf die einfacheren:

$$\left(\frac{\overline{D},\overline{m}}{p}\right) = C_p.$$

Wir wollen von vornherein voraussetzen, daß $\overline{m}$ zu $2\overline{D}$ teilerfremd, daß also

$$\overline{m} = \pm \overline{p}_1\overline{p}_2\ldots\overline{p}_\nu$$

ungerade ist, und die p_i von den $\overline{p}_k$ verschieden sind. Der allgemeinste Fall kann wegen der Dekomponierbarkeit des Hilbertschen Symboles leicht auf diesen reduziert werden. Wir stellen jetzt also die folgende Frage:

Wie muß eine Zahl m, deren Kern zu $2\overline{D}$ teilerfremd ist, beschaffen sein, damit sie für jeden Bereich $K(p)$ durch eine gegebene primitive Form vom Kern $\overline{D}$ darstellbar ist?

Ist zunächst $\overline{D}$ positiv, so kann $\overline{m}$ sowohl positiv als negativ sein; ist $\overline{D}$ negativ, so muß $\overline{m}$ positiv sein.

Ist zweitens $\bar{p}_k$ ein Kernteiler von m, d. h. irgend einer der Primteiler von $\overline{m}$, so folgt aus der a. S. 397 angegebenen Fundamentaleigenschaft des Hilbertschen Symboles, daß

$$(15) \qquad \left(\frac{\overline{D},\overline{m}}{\bar{p}_k}\right) = \left(\frac{\overline{D}}{\bar{p}_k}\right) = +1$$

sein muß, weil n. d. V. $\overline{D}$ nicht durch $\bar{p}_k$ teilbar, und weil nach (II') a. S. 420 $C_{\bar{p}_k} = +1$ ist. Ist dagegen p_i einer der μ Kernteiler von $\overline{D}$, so muß für ihn

$$(15^{\mathrm{a}}) \qquad \left(\frac{\overline{D},\overline{m}}{p_i}\right) = \left(\frac{\overline{m}}{p_i}\right) = C_{p_i}$$

sein, wo diese Charaktere gleich $+1$ oder -1 sein können, je nach der Natur von $f(x,y)$. Durch jede von diesen μ Gleichungen

$$(15^{\mathrm{b}}) \qquad \left(\frac{\overline{m}}{p_i}\right) = \pm 1$$

wird der Kern $\overline{m}$ modulo p_i genau $\dfrac{p_i-1}{2}$-deutig bestimmt, denn derselbe muß ja entweder einem der $\dfrac{p_i-1}{2}$ Reste oder einem der $\dfrac{p_i-1}{2}$ Nichtreste modulo p_i kongruent sein.

Ist endlich $p = 2$, so folgt aus (III″) a. S. 422, daß, falls

$$\overline{D} = (0, 0, \gamma) \quad \text{ist}, \quad \overline{m} = (0, \beta', \gamma')$$
$$= (0, 1, \gamma) \quad \text{,, ,} \qquad = (0, \overline{\beta}, \gamma')$$
$$= (1, 0, \gamma) \quad \text{,, ,} \qquad = (0, \beta', \overline{\gamma})$$
$$= (1, 1, \gamma) \quad \text{,, ,} \qquad = (0, \gamma' + \overline{\beta} + \overline{\gamma}, \gamma')$$

sein muß. Ist also im ersten Falle $\overline{D} = (0, 0, \gamma)$, also

$$\overline{D} \equiv 1 \pmod{4},$$

so ist $\overline{m} \equiv 1, 3, 5, 7 \pmod 8$, d. h. vierdeutig modulo 8 bestimmt; ist dagegen in den drei letzten Fällen:

$$\overline{D} \equiv -1 \pmod 4, \quad \overline{D} \equiv +2 \pmod 8, \quad \overline{D} \equiv -2 \pmod 8,$$

so ist jedesmal $\overline{m}$ nur zweideutig modulo 8 bestimmt.

Ist endlich p eine ungerade Primzahl, welche weder in $\overline{D}$ noch in $\overline{m}$ enthalten ist, so ist ja die bezügliche Bedingungsgleichung

$$\left(\frac{\overline{D}, \overline{m}}{p} \right) = C_p = +1$$

nach dem Satze a. S. 397 von selbst erfüllt.

Durch die Bedingungen (15) und (15^a) zusammengenommen wird also der Kern $\overline{m}$ von m modulo

$$\Delta = 8 p_1 p_2 \dots p_\mu$$

genau r-deutig bestimmt, wo

$$r = 4 \prod \frac{p_i - 1}{2} \quad \text{oder} \quad r = 2 \prod \frac{p_i - 1}{2}$$

ist, je nachdem $\overline{D}$ von der Form $4n+1$ ist oder nicht, d. h. die Kerne aller durch $f(x,y)$ möglicherweise darstellbaren Zahlen m sind stets in r arithmetischen Reihen:

$$(16) \qquad\qquad \overline{m} = \overline{m}_0 + \Delta l$$

enthalten, deren Anfangsglieder $\overline{m}_0$ die r kleinsten positiven modulo Δ inkongruenten Lösungen der Gleichungen

$$\left(\frac{\overline{m}_0}{p_i}\right) = C_{p_i}, \qquad \left(\frac{\overline{D},\overline{m}_0}{2}\right) = C_2$$

sind.

Von diesen Zahlen $\overline{m}$ in (16) können nach der a. S. 424 unten gemachten Bemerkung entweder die positiven und negativen Glieder oder nur die positiven Glieder durch $f(x,y)$ dargestellt werden, je nachdem $\overline{D}$ positiv oder negativ ist.

Nach den Bedingungen (15) ist endlich eine in den so beschränkten arithmetischen Reihen $\overline{m}_0 + \Delta l$ enthaltene ganze Zahl $\overline{m}$ stets und nur dann der Kern einer durch $f(x,y)$ überall darstellbaren Zahl $m = \overline{m}\,k^2$, wenn für alle ihre Primfaktoren $\overline{p}$ der Kern $\overline{D}$ quadratischer Rest, wenn also der Kern von D quadratischer Rest des Kernes von m ist.

§ 8. Einteilung der binären quadratischen Formen in Geschlechter.

Wir wollen zwei Formen $f(x,y)$ und $f'(x,y)$ desselben Kernes $\overline{D}$ ä q u i v a l e n t nennen und sie in ein und dasselbe F o r m e n - g e s c h l e c h t G rechnen, wenn sie dieselben rationalen Zahlen $(m, m', m'', \dots)$ überall darstellen, wenn sie also für alle Bereiche $K(p), K(p'), \dots$ dieselben Charaktere $C_p, C_p', \dots$ besitzen. Sind die betrachteten Formen primitiv, und sind wieder $(p_1, p_2, \ldots p_\mu)$ die ungeraden Primteiler des Kerns, so sind $f(x, y)$ und $f'(x, y)$ stets und nur dann äquivalent, wenn die μ bzw. $(\mu + 1)$ Gleichungen:

$$C_{p_1} = C'_{p_1}, \quad C_{p_2} = C'_{p_2}, \quad \ldots \quad C_{p_\mu} = C'_{p_\mu}$$

bzw.

$$C_2 = C'_2, \quad C_{p_1} = C'_{p_1}, \quad C_{p_2} = C'_{p_2}, \quad \ldots \quad C_{p_\mu} = C'_{p_\mu}$$

sämtlich erfüllt sind, je nachdem $\overline{D}$ von der Form $4n + 1$ ist oder nicht, da ja für alle übrigen Bereiche $K(p)$ stets $C_p = C'_p = +1$ ist. Ein Geschlecht, in welchem alle übrigen Charaktere $+1$ sind, soll e i n p r i m i t i v e s F o r m e n g e s c h l e c h t v o m K e r n $\overline{D}$ genannt werden, obwohl dasselbe sehr wohl auch nicht primitive Formen enthalten kann. Nur mit solchen primitiven Geschlechtern wollen wir uns in den folgenden kurzen Betrachtungen beschäftigen. Wir wollen das vollständige System

$$(C_{p_i}) \quad \text{bzw.} \quad (C_2, C_{p_i})$$

der Charaktere, welche alle Formen eines solchen Geschlechtes für die Bereiche $(K(p_i))$ bzw. $(K(2), K(p_i))$ besitzen, den p r i m i t i v e n G e s a m t c h a r a k t e r d i e s e s G e s c h l e c h t e s nennen und ihn durch

$$(1) \qquad \mathfrak{C} = (C_{p_i}) = (C_{p_1}, \ldots C_{p_\mu}) \quad \text{bzw.} \quad (C_{p_0}, C_{p_1}, \ldots C_{p_\mu})$$

bezeichnen, indem wir $p_0 = 2$ setzen, falls diese Primzahl bei den Charakteren in Betracht kommt. Dann gehören zwei primitive oder nicht primitive Formen f und f' stets und nur dann in dasselbe primitive Geschlecht, wenn sie dieselben primitiven Gesamtcharaktere $\mathfrak{C}(f)$ und $\mathfrak{C}(f')$ haben, und wenn alle ihre übrigen Charaktere gleich $+1$ sind.

Die Anzahl aller primitiven Geschlechter kann in den beiden oben unterschiedenen Fällen höchstens gleich $2^{\mu-1}$ bzw. 2^{μ} sein, da nach dem a. S. 410 (4) bewiesenen Satze das Produkt $\prod C_{p_i}$ gleich $+1$ und somit einer jener Charaktere durch die übrigen eindeutig bestimmt ist, während jeder von diesen übrigen Charakteren die beiden Werte $+1$ oder -1 haben kann.

Kann man für einen gegebenen Kern $\overline{D}$ ein System von $N = 2^{\mu-1}$ bzw. $N = 2^{\mu}$ rationalen Formen vom Kern $\overline{D}$ aufstellen, deren Gesamtcharaktere alle zulässigen Wertsysteme $(\pm 1, \pm 1, \dots \pm 1)$ von μ bzw. $\mu + 1$ Elementen sind, während alle übrigen Charaktere $C_p = +1$ sind, so ist damit bewiesen, daß die Anzahl der primitiven Geschlechter vom Kern $\overline{D}$ wirklich diesen größten möglichen Wert hat; und dieses Repräsentantensystem:

$$(2) \qquad (f_1(x, y), f_2(x, y), \dots f_N(x, y))$$

hat dann die wichtige Eigenschaft, daß jede rationale Zahl m, welche überhaupt durch eine primitive Form vom Kern $\overline{D}$ überall darstellbar ist, durch eine und nur eine Form dieses Repräsentantensystemes überall dargestellt werden kann.

Ich will jetzt ein einfaches Verfahren angeben, nach welchem für einen bestimmten Kern $\overline{D}$ ein solches vollständiges Formensystem (2) aufgestellt werden kann, und ich will dasselbe dann durch einige Beispiele erläutern.

Die Formen des hier in Betracht kommenden Repräsentantensystems können am einfachsten so geschrieben werden:

$$(3) \qquad f_a(x, y) = a(x^2 - \overline{D} y^2).$$

Für einen beliebigen Teiler a hat diese Form den Kern $\overline{D}$, weil ihre Diskriminante offenbar gleich $4a^2\overline{D}$ ist. Ihr Charakter für einen beliebigen Bereich $K(p)$ ist

$$C_p^{(a)} = \left(\frac{\overline{D}, a}{p}\right),$$

weil ja $a = f_a(1,0)$ durch $f_a(x,y)$ darstellbar ist. Speziell sind für die sogen. Haupt- oder Einheitsform $f_1(x,y) = x^2 - \overline{D}\,y^2$, durch welche ja die Zahl 1 dargestellt wird, die sämtlichen Charaktere $C_p^{(1)} = \left(\frac{\overline{D}, 1}{p}\right) = +1$. Eine Form $f_a(x,y)$ gehört stets und nur dann einem primitiven Formengeschlechte an, wenn für alle von den (p_i) bzw. von den (p_0, p_i) verschiedenen Primzahlen p $C_p^{(a)} = +1$ ist. So sollen diese Formenteiler a im Folgenden gewählt vorausgesetzt werden. Für eine solche Form ist also:

$$(4) \quad \mathfrak{C}(f_a) = \mathfrak{C}(a) = \left(\left(\frac{\overline{D}, a}{p_0}\right), \left(\frac{\overline{D}, a}{p_1}\right), \dots \left(\frac{\overline{D}, a}{p_\mu}\right)\right) = \left(\left(\frac{\overline{D}, a}{p_i}\right)\right)$$

der Gesamtcharakter; alle übrigen Charaktere sind gleich $+1$. Speziell ist für die Einheitsform $f_1(x,y)$ der Charakter $\mathfrak{C}(1)$ gleich dem sogen. Einheitssystem $(+1, +1, \cdots + 1)$ oder kürzer geschrieben $(+, +, \cdots +)$. Die Anzahl aller verschiedenen primitiven Gesamtcharaktere kann, wie oben bewiesen wurde, höchstens gleich $2^{\mu-1}$ bzw. 2^μ sein.

Sind a und a' zwei beliebige rationale Zahlen, so besteht für jeden Bereich $K(p)$ zwischen den Charakteren der drei Formen $f_a(x,y)$, $f_{a'}(x,y)$ und $f_{aa'}(x,y)$ die Beziehung:

$$C_p^{(aa')} = C_p^{(a)} \cdot C_p^{(a')},$$

weil ja

$$\left(\frac{\overline{D},aa'}{p}\right) = \left(\frac{\overline{D},a}{p}\right) \cdot \left(\frac{\overline{D},a'}{p}\right)$$

ist. Gehören also f_a und $f_{a'}$ zu primitiven Geschlechtern, so gilt dasselbe für $f_{aa'}$ und für ihre Gesamtcharaktere $\mathfrak{C}(a)$, $\mathfrak{C}(a')$ und $\mathfrak{C}(aa')$ besteht die wichtige und einfache Beziehung:

$$(5) \qquad\qquad \mathfrak{C}(a) \cdot \mathfrak{C}(a') = \mathfrak{C}(aa'),$$

wenn auch hier, wie früher a. S. 251 (2) unter dem Produkt zweier Systeme $(C_{p_i}^{(a)})$ und $(C_{p_i}^{(a')})$ das System: $((C_{p_i}^{(a)} C_{p_i}^{(a')}))$ verstanden wird. Hieraus folgt zunächst, daß die Gesamtheit der primitiven Charaktere $(\mathfrak{C}(a), \mathfrak{C}(a'), \ldots)$ aller Formen $f_a(x,y)$ eine Gruppe bildet, wenn die Multiplikation zweier Gesamtcharaktere wie soeben angegeben definiert wird. Alsdann ist nämlich sowohl die Multiplikation als auch die Division dieser Charaktere unbeschränkt und eindeutig ausführbar. In der Tat besitzt auch die Gleichung

$$\mathfrak{C}(a) \cdot \mathfrak{C}(x) = \mathfrak{C}(a')$$

die eindeutig bestimmte Lösung $\mathfrak{C}(x) = \mathfrak{C}(a)\mathfrak{C}(a')$, weil ja

$$\mathfrak{C}(a)^2 = \mathfrak{C}(a^2) = \left(\left(\frac{\overline{D},a^2}{p_i}\right)\right) = (+1)$$

ist, wo das vorher definierte Einheitssystem $(+1) = (+, +, \cdots +)$ das Einheitselement für diesen Bereich aller Gesamtcharaktere ist.

Ich will jetzt ein einfaches sukzessives Verfahren angeben, mit dessen Hülfe man ein vollständiges System von Formen

$$f_a(x,y) = a(x^2 - \overline{D}\,y^2)$$

vom Kern $\overline{D}$ aufstellen kann, welche alle überhaupt möglichen $2^{\mu-1}$ bzw. 2^μ primitiven Gesamtcharaktere besitzen. Daraus folgt dann von selbst, daß die Anzahl aller primitiven Formengeschlechter vom Kern $\overline{D}$ wirklich genau diesen Wert hat.

Dazu beweise ich zuerst den folgenden Hülfssatz: Es sei

$$(6) \qquad f_{a_1}(x,y), \quad f_{a_2}(x,y), \ \ldots \ f_{a_r}(x,y)$$

ein System von r Formen $f_a(x,y) = a(x^2 - \overline{D}\,y^2)$, deren Gesamtcharaktere:

$$(6^{\mathrm{a}}) \qquad \mathfrak{C}(a_1), \quad \mathfrak{C}(a_2), \ \ldots \ \mathfrak{C}(a_r)$$

sämtlich primitiv und voneinander verschieden sind und welche außerdem für sich eine Gruppe bilden, so daß das Produkt $\mathfrak{C}(a_1)\mathfrak{C}(a_k) = \mathfrak{C}(a_i a_k)$ von zwei solchen Charakteren wiederum derselben Reihe (6^{a}) angehört. Ist dann p gleich -1 oder gleich irgendeiner Primzahl, welche nur so gewählt sein soll, daß der zugehörige Charakter $\mathfrak{C}(p)$ ebenfalls primitiv ist und nicht in der Reihe (6^{a}) vorkommt, so bilden die $2r$ Formen

$$(7) \qquad f_{a_i}(x,y) \quad \text{und} \quad f_{pa_i}(x,y)$$

ein neues ebensolches System, dessen $2r$ Charaktere:

$$(7^{\mathrm{a}}) \qquad \mathfrak{C}(a_i) \quad \text{und} \quad \mathfrak{C}(pa_i)$$

ebenfalls primitiv und alle von einander verschieden sind.

Zunächst bilden jene $2r$ Gesamtcharaktere wirklich eine Gruppe weil ja jedes Produkt:

$$\mathfrak{C}(a_i)\mathfrak{C}(pa_k) = \mathfrak{C}(pa_i a_k)$$
$$\mathfrak{C}(pa_i)\mathfrak{C}(pa_k) = \mathfrak{C}(p^2 a_i a_k) = \mathfrak{C}(a_i a_k)$$

in (7^a) vorkommt. Alle jene Charaktere sind auch primitiv, weil $\mathfrak{C}(p)$ n. d. V. primitiv ist. Endlich sind alle jene $2r$ Gesamtcharaktere verschieden, weil ja aus

$$\mathfrak{C}(pa_i) = \mathfrak{C}(a_k) \qquad \text{bzw.} \qquad \mathfrak{C}(pa_i) = \mathfrak{C}(pa_k)$$
$$\mathfrak{C}(p) = \mathfrak{C}(a_i a_k) \qquad \text{,,} \qquad \mathfrak{C}(a_i) = \mathfrak{C}(a_k)$$

folgen würde, was beides im Widerspruch mit unseren Voraussetzungen steht.

Mit Hülfe dieses Satzes kann man nun folgendermaßen sukzessive ein vollständiges Formensystem $f_a(x, y)$ für alle primitiven Gesamtcharaktere aufbauen: Wir gehen aus von der Hauptform $f_1(x, y) = x^2 - \overline{D}\, y^2$ mit dem Gesamtcharakter $\mathfrak{C}(1) = (+1)$. Ist dann $f_p(x, y) = p(x^2 - \overline{D}\, y^2)$ irgendeine Form, deren Teiler eine Primzahl ist, und für welche der Gesamtcharakter $\mathfrak{C}(p)$ primitiv und von $\mathfrak{C}(1)$ verschieden ist, so haben wir in $(\mathfrak{C}(1), \mathfrak{C}(p))$ ein System von zwei verschiedenen primitiven Gesamtcharakteren. Ist ferner p' eine weitere Primzahl, für welche $\mathfrak{C}(p')$ wieder primitiv und von $\mathfrak{C}(1)$ und $\mathfrak{C}(p)$ verschieden ist, so haben die vier Formen:

$$f_1(x, y), \quad f_p(x, y), \quad f_{p'}(x, y), \quad f_{pp'}(x, y)$$

verschiedene primitive Charaktere $\mathfrak{C}(1)$, $\mathfrak{C}(p)$, $\mathfrak{C}(p')$, $\mathfrak{C}(pp')$. Geht man in derselben Weise fort, so erhält man, die Existenz immer weiterer solcher Primzahlen vorausgesetzt, zuletzt nach $(\mu - 1)$ bzw. μ Schritten ein System von Primzahlen:

$$p, \; p', \; p'', \; \ldots p^{(\mu-2)} \quad \text{bzw.} \quad p, \; p', \; \ldots \; p^{(\mu-1)},$$

die so ausgewählt sind, daß für die $2^{\mu-1}$ bzw. 2^μ aus ihnen gebildeten Zahlen

$$a = p^\varepsilon p'^{\varepsilon'} \ldots p^{(\mu-2)^{\varepsilon(\mu-2)}} \quad \text{bzw.} \quad a = p^\varepsilon p'^{\varepsilon'} \ldots p^{(\mu-1)^{\varepsilon(\mu-1)}},$$

in denen die Exponenten $\varepsilon^{(i)}$ Null oder Eins sein können, die zugehörigen Formen $f_a(x,y)$ genau ebenso viele verschiedene primitive Gesamtcharaktere haben, also wirklich ein vollständiges Formensystem für alle überhaupt möglichen primitiven Geschlechter bilden.

Hier muß also nur noch bewiesen werden, daß man erstens stets Primzahlen P so auswählen kann, daß der Gesamtcharakter $\mathfrak{C}(P)$ primitiv ist, und daß zweitens P so bestimmt werden kann, daß $\mathfrak{C}(P)$ einem beliebig gegebenen primitiven Gesamtcharakter $(\varepsilon_1, \varepsilon_2, \ldots \varepsilon_\mu)$ bzw. $(\varepsilon_0, \varepsilon_1, \ldots \varepsilon_\mu)$ gleich wird.

Wählt man nun zuerst $P = p_r$, also gleich einer der Zahlen $(p_1, \ldots p_\mu)$ für $\overline{D} = 4n+1$ bzw. gleich einer der Zahlen $(p_0, p_1, \ldots p_\mu)$ für $\overline{D} = 4n+2$, 3, so ist der zugehörige Gesamtcharakter $\mathfrak{C}(p_r)$ von selbst primitiv; denn im zweiten Falle sind alle von den (p_0, p_i) verschiedenen Primzahlen p sicher ungerade, also alle ihre Charaktere $C_p = \left(\dfrac{\overline{D}, p_r}{p} \right)$ gleich $+1$, im ersten Falle ist für $p = 2$ der zugehörige Charakter $C_2 = \left(\dfrac{\overline{D}, p_r}{2} \right) = (-1)^{\frac{\overline{D}-1}{2} \cdot \frac{p_r-1}{2}} = +1$, weil $\overline{D} = 4n+1$ ist.

Ist dagegen P von den (p_i) bzw. (p_0, p_i) verschieden, so können zu den Charakteren C_{p_i} höchstens noch die beiden Charaktere:

$$C_P = \left(\frac{\overline{D}, P}{P} \right) \quad \text{und} \quad C_2 = \left(\frac{\overline{D}, P}{2} \right)$$

hinzukommen, der letztere aber nur, wenn $\overline{D} = 4n+1$, und zugleich P ungerade ist, denn für $P = 2$ fallen ja diese beiden Charaktere zusammen. Da aber dann wieder $C_2 = (-1)^{\frac{\overline{D}-1}{2} \cdot \frac{P-1}{2}} = +1$ ist, so kann also in jedem Falle nur der eine Charakter C_p hinzutreten, welcher möglicherweise nicht gleich $+1$ sein könnte. Ist nun aber P so gewählt, daß für alle übrigen μ bzw. $\mu + 1$ Charaktere:

$$C_{p_i} = \varepsilon_i$$

ist, wo $(\varepsilon_1, \varepsilon_2, \ldots \varepsilon_\mu)$ bzw. $(\varepsilon_0, \varepsilon_1, \ldots \varepsilon_\mu)$ irgendein vorgelegter primitiver Gesamtcharakter ist, so muß auch dieser eine weitere Charaktere $C_p = +1$ sein. Denn nach dem Hauptsatze a. S. 410 (4) muß dann sowohl die Anzahl der negativen Charaktere in dem System (C_p, ε_i) als auch die Anzahl der negativen Charaktere im Systeme (ε_i) gerade, d. h. es muß wirklich $C_p = +1$ sein.

Endlich darf man dann und nur dann auch $P = -1$ wählen, wenn $\overline{D} > 0$ ist, wenn also die Formen $f_a(x, y)$ für $K(p_\infty)$ indefinit sind, da für ein negatives $\overline{D}$ der dann allein hinzutretende Charakter $\left(\dfrac{\overline{D}, -1}{p_\infty} \right) = -1$ werden würde.

Man kann also stets und nur dann unser Verfahren zur Aufstellung eines vollständigen Formensystemes für alle primitiven Klassen vom Kern $\overline{D}$ anwenden, wenn man immer eine in $\overline{D}$ bzw. $2\overline{D}$ nicht enthaltene Primzahl P finden kann, für welche der Gesamtcharakter $\mathfrak{C}(P)$ einem gegebenen primitiven Charakter (ε_i) gleich wird, für welche also die $\mu - 1$ bzw. μ Gleichungen:

$$\left(\frac{\overline{D}, P}{p_i} \right) = \varepsilon_i \qquad \left(\begin{matrix} i = \quad 1, 2, \ldots \mu \\ \text{bzw.} \\ i = 0, 1, 2, \ldots \mu \end{matrix} \right)$$

sämtlich erfüllt sind. Nach dem a. S. 426 geführten Beweise muß dazu die Primzahl P in einer von r arithmetischen Reihen $\overline{m}_0 + \Delta l$ enthalten sein, deren Anfangsglieder die kleinsten positiven Lösungen der Gleichungen:

$$\left(\frac{\overline{D}, m}{p_i} \right) = \varepsilon_i$$

sind. Nach dem Dirichletschen Satze über die arithmetische Reihe sind aber in jeder solchen Reihe sogar unendlich viele Primzahlen P enthalten, und damit ist also der verlangte Beweis, allerdings unter der Voraussetzung jenes Satzes von Dirichlet, vollständig erbracht.

§ 9.   Beispiele.

Die für einen gegebenen Kern $\overline{D}$ aufzustellenden Formen $f_d(x, y) = d(x^2 - \overline{D} y^2)$ können stets in der Form

$$\delta(ax^2 + cy^2)$$

angenommen werden, wo

$$ac = -\overline{D}$$

eine der Zerlegungen von $-\overline{D}$ in zwei komplementäre Faktoren und δ eine zu $\overline{D}$ teilerfremde Zahl ohne gleiche Faktoren ist. Setzt man nämlich den Teiler d von $f_d(x, y)$ in die Form $d = \delta a$, wo $a = (d, \overline{D})$ alle in $\overline{D}$ vorhandenen Primfaktoren von d enthält, und ist $\overline{D} = -ac$, so wird ja in der Tat:

$$d(x^2 - \overline{D} y^2) = \delta(ax^2 + a^2 cy^2) = \delta(ax'^2 + cy'^2),$$

wenn $x' = x$, $y' = ay$ gesetzt wird. In dieser Form wollen wir jedesmal die Formen unseres Systemes hinschreiben.

Ich wähle dabei zunächst immer alle primitiven Formen $ax^2 + cy^2$ aus, deren Gesamtcharaktere verschieden sind, und ziehe zu ihnen solche nicht primitive Formen $p(ax^2 + cy^2)$ hinzu, für welche der Teiler p eine Primzahl ist und deren Gesamtcharakter $\mathfrak{C}(p)$ sich unter den vorhergehenden noch nicht findet.

Es sei zuerst

(I) $\overline{D} = -105 = -3 \cdot 5 \cdot 7.$

Da hier $\overline{D} = 4n + 3$ ist, so sind für die Formen $f_d(x, y)$ die primitiven Gesamtcharaktere:

$$\mathfrak{C}(d) = (C_2, C_3, C_5, C_7),$$

wo

$$C_2 = \left(\frac{-105, m_0}{2}\right) = \left(\frac{-1}{m_0}\right) = (-1)^{\frac{m_0-1}{2}},$$

$$C_3 = \left(\frac{-105, m_0}{3}\right) = \left(\frac{m_0}{3}\right), \quad C_5 = \left(\frac{m_0}{5}\right), \quad C_7 = \left(\frac{m_0}{7}\right)$$

ist, und wo jedesmal m_0 eine durch die Form darstellbare Einheit für die betreffende Primzahl bedeutet. Da das Produkt der vier Charaktere gleich $+1$ sein muß, so gibt es hier genau $2^{4-1} = 8$ verschiedene Gesamtcharaktere. Zunächst besitzen nun, wie man leicht berechnen kann, die vier primitiven Formen $ax^2 + cy^2$, nämlich

$$x^2 + 105y^2, \quad 3x^2 + 35y^2, \quad 5x^2 + 21y^2, \quad 7x^2 + 15y^2$$

lauter verschiedene Charaktere. In der Tat ist ja für die Hauptform $x^2 + 105y^2$, wie immer, $\mathfrak{C}(1) = (+ + + +)$; für die anderen Formen vom Teiler 3, 5 und 7, für welchen letzteren auch $15 = 3 \cdot 5$ gesetzt werden kann, ergibt sich:

$$\mathfrak{C}(3) = \left(\left(\frac{-1}{3}\right), \left(\frac{35}{3}\right), \left(\frac{3}{5}\right), \left(\frac{3}{7}\right)\right) = (- - - -)$$

$$\mathfrak{C}(5) = \left(\left(\frac{-1}{5}\right), \left(\frac{5}{3}\right), \left(\frac{21}{5}\right), \left(\frac{5}{7}\right)\right) = (+ - + -)$$

$$\mathfrak{C}(7) = \mathfrak{C}(3) \cdot \mathfrak{C}(5) = (- - - -)(+ - + -) = (- + - +).$$

Da nun endlich für die nicht in $\overline{D}$ enthaltene Primzahl $\delta = 2$ der Gesamtcharakter:

$$\mathfrak{C}(2) = \left(\left(\frac{-105,2}{2} \right), \left(\frac{2}{3} \right), \left(\frac{2}{5} \right), \left(\frac{2}{7} \right) \right) = (+ - - +)$$

ist, weil hier $C_2 = \left(\dfrac{2}{-105} \right) = +1$ ist, und da dieser Gesamtcharakter unter den vier vorigen nicht vorkommt, so erhält man vier Formen mit den noch fehlenden Gesamtcharakteren, wenn man die vorigen mit 2 multipliziert. So ergibt sich die folgende Tabelle:

Form	Gesamtcharakter
$x^2 + 105y^2$	$\mathfrak{C}(1) \ = (+ + + +)$
$3x^2 + 35y^2$	$\mathfrak{C}(3) \ = (- - - -)$
$5x^2 + 21y^2$	$\mathfrak{C}(5) \ = (+ - + -)$
$7x^2 + 15y^2$	$\mathfrak{C}(7) \ = (- + - +) = \mathfrak{C}(3)\mathfrak{C}(5)$
$2(\ x^2 + 105y^2)$	$\mathfrak{C}(2) \ = (+ - - +)$
$2(3x^2 + 35y^2)$	$\mathfrak{C}(6) \ = (- + + -) = \mathfrak{C}(2)\mathfrak{C}(3)$
$2(5x^2 + 21y^2)$	$\mathfrak{C}(10) = (+ + - -) = \mathfrak{C}(2)\mathfrak{C}(5)$
$2(7x^2 + 15y^2)$	$\mathfrak{C}(14) = (- - + +) = \mathfrak{C}(2)\mathfrak{C}(3)\mathfrak{C}(5).$

Alle und nur diese Formen können, wie man bei der rechts stehenden Darstellung sieht, auch in der Form $d(x^2 - \overline{D}\,y^2)$ geschrieben werden, wo

$$d = 2^\varepsilon 3^{\varepsilon'} 5^{\varepsilon''}$$

ist, und ε, ε', ε'' unabhängig voneinander die Werte 0 und 1 annehmen können.

Endlich mögen noch alle zu $2|\overline{D}| = 2 \cdot 3 \cdot 5 \cdot 7$ teilerfremden Zahlen angegeben werden, welche durch diese acht Formen überall darstellbar sind. Soll nun eine solche Zahl m durch eine jener Formen $d(x^2 - \overline{D}\,y^2)$ überall darstellbar sein, so muß ja

$$\mathfrak{C}(m) = \left(\left(\frac{\overline{D},m}{2} \right), \left(\frac{\overline{D},m}{3} \right), \left(\frac{\overline{D},m}{5} \right), \left(\frac{\overline{D},m}{7} \right) \right)$$
$$= \left((-1)^{\frac{m-1}{2}}, \left(\frac{m}{3} \right), \left(\frac{m}{5} \right), \left(\frac{m}{7} \right) \right) = (C_2, C_3, C_5, C_7)$$

sein, während für alle Teiler p von m $\left(\dfrac{\overline{D}}{p} \right) = +1$ ist. Je nach dem Gesamtcharakter der untersuchten Form erhält man also jedesmal ein System von vier Kongruenzen:

$$m \equiv \begin{Bmatrix} 1 \\ 3 \end{Bmatrix} \;(\text{mod. } 4), \quad m \equiv \begin{Bmatrix} 1 \\ 2 \end{Bmatrix} \;(\text{mod. } 3), \quad m \equiv \begin{Bmatrix} 1,4 \\ 2,3 \end{Bmatrix} \;(\text{mod. } 5),$$
$$m \equiv \begin{Bmatrix} 1,2,4 \\ 3,5,6 \end{Bmatrix} \;(\text{mod. } 7),$$

wo jedesmal auf der rechten Seite die obere bzw. untere Reihe dem Falle entspricht, daß der betreffende Charakter C_p gleich $+1$ bzw. -1 ist.

Man erkennt so, daß m modulo $4 \cdot 3 \cdot 5 \cdot 7 = 420$ jedesmal auf $1 \cdot 1 \cdot 2 \cdot 3 = 6$ verschiedene Arten bestimmt, daß also alle durch jene Form überall darstellbaren Zahlen in sechs arithmetischen Reihen $420l + m_0$ enthalten sind, wo m_0 sechs verschiedene Werte hat.

Die Ausführung jener einfachen Rechnung ergibt für die acht

Formen das folgende Schema

Form	zugehörige arithmetische Reihen
$x^2 + 105y^2$	$420l + 1, 109, 121, 169, 289, 361$
$3x^2 + 35y^2$	$420l + 47, 83, 143, 167, 227, 383$
$5x^2 + 21y^2$	$420l + 41, 89, 101, 209, 269, 341$
$7x^2 + 15y^2$	$420l + 43, 67, 127, 163, 247, 403$
$2(x^2 + 105y^2)$	$420l + 53, 113, 137, 197, 233, 317$
$2(3x^2 + 35y^2)$	$420l + 19, 31, 139, 199, 271, 391$
$2(5x^2 + 21y^2)$	$420l + 13, 73, 97, 157, 313, 397$
$2(7x^2 + 15y^2)$	$420l + 11, 71, 179, 191, 239, 359.$

Alle und nur die in diesen arithmetischen Reihen enthaltenen Zahlen m sind überhaupt durch eine Form vom Kern -105 und von primitivem Gesamtcharakter darstellbar, falls jedesmal $\overline{D}$ für alle Primteiler von m Rest ist. Diese letzte Bedingung ist nach dem Beweise a. S. 434 für alle in jenen Reihen enthaltenen Primzahlen von selbst erfüllt. Alle jene Zahlen m verteilen sich endlich gleichmäßig auf die acht Formen unseres Systems, je nachdem sie in den neben ihnen stehenden Reihen enthalten sind.

In genau derselben Weise sind die folgenden Beispiele behandelt, welche jetzt nur kurz angegeben zu werden brauchen:

(II) $\qquad\qquad \overline{D} = -55 = -5 \cdot 11 = 4n + 1.$

Für die Formen $f_d(x, y) = d(x^2 - \overline{D}y^2)$ ist also:

$$\mathfrak{C}(d) = (C_5, C_{11}) = \left(\left(\frac{\overline{m}_0}{5} \right), \left(\frac{\overline{m}_0}{11} \right) \right).$$

Hier gibt es daher nur die beiden Gesamtcharaktere $(++)$ und $(--)$, zu denen offenbar die Formen $x^2 + 55y^2$ und $2(x^2 + 55y^2)$ gehören.

Alle zu $2|\overline{D}| = 110$ teilerfremden Zahlen m, welche durch eine Form vom Kern -55 überall darstellbar sind, müssen also einer der beiden Bedingungen

$$\mathfrak{C}(m) = \left(\left(\frac{m}{5}\right), \left(\frac{m}{11}\right)\right) = (++) \quad \text{oder} \quad = (--)$$

genügen, d. h. für sie muß:

$$m \equiv \begin{Bmatrix} 1,4 \\ 2,3 \end{Bmatrix} \text{(mod. 5)}, \quad m \equiv \begin{Bmatrix} 1,3,4,5,\ 9 \\ 2,6,7,8,10 \end{Bmatrix} \text{(mod. 11)}$$

sein. So ergibt sich für die Formen vom Kern -55 die folgende Tabelle:

Form	Gesamtcharakter	zugehörige arithmetische Reihen
$x^2 + 55y^2$	$(++)$	$110l + 1,\ 9,31,49,59,69,71,81,89,\ 91$
$2(x^2 + 55y^2)$	$(--)$	$110l + 7,13,17,43,57,63,73,83,87,107.$
(III)	$D = -42 = -2 \cdot 3 \cdot 7 = 8n + 6.$	

Hier ergibt sich für den Gesamtcharakter der Formen $f_d(x,y)$ nach (III′) a. S. 420:

$$\mathfrak{C}(d) = (C_2, C_3, C_7) = \left((-1)^{\frac{(\overline{m}_0 - 1)(\overline{m}_0 - 3)}{8}}, \left(\frac{\overline{m}_0}{3}\right), \left(\frac{\overline{m}_0}{7}\right)\right),$$

und man erhält den vier möglichen Gesamtcharakteren entsprechend die vier primitiven Formen

$$x^2 + 42y^2, \quad 3x^2 + 14y^2, \quad 2x^2 + 21y^2, \quad 6x^2 + 7y^2.$$

Für die zu $|\overline{D}| = 42$ teilerfremden, durch eine Form vom Kern -42 darstellbaren Zahlen m muß hier:

$$m \equiv \begin{Bmatrix} 1,3 \\ 5,7 \end{Bmatrix} \text{(mod. 8)}, \quad m \equiv \begin{Bmatrix} 1 \\ 2 \end{Bmatrix} \text{(mod. 3)}, \quad m \equiv \begin{Bmatrix} 1,2,4 \\ 3,5,6 \end{Bmatrix} \text{(mod. 7)}$$

sein; man erhält danach leicht die folgende Tabelle:

Form	Gesamtcharakter	zugehörige arithmetische Reihen
$x^2 + 42y^2$	$(+ + +)$	$168l + 1, 25, 43, 67, 121, 163$
$3x^2 + 14y^2$	$(+ - -)$	$168l + 17, 41, 59, 83, 89, 131$
$2x^2 + 21y^2$	$(- - +)$	$168l + 23, 29, 53, 71, 95, 149$
$6x^2 + 7y^2$	$(- + -)$	$168l + 13, 31, 55, 61, 103, 157.$

$$\text{(IV)} \qquad \overline{D} = -78 = -2 \cdot 3 \cdot 13 = 8n + 2.$$

$$\mathfrak{C}(d) = (\mathfrak{C}_2, \mathfrak{C}_3, \mathfrak{C}_{13}) = \left((-1)^{\frac{\overline{m}_0^2 - 1}{8}}, \left(\frac{\overline{m}_0}{3} \right), \left(\frac{\overline{m}_0}{13} \right) \right).$$

Auch hier erhält man vier mögliche Gesamtcharaktere, denen wiederum die vier primitiven Formen $ax^2 + cy^2$ vom Kern -78 entsprechen. Alle zu 78 teilerfremden durch solche Formen darstellbaren Zahlen m müssen hier den Kongruenzen:

$$m \equiv \begin{Bmatrix} 1, 7 \\ 3, 5 \end{Bmatrix} \ (\text{mod. } 8), \quad m \equiv \begin{Bmatrix} 1 \\ 2 \end{Bmatrix} \ (\text{mod. } 3),$$

$$m \equiv \begin{Bmatrix} 1, 3, 4, 9, 10, 12 \\ 2, 5, 6, 7, 8, 11 \end{Bmatrix} \ (\text{mod. } 13)$$

genügen. Für jede von jenen vier Formen ergeben sich so 12 arithmetische Reihen mit der Differenz $8 \cdot 3 \cdot 13 = 312$; man erhält hier leicht die folgende Tabelle:

Form	Gesamtcharakter	zugehörige arithmetische Reihen
$x^2 + 78y^2$	$(+ + +)$	$312l +$ 1, 25, 49, 55, 79, 103,
	$= \mathfrak{C}(1)$	121, 127, 199, 207, 289, 295
$2x^2 + 39y^2$	$(+ - -)$	$312l +$ 41, 47, 71, 89, 119, 137,
	$= \mathfrak{C}(2)$	161, 167, 215, 239, 281, 305
$3x^2 + 26y^2$	$(- - +)$	$312l +$ 29, 35, 53, 77, 101, 107,
	$= \mathfrak{C}(3)$	131, 155, 173, 179, 251, 269
$6x^2 + 13y^2$	$(- + -)$	$312l +$ 19, 37, 67, 85, 109, 115,
	$= \mathfrak{C}(2) \cdot \mathfrak{C}(3)$	163, 187, 229, 253, 301, 307.

Alle bisher betrachteten Formen sind definit; sie stellen somit immer nur die positiven in jenen arithmetischen Reihen enthaltenen Zahlen m dar, für welche D quadratischer Rest ist. Ich gebe endlich noch ein einfaches Beispiel für einen positiven Kern $\overline{D}$, für welchen also alle positiven und negativen Zahlen in den zugehörigen arithmetischen Reihen durch die betr. Formen dargestellt werden und für welchen auch der Formenteiler $P = -1$ benutzt werden darf.

$$(V) \qquad \overline{D} = +70 = 2 \cdot 5 \cdot 7 = 8n + 6.$$
$$\mathfrak{C}(d) = (C_2, C_5, C_7) = \left((-1)^{\frac{(\overline{m}_0 - 1)(\overline{m}_0 - 3)}{8}}, \left(\frac{\overline{m}_0}{5} \right), \left(\frac{\overline{m}_0}{7} \right) \right).$$

Entsprechend den vier möglichen Charakteren kann man hier die Formen wählen, welche aus der Hauptform $x^2 - 70y^2$ durch Multiplikation mit -1 und 2 hervorgehen, da die zugehörigen Charaktere:

$$\mathfrak{C}(-1) = (- + -) \quad \text{und} \quad \mathfrak{C}(2) = (- - +)$$

voneinander verschieden sind. Die Bedingungen für die Darstellbarkeit aller zu 70 teilerfremden positiven oder negativen Zahlen werden hier:

$$m \equiv \begin{Bmatrix} 1,3 \\ 5,7 \end{Bmatrix} (\mathrm{mod}.\,8), \quad m \equiv \begin{Bmatrix} 1,4 \\ 2,3 \end{Bmatrix} (\mathrm{mod}.\,5), \quad m \equiv \begin{Bmatrix} 1,2,4 \\ 3,5,6 \end{Bmatrix} (\mathrm{mod}.\,7).$$

Diese Zahlen m sind somit hier modulo $8 \cdot 5 \cdot 7 = 280$ auf $2 \cdot 2 \cdot 3 = 12$ verschiedene Arten bestimmt. Man erhält hier die folgende Tabelle:

Form	Gesamtcharakter	zugehörige arithmetische Reihen
$x^2 - 70y^2$	$(+++)$ $= \mathfrak{C}(1)$	$280l + $ 1, $9, 11, 51, 81, 99, 121,$ $169, 179, 211, 219, 249$
$70x^2 - y^2$	$(-+-)$ $= \mathfrak{C}(-1)$	$280l - $ 1, $9, 11, 51, 81, 99, 121,$ $169, 179, 211, 219, 249$
$2x^2 - 35y^2$	$(--+)$ $= \mathfrak{C}(2)$	$280l + 23, 37, 53, 93, 127, 183,$ $197, 207, 247, 253, 263, 277$
$35x^2 - 2y^2$	$(+--)$ $= \mathfrak{C}(-2)$	$280l - 23, 37, 53, 93, 127, 183,$ $197, 207, 247, 253, 263, 277.$

Sachregister.

Die Rote Edition

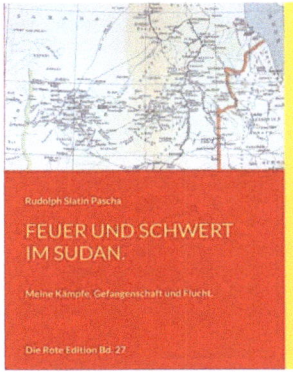

Feuer und Schwert im Sudan

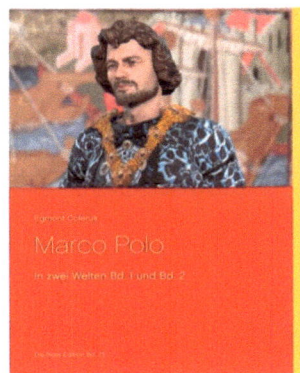

Marco Polo

Sodom

Die Höhlenkinder - Trilogie

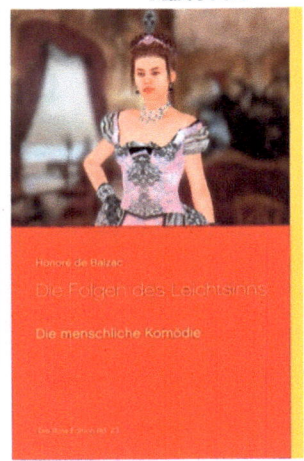

Die Folgen des Leichtsinns

www.bod.de/buchshop

BUCHTIPPS

Abrupte Klimaschwankungen seit 2000 Jahren

Lokale und kosmische Ursachen eines Klimawandels. Herausgeber: Sedlacek, Klaus-Dieter (Hrsg.). Innerhalb der letzten zwei Jahrtausende sind verschiedene abrupte Klimaschwankungen nachweisbar. Der fortwährende Wandel des Klimas verzeichnete allein fünf große Klimaepochen und zahlreiche ...

Anleitung zum Roman-Schreiben

Wie man anfängt, einen Plot entwickelt und eine gute Geschichte erzählt. Autor: Wilde, Oliver J. Sie wollen einen Roman schreiben? Das ist toll! Aber begnügen Sie sich nicht damit, nur einen Roman ...

Äquivalenz von Information und Energie

Die Grundbausteine der Welt – Neuausgabe – Autor: Sedlacek, Klaus-Dieter. „Es stellt sich letztendlich heraus, dass Information ein wesentlicher Grundbaustein der Welt ist", versicherte der durch sein Quantenteleportationsexperiment bekannte Prof. Zeilinger in ...

Besseres Gedächtnis

Wie man es stärkt, trainiert und einsetzt. Autor: Atkinson, Wilhelm Walker. Viele Menschen scheinen zu glauben, dass Erinnerungen einfach kommen und nicht gefördert werden können. Aber der Trugschluss einer solchen Vorstellung wird ...

Der erdgeschichtliche Klimawandel

Den wahren Ursachen von Klimaschwankungen auf der Spur. Autor: Wilhelm Bölsche , Klaus-Dieter Sedlacek (Hrsg.). Der Klimazustand während der letzten Jahrhunderttausende ist im Wesentlichen auf den Einfluss von Sonneneinstrahlung zurückzuführen, die ...

Der verborgene Mechanismus des Weltgeschehens

Der verborgene Mechanismus des Weltgeschehens Neue Erkenntnisse über die Gestalten biotechnischer Systeme der Welt Autoren: Sedlacek, Klaus-Dieter; Francé, Raoul H. Seit Jahrtausenden ist die Menschheit bestrebt, die Welt, in der sie lebt, erkennen ...

Die geheimnisvolle Kultur der alten Kelten

Von Druiden, Fürstensitzen und der Lebensart unserer frühgeschichtlichen Vorfahren. Autor: Grupp, Georg Die Kelten zeichneten sich aus durch hohes handwerkliches Können, Handelsbeziehungen bis in den Süden Europas und tollkühnem Mut, der den ...

Die Kultur der Azteken

Mit einem Anhang Große Landesausstellung Baden-Württemberg „Azteken" im Lindenmuseum. Autor: Prescott, William. „Von dem ganzen ausgedehnten Reich, das einst die Herrschaft Spaniens in der Neuen Welt anerkannte, ist kein Teil an Wichtigkeit ...

Die Lebenskraft

Wie Enzyme, Bewusstsein und quantenbiologische Effekte das Leben regulieren Autoren: Sedlacek, Klaus-Dieter; Wrobel, Norbert Der Begründer der Quantenmechanik und Nobelpreisträger Erwin Schrödinger beschäftigte sich unter anderem mit der Frage: „Was ist Leben?" ...

Die letzten Ursachen

Das Buch der Naturerkenntnis. Hrsg.: Sedlacek, Klaus-Dieter. Die klassischen physikalischen Theorien, zum Beispiel die klassische Mechanik oder die Elektrodynamik, haben eine klare Interpretation. Den Symbolen der Theorie wie Ort, Geschwindigkeit, Kraft beziehungsweise ...

Durchblick Chemie

Praktische Grundlagen und Einführung in die anorganische, organische und Biochemie Klaus-Dieter Sedlacek, Lassar Cohn, Walther Löb Wollen Sie in unserer modernen Welt mitreden? Dann brauchen Sie den Durchblick! Dazu gehören auch Grundkenntnisse ...

Einfach logisch denken!

Oder die Gesetze des Denkens. Autor: Atkinson, Wilhelm Walker In diesem Buch werden die Methoden und Prinzipien der korrekten Anwendung des Denkvermögens aufgezeigt, und zwar auf eine einfache und klare Weise, ohne ...

Einsteins Relativitätstheorie ganz ohne Mathematik

Spezielle und allgemeine Relativitätstheorie Paul Kirchberger , Klaus-Dieter Sedlacek (Hrsg.) Man wird nicht selten gefragt, ob man eine Schrift wisse, die in die Einsteinsche Theorie für Laien so einführen könne, dass ...

Epigenetik-Experimente

Neuvererbung oder Beweise für die Vererbung erworbener Eigenschaften? Autor: Kammerer, Paul Der Biologe Paul Kammerer wurde durch seine Aufsehen erregenden Experimente zur Epigenetik berühmt. In einer seiner Versuchsserien verwendete er zwei Arten ...

Freizeitvergnügen Sternenhimmel mit bloßem Auge

Wie man Sternbilder auffindet ohne Instrumente. Autor: Kirchberger, Paul. Der Anblick des gestirnten Himmels ist das Größte, das uns die Natur zu bieten vermag, und kein empfängliches Gemüt kann sich seinem Eindruck ...

Gestalt-Psychologie

Einführung in die neue Psychologie vom Begründer der Gestaltpsychologie Kurt Koffka , Klaus-Dieter Sedlacek (Hrsg.) Kurt Koffka hat als forschender Psychologe für dieses Buch zur Einführung in die Psychologie einen besonderen ...

Im dunkelsten Afrika

Die legendäre Emin-Pascha Expedition. Autor: Stanley, Henry M. Im Sudan, der ab 1821 unter die Herrschaft der osmanischen Vizekönige von Ägypten gekommen war, brach 1881 der Mahdiaufstand aus. Nach dem Abzug der ...

Jenseits der Erscheinungen

Erkennbarkeit und Realität der Quantennatur. Autor: Schlick, Moritz. Es ist kein Zweifel, dass echte Erkenntnis der transzendenten Welt sehr wohl möglich ist. Die Wendung, zu der die Physik der letzten Jahre bzw. Jahrzehnte ...

Klimaänderungen und Klimaschwankungen

Ursachen, historische Fakten und kosmische Einflüsse, sowie ein Anhang „Mittelalterliche Warmzeit" Eduard Brückner, Julius Hann , Klaus-Dieter Sedlacek (Hrsg.) Größere Klimaänderung und Klimaschwankungen können nicht ohne einen tiefgehenden Einfluss auf das ...

Kultur erleben mit dem Wohnmobil in Frankreich

Vierzig kulturelle Highlights, Park- und Übernachtungsplätze sowie Navigations-Koordinaten Klaus-Dieter Sedlacek (Hrsg.) Dieser Wohnmobilführer ist anders. Er hilft uns, Kulturerlebnisse zu einem Genuss werden zu lassen. Er enthält die Beschreibung von vierzig kulturellen ...

Leben in der Warmzeit der Erde

Aus den Urtagen vor dem heutigen Klimawandel Wilhelm Bölsche , Klaus-Dieter Sedlacek (Hrsg.) Der Weltklimarat schlägt Alarm. Die Lage spitzt sich zu: Die Erde erwärmt sich immer mehr. In diesem Buch geht ...

Leonardo da Vinci

Seine naturwissenschaftlichen Studien und genialen Erfindungen Hermann Grothe , Klaus-Dieter Sedlacek (Hrsg.) Leonardo da Vinci versuchte, ein Phänomen zu verstehen, indem er es genau beobachtete und bis ins kleinste Detail beschrieb ...

Liebesbeziehungen und deren Störungen

Lebensführung nach den Grundsätzen der Individualpsychologie. Autor: Alfred Adler , Klaus-Dieter Sedlacek (Hrsg.). Um einen Menschen ganz kennenzulernen, ist es notwendig, ihn auch in seinen Liebesbeziehungen zu verstehen ... Wir müssen ...

Massenpsychologie am Beispiel Jan Bockelsons

Geschichte eines Massenwahns mit einer Einführung von Sigmund Freud Friedrich Reck-Malleczewen , Klaus-Dieter Sedlacek (Hrsg.) Der Begriff Massenhysterie oder auch Massenwahn bezeichnet eine starke emotionale Erregung in großen Menschenmengen. Auch massenhaft ...

Meine erste Weltumseglung

Tagebuch einer epochalen Expedition James Cook , Klaus-Dieter Sedlacek (Hrsg.) James Cook unternahm seine erste Weltumseglung im Rahmen einer wissenschaftlichen Expedition, um den Durchgang des Planeten Venus vor der Sonnenscheibe – ...

Mit der Beagle um die Welt

Bericht meiner Forschungsreise zum Galapagos-Archipel Charles Darwin , Klaus-Dieter Sedlacek (Hrsg.) Auszug aus Darwins Reisebericht: Ich habe die Reise mit zu tief empfundenem Entzücken gemacht, als dass ich nicht jedem Naturforscher empfehlen ...

Peking – Paris im Automobil

Die legendäre 16.000 km – Rallye 1907. Autor: Barzini, Luigi. „Gibt es jemanden, der diesen Sommer eine Fahrt per Automobil von Peking nach Paris unternehmen wird?", fragte die Pariser Zeitung Le Matin ...

Psychologische Verkaufskunst

Denk- und Handlungsweisen, Vorgangsweise und Abschluss. Autor: Atkinson, Wilhelm Walker. In der Psychologie der Verkaufskunst gibt es zwei wichtige Elemente, nämlich (1) Die Psyche des Verkäufers; und (2) die Psyche des Käufers. Das zu verkaufende ...

The great god Pan / Der große Gott Pan – zweisprachig

Horror story English – German / Horror Geschichte Englisch – Deutsch. Autor: Machen, Arthur. The Great God Pan is a horror and fantasy novel by the Welsh writer Arthur Machen. Machen was ...

Treibhauseffekt und Klimawandel

Energiewende, ja bitte, aber nicht wegen CO2. Von Sedlacek, Klaus-Dieter (Hrsg.) Dieses Buch dokumentiert zum Thema Klimawandel und CO2 teils unbequeme wissenschaftliche Fakten bzw. Meldungen und die dazugehörigen Quellen. Sie sind eingeladen, ...

Unsterbliches Bewusstsein

Raumzeit-Phänomene, Beweise und Visionen – Taschenbuchausgabe Klaus-Dieter Sedlacek In diesem Buch geht es weder um Glauben noch um Esoterik, sondern um Beweise. Glaubwürdige, wissenschaftliche Beweise, die in eine Form gepackt sind, dass ...

Wege zur Physikalischen Erkenntnis

Meine wissenschaftliche Selbstbiographie, Reden und Vorträge Max Planck , Klaus-Dieter Sedlacek (Hrsg.) Diese erweiterte Neuauflage des Buchs „Wege zur physikalischen Erkenntnis" enthält neben der wissenschaftlichen Selbstbiographie folgende Vorträge: Die Einheit des physikalischen ...

Wie intelligent sind Pflanzen?

Sensationelle Einblicke in die geheime Seite des pflanzlichen Wesens Autoren: Wagner, Adolf; Sedlacek, Klaus-Dieter In diesem Buch behandeln die Autoren Fragen zum Thema Intelligenz und Bewusstsein bei Pflanzen und geben Antworten. Der ...

Wie man seinen Verstand benutzt

Und seine Willenskraft stärkt. Ein praktisches Handbuch der Psychologie. Autor: Atkinson, Wilhelm Walker. Der Mechanismus der psychischen Zustände – die geistige Maschinerie, mit deren Hilfe wir fühlen, denken und wollen – ...

Internet: leseproben.net oder lesestoff.eu